生物信息学

陶士珩　主编

科学出版社

北　京

内 容 简 介

本书主要涉及生物信息数据库、序列比对、分子系统发育分析、基因组学与基因预测、蛋白质结构与功能预测、转录组与蛋白质组分析以及Perl语言在生物信息学中的应用等内容，力求使读者全面了解和掌握生物信息学领域的重要基础知识与基本操作技能。

本书可用作全国农林院校生命科学各专业相关课程的教材。同时，也供有关科研人员参考使用。

图书在版编目(CIP)数据

生物信息学/陶士珩主编. —北京：科学出版社，2007
ISBN 978-7-03-019771-9

Ⅰ. 生…　Ⅱ. 陶…　Ⅲ. 生物信息论-高等学校-教材　Ⅳ. Q811.4

中国版本图书馆 CIP 数据核字（2007）第 131997 号

责任编辑：刘　丹　彭克里　刘　晶/责任校对：刘小梅
责任印制：张　伟/封面设计：科地亚盟

科 学 出 版 社出版
北京东黄城根北街 16 号
邮政编码：100717
http://www.sciencep.com
北京虎彩文化传播有限公司 印刷
科学出版社发行　各地新华书店经销
*
2007 年 8 月第　一　版　　开本：787×1092　1/16
2022 年 8 月第十八次印刷　　印张：17 1/4
字数：400 000
定价：55.00 元
（如有印装质量问题，我社负责调换）

前　言

什么是生物信息学？无论是生物信息学的初学者还是其研究者都难以准确回答这个问题，这是由生物信息学专业的特点所决定的。生物信息学领域涉及面十分广阔，在核酸层面，从单个基因进化分析到全基因组的分析；在蛋白层面，从蛋白质一级序列的进化分析到复杂的蛋白质三维结构分析；从控制基因表达的顺式作用元件及启动子的研究到基因的表达的峰度及时间的微矩阵研究。有关生物信息学的定义，见仁见智。按照目前公认的观点，生物信息学可以广义地定义为：利用数学、计算机科学以及统计学等知识来组织和理解生物分子（主要指核酸和蛋白）中所蕴含的信息。简而言之，生物信息学就是分子生物学的信息管理工具的集成。生物信息学对于现代生物研究有着巨大的推动作用，是当代生物学工作者必备的专业基础之一。

本书各章通过介绍生物信息数据库、序列比对、分子系统发育分析、基因组学与基因预测、蛋白质结构与功能预测、转录组与蛋白质组分析以及 Perl 语言在生物信息学中的应用等内容，力求使读者全面了解和掌握生物信息学领域的重要基础知识与基本操作技能。考虑到本书主要面对农林专业师生，本书在编写时侧重于方法的讲解和应用，而对于算法的理论背景则简要叙之，此举并非忽略生物信息学基础理论对该领域发展的重要意义与价值，而是意在使广大读者跳出艰深的理论樊笼而关注应用，因为应用性是生物信息学的重要特征之一。

本书由陶士珩担任主编，庞红侠、吴宪明、郭凤霞和范丙友担任副主编。全书一至十章分别由山西农业大学唐中伟、青岛农业大学穆平、西北农林科技大学庞红侠、甘肃农业大学郭凤霞和范丙友、四川农业大学刘汉梅、西北农林科技大学范三红、河南科技大学范丙友、内蒙古农业大学陈有君、沈阳农业大学吴宪明和王振东以及内蒙古农业大学张文广编写。陶士珩、庞红侠、吴宪明、郭凤霞等共同统稿，吴宪明担任最后校对。本书得以顺利出版，全赖全体作者齐心协力、努力合作。

尽管出版前再三修改，由于编者水平有限，错谬之处在所难免，敬请国内同行及读者指正。

编　者

2007 年 8 月

目　录

1 绪　　论

1.1 生物信息学的历史

生物信息学就其概念而言，可以追溯到1956年在美国田纳西州Gatlinburg召开的首次“生物学中的信息理论研讨会”。20世纪80年代末期，林华安博士认识到将计算机科学与生物学结合起来的重要意义，开始留意要为这一领域构思一个合适的名称。起初，考虑到与将要支持他主办一系列有关生物信息会议的佛罗里达州立大学超大型计算机计算研究所的关系，他使用的是“compbio”。之后，他又将其更改为兼具法国风情的“bioinformatique”，看起来似乎有些古怪。因此不久，他便进一步把它更改为“bio-informatics（或bio/informatics）”。但由于当时的电子邮件系统与今日不同，该名称中的“-”或“/”符号经常会引起许多系统问题，于是林博士将其去除。1987年，林华安博士正式把这一学科命名为“生物信息学”（bioinformatics）。

20世纪60年代，Zucherkandl和Pauling就开创了分子进化这一个全新的研究领域，主要是通过序列分析研究序列变化与进化之间的关系。这一时期，Dayhoff和他的同事们收集了当时已知的氨基酸序列，这就是“蛋白质序列与结构图册”，这一蛋白质数据库后来成为著名的蛋白质信息源PIR。

20世纪70年代到80年代初期，生物化学技术有了很大的发展，DNA测序方法的出现，产生出许多生物分子序列数据。如何根据序列推测结构和功能，这一生物学问题促使了一系列著名的序列比较方法的出现。其中，Needleman-Wunsch序列比对算法的提出是生物信息学发展中最重要的里程碑。同年，Gibbs和McIntyre发表的矩阵打点作图法也是进行序列比较的一个著名方法。Dayhoff提出的点突变模型的PAM矩阵作为比较氨基酸相似性的得分矩阵，这一矩阵的广泛使用大大地提高了序列比较算法的性能。1980年*Science*第209卷发表了关于计算分子生物学的综述。1981年，Smith和Waterman提出了著名的局部对位排列算法，同年，Doolittle提出关于序列模式的概念。1982年，著名的GCG分子计算工具出现。1985年，FASTP序列分析运算法则发表。1988年，Pearson和Lipman发表了著名的FASTA序列运算法则。1990年，目前常用的数据库搜索程序BLAST建立。1997年，BLAST的改进版本PSI-BLAST投入实际应用。

20世纪80年代以后，作为储存生物信息重要组成部分的生物信息数据库陆续建立。1982年，欧洲分子生物学实验室EMBL诞生，提供核酸序列数据库服务。同年，美国国立卫生研究院下属的国立生物技术信息中心建立了GenBank。1986年，日本核酸序列数据库DDBJ诞生。作为国际上三大生物数据库中心，之后的1988年三方达成一项协议，采用共同的数据库记录格式收集直接提交的数据。1986年，出现蛋白质数据库SWISS-PROT。

20世纪90年代后，由美国、英国、法国、德国、日本和我国共同参加的国际人类基因组（human genome project，HGP）计划正式启动，这一计划旨在对人类基因精确测序，发现人类所有基因并搞清其在染色体上的位置，破译全部遗传信息。在人类基因组计划进行中，许多生物的基因组研究也相继进行。1995 年，第一个细菌全基因组序列——流感嗜血杆菌测定，这是人类拥有的第一个全基因组信息。1996 年，第一个真核生物基因组——面包酵母基因组被完全测序。同年，Affymetrix 推出其第一块基因芯片（gene chip）。1997 年，第一个实验模式生物——大肠杆菌的基因组完成测序。1998 年，第一个多细胞生物——线虫的基因组被完全测序。2000 年，第一个植物拟南芥基因组和果蝇的基因组被完全测序。2001 年，人类基因组草图在 *Nature* 和 *Science* 同时发表。2002 年，小鼠和水稻基因组草图完成。2003 年，历经十余年的人类基因组计划完成。同年中国科学家首先完成非典型性肺炎病毒全基因组测序。2005 年，历时 6 年的国际水稻全基因组测序圆满完成。2006 年，国际研究组织的科学家完成了牛基因组的测序。这些基因组计划的进行极大地促进了生物信息学的发展。

近十年来，科学家完成了包括人类基因组在内的几十种生物的全基因组测序，产生了海量的数据，而这些生物数据的量以摩尔定律呈指数增长。同时，计算机的发展速度每隔 18 个月就翻一倍。但从生物信息学的发展而言，直到 20 世纪 80 年代后，随着生物科学技术的飞速发展，特别是计算机科学的进步，才极大地促进了生物信息学进展。在 Internet 普及的今天，应用计算机科学和网络技术来解决生物学问题，已经使得生物信息学成为生命科学工作者必需的工具之一。生物信息学成为生命科学的必不可少的一部分，它的诞生和发展是科学和历史的必然。

1.1.1 生物信息学与生命科学的发展

21 世纪是生命科学的世纪，生物科学是自然科学中发展最迅速的学科之一，人类对于生命奥秘的探索从未停止过。生物学作为自然科学中的一个基础学科，经历了从博物学、生物学、生物科学到生命科学的发展历程，从对自然生物的描述进入了结构功能、系统演化现象本质的研究，建立了生命科学的体系。达尔文发表的《物种起源》是生物学史上第一部关于生物进化的划时代著作。孟德尔发现的遗传学三大定律被认为是生物遗传的最基本规律，而 Watson 和 Crick 发现的 DNA 双螺旋结构及核酸是生命本质的一系列重大发现，为生物学的发展奠定了坚实的基础，从此生物学正式摆脱了博物学的那种仅依靠观察、比较的方法，发展成为一门实验性学科。生命科学作为实验和理论紧密结合的学科，它的研究手段进入了实验与模拟这一综合的研究方法体系。

在生命科学的研究中，一方面，人们认识到用物理、化学和生物学方法研究生命的物质基础、能量转换、代谢过程等的重要性；另一方面，人们也认识到需要用信息科学的方法来研究生命信息，理解生命的工作机制，揭示生命的奥秘。DNA 分子和蛋白质分子携带了遗传信息、功能信息及进化信息，成为生物信息的主要研究物质。

生命科学研究的层面进入了分子水平，DNA 是遗传信息的载体。DNA 的核苷酸序列包含蛋白质的氨基酸序列编码信息、基因表达调控信息等遗传信息。遗传信息存储在 DNA 四种碱基字符组成的序列中，包含生物体生长发育的各种遗传信息。因此，DNA 序列是包含着最基本的生命信息的载体。蛋白质是一切生命的物质基础，没有蛋白质就没有生命。蛋白质由 20 多种氨基酸组成，由于氨基酸组成的数量和排列顺序不同，使人体中蛋白质多达 10 万种以上。它们的结构、功能千差万别，形成了生命的多样性和复杂性。蛋白质功能的多种多样是由蛋白质的空间结构决定的。蛋白质结构作为一种重要的生物大分子信息与蛋白质序列密不可分，因此蛋白质序列可以说是包含结构信息的重要数据。

生物信息学的对象就是生物学数据，更直接地说就是分子生物学数据。随着分子生物学及其实验技术的日趋成熟，生命科学研究进入了前所未有的高速发展时期。以 DNA 序列为主的生物数据，其增长速度更是爆炸性的。今天在一个大型基因组测序中心，每天测序可产生以千万计的序列数据，每秒产出的碱基可达 1000 个。以人类基因组计划为开端的测序计划以及酵母、大肠杆菌、线虫、果蝇、小鼠、拟南芥、水稻、玉米等其他一些模式生物的基因组计划的相继完成或全面实施，使有关核酸、蛋白质的序列和结构等的分子生物学数据呈指数增长。由生物数据所产生的库多种多样，生命科学产生的生物数据储存在相关领域的数据库中，包括核酸序列数据库、蛋白质序列数据库、蛋白质结构库、酶学数据库、蛋白质双向电泳数据库、小分子配体化合物数据库，等等。

在海量生物数据产生的同时，计算机处理数据的能力增长也是以摩尔定律指数增长。计算机技术为海量生物数据的处理提供了有力的技术支持。各种数据计算方法的出现和网络的普及为生物信息学的发展拓宽了道路。

对于分析和处理生命科学产生的生物数据的生物信息学概念，有不同的定义。从广义上来说，生物信息学是指运用数学、计算机科学和生物学工具对生物学数据进行储存、检索、分析和处理，以达到揭示生物数据中的生物学内涵的目标。狭义的定义是指利用计算机技术作为研究手段和工具对生物学数据进行管理和分析。简单而言，生物信息学是从生物数据中提取新知识的学问。

生物信息学以基因组 DNA 序列信息分析作为出发点，辨别隐藏在 DNA 序列中的基因，找到基因组序列中代表蛋白质和 RNA 基因的编码区，阐明编码区的信息实质，破译遗传语言，认识遗传信息的组织规律。同时掌握基因调控信息，从而认识发育、进化的规律。

当前核酸分子和蛋白质分子序列的一级结构序列分析和蛋白质三维结构仍是生物信息学研究的热点。

生物信息学作为生命科学研究所必需的研究工具，在生命科学实践中越来越显示出它的重要作用，特别是在实验设计、结果分析上，离不开生物信息学的指导。

1.1.2 生物信息学的发展历程及方向

生物信息学的发展大致经历了 3 个阶段。

第一个阶段是前基因组时代。这一阶段主要是以各种算法法则的建立、生物数据库的建立以及 DNA 和蛋白质序列分析为主要工作。在这一阶段，著名的 Needleman-Wunsch 和 Smith-Waterman 序列比对算法先后发表；国际上的三大核酸序列数据库（EMBL、GenBank、DDBJ）相继建立并提供序列服务。

第二个阶段是基因组时代。这一阶段以各种基因组计划测序、网络数据库系统的建立和基因寻找为主要工作。以人类基因组计划和各种模式生物基因组测序为主要工作，大规模测序全面铺开。

第三个阶段是后基因组时代。这一阶段的主要工作是进行大规模基因组分析、蛋白质组分析以及其他各种基因组学研究。随着人类基因组计划和各种基因组计划测序的完成，以及新基因的发现，系统了解基因组内所有基因的生物功能成为后基因组时代的研究重点。生物信息学进入了功能基因组时代。

人类基因组计划的完成标志着后基因组时代的开始。蕴藏着人类生命遗传奥秘的遗传语言由30亿个碱基对组成，破译遗传语言的人类基因组计划被誉为生命科学的“登月”计划，它耗时13年，于2003年完成。各国分别承担工作比例为美国54%，英国33%，日本7%，法国2.8%，德国2.2%，中国1%。许多模式生物基因组计划完成了测序工作，更多的生物基因组正在被列入测序计划中。人类掌握了极大量的遗传数据，期待揭示其中的生命奥秘。这也标志着基因组学进入了揭示基因功能的阶段，即功能基因组时代。功能基因组研究基因组的组成和功能，认识基因与疾病之间的关系，掌握基因的产物及其在生命活动中的作用。功能基因组从基因组整体水平上研究生命活动规律，特别是在研究基因与疾病的关系上，改变了生物学研究的传统方法。传统上研究基因和蛋白质的功能只能通过假设的方法，经过反复实验对候选基因进行逐一验证，才能确定所选基因与其表型相关。这种传统的研究方法周期长、花费大，而且依赖于能观测到的表型，不能全面了解所有相关基因及其功能。而生物信息学新的研究方法从生物基因组这个整体水平上，通过从基因到表型的途径，直接对其生物功能进行研究。这种新的实验设计思路缩小了研究对象的范围，实现了功能预测、实验证实，极大地推进了研究速度。

生物信息学步入后基因组时代，其发展方向主要有以下这些方面。

1）*各种生物基因组测序及新基因的发现*

人类基因组和许多模式生物的基因组测序已经完成，接下来的工作是对更多生物基因组的测序，获取更多物种的全部基因。这是基因组研究的首要工作。大规模测序工业化，自动基因测序技术日趋成熟，使得基因组的测序速度得到极大提高。目前以这样的设备和技术完成一个细菌基因组的测序只需一周时间，完成一个平均大小的高等真核生物基因组也缩短至2年内。测序基因组过程是这样的：将基因组DNA切断成小片段，分别测序，再将它们拼接起来。这一看似简单的过程，实践起来却是相当复杂的。这样在大规模测序中，小片段序列的拼接和填补序列是保证序列测定准确性和高效性的关键。全基因组鸟枪法（whole genome shotgun）这一测序战略在基因测序上的成功应用，使得测序速度倍增。而更重要的是在测序过程中适当算法和软件的应用，以解决其中具有高度重复序列的海量数据。目前广泛用于大规模测序和拼接的软件包有美国华盛顿大学研发的Phred-Phrap软件包和加利福尼亚大学研发的GigAssembler软件包。

从得到的基因组序列中发现新基因是生物信息学研究的热点之一。对于基因组较小的原核生物和一些真核生物，通过基因组学的理论方法预测其中新基因是可行的。例如，酿酒酵母所包含的6000个基因，大约60%是通过数据分析得到的。对于从人类基因组这类复杂的基因组中发现新基因，可以利用EST和比较基因组学方法进行研究。

表达序列标签（expressed sequence tag，EST）是从 cDNA 文库中生成的一些很短的序列，长 300～500bp，它们代表在特定组织或发育阶段表达的基因，有时也可代表特定的 cDNA。因此 EST 的研究可以作为发现一种新基因的有效方法。通过比较基因组学的多种分析方法，可以从与已知基因和蛋白质的序列同源性得到证据，区分出基因组上编码蛋白质区域和非编码蛋白质区域，从而确定新基因的编码区。

2）单核苷酸多态性（SNP）分析

单核苷酸多态性（single nucleotide polymorphism，SNP），是指在给定的一个群体中，超过 1%的个体在给定的遗传区域内发生一次核苷酸改变。在群体的分布中，基因的多态性使得生物表型表现出对外界物质的反应各不相同，这些便是基因 SNP 造成的结果。SNP 也就是相同基因在不同个体中存在的单个碱基上的变异所造成的基因差异表现。通常每 100～300 个碱基就会有一个 SNP。SNP 被认为是一个物种中不同个体表型差异的主要遗传来源。随着人类基因组研究的深入，SNP 研究成为生物信息学研究的热点之一。作为研究序列变化与可遗传的表型变化的有力工具，SNP 在基因与疾病方面大有可为。目前 SNP 研究的工作包括制作 SNP 图谱，找出适合的 SNP 作为重要的遗传标记。通过与健康个体 SNP 的比较，找出与遗传疾病相关的 SNP 标记。SNP 在人类基因与疾病的研究中将发挥越来越大的作用。

3）基因组非编码区信息结构与分析

对于生物完整基因组，原核生物与真核生物的非编码区域占整个基因组的比例大不相同。微生物中的原核生物所含非编码区或内含子非常少，如细菌中只占 10%左右；对于高等生物和人的基因组，它却占了很大的比例。人类基因组测序完成后的研究表明，真正编码蛋白质的区域只占 5%左右，95%的区域是非编码区。从生物进化的角度看，这样庞大复杂的非编码区必然包含着与生物进化有关的信息。因此生物体的复杂结构和功能不仅仅是由基因决定的，也不仅仅是由基因组中大量的非编码信息决定的，而是由这些元素在生物体各个层次上复杂、动态的相互作用决定的。

4）比较基因组学和生物进化研究

大量生物基因组计划完成测序任务，产生了海量的生物数据，为科学家研究各种基因组之间的进化关系提供了丰富的材料。比较基因组学正是在基因组水平对各种生物进行比较，发现蛋白质功能，揭示生命起源和进化。它是通过比较人类基因组与其他模式生物基因组，从而为了解人类基因组结构、发现新基因和功能提供依据。在人类基因组计划实施的同时，大肠杆菌、酿酒酵母、线虫、果蝇、小鼠这 5 种模式生物的基因组也在同时进行。这些模式生物的基因组相对于人类基因组研究和分析更方便，为人类基因组的新基因提供了预测的依据。不少人类的基因可以通过对比模式生物的已知基因后发现，这是比较基因组学的应用之一。

比较基因组的重要研究方向之一就是生物进化。达尔文研究生物进化的方法是比较生物形态学特征获得进化信息。而今天进化的研究进入了分子水平，比较序列间碱基或氨基酸的差异，就可以获取有关进化的深层次信息。各种完整基因测序工作的完成，使得序列比较不再是单独片段的比较，而是多种生物序列整体的比较。构建系统进化树是描述生物进化的重要步骤，可以根据序列同源性分析的结果使用 PYLIP 软件包完成。而同源序列的比较可以由多序列比对程序诸如 CLUSTAL 程序确定。其中同源性序列要首先进行序列相似性比较获得。这里相似只是类似，而同源则是有共同祖先的相似。同人类基因组十分相近的小鼠基因组，基因的数目与人类相近而且大部分同源，但人和鼠的表型差异相去甚远。这种差异是基因组的组织上的差别造成的。存在于鼠 1 号染色体上的基因已分布到人的 1、2、5、6、8、13、18 号 7 个染色体上了。或许正是基因组的组织的差异导致了表型上的显著差异。通过比较基因组学构建系统进化树可以对生命的起源、生物的进化等若干重大生物学问题进行分析研究。同时随着基因组数据的大量增加，对序列差异和进化关系的争论也越来越激烈。由某一种分子序列构建的进化树并不一定能代表物种之间的真正进化关系，同时对“垂直进化”和“水平演化”之间关系的讨论正逐渐受到人们的重视。正是全基因组的比较研究使得生物信息学的研究实现了片面向全面的突破。

5）蛋白质结构和功能的研究

随着人类基因组计划和各种生物基因组全序列测序的完成，了解这些基因编码的蛋白质有什么功能成为备受关注的问题。而且在细胞合成蛋白质之后，这些蛋白质往往还要经历翻译后的加工修饰。也就是说，一个基因对应的不是一种蛋白质而可能是几种甚至是数十种蛋白质。包容了数千甚至数万种蛋白质的细胞是如何运转的？或者说这些蛋白质在细胞内是怎样工作、如何相互作用、相互协调的？这些问题远不是基因组研究所能回答得了的。正是在此背景下，蛋白质组学（proteomics）应运而生。

蛋白质组学以研究一种细胞、组织或完整生物体所拥有的全部蛋白质为特征。它的研究目标是分析蛋白质间相互作用和蛋白质的功能。蛋白质组研究的对象不是单一少数蛋白质，它更强调从全面性和整体性角度来揭示和阐明生命活动的规律。

要了解基因编码的蛋白质的功能，只有氨基酸排列顺序是远远不够的。蛋白质功能的实现是依靠其空间三维结构执行的。了解蛋白质的三维结构是当务之急。在核酸序列数据增长的同时，蛋白质序列数据也在迅速增长，目前已知的蛋白质序列已过百万，而被测定的蛋白质结构只有 2 万多，其原因在于以 X 射线晶体学技术、多维核磁共振（NMR）波谱学技术为主要方法的蛋白质空间结构测定手段以每天只能得到几个生物大分子空间结构的速度前进。依靠这样的实验方法很难满足蛋白质三维结构研究进度的需要。因此蛋白质空间结构预测成为生物信息学研究的焦点之一。所谓蛋白质空间结构预测是指从蛋白质的氨基酸序列预测出其三维空间结构。这就需要发展一种预测蛋白质结构的新方法。这种新方法以我们已知结构的蛋白质为基石，采用计算的方法找到或预测与已知结构相似的结构。进行蛋白质结构预测首先要将待测蛋白质与数据库中的同源蛋白质进行序列比对，然后根据计算比对，依次进行二级结构、三级结构的预测。这实际上是利用同源相似性，推测待测同源蛋白质的结构。

蛋白质结构预测对于理解蛋白质结构与功能的关系，加强蛋白质工程研究及基于结构的药物分子设计具有十分重要的意义。蛋白质工程是以蛋白质结构和功能的关系为基础，利用基因工程技术，设计和定向改造蛋白质，构建出性能更符合人类需要的新蛋白质。以蛋白质结构为设计基础的药物分子设计，其作用的靶标部位具有特定的空间结构。只有对靶标部位空间结构有了充分了解，才能设计出有效的药物分子。这些都离不开对蛋白质空间结构的深入认识。

1.2 生物信息学的应用

1.2.1 基因组分析

人类基因组计划和其他各种基因组计划完成后产生的最直接的数据就是大量的基因组 DNA 序列。作为最主要的生物信息基本数据，从这些 DNA 序列中寻找新基因成为生物信息学最主要的应用。从编码区域推导出基因的结构及其对应的蛋白质序列。发现新基因也就是寻找可以编码蛋白质的序列。对于原核生物来说，因为其中不含内含子，找到具有起始密码的可读框，预测出功能基因相对容易些。而真核生物基因有内含子和外显子并进行选择性转录，相对复杂许多。现阶段主要应用的方法有从已知 cDNA 及表达序列标签（EST）序列比对得到证据，从已知基因的蛋白质序列同源性得到证据，以及从相近物种间基因比对得到证据。此外，还有采用隐马尔可夫模型（HMM）和神经网络（neural network）在内的学习的方法来识别剪切位点、密码子使用偏爱及外显子和内含子长度。而且现在有许多软件用于预测识别真核基因的编码区，诸如 Genpaser、GenScan、GeneFinder 等。这些方法从识别基因组的外显子和内含子及剪切位点上提供了预测，但同时多基因的不同组合问题仍是预测外显子的难点。

基因组分析除了发现新基因外，分析非编码区的工作也同时在进行。主要工作集中在基因表达调控及基因转录调控元件等的分析研究。通过对基因组编码区和非编码区的深入研究，必将对基因组结构信息组织的规律有更全面的认识。

1.2.2 基因芯片

生物芯片（biochip）是由微电子学、物理学、化学、计算机科学与生命科学交叉综合的高新技术。生物芯片的概念源于计算机芯片的概念。在计算机芯片上排列的是集成电路，而生物芯片上排列的是密集的探针阵列。生物芯片与生物信息学的关系是密不可分的。基因芯片（gene chip）是生物芯片的一种，又称 DNA 微阵列（DNA microarray），是由大量 DNA 或寡核苷酸探针密集排列所形成的探针阵列，它的基本工作原理就是通过杂交检测信息。通过在片合成法或点样法将数万个探针排列在硅片等载体上，利用芯片扫描仪和相关软件可以分析图像，将荧光信号转换成数据，即可以获得有关生物信息。基因芯片为生物信息学提供大量的研究和分析内容，而生物信息学的方法促进了基因芯片的研究与应用。

生物信息学在基因芯片的研究主要体现在确定芯片待检测的目标序列、芯片设计、检测结果分析和数据管理等工作上。首先，根据所要解决的问题，通过查询生物信息数据库和信息分析，确定基因芯片所要检测的目标。然后根据基因芯片具体的功能要求，采用特定的方法进行探针设计和布局，并进行芯片优化。根据芯片设计结果制备芯片，进行杂交实验。最后采集并处理芯片杂交后的荧光图像，结合数据库中的芯片描述确定基因芯片检测结果，并对检测结果进行可靠性分析。

基因芯片技术作为一种先进的、大规模、高通量检测技术，其优点有以下几个方面：一是高度的灵敏性和准确性；二是快速简便；三是可同时检测多种基因。这些优点使得基因芯片在生命科学的诸多领域得到应用，特别是在遗传研究、疾病诊断和治疗、新药发现和环境保护等方面。利用基因芯片技术研究生命个体不同生长发育阶段的基因表达，了解多基因协同作用的生命过程，比较正常和疾病状态下基因及其表达的差异，研究生物体在进化、发育、遗传过程中的规律。基因芯片技术给基因组研究提供了强有力的研究手段，使生命科学的研究进入了一个崭新的阶段，它必将在后基因组时代发挥更重要的作用。

1.2.3 药物设计及经济价值

人类基因组计划的重要目的之一就是破解人类的遗传密码与人类疾病之间的关系，为人类的健康和疾病治疗提供依据。基于生物大分子结构的新药设计是生物信息学的主要应用领域，是对传统药物寻找的革命性创新，对现代与未来药物学和药理学产生了重大影响。

根据生物信息学研究产生的生物大分子空间结构的信息，选定对疾病防治起决定作用的靶标结构分子，设计和筛选可以对靶标分子有高活性的药物。这将为新药筛选、药靶设计和分子药理学研究，以及疑难病的药物设计和途径选择等提供新的方法论基础。药物研发的一般流程是：首先是靶标分子的鉴定、候选药物的筛选、药物作用机制的研究、药物动力学和毒性研究等。在进行药物靶点研究的同时，应用生物信息学技术和计算机辅助筛选相结合，开辟了新的药物发现途径。在生物信息学研究的基础上，利用获得的蛋白质结构和功能信息，用计算机辅助药物设计，加快了药物发现的速度。现在许多制药公司充分应用药物基因组学及生物信息学其他分支学科的理论知识和技术手段来设计临床实验并模拟和分析理论与实验数据。这将大大减少新药开发成本，缩短开发周期，为患者、医生和健康医疗机构等诸方面带来选择性治疗的革命。

新药设计是生物信息学研究与开发的主要领域，对生物信息的需求也是巨大的。生物信息蕴藏着巨大的经济价值。生物信息产业成为许多国家和公司投资的重点之一。许多制药公司纷纷投巨资建立自己的生物信息数据库，研发自己的专利，储备生物信息资源。由生物信息学产业和带动的相关产业所带来的经济价值不可估量。

1.3 生物信息学与其他学科的关系

1.3.1 生物信息学是多学科的整合

生物信息学是整合了生物学、统计学、应用数学、计算机科学的交叉学科。它以计算机为工具，利用各种由数学和统计学建立的算法和模型，对生物学数据进行检索、处理和分析，从而阐明大量生物数据所包含的生物学意义。通常这些数据与分子生物学密切相关。从狭义上讲生物信息学可以称作分子生物信息学。

与生物信息学相关的概念有计算生物学和 DNA 计算。计算生物学以开发和应用数据分析及理论的方法、数学建模、计算机仿真技术等为主，侧重于理论研究，应用范围不如生物信息学广。DNA 计算则是以 DNA 为信息储存器，应用 PCR 技术、生物芯片等进行计算，是计算机科学与分子生物学相结合的产物，也是计算机发展的新途径。

作为一门正在迅速发展的学科，生物信息学渗透到了生命科学各个领域。随着生命科学研究的深入，将会有更多的相关学科融入到生物信息学中去，它将成为一门集众多学科而成的交叉学科。

1.3.2 生物信息学与计算机科学

1.3.2.1 数据库技术及算法

在生物信息学中，数据库技术是最基本的技术。生物分子信息的存储、管理、查询等功能都是建立在数据库管理系统之上的。

数据库技术产生于 20 世纪 60 年代末，随后得到了迅速发展。其应用领域不断扩大，已经由最初的一般性事务处理发展到情报检索、人工智能、计算机辅助设计等各个领域。尤其是 Internet 的出现以及多种信息技术的交汇，给数据库技术的应用提供了更广阔的空间，从而促进了数据库技术的快速发展，数据库的地位也与日俱增。

数据库系统是指引进数据库技术后的计算机系统。它包括：①以数据为主体的数据库和管理数据库的软件系统，即数据库管理系统；②支持数据库系统的计算机硬件系统和操作系统；③数据库管理员和用户等。其中，数据库等资源存储在外存储器上；数据库管理系统是为数据库的建立、使用和维护而配备的软件；操作系统是数据库管理系统与硬件的接口，用户通过数据库应用系统在逐层系统的支持下使用数据库，而数据库管理员（database administrator）负责对整个系统的管理工作。

计算机数据的管理主要经历了人工管理阶段、文件系统阶段、数据库系统阶段和分布式数据库系统阶段这几个发展阶段。数据库的种类繁多，大的数据库系统如 Oracle、Informix、Sybase 和 DB2 等，小的如 Foxpro、dBase、Access 等。它们各有所长，能分别满足不同层次的需要：Oracle 以稳定性著称，Informix 因先进性闻名，它们适合建立工程、企业等大型数据库；而 Foxpro 简单快速，Access 小巧便捷，能很好地为家庭及中小型数据库服务。

随着计算机应用领域的迅速扩大，新一代数据库的应用变得更加广泛，数据库技术与其他学科的技术内容互相结合。多学科的技术内容与数据库技术的有机结合，使数据库领域中新的技术内容层出不穷。最新的数据库管理系统为：扩展关系数据库系统、面向对象的数据库系统、分布式数据库系统、并行数据库系统，以及专家数据库系统、数据仓库等，也以其先进强大的技术支持和日趋完善的管理功能逐渐影响和渗透到其他各个领域。

生物信息学中涉及大量的计算，像序列比对、基因组信息分析、系统发生分析、蛋白质结构预测、基因表达分析等，不可避免地用到算法的概念，特别是对算法的计算复杂度尤为关注。究其原因，不外乎生物信息学所处理的对象十分复杂而又庞大。为在现有的计算机上完成工作，不得不考究算法的优劣。从计算理论的角度来讲，它们都是难处理的。换句话讲，我们并不知道是否存在有效的算法去解决这些问题。目前的研究集中在设计好的近似算法或概率算法，这些算法虽然并不能对有关问题的每一实例都能求出好的解，但对绝大多数实例却行之有效。

1.3.2.2 计算机与 Internet

计算机是生物信息学研究必不可少的工具，离开了计算机生物信息学可以说是无从谈起。

从第一台计算机发明到今天，计算机经历了 60 年的发展。从只有政府和企业才买得起的大型机、中型机、小型机，发展到了今天广泛普及的微型计算机。它的性能更是以摩尔定律成倍的增长。计算机技术向着巨型化、微型化、网络化、多媒体化和智能化发展。从微机的硬件发展来看，以 Intel 公司为主流的 CPU 从 286、386、486、586，发展到今天的双核处理器，内存进入了 G 时代，硬盘更是跨入了百 G 的超大容量。无论是速度还是容量都有了巨大的提高。就操作系统来看，微软的视窗操作系统进入了 Vista，功能更加强大，安全性和稳定性日益提高。除了 Windows 操作系统，目前在不同计算机上安装的还有 UNIX、Linux、MacOS 等操作系统。许多生物信息学服务网站目前多采用 UNIX、Linux 或 Windows 系统。与生物信息学研究密切相关的计算机语言，目前应用的有 C 语言、Perl 语言、PHP 语言、JAVA 语言等。

计算机技术与通讯技术相结合产生了计算机网络。Internet 的出现，使人类进入了网络时代。Internet 作为今天最大的网络系统，为资源共享和信息交流提供了广阔的天地。通过互联网，使得各种生物信息资源存取极为方便。网络促进了生物信息学的研究，加快了生物信息数据的更新与整合，推进了生命科学的前进步伐。为了更快地找到所需的信息，基于互联网的搜索引擎发展迅速，百度和谷歌是当今最主要的两个，通过输入关键词，它们可以很快的列出与之匹配的相关链接供查询者选择。互联网提供了丰富的生物信息，在浏览的同时，通过下载所需数据可以在本地计算机上进行使用。电子邮件（E-mail）作为信息时代必不可少的信息交流方式，它方便即时，被广为使用。对于有些耗时长的生物序列检索，待服务器计算完成后可自动将结果返回用户的 E-mail 信箱。

掌握更先进的计算机技术，对于生物信息学的研究者来说是必不可少的，它将为生物信息学的未来提供更有力的支持。

结束语

人类进入了信息时代，正在经历着一场深刻的革命。信息时代带来了挑战，更带来了机遇。生物信息学作为多学科交叉的新兴学科，受到了世界各国的重视。我国虽然起步较晚，但对生物信息学的研究和应用十分重视。北京大学和中国科学院上海生命科学研究院分别成立了两个专业水平较高的生物信息学网站，我国在一些领域的研究上也取得了较好的成果，但与国际上的领先研究水平仍有一定的差距。面对生物信息学发展的强劲势头，我们应抓住这一时机，加强生物数据库的建立，进行相关方法的研究，加快人才的培养和训练，为我国生物信息学的发展奠定良好的基础。

（唐中伟　编）

2　生物数据库介绍

近年来大量生物学实验数据的积累，形成了当前数以百计的生物信息数据库。它们各自按一定的目标收集和整理生物学实验数据，并提供相关的数据查询、数据处理的服务。随着因特网的普及，这些数据库大多可以通过网络或者网络下载来访问。

一般而言，这些生物信息数据库可以分为一级数据库和二级数据库。一级数据库的数据都直接来源于实验获得的原始数据，只经过简单的归类整理和注释，包括基因组数据库、核酸和蛋白质一级结构序列数据库、生物大分子（主要是蛋白质）三维空间结构数据库。国际上著名的一级核酸数据库有GenBank、EMBL和DDBJ等；蛋白质序列数据库有SWISS-PROT、PIR等；蛋白质结构库有PDB等。二级数据库是在一级数据库、实验数据和理论分析的基础上针对特定目标衍生而来的，是对生物学知识和信息的进一步整理。二级生物学数据库非常多，它们因针对不同的研究内容和需要而各具特色，如人类基因组图谱库GDB、转录因子和结合位点库TRANSFAC、蛋白质结构家族分类库SCOP等。

下面将依次简要介绍一些著名的和有特色的生物信息数据库。

2.1　序列数据库

2.1.1　核酸序列数据库

GenBank、EMBL和DDBJ是国际上三大主要核酸序列数据库。GenBank由美国国家健康研究所（National Institute of Health）于20世纪80年代初委托Los Alamos国家实验室建立，后交给美国国立生物技术信息中心（NCBI）。EMBL由欧洲分子生物学实验室（Europe Molecular Biology Laboratory）于1982年创建，目前由欧洲生物信息学研究所负责管理。该数据库由Oracle数据库系统管理维护，查询检索可以通过因特网上的序列提取系统（SRS）服务完成。向EMBL核酸序列数据库提交序列可以通过基于Web的WEBIN工具，也可以用Sequin软件来完成。DDBJ（DNA Data Base of Japan）创建于1986年，由日本国立遗传研究所负责管理。DDBJ也是一个全面的核酸序列数据库，与GenBank和EMBL核酸库合作交换数据。可以使用其主页上提供的SRS工具进行数据检索和序列分析，用Sequin软件向该数据库提交序列。

1988年，GenBank、EMBL和DDBJ共同成立国际核酸序列联合数据中心，建立了合作关系。根据协议，三者每天相互交换数据使三个数据库的数据同步。由于DDBJ数据库的内容和格式与GenBank相同，下面主要以GenBank和EMBL数据库为例介绍核酸序列数据库的有关情况。

GenBank数据库包含了所有已知的核酸序列和蛋白质序列，以及与它们相关的文献著作和生物学注释。它是由美国国立生物技术信息中心（NCBI）建立和维护的。它的数据直接来源于测序工作者提交的序列，由测序中心提交的大量 EST 序列和其他测序数据，以及与其他数据机构协作交换数据而来。GenBank 每天都会与欧洲分子生物学实验室（EMBL）的数据库和日本的 DNA 数据库（DDBJ）交换数据，使这三个数据库的数据同步。到 2004 年，GenBank 中收集的序列数量达到 4060 万条，445 亿个碱基，而且数据增长的速度还在不断加快。GenBank 的数据可以从 NCBI 的 FTP 服务器上免费下载完整的库，或下载积累的新数据。NCBI 还提供广泛的数据查询、序列相似性搜索及其他分析服务，用户可以从 NCBI 的主页上找到这些服务。

GenBank 数据库里的数据来源于约 55 000 个物种，其中 56%是人类的基因组序列（所有序列中的 34%是人类的 EST 序列）。每条 GenBank 数据记录包含了对序列的简要描述、它的科学命名、物种分类名称、参考文献、序列特征表，以及序列本身。序列特征表里包含对序列生物学特征注释，如编码区、转录单元、重复区域、突变位点或修饰位点等。为了便于数据库的维护、管理和序列条目的查询搜索，GenBank、EMBL 数据库又按照种属来源或序列来源进一步分成若干子库，如细菌类、病毒类、灵长类、啮齿类，以及 EST 数据、基因组测序数据、大规模基因组序列数据等 16 类，其中 EST 数据等又被各自分成若干个文件。GenBank 和 EMBL 对其子库的分类方法略有不同（表 2-1）。

表 2-1　EMBL 和 GenBank 核酸序列数据库中各子库的名称

EMBL	GenBank	英文含义	中文含义
HUM	PIR	primate	人类、灵长类
MAM	MAM	other mammalian	其他哺乳动物
ROD	ROD	rodent	啮齿类动物
VRT	VRT	other vertebrate	其他脊椎动物
INV	INV	invertebrate	无脊椎动物
PLN	PLN	plant，fungi，algi	植物、真菌、藻类
FUN	PLN	fungi	真菌
PRO	BCT	prokaryotes，bacterial	原核生物、细菌
VRL	VRL	viral	病毒
PHG	PHG	bacteriophage	噬菌体
ORG		organelles	细胞器
SYN	SYN	synthetic	人工合成序列
UNC	UNA	unclassified/unannotated	未分类/未注释
EST	EST	expressed sequence tag	表达序列标签
PAT	PAT	patent	专利序列
STS	STS	sequence tagged site	序列标签位点
GSS	GSS	genome survey sequence	基因组勘测序列
HTG	HTG	high throughput genomic sequence	高通量基因组序列

EMBL 和 GenBank 的基本单位是序列条目，包括核苷酸碱基排列顺序和注释两部分。序列条目由字段组成，每个字段由标识字起始，后面是该字段的具体说明。有些字段又分若干次字段，以次标识字或特征表说明符开始。EMBL 序列条目以标识字 ID 开

始。GenBank 序列条目以标识字 LOCUS 开始。主标识字从第一列开始，次标识字从第三列开始，特征表说明符从第五列开始。除上述一般注释信息外，EMBL 和 GenBank 还包括大量与序列特性相关的注释信息，位于其他注释信息和序列之间，称序列特征表（feature table）。EMBL 序列特征以标识字 FH 开始，GenBank 的特征表以 FEATURE 引导（表 2-2）。

表 2-2　EMBL 和 GenBank 的数据库格式

EMBL	GenBank	含 义
ID	LOCUS	序列名称
DE	DEFINITION	序列简单说明
AC	ACCESSION	序列编号
SV	VERSION	序列版本号
KW	KEYWORDS	与序列相关的关键词
OS	SOURCE	序列来源的物种名
OC	ORGANISM	序列来源的物种学名和分类学位置
RN	REFERENCE	相关文献编号，或递交序列的注册信息
RA	AUHORS	相关文献作者，或递交序列的作者
RT	TITLE	相关文献题目
RL	JOURNAL	相关文献刊物杂志名，或递交序列的作者单位
RX	MEDLINE	相关文献的 Medline 引文代码
RC	REMARK	相关文献注释
RP		相关文献其他注释
CC	COMMENT	关于序列的注释信息
DR		相关数据库交叉引用号
FH	FEATURES	序列特征表起始
FT		序列特征表子项
SQ	BASE COUNT	碱基种类统计数
空格	ORIGIN	序列

下面以 GenBank 为例说明序列条目的具体含义。GenBank Flat File（GBFF）是最广泛用于表示生物序列的格式之一，也是三大数据库交换数据时采用的格式，分为四部分：①描述行，从第一行 LOCUS 到 ORIGIN，包含了关于整个记录的信息；②特征表，从 FEATURES 开始，包含了注释这一记录的特性，是条目的核心；③引文区，每个 GenBank 至少记录一篇，提供了这个记录的科学依据；④核酸序列本身，在最后一行以“//”结尾。

以下为头部：

```
LOCUS       NM_001274          2042bp    mRNA     linear    PRI     25-MAR-2007
DEFINITION  Homo sapiens CHK1 checkpoint homolog (S. pombe) (CHEK1), mRNA.
ACCESSION   NM_001274
VERSION     NM_001274.2 GI:20127419
KEYWORDS    .
SOURCE      Homo sapiens (human)
  ORGANISM  Homo sapiens
```

```
Eukaryota; Metazoa; Chordata; Craniata; Vertebrata; Euteleostomi;
Mammalia; Eutheria; Euarchontoglires; Primates; Haplorrhini;
Catarrhini; Hominidae; Homo.
```

头部包括第 1 行，LOCUS 名称：NM _ 001274；碱基数：2042bp；分子类型：mRNA；分子形状：线形；GenBank 子库：PRI（灵长类）；递交或修正日期：2007 年 3 月 25 日。

第 2 行为定义行，精要描述序列特征：人的 CHK1 mRNA。

第 3 行为检索号：NM _ 001274。

第 4 行为版本信息，该序列为第二版，NM _ 001274.2，gi 号为 20127419。

第 5 行为关键词。

第 6 行为物种来源及常用名。

第 7 行为科学命名以及该物种的分类学地位。

序列特征表详细描述该序列的各种特性，包括物种来源、基因名称、蛋白质编码区及氨基酸序列、外显子和内含子位置、转录单位、突变单位、重复序列等。

以下为特征表区：

```
FEATURES        Location/Qualifiers
    source      1..2042
    物种来源    /organism="Homo sapiens"
                /mol_type="mRNA"
                /db_xref="taxon:9606"
                /chromosome="11"
                /map="11q24-q24"
    gene        1..2042
    基因名称    /gene="CHEK1"
                /note="CHK1 checkpoint homolog (S. pombe); synonym: CHK1"
                /db_xref="GeneID:1111"
                /db_xref="HGNC:1925"
                /db_xref="HPRD:04356"
                /db_xref="MIM:603078"
    CDS         159..1589
    编码区信息  /gene="CHEK1"
                /GO_component="condensed nuclear chromosome [pmid
                9382850]; nucleus"
                /GO_function="ATP binding; nucleotide binding; protein
                binding [pmid 16330544]; protein serine/threonine kinase
                activity; transferase activity"
                /GO_process="cell cycle; DNA damage checkpoint [pmid
                9278511]; DNA repair; gametogenesis [pmid 9382850];
                meiotic recombination [pmid 9278511]; negative regulation
                of cell proliferation [pmid 9278511]; protein amino acid
                phosphorylation; regulation of cyclin-dependent protein
                kinase activity [pmid 9278511]"
                /note="Checkpoint, S. pombe, homolog of, 1"
                /codon_start=1
                /product="CHK1 checkpoint homolog"
```

```
                    /protein_id = "NP_001265.1"
                    /db_xref = "GI:4502803"
                    /db_xref = "CCDS:CCDS8459.1"
                    /db_xref = "GeneID:1111"
                    /db_xref = "HGNC:1925"
                    /db_xref = "HPRD:04356"
                    /db_xref = "MIM:603078"
```

翻译后氨基酸序列

```
/translation = "MAVPFVEDWDLVQTLGEGAYGEVQLAVNRVTEEAVAVKIVDMKR
AVDCPENIKKEICINKMLNHENVVKFYGHRREGNIQYLFLEYCSGGELFDRIEPDIGM
PEPDAQRFFHQLMAGVVYLHGIGITHRDIKPENLLLDERDNLKISDFGLATVFRYNNR
ERLLNKMCGTLPYVAPELLKRREFHAEPVDVWSCGIVLTAMLAGELPWDQPSDSCQEY
SDWKEKKTYLNPWKKIDSAPLALLHKILVENPSARITIPDIKKDRWYNKPLKKGAKRP
RVTSGGVSESPSGFSKHIQSNLDFSPVNSASSEENVKYSSSQPEPRTGLSLWDTSPSY
IDKLVQGISFSQPTCPDHMLLNSQLLGTPGSSQNPWQRLVKRMTRFFTKLDADKSYQC
LKETCEKLGYQWKKSCMNQVTISTTDRRNNKLIFKVNLLEMDDKILVDFRLSKGDGLE
                FKRHFLKIKGKLIDIVSSQKVWLPAT"
```

以下为引文区：

```
REFERENCE    1 (bases 1 to 2042)
AUTHORS      Zachos,G., Black,E.J., Walker,M., Scott,M.T., Vagnarelli,P.,
             Earnshaw,W.C. and Gillespie,D.A.
TITLE        Chk1 is required for spindle checkpoint function
JOURNAL      Dev. Cell 12 (2), 247-260 (2007)
PUBMED       17276342
REMARK       GeneRIF: These results suggest a mechanism through which Chk1 could
             protect against tumorigenesis through its role in spindle
             checkpoint signaling.
REFERENCE    2 (bases 1 to 2042)
AUTHORS      Bruno,T., De Nicola,F., Iezzi,S., Lecis,D., D'Angelo,C., Di
             Padova,M., Corbi,N., Dimiziani,L., Zannini,L., Jekimovs,C.,
             Scarsella,M., Porrello,A., Chersi,A., Crescenzi,M., Leonetti,C.,
             Khanna,K.K., Soddu,S., Floridi,A., Passananti,C., Delia,D. and
             Fanciulli,M.
TITLE        Che-1 phosphorylation by ATM/ATR and Chk2 kinases activates p53
             transcription and the G2/M checkpoint
JOURNAL      Cancer Cell 10 (6), 473-486 (2006)
PUBMED       17157788
REMARK       GeneRIF: Biochemical studies suggest the functional interactions of
             this protein with cell cycle regulators. Cdc25A, Cdc25B, and Cdc25C
             can be phosphoryalted by this protein.
```

引文区中参考文献表示该序列正式发表信息，包括作者、题目、期刊来源及相应PUBMED数据库编号。

第四部分为序列区。Origin为序列起始。次行后60字符1行排列。结尾符以“//”表示。图2-1为一个GenBank核酸序列数据库实例。

以下为序列区：

```
ORIGIN
        1 ggggccagtc gttcgccgga aagcatttgt ctcccacctc atcataacaa caattaattt
```

```
  61 cctctggggc ctgaggaggg cagaatttca accttcggtg tgcttgggag tggcgattgt
 121 gatttacacg acaaaatgcc gaggtgctcg gtggagtcat ggcagtgccc tttgtggaag
 181 actgggactt ggtgcaaacc ctgggagaag gtgcctatgg agaagttcaa cttgctgtga
 241 atagagtaac tgaagaagca gtcgcagtga agattgtaga tatgaagcgt gccgtagact
 301 gtccagaaaa tattaagaaa gagatctgta tcaataaaat gctaaatcat gaaaatgtag
 361 taaaattcta tggtcacagg agagaaggca atatccaata tttatttctg gagtactgta
 421 gtggaggaga gctttttgac agaatagagc cagacatagg catgcctgaa ccagatgctc
 481 agagattctt ccatcaactc atggcagggg tggtttatct gcatggtatt ggaataactc
 541 acagggatat taaaccagaa aatcttctgt tggatgaaag ggataacctc aaaatctcag
 601 actttggctt ggcaacagta tttcggtata ataatcgtga gcgtttgttg aacaagatgt
 661 gtggtacttt accatatgtt gctccagaac ttctgaagag aagagaattt catgcagaac
 721 cagttgatgt ttggtcctgt ggaatagtac ttactgcaat gctcgctgga gaattgccat
 781 gggaccaacc cagtgacagc tgtcaggagt attctgactg gaaagaaaaa aaaacatacc
 841 tcaacccttg gaaaaaaatc gattctgctc ctctagctct gctgcataaa atcttagttg
 901 agaatccatc agcaagaatt accattccag acatcaaaaa agatagatgg tacaacaaac
 961 ccctcaagaa aggggcaaaa aggccccgag tcacttcagg tggtgtgtca gagtctccca
1021 gtggattttc taagcacatt caatccaatt tggacttctc tccagtaaac agtgcttcta
1081 gtgaagaaaa tgtgaagtac tccagttctc agccagaacc ccgcacaggt ctttccttat
1141 gggataccag cccctcatac attgataaat tggtacaagg gatcagcttt tcccagccca
1201 catgtcctga tcatatgctt ttgaatagtc agttacttgg caccccagga tcctcacaga
1261 acccctggca gcggttggtc aaaagaatga cacgattctt taccaaattg gatgcagaca
1321 aatcttatca atgcctgaaa gagacttgtg agaagttggg ctatcaatgg aagaaaagtt
1381 gtatgaatca ggttactata tcaacaactg ataggagaaa caataaactc attttcaaag
1441 tgaatttgtt agaaatggat gataaaatat tggttgactt ccggctttct aagggtgatg
1501 gattggagtt caagagacac ttcctgaaga ttaaagggaa gctgattgat attgtgagca
1561 gccagaaggt ttggcttcct gccacatgat cggaccatcg gctctgggga atcctggtga
1621 atatagtgct gctatgttga cattattctt cctagagaag attatcctgt cctgcaaact
1681 gcaaatagta gttcctgaag tgttcacttc cctgtttatc caaacatctt ccaatttatt
1741 ttgtttgttc ggcatacaaa taatacctat atcttaattg taagcaaaac tttggggaaa
1801 ggatgaatag aattcatttg attatttctt catgtgtgtt tagtatctga atttgaaact
1861 catctggtgg aaaccaagtt tcaggggaca tgagttttcc agcttttata cacacgtatc
1921 tcatttttat caaaacattt tgtttaattc aaaaagtaca tatttcttcc atgttgattt
1981 aattctaaga tgaaccaata aagacataat tcttgcaaaa aaaaaaaaaa aaaaaaaaaa
2041 aa
//
```

```
LOCUS       NM_001274               2042 bp    mRNA    linear   PRI 25-MAR-2007
DEFINITION  Homo sapiens CHK1 checkpoint homolog (S. pombe) (CHEK 1), mRNA.
ACCESSION   NM_001274
VERSION     NM_001274.2 GI:20127419
KEYWORDS    .
SOURCE      Homo sapiens (human)
ORGANISM    Homo sapiens
            Eukaryota; Metazoa; Chordata; Craniata; Vertebrata; Euteleostomi;
            Mammalia; Eutheria; Euarchontoglires; Primates; Haplorrhini;
            Catarrhini; Hominidae; Homo.
REFERENCE   1 (bases 1 to 2042)
AUTHORS     Zachos,G., Black,E.J., Walker,M., Scott,M.T., Vagnarelli,P.,
            Earnshaw,W.C. and Gillespie,D.A.
TITLE       Chk 1 is required for spindle checkpoint function
```

```
JOURNAL     Dev. Cell 12 (2), 247-260 (2007)
PUBMED      17276342
REMARK      GeneRIF: These results suggest a mechanism through which Chk 1 could
            protect against tumorigenesis through its role in spindle
            checkpoint signaling.
REFERENCE   2 (bases 1 to 2042)
AUTHORS     Bruno,T., De Nicola,F., Iezzi,S., Lecis,D., D'Angelo,C., Di
            Padova,M., Corbi,N., Dimiziani,L., Zannini,L., Jekimovs,C.,
            Scarsella,M., Porrello,A., Chersi,A., Crescenzi,M., Leonetti,C.,
            Khanna,K.K., Soddu,S., Floridi,A., Passananti,C., Delia,D. and
            Fanciulli,M.
TITLE       Che-1 phosphorylation by ATM/ATR and Chk 2 kinases activates p53
            transcription and the G2/M checkpoint
JOURNAL     Cancer Cell 10 (6), 473-486 (2006)
PUBMED      17157788
REMARK      GeneRIF: Biochemical studies suggest the functional interactions of
            this protein with cell cycle regulators. Cdc25A, Cdc25B, and Cdc25C
            can be phosphoryalted by this protein.
COMMENT     PROVISIONAL REFSEQ: This record has not yet been subject to final
            NCBI review. The reference sequence was derived from BC017575.1.
            On Apr 10, 2002 this sequence version replaced gi:4502802.

            Publication Note: This RefSeq record includes a subset of the
            publications that are available for this gene. Please see the
            Entrez Gene record to access additional publications.
FEATURES             Location/Qualifiers
     source          1..2042
                     /organism="Homo sapiens"
                     /mol_type="mRNA"
                     /db_xref="taxon:9606"
                     /chromosome="11"
                     /map="11q24-q24"
gene                 1..2042
                     /gene="CHEK1"
                     /note="CHK1 checkpoint homolog (S. pombe); synonym: CHK 1"
                     /db_xref="GeneID:1111"
                     /db_xref="HGNC:1925"
                     /db_xref="HPRD:04356"
                     /db_xref="MIM:603078"
CDS                  159..1589
                     /gene="CHEK 1"
                     /GO_component="condensed nuclear chromosome [pmid
                     9382850]; nucleus"
                     /GO_function="ATP binding; nucleotide binding; protein
                     binding [pmid 16330544]; protein serine/threonine kinase
                     activity; transferase activity"
                     /GO_process="cell cycle; DNA damage checkpoint [pmid
                     9278511]; DNA repair; gametogenesis [pmid 9382850];
                     meiotic recombination [pmid 9278511]; negative regulation
                     of cell proliferation [pmid 9278511]; protein amino acid
                     phosphorylation; regulation of cyclin-dependent protein
                     kinase activity [pmid 9278511]"
                     /note="Checkpoint, S. pombe, homolog of, 1"
                     /codon_start=1
                     /product="CHK 1 checkpoint homolog"
```

```
                     /protein_id="NP_001265.1"
                     /db_xref="GI:4502803"
                     /db_xref="CCDS:CCDS8459.1"
                     /db_xref="GeneID:1111"
                     /db_xref="HGNC:1925"
                     /db_xref="HPRD:04356"
                     /db_xref="MIM:603078"
                     /translation="MAVPFVEDWDLVQTLGEGAYGEVQLAVNRVTEEAVAVKIVDMKR
                     AVDCPENIKKEICINKMLNHENVVKFYGHRREGNIQYLFLEYCSGGELFDRIEPDIGM
                     PEPDAQRFFHQLMAGVVYLHGIGITHRDIKPENLLLDERDNLKISDFGLATVFRYNNR
                     ERLLNKMCGTLPYVAPELLKRREFHAEPVDVWSCGIVLTAMLAGELPWDQPSDSCQEY
                     SDWKEKKTYLNPWKKIDSAPLALLHKILVENPSARITIPDIKKDRWYNKPLKKGAKRP
                     RVTSGGVSESPSGFSKHIQSNLDFSPVNSASSEENVKYSSSQPEPRTGLSLWDTSPSY
                     IDKLVQGISFSQPTCPDHMLLNSQLLGTPGSSQNPWQRLVKRMTRFFTKLDADKSYQC
                     LKETCEKLGYQWKKSCMNQVTISTTDRRNNKLIFKVNLLEMDDKILVDFRLSKGDGLE
                     FKRHFLKIKGKLIDIVSSQKVWLPAT"
ORIGIN
        1 ggggccagtc gttcgccgga aagcatttgt ctcccacctc atcataacaa caattaattt
       61 cctctggggc ctgaggaggg cagaatttca accttcggtg tgcttgggag tggcgattgt
      121 gatttacacg acaaaatgcc gaggtgctcg gtggagtcat ggcagtgccc tttgtggaag
      181 actgggactt ggtgcaaacc ctgggagaag gtgcctatgg agaagttcaa cttgctgtga
      241 atagagtaac tgaagaagca gtcgcagtga agattgtaga tatgaagcgt gccgtagact
      301 gtccagaaaa tattaagaaa gagatctgta tcaataaaat gctaaatcat gaaaatgtag
      361 taaaattcta tggtcacagg agagaaggca atatccaata tttatttctg gagtactgta
      421 gtggaggaga gctttttgac agaatagagc cagacatagg catgcctgaa ccagatgctc
      481 agagattctt ccatcaactc atggcagggg tggtttatct gcatggtatt ggaataactc
      541 acagggatat taaaccagaa aatcttctgt tggatgaaag ggataacctc aaaatctcag
      601 actttggctt ggcaacagta tttcggtata ataatcgtga gcgtttgttg aacaagatgt
      661 gtggtacttt accatatgtt gctccagaac ttctgaagag aagagaattt catgcagaac
      721 cagttgatgt ttggtcctgt ggaatagtac ttactgcaat gctcgctgga gaattgccat
      781 gggaccaacc cagtgacagc tgtcaggagt attctgactg gaaagaaaaa aaaacatacc
      841 tcaacccttg gaaaaaaatc gattctgctc ctctagctct gctgcataaa atcttagttg
      901 agaatccatc agcaagaatt accattccag acatcaaaaa agatagatgg tacaacaaac
      961 ccctcaagaa aggggcaaaa aggccccgag tcacttcagg tggtgtgtca gagtctccca
     1021 gtggattttc taagcacatt caatccaatt tggacttctc tccagtaaac agtgcttcta
     1081 gtgaagaaaa tgtgaagtac tccagttctc agccagaacc ccgcacaggt ctttccttat
     1141 gggataccag cccctcatac attgataaat tggtacaagg gatcagcttt tcccagccca
     1201 catgtcctga tcatatgctt ttgaatagtc agttacttgg caccccagga tcctcacaga
     1261 acccctggca gcggttggtc aaaagaatga cacgattctt taccaaattg gatgcagaca
     1321 aatcttatca atgcctgaaa gagacttgtg agaagttggg ctatcaatgg aagaaaagtt
     1381 gtatgaatca ggttactata tcaacaactg ataggagaaa caataaactc attttcaaag
     1441 tgaatttgtt agaaatggat gataaaatat tggttgactt ccggctttct aagggtgatg
     1501 gattggagtt caagagacac ttcctgaaga ttaaagggaa gctgattgat attgtgagca
     1561 gccagaaggt ttggcttcct gccacatgat cggaccatcg gctctgggga atcctggtga
     1621 atatagtgct gctatgttga cattattctt cctagagaag attatcctgt cctgcaaact
     1681 gcaaatagta gttcctgaag tgttcacttc cctgtttatc caaacatctt ccaatttatt
     1741 ttgtttgttc ggcatacaaa taatacctat atcttaattg taagcaaaac tttggggaaa
     1801 ggatgaatag aattcatttg attatttctt catgtgtgtt tagtatctga atttgaaact
     1861 catctggtgg aaaccaagtt tcaggggaca tgagttttcc agcttttata cacacgtatc
     1921 tcatttttat caaaacattt tgtttaattc aaaaagtaca tatttcttcc atgttgattt
     1981 aattctaaga tgaaccaata aagacataat tcttgcaaaa aaaaaaaaaa aaaaaaaaaa
     2041 aa
//
```

图 2-1　GenBank 核酸序列数据库实例

GenBank 的网址是 http:// www. ncbi. nlm. nih. gov/Genbank/

EMBL 的网址是 http://www.ebi.ac.uk/embl/

DDBJ 的网址是 http://www.ddbj.nig.ac.jp/

2.1.2 蛋白质序列数据库

蛋白质序列数据库相对较少，除了 GenBank 外，主要的还有 SWISS-PROT 和 PIR 等。

2.1.2.1 SWISS-PROT

SWISS-PROT 是经过注释的蛋白质序列数据库，由瑞士生物信息学研究所（SIB）和欧洲生物信息学研究所（EBI）共同维护。数据库由蛋白质序列条目构成，每个条目包含蛋白质序列、引用文献信息、分类学信息、注释等，注释中包括蛋白质的功能、转录后修饰、特殊位点和区域、二级结构、四级结构、与其他序列的相似性、序列残缺与疾病的关系、序列变异体和冲突等信息。SWISS-PROT 中尽可能减少了冗余序列，并与其他 30 多个数据库建立了交叉引用，其中包括核酸序列库、蛋白质序列库和蛋白质结构库等（图 2-2）。

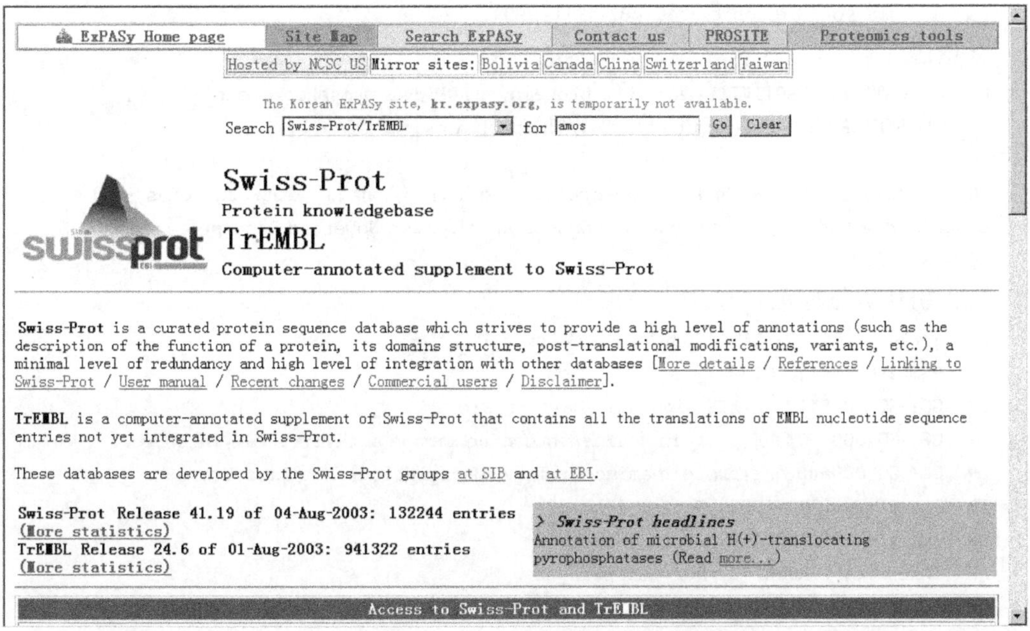

图 2-2 SWISS-PROT 数据库主页

利用序列提取系统（SRS）可以方便地检索 SWISS-PROT 和其他 EBI 的数据库。

SWISS-PROT 只接受直接测序获得的蛋白质序列，序列提交可以在其 Web 页面上完成。

SWISS-PROT 的网址是 http://www.ebi.ac.uk/swissprot/

SWISS-PROT 序列条目的实例如下：

头部区：

ID Q9XYV1_PARTE Unreviewed; 301 AA.

AC Q9XYV1;

DT 01-NOV-1999, integrated into UniProtKB/TrEMBL.

DT 01-NOV-1999, sequence version 1.

DT 03-APR-2007, entry version 43.

DE Cyclin-dependent protein kinase Cdk 2.

GN Name = CDK2;

OS Paramecium tetraurelia.

OC Eukaryota; Alveolata; Ciliophora; Oligohymenophorea; Peniculida;

OC Parameciidae; Paramecium.

OX NCBI_TaxID = 5888;

引文区：

RN [1]

RP NUCLEOTIDE SEQUENCE.

RC STRAIN = 51S;

RX MEDLINE = 99448661; PubMed = 10519216;

RA Zhang H., Berger J.D.;

RT "A novel member of the cyclin-dependent kinase family in Paramecium

RT tetraurelia.";

RL J. Eukaryot. Microbiol. 46:482-491(1999).

评论区：

CC -!- CATALYTIC ACTIVITY: ATP + a protein = ADP + a phosphoprotein.

CC -!- SIMILARITY: Belongs to the Ser/Thr protein kinase family.

CC --

CC Copyrighted by the UniProt Consortium, see http://www.uniprot.org/terms

CC Distributed under the Creative Commons Attribution-NoDerivs License

CC --

交叉引用数据库区：

DR EMBL; AF126147; AAD34354.1; -; Genomic_DNA.

DR HSSP; P24941; 1OIQ.

DR GO; GO:0005524; F:ATP binding; IEA:InterPro..

DR GO; GO:0004674; F:protein serine/threonine kinase activity; IEA:InterPro..

DR GO; GO:0006468; P:protein amino acid phosphorylation; IEA:InterPro..

DR InterPro; IPR011009; Kinase_like.

DR InterPro; IPR000719; Prot_kinase.

DR InterPro; IPR008271; Ser_thr_pkin_AS.

DR InterPro; IPR002290; Ser_thr_pkinase.

DR Pfam; PF00069; Pkinase; 1.

DR ProDom; PD000001; Prot_kinase; 1.

DR SMART; SM00220; S_TKc; 1.

DR PROSITE; PS00107; PROTEIN_KINASE_ATP; 1.

DR PROSITE; PS50011; PROTEIN_KINASE_DOM; 1.

DR PROSITE; PS00108; PROTEIN_KINASE_ST; 1.

关键词：

KW ATP-binding; Cyclin; Kinase; Nucleotide-binding;

KW Serine/threonine-protein kinase; Transferase.

序列区：

```
SQ   SEQUENCE   301 AA;   34675 MW; E839F1A5EA0D5CB5 CRC64;
     MDLAQSEERY QKLEKIGEGT YGLVYKARDN QTGDIVALKK IRMDHEDEGV PSTAIREISL
     LKEVQHPNIV PLKDVVYDES RLYLIFDFVD LDLKKYMESV PQLDRMQVKK FINQMIQALN
     YCHQNRVIHR DLKPQNILVD IKQQNTQIAD FGLARAFGLP LKTYTHEVIT LWYRAPEILL
     GQRQYSTPVD IWSLGCIFAE MAQKRPLFCG DSEIDQLFKI FKIMGTPKES TWPGVSTLPD
     FKSTFPRWPT PTNPAATLGK DITNLCPLGL DLLSKMITYD PYARITAEEA LKHAYFDELN
     N
//
```

2.1.2.2 PIR

PIR是由美国国家生物医学研究基金会（NBRF）、慕尼黑蛋白质序列信息中心（MIPS）和日本国际蛋白质序列数据库（JIPID）共同维护的国际上最大的公共蛋白质序列数据库。这是一个全面的、经过注释的、非冗余的蛋白质序列数据库，包含超过283 416条蛋白质序列（至2004年12月31日），其中包括来自几十个完整基因组的蛋白质序列。所有序列数据都经过整理，超过99％的序列已按蛋白质家族分类，一半以上还按蛋白质超家族进行了分类。PIR的注释中还包括对许多序列、结构、基因组和文献数据库的交叉索引，以及数据库内部条目之间的索引。这些内部索引帮助用户在包括复合物、酶-底物相互作用、活化和调控级联，以及具有共同特征的条目之间方便的检索。PIR提供三类序列搜索服务：基于文本的交互式检索；标准的序列相似性搜索，包括BLAST、FASTA等；结合序列相似性、注释信息和蛋白质家族信息的高级搜索，包括按注释分类的相似性搜索、结构域搜索GeneFIND等。

PIR的网址是 http://pir.georgetown.edu/

数据库下载地址是 ftp://nbrfa.georgetown.edu/pir/

2.1.2.3 其他蛋白质序列数据库

NRL-3D数据库的序列来自三维结构数据库PDB。除了序列信息外，NRL-3D还包括二级结构、活性位点、结合位点、修饰位点等与蛋白质结构直接有关的注释信息，对研究蛋白质结构功能关系和同源蛋白分子模型构建特别有用。

TrEMBL是从EMBL库中的核酸序列翻译得到的氨基酸序列数据库。采用SWISS-PROT的数据库格式，包含EMBL中所有编码序列的翻译。

与TrEMBL相似，GenPept是由GenBank中的DNA序列翻译得到的蛋白质序列。TrEMBL和GenPept的数据量都很大，且随核酸序列数据库的更新而更新，但它们均是由核酸序列翻译得到的序列，未经实验证实，也没有详细的注释。

2.2 基因组数据库

1）GDB

基因组数据库（GDB）为人类基因组计划（HGP）保存和处理基因组图谱数据。GDB的目标是构建关于人类基因组的百科全书，除了构建基因组图谱之外，还开发了描述序列水平的基因组内容的方法，包括序列变异和其他对功能和表型的描述。目前 GDB 中有：人类基因组区域（包括基因单位、PCR 位点、细胞遗传标记、EST 序列、叠连群和重复序列等）；人类基因组图谱（包括细胞遗传图谱、连锁图谱、放射性杂交图谱、叠连群图谱和转录图谱等）；人类基因组内的变异（包括突变和多态性，加上等位基因频率数据）。GDB 数据库以对象模型来保存数据，提供基于 Web 的数据对象检索服务，用户可以搜索各种类型的对象，并以图形方式观看基因组图谱。

GDB 的网址是 http://www.gdb.org/

GDB 的国内镜像是 http://gdb.pku.edu.cn/gdb/

2）AceDB

AceDB 始建于 1989 年，是线虫基因组数据库，基于面向对象的程序设计技术，既是一个数据库，又是一个灵活和通用的数据库管理系统，可用于包括从细菌、真菌、寄生虫、植物、昆虫、动物到人类等许多生物的基因组数据库的数据分析。Sanger 中心已将其用于线虫和人类基因组数据库的浏览和检索，库内资源包括限制性图谱、基因结构信息、质粒图谱、序列数据、参考文献等内容。

2.3 结构数据库

1）PROSITE

PROSITE 数据库收集了对生物学有显著意义的蛋白质位点和序列模式，并能根据这些位点和模式快速和可靠地鉴别一个未知功能的蛋白质序列应该属于哪一个蛋白质家族。有的情况下，某个蛋白质与已知功能蛋白质的整体序列相似性很低，但由于功能的需要保留了与功能密切相关的序列模式，这样就可能通过 PROSITE 的搜索找到隐含的功能模体，因此是序列分析的有效工具。PROSITE 中涉及的序列模式包括酶的催化位点、配体结合位点、与金属离子结合的残基、二硫键的半胱氨酸、与小分子或其他蛋白质结合的区域等；除了序列模式之外，PROSITE 还包括由多序列比对构建的序列谱，能更敏感地发现序列与序列谱的相似性。PROSITE 的主页上提供各种相关检索服务。

PROSITE 的网址是 http://www.expasy.ch/prosite/

2）PDB

蛋白质数据库（PDB）是国际上唯一的生物大分子结构数据档案库，由美国 Brookhaven 国家实验室建立。PDB 收集的数据来源于 X 射线衍射和核磁共振（NMR），经过整理和确认后存档而成。目前 PDB 数据库的维护由结构生物信息学研究合作组织（RCSB）负责。RCSB 的主服务器和世界各地的镜像服务器提供数据库的检索和下载服务，以及关于 PDB 数据文件格式和其他文档的说明，PDB 数据还可以从发行的光盘获得。使用 Rasmol 等软件可以在计算机上按 PDB 文件显示生物大分子的三维结构。随着晶体衍射技术的不断改进和多维核磁共振溶液构象测定方法的成熟，蛋白质分子结构数据库的数据量迅速上升。截止到 2005 年 3 月，PDB 共收录了 29 956 条蛋白质结构数据（图 2-3）。

RCSB 的 PDB 数据库网址是 http://www.rcsb.org/pdb/

图 2-3　PDB 数据库主页

3）SCOP

蛋白质结构分类（SCOP）数据库详细描述了已知的蛋白质结构之间的关系。分类基于若干层次：家族，描述相近的进化关系；超家族，描述远源的进化关系；折叠子(fold)，描述空间几何结构的关系；折叠类，所有折叠子被归于全 α、全 β、α/β、α+β 和多结构域等几个大类。SCOP 还提供一个非冗余的 ASTRAIL 序列库，这个库通常被用来评估各种序列比对算法。此外，SCOP 还提供一个 PDB-ISL 中介序列库，通过与这个库中序列的两两比对，可以找到与未知结构序列远缘的已知结构序列。

SCOP 的网址是 http://scop.mrc-lmb.cam.ac.uk/scop/

4）COG

蛋白质直系同源簇（COG）数据库是对细菌、藻类和真核生物的 21 个完整基因组的编码蛋白，根据系统进化关系分类构建而成。COG 库对于预测单个蛋白质的功能和整个新基因组中蛋白质的功能都很有用。利用 COGNITOR 程序，可以把某个蛋白质与所有 COG 中的蛋白质进行比对，并把它归入适当的 COG 簇。COG 库提供了对 COG 分类数据的检索和查询、基于 Web 的 COGNITOR 服务、系统进化模式的查询服务等。

COG 库的网址是 http://www.ncbi.nlm.nih.gov/COG

下载 COG 库和 COGNITOR 程序在 ftp://ncbi.nlm.nih.gov/pub/COG

2.4 功能数据库

1）KEGG

京都基因和基因组百科全书（KEGG）是系统分析基因功能、联系基因组信息和功能信息的知识库。基因组信息存储在GENES数据库里，包括完整和部分测序的基因组序列；更高级的功能信息存储在PATHWAY数据库里，包括图解的细胞生化过程，如代谢、膜转运、信号传递、细胞周期，还包括同系保守的子通路等信息；KEGG的另一个数据库是LIGAND，包含关于化学物质、酶分子、酶反应等的信息。KEGG提供了Java的图形工具来访问基因组图谱，比较基因组图谱和操作表达图谱，以及其他序列比较、图形比较和通路计算的工具，可以免费获取。

KEGG的网址是 http://www.genome.ad.jp/kegg/

2）DIP

相互作用的蛋白质数据库（DIP）收集了由实验验证的蛋白质-蛋白质相互作用。数据库包括蛋白质的信息、相互作用的信息和检测相互作用的实验技术三个部分。用户可以根据蛋白质、生物物种、蛋白质超家族、关键词、实验技术或引用文献来查询DIP数据库。

DIP的网址是 http://dip.doe-mbi.ucla.edu/

3）ASDB

可变剪接数据库（ASDB）包括蛋白质库和核酸库两部分。ASDB的蛋白质库部分来源于SWISS-PROT蛋白质序列库，通过选取有可变剪接注释的序列，搜索相关可变剪接的序列，经过序列比对、筛选和分类构建而成。ASDB的核酸库部分由GenBank中提及和注释的可变剪接的完整基因构成。数据库提供了方便的搜索服务。

ASDB的网址是 http://cbcg.nersc.gov/asdb/

4）TRRD

转录调控区数据库（TRRD）是在不断积累的真核生物基因调控区结构、功能特性信息基础上构建的。每一个TRRD的条目里包含特定基因各种结构、功能特性：转录因子结合位点、启动子、增强子、静默子及基因表达调控模式等。TRRD包括五个相关的数据表：TRRDGENES（包含所有TRRD库基因的基本信息和调控单元信息）；TRRDSITES（包括调控因子结合位点的具体信息）；TRRDFACTORS（包括TRRD中与各个位点结合的调控因子的具体信息）；TRRDEXP（包括对基因表达模式的具体描述）；TRRDBIB（包括所有注释涉及的参考文献）。TRRD主页提供了对这几个数据表的检索服务。

TRRD的网址是 http://wwwmgs.bionet.nsc.ru/mgs/dbases/trrd4/

5）TRANSFAC

TRANSFAC数据库是关于转录因子及它们在基因组上的结合位点和与DNA结合的profiles的数据库，由SITE、GENE、FACTOR、CLASS、MATRIX、CELLS、METHOD和REFERENCE等数据表构成。此外，还有几个与TRANSFAC密切相关的扩展库（PATHODB库收集了可能导致病态突变的转录因子和结合位点；S/MART DB收集了与染色体结构变化相关的蛋白质因子和位点的信息；TRANSPATH库用于描述与转录因子调控相关的信号传递的网络；CYTOMER库表现了人类转录因子在各个器官、细胞类型、生理系统和发育时期的表达状况。TRANSFAC及其相关数据库可以免费下载，也可以通过Web进行检索和查询）。

TRANSFAC的网址是：http://transfac.gbf.de/TRANSFAC/

2.5 其他数据库资源

1）Gramene

Gramene是一个协助性的、基于网络的禾谷类作物比较基因组数据库，采用MySQL数据库管理系统。其目的是利用禾谷类作物的公共数据资源，包括基因组和EST序列、蛋白质结构和功能分析、遗传和物理图谱、生物化学通路的阐述、基因和QTL位置，以及表型特征和突变的特征以促进水稻、玉米、小麦等不同物种间同源关系的研究。利用水稻基因组资料，通过比较禾本科植物不同物种间进化距离和功能基因的同源性，可以容易地找到玉米、小麦等其他作物农业和经济性状相关基因，并进一步认识它们在生长、发育和抗逆过程中的途径和机制。Gramene数据库是一个应用广泛的开放性数据库（图2-4）。

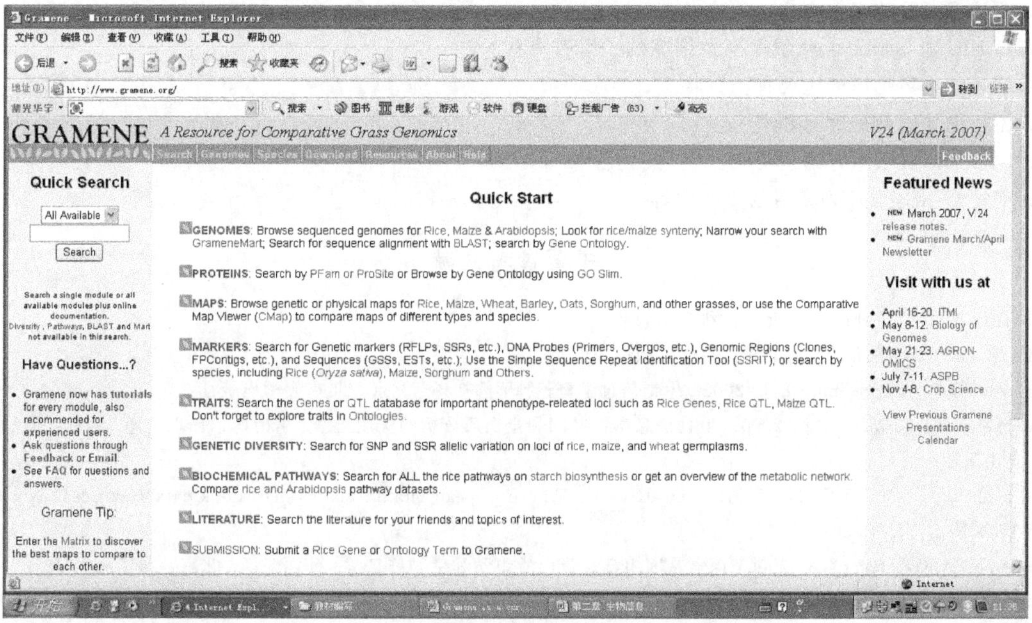

图 2-4　GRAMENE数据库主页

Gramene的网址是http://www.gramene.org/

2）MaizeGDB

MaizeGDB是一个玉米遗传和基因组数据库，其内容包括玉米遗传、基因组、序列、基因产物、基因功能、文献等信息。玉米遗传资料包括连锁图谱、基因、QTL、多态性位点等内容。基因组信息主要包括分子标记、探针、序列等。功能特性包括基因产物、代谢途径、表现型、突变体等内容，是一个内容丰富的玉米遗传和基因组数据库。

MaizeGDB 的网址是 http://www.maizegdb.org/

3）DBCat

DBCat 是生物信息数据库的目录数据库，它收集了 500 多个生物信息学数据库的信息，并根据它们的应用领域进行了分类，包括 DNA、RNA、蛋白质、基因组、图谱、蛋白质结构、文献著作等基本类型。数据库可以免费下载或在网络上检索查询。

DBCat 的网址是 http://www.infobiogen.fr/services/dbcat/

4）PubMed

PubMed 是 NCBI 维护的文献引用数据库，提供对 MEDLINE、Pre-MEDLINE 等文献数据库的引用查询和对大量网络科学类电子期刊的链接。利用 Entrez 系统可以对 PubMed 进行方便的查询检索。

PubMed 的网址是 http://www.pubmedcentral.nih.gov/

习　题

1. 简述 DBFF 的文件格式。
2. EMBL 和 GenBank 核酸序列数据库的子库有哪些？
3. 简述结构数据库的主要种类、特点。
4. 主要的功能数据库有哪些？
5. Gramene 数据库有哪些功能？
6. 简述 GenBank 序列条目的主要内容。

主要参考文献

张阳德. 2005. 生物信息学. 北京：科学出版社

赵国屏. 2004. 生物信息学. 北京：科学出版社

Attwood T K, Parry-Smith D J. 2002. 生物信息学概论. 罗静初译. 北京：北京大学出版社

Baxevanis A D, Francis B F. 2000. 生物信息学：基因和蛋白质分析的实用指南. 李衍达，孙之荣译. 北京：清华大学出版社

Brooksbank C, Camon E, Harris M A et al. 2003. The European bioinformatics institute's data resources. Nucleic Acids Res, 31: 43-50

Campbell A M, Heyer L J. 2004. 探索基因组学、蛋白质组学和生物信息学. 孙之荣译. 北京：科学出版社

Kanz C, Aldebert P, Althorpe N et al. 2005. The EMBL nucleotide sequence database. Nucleic Acids Res, 33: 29-33

Tateno Y, Saitou N, Okubo K et al. 2005. DDBJ in collaboration with mass-sequencing teams on annotation. Nucleic Acids Res, 33: 25-28

Ware D H, Jaiswal P, Ni J et al. 2002. Gramene, a tool for grass genomics. Plant Physiol, 130: 1606-1613

（穆　平　编）

3 序列比对

生物序列一般指DNA、RNA或者蛋白质序列，对它们的研究是近代生命科学研究中的一个关键而基本的问题。生物序列分析问题涉及的内容很多，其核心问题是比较各种不同类型的生物体序列的相互关系。序列比对通过比较生物分子序列，发现它们的相似性，找出序列之间共同的区域，同时辨别序列之间的差异，从而揭示生物序列的功能、结构和进化的信息。比较两条序列，判断其相似程序的过程称为两条序列比对（pairwise alignment)，同时比较多条序列则称为多重序列比对（multiple alignment)。本章主要介绍两条序列比对的一些基本问题和方法，同时对多重序列比对做一简单的介绍。

3.1 概述

3.1.1 序列比对的概念

比较是科学研究中最常见的方法，通过将研究对象相互比较来寻找对象可能具备的特性。在生物信息学研究中，比对是最常用和最经典的研究手段。

最常见的比对是蛋白质序列之间或核酸序列之间的两两比对，通过比较两个序列之间的相似区域和保守性位点，寻找二者可能的分子进化关系。进一步的比对是将多个蛋白质或核酸同时进行比较，寻找这些有进化关系的序列之间共同的保守区域、位点和概型（profile)，从而探索导致它们产生共同功能的序列模式。此外，还可以把蛋白质序列与核酸序列相比来探索核酸序列可能的表达框架；把蛋白质序列与具有三维结构信息的蛋白质相比，从而获得蛋白质折叠类型的信息。

比对还是数据库搜索算法的基础。将查询序列与整个数据库的所有序列进行比对，从数据库中获得与其最相似序列的已有的数据，能最快速地获得有关查询序列的大量有价值的参考信息，对于进一步分析其结构和功能都会有很大的帮助。近年来随着生物信息学数据大量积累和生物学知识的整理，通过比对方法可以有效地分析和预测一些新发现基因的功能。

序列比对是在两条或多条序列中寻找按照相同次序比对的一连串的单个字符或字符模块的过程。在进行两条序列比对时，将两个序列写成两行；相同或者相似的字符置于同一列，不同的字符要么置于同一列作为一个错配，要么对应于另一个序列上一个空位。加入空位的目的，就是要使尽可能多的相同或相似的字符出现在同一列中。

两条序列的比对有全局比对和局部比对两种方式（图3-1)。全局比对是对序列从头到尾进行比较，试图使尽可能多的字符在同一列中匹配。全局比对适用于相似度较高且长度相近的序列。局部比对是寻找序列中相似度最高的区域，也就是匹配密度最高的部分。局部比对适用于在某些部位相似度较高，而其他部位差异较大的序列。当序列长度差异较大，或者具有相同的保守区域时，也应该利用局部比对进行分析。

```
AWTVASAVRTSIYLKQGW
| |  | | ||| |  |      全局比对
A-TI-SSVYTSIFTKRLW

---------TSIY------
         |||           局部比对
---------TSIF------
```

图 3-1 两条序列的全局和局部比对

3.1.2 生物序列之间的关系

序列比对的理论基础是进化学说，如果两个序列之间具有足够的相似性，就推测二者可能有共同的进化祖先，经序列内残基的替换、残基或序列片段的缺失，以及序列重组等遗传变异过程分别演化而来。在残基-残基比对中，可以明显地看到序列中某些氨基酸残基比其他位置上的残基更保守，这些信息揭示了这些保守位点上的残基对蛋白质的结构和功能是至关重要的，例如，它们可能是酶的活性位点残基，形成二硫键的半胱氨酸残基，与配体结合部位的残基，与金属离子结合的残基，形成特定结构基元（motif）的残基等。但并不是所有保守的残基都一定是结构功能重要的，可能它们只是由于历史的原因被保留下来，而不是由于进化压力而保留下来。序列比对可以发现隐含在生物序列中的功能、结构及进化的信息。序列的最优比对对于这些信息的发现是十分重要的。

Owen 首先将同源定义为“不同生物中的相同器官”（1843）。达尔文进化论中将同源解释为拥有共同祖先的相同结构或器官。我们这里所说的同源性是指生物序列之间的同源性。如果两条或多条序列拥有共同祖先，则称它们同源。同源（homology）和相似（similarity）是容易被混淆的两个不同的概念。两条序列同源是指它们拥有共同的祖先。在这个意义上，无所谓同源的程度，两条序列要么同源，要么不同源。而相似则存在程度的差别，如两条序列的相似程度达到 30%或 60%。一般来说，相似性很高的两条序列往往具有同源关系。但也有例外，即两条序列的相似性很高，但它们可能并不是同源序列，这两条序列的相似性可能是由随机因素所产生的，这在进化上称为“趋同”（convergence），这样的序列称为同功序列。在蛋白质结构方面有不少趋同进化例子，例如，胰蛋白酶和枯草杆菌蛋白酶的三维结构和折叠方式完全不同，但它们的活性位点却有着相同的结构，都是由组氨酸、丝氨酸和天冬氨酸组成催化三联体。

同源可以分为三个亚类，即直系同源（orthology）、并系同源（paralogy）和异同源（xenology）。在缺乏任何基因复制证据的情况下，具有共同祖先和相同功能的同源基因称为直系同源。直系同源基因由于物种分化事件产生，它能反映物种之间的进化关系。直系同源基因是从共同祖先垂直继承得到，它在不同物种中起的功能是相同的。并系同源基因则是由于基因倍增事件产生的相似序列。基因重复事件是促进新基因进化的一个重要推动力，通过基因重复，在染色体某个位点，出现了一个基因的两个拷贝。随后这两个基因拷贝各自累积突变，极罕见的情况下，在其中某一拷贝上的突变引起了基因功能的提升，那么这两个拷贝将沿着不同的路径分别进化。异同源基因的产生涉及物种间遗传物质的平行转移，它不包括细胞器与核基因之间的基因转移。真核生物的叶绿体和线粒体的获得，细菌的转化、接合和转导都是物种间遗传物质平行转移的实例（图 3-2）。

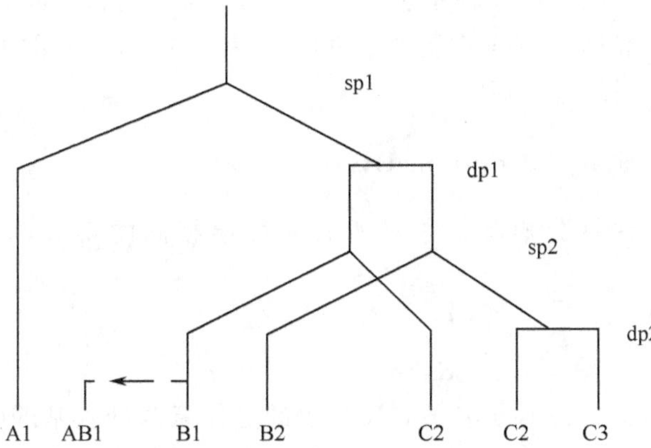

图 3-2　一个假想的基因的进化

在这个基因的进化历程中有两个物种分化事件 sp1 和 sp2，我们用一个倒写的 Y 来表示；有两个基因重复事件，dp1 和 dp2，我们用一个水平条来表示。C2 和 C3 是由于基因重复事件产生的，它们是并系同源序列，与 B2 是由于物种分化事件产生的，是直系同源关系。它们 3 个与 B1 是并系同源关系，与 A1 是直系同源关系。图上的箭头表示 B1 基因从物种 B 水平转移到物种 A，从而产生了 AB1 基因，AB1 与其他 6 个基因都是异同源的关系

3.2　序列比对的得分系统

序列比对的得分系统包括对于匹配、错配、替换、插入、缺失的得分，它的选择直接影响着序列比对的结果。DNA 序列比对时，得分系统比较简单，通常是匹配记正分，错配和空位记负分。蛋白质序列比对的情况相对复杂一些。由于蛋白质序列中存在不显著改变蛋白质结构和功能的氨基酸的保守替换，所以需要了解相关蛋白质中这方面的信息，以此为基础，构建合适的打分系统。另外，DNA 和蛋白质序列中的插入或缺失还需要在比对时引入空位，在记分时给予负分。

3.2.1　蛋白质的得分矩阵

蛋白质化学家很早就发现某些氨基酸的替换一般都发生在不同物种中的功能相关的蛋白质序列中。通常这些替换的氨基酸具有相似的化学性质，因此发生氨基酸替换后并没有改变蛋白质的结构和功能。虽然也会发生不同性质的氨基酸间的替换，但是这种现象十分少见。例如，有两条蛋白质序列，其中一条在某一位置上是丙氨酸，如果该位点被替换成另一个质量较小且疏水的氨基酸，如缬氨酸，那么对蛋白质功能的影响可能较小；如果被替换成质量较大且带电的残基，如赖氨酸，那么对蛋白质功能的影响可能比前者大。直观地讲，保守的替换比随机替换更可能维持蛋白质的功能，且更不容易被淘汰。理化性质相近的氨基酸残基之间替换的得分，显然比理化性质相差甚远的氨基酸残

基替换得分高。同样，保守的氨基酸替换得分应该高于非保守的氨基酸替换。这样的打分方法在比对相似性高的序列及差异极大的序列时，会得出不同的分值。这就是提出打分矩阵（或者称为取代矩阵）的缘由。在打分矩阵中，详细地列出各种氨基酸替换的得分，从而使得计算序列之间的相似度更为合理。在比较蛋白质时，我们可以用打分矩阵来增强序列比对的敏感性。打分矩阵是序列比对的基础，选择不同的打分矩阵将得到不同的比较结果，而了解打分矩阵的理论依据将有助于在实际应用中选择合适的打分矩阵。以下介绍一些常用的打分矩阵。

1）等价矩阵（unitary/identity matrix）

这是最简单的一种打分矩阵，它对所有匹配给相同的得分，所有的错配得分也相同。

$$R_{ij} = 1, \qquad i = j$$
$$R_{ij} = 0, \qquad i \neq j$$

这里 i 和 j 代表的是 20 种氨基酸，R 代表的是任意两种氨基酸匹配或错配的得分。这种矩阵对 DNA 或 RNA 比较适用，但完全忽略了蛋白质的结构和进化，所以使用较少。

2）遗传密码矩阵（genetic code matrix，GCM）

也称最少突变距离矩阵（minimum mutation distance matrix）。遗传密码矩阵通过计算一个氨基酸残基转变到另一个氨基酸残基所需的碱基变化的最小数目而得到。如果变化一个碱基，就可以使一个氨基酸的密码子转变为另一个氨基酸的密码子，则这两个氨基酸的替换代价为 1；如果需要 2 个碱基的改变，则替换代价为 2；依此类推。需要注意的是，Met 到 Tyr 的转变是仅有的密码子三个位置都发生变化的转换（图 3-3）。GCM 常用于进化距离的计算，其优点是计算结果可以直接用于绘制进化树，但是它在蛋白质序列比对尤其是相似程度很低的序列比对中很少被使用。

3）疏水矩阵（hydrophobicity matrix）

有些蛋白质得分矩阵是根据氨基酸的物理、化学性质或结构特征构建的。如果构建矩阵的特征在进化中比较保守，那么这样的矩阵在进行比对时效果就非常好。这里举一个疏水矩阵的例子。

疏水矩阵是根据氨基酸残基替换前后疏水性的变化而得到的得分矩阵。若一次氨基酸替换，疏水特性不发生太大的变化，则这种替换得分高，否则替换得分低（图 3-4）。

4）Dayhoff 氨基酸替换矩阵（percent accepted matrix or mutation data matrix）

在氨基酸替换矩阵中，20 种氨基酸被同时放在矩阵的行和列上。每个矩阵的位置上都注明一个分值，反映了相关蛋白质中，某个氨基酸与其他氨基酸配对时的得分，并且假设氨基酸从 A 到 B 的可能性与从 B 变到 A 相同。这样假设是因为任意两个序列在系统发育树上的祖先氨基酸通常是未知的。另外，取代的概率还取决于两个氨基酸出现的频率及物理化学性质的相似性，这种模型假定氨基酸出现频率不随进化时间而改变。

	A	S	G	L	K	V	T	P	E	D	N	I	Q	R	F	Y	C	H	M	W
Ala =A	0	1	1	2	2	1	1	1	1	1	2	2	2	2	2	2	2	2	2	2
Ser =S	1	0	1	1	2	2	1	1	2	2	1	1	2	1	1	1	1	2	2	1
Gly =G	1	1	0	2	2	1	2	2	1	1	2	2	2	1	2	2	1	2	2	1
Leu =L	2	1	2	0	2	1	2	1	2	2	2	1	1	1	1	2	2	1	1	1
Lys =K	2	2	2	2	0	2	1	2	1	2	1	1	1	1	2	2	2	2	1	2
Val =V	1	2	1	1	2	0	2	2	1	1	2	1	2	2	1	2	2	2	1	2
Thr =T	1	1	2	2	1	2	0	1	2	2	1	1	2	1	2	2	2	2	1	2
Pro =P	1	1	2	1	2	2	1	0	2	2	2	2	1	1	2	2	2	1	2	2
Glu =E	1	2	1	2	1	1	2	2	0	1	2	2	1	2	2	2	2	2	2	2
Asp =D	1	2	1	2	2	1	2	2	1	0	1	2	2	2	2	1	2	1	2	2
Asn =N	2	1	2	2	1	2	1	2	2	1	0	1	2	2	2	1	2	1	2	2
Ile =I	2	1	2	1	1	1	1	2	2	2	1	0	2	1	1	2	2	2	1	2
Gln =Q	2	2	2	1	1	2	2	1	1	2	2	2	0	1	2	2	2	1	2	2
Arg =R	2	1	1	1	1	2	1	1	2	2	2	1	1	0	2	2	1	1	1	1
Phe =F	2	1	2	1	2	1	2	2	2	2	2	1	2	2	0	1	1	2	2	2
Tyr =Y	2	1	2	2	2	2	2	2	2	1	1	2	2	2	1	0	1	1	3	2
Cys =C	2	1	1	2	2	2	2	2	2	2	2	2	2	1	1	1	0	2	2	1
His =H	2	2	2	1	2	2	2	1	2	1	1	2	1	1	2	1	2	0	2	2
Met =M	2	2	2	1	1	1	1	2	2	2	2	1	2	1	2	3	2	2	0	2
Trp =W	2	1	1	1	2	2	2	2	2	2	2	2	2	1	2	2	1	2	2	0

图 3-3　GCM 矩阵

	R	K	D	E	B	Z	S	N	Q	G	X	T	H	A	C	M	P	V	L	I	Y	F	W
Arg = R	10	10	9	9	8	8	6	6	6	5	5	5	5	5	4	3	3	3	3	3	2	1	0
Lys = K	10	10	9	9	8	8	6	6	6	5	5	5	5	5	4	3	3	3	3	3	2	1	0
Asp = D	9	9	10	10	8	8	7	6	6	6	5	5	5	5	5	4	4	4	3	3	3	2	1
Glu = E	9	9	10	10	8	8	7	6	6	6	5	5	5	5	5	4	4	4	3	3	3	2	1
Asx = B	8	8	8	8	10	10	8	8	8	8	7	7	7	7	6	6	6	5	5	5	4	4	3
Glx = Z	8	8	8	8	10	10	8	8	8	8	7	7	7	7	6	6	6	5	5	5	4	4	3
Ser = S	6	6	7	7	8	8	10	10	10	10	9	9	9	9	8	8	7	7	7	7	6	6	4
Asn = N	6	6	6	6	8	8	10	10	10	10	9	9	9	9	8	8	8	7	7	7	6	6	4
Gln = Q	6	6	6	6	8	8	10	10	10	10	9	9	9	9	8	8	8	7	7	7	6	6	4
Gly = G	5	5	6	6	8	8	10	10	10	10	9	9	9	9	8	8	8	8	7	7	6	6	5
??? = X	5	5	5	5	7	7	9	9	9	9	10	10	10	10	9	9	8	8	8	8	7	7	5
Thr = T	5	5	5	5	7	7	9	9	9	9	10	10	10	10	9	9	8	8	8	8	7	7	5
His = H	5	5	5	5	7	7	9	9	9	9	10	10	10	10	9	9	9	8	8	8	7	7	5
Ala = A	5	5	5	5	7	7	9	9	9	9	10	10	10	10	9	9	9	8	8	8	7	7	5
Cys = C	4	4	5	5	6	6	8	8	8	8	9	9	9	9	10	10	9	9	9	9	8	8	5
Met = M	3	3	4	4	6	6	8	8	8	8	9	9	9	9	10	10	10	10	9	9	8	8	7
Pro = P	3	3	4	4	6	6	7	8	8	8	8	8	9	9	9	10	10	10	9	9	9	8	7
Val = V	3	3	4	4	5	5	7	7	7	8	8	8	8	8	9	10	10	10	10	10	9	8	7
Leu = L	3	3	3	3	5	5	7	7	7	7	8	8	8	8	9	9	9	10	10	10	9	9	8
Ile = I	3	3	3	3	5	5	7	7	7	7	8	8	8	8	9	9	9	10	10	10	9	9	8
Tyr = Y	2	2	3	3	4	4	6	6	6	6	7	7	7	7	8	8	9	9	9	9	10	10	8
Phe = P	1	1	2	2	4	4	6	6	6	6	7	7	7	7	8	8	8	8	9	9	10	10	9
Trp = W	0	0	1	1	3	3	4	4	4	5	5	5	5	5	6	7	7	7	8	8	8	9	10

图 3-4　蛋白质疏水矩阵

Glx 代表 Gly、Gln 或 Glu，而 Asx 则代表 Asn 或 Asp，X 代表任意氨基酸

PAM 矩阵是第一个被广泛使用的记分矩阵，它是建立在进化的可接受点突变模型 PAM（point accepted mutation）基础上的。通过统计相似序列比对中的各种氨基酸替换发生率而得到该矩阵。Dayhoff 和她的同事研究发现蛋白质家族中氨基酸的替换并不是随机的，一些氨基酸的替换比其他替换更容易发生，其主要原因是这些替换不会对蛋白质的结构和功能产生太大的影响。如果氨基酸的替换是随机的，那么，每一种可能的替换频率仅仅取决于不同氨基酸出现的背景频率。然而，在相关蛋白质中，存在替换频率大大倾向于那些不影响蛋白质功能的替换。换句话说，这些点突变已经被进化所接受。这意味着在进化历程上，相关的蛋白质在某些位置上可以出现不同的氨基酸。

PAM 矩阵给出了进化过程中同源蛋白质一个氨基酸被另一个氨基酸替换的概率。一个 PAM 就是一个进化的变异单位，即 1%的氨基酸改变。但是，这并不意味着经过 100 次 PAM 后，每个氨基酸都发生变化，因为其中一些位置会发生多次突变或回复突变，另外一些氨基酸可能不发生改变。PAM 有一系列的替换矩阵，每个矩阵用于比较具有特定进化距离的两条序列。每个矩阵给出了在某一进化时期内变化的期望值。其证据是：随着进化时间的增加，编码同一蛋白质的基因序列的相似性减少。在这一进化模型中的假设是，短期进化历史中观察到的氨基酸替换可以扩展到较长的进化距离。

从 PAM 矩阵的来源来看，序列的一个特定位点的每一个变化都是假定独立于以前的突变事件。因此从任何一个氨基酸 a 变成氨基酸 b 的可能性与从氨基酸 b 变到氨基酸 a 的可能性相同，并且与该位点以前的变化无关，与氨基酸在蛋白质序列中的位置也没有关系。在一个蛋白质序列中，氨基酸替换可以视为一个马尔可夫模型，即在一个系统中，从一个状态到另一个状态的一系列变化与之前变化的历史无关。这个模型能以短的进化时期内观察到的氨基酸替换为基础，推断较长进化时期内的氨基酸替换发生的情况。

Dayhoff 和她的同事们研究了 71 个相关蛋白质家族，序列相似度大于 85%的蛋白质序列中的 1572 个突变，他们首先用相似序列构建系统树，统计每种氨基酸替换为其他氨基酸的次数。同时他们还计算了不同氨基酸的相对突变力（relative mutability），即每个蛋白质家族中每种氨基酸发生替换的次数除以该家族中此氨基酸出现的频率与每 100 个位点上所有氨基酸替换的次数的乘积，相对突变力是对氨基酸组成、突变率和序列长度差异的标准化处理，然后对所有蛋白质家族中的标准化频率求和。利用以上的氨基酸替换次数和相对突变力，可能构造 20×20 的突变概率矩阵，这个矩阵中的元素给出了所有氨基酸之间替换的概率。Dayhoff 将此矩阵定义为 PAM1 矩阵，这个矩阵在每 100 个氨基酸位点上有 1 个可能被自然选择所接受的突变（图 3-5）。氨基酸替换可以用一个马尔可夫模型表示，将 PAM1 自乘 N 次，可以得到矩阵 PAMN。因而，PAM 250 矩阵代表了 25 亿年中 250%的预期变化水平。这个变化虽然看起来非常大，但是这种

	Ala A	Arg R	Asn N	Asp D	Cys C	Iln Q	Glu E	Gly G	His H	Ile I	Leu L	Lys K	Met M	Phe F	Pro P	Ser S	Thr T	Trp W	Tyr Y	Val V
A	9867	2	9	10	3	8	17	21	2	6	4	2	6	2	22	35	32	0	2	18
R	1	9913	1	0	1	10	0	0	10	3	1	19	4	1	4	6	1	8	0	1
N	4	1	9822	36	0	4	6	6	21	3	1	13	0	1	2	20	9	1	4	1
D	6	0	42	9859	0	6	53	6	4	1	0	3	0	0	1	5	3	0	0	1
C	1	1	0	0	9973	0	0	0	1	1	0	0	0	0	1	5	1	0	3	2
Q	3	9	4	5	0	9876	27	1	23	1	3	6	4	0	6	2	2	0	0	1
E	10	0	7	56	0	35	9865	4	2	3	1	4	1	0	3	4	2	0	1	2
G	21	1	12	11	1	3	7	9935	1	0	1	2	1	1	3	21	3	0	0	5
H	1	0	18	3	1	20	1	0	9912	0	1	1	0	2	3	1	1	1	4	1
I	2	2	3	1	2	1	2	0	0	9872	9	2	12	7	0	1	7	0	1	33
L	3	1	3	0	0	6	1	1	4	22	9947	2	45	13	3	1	3	4	2	15
K	2	37	25	6	0	12	7	2	2	4	1	9926	20	0	3	8	11	0	1	1
M	1	1	0	0	0	2	0	0	0	5	8	4	9874	1	0	1	2	0	0	4
F	1	1	1	0	0	0	0	1	2	8	6	0	4	9946	0	2	1	3	28	0
P	13	5	2	1	1	8	3	2	5	1	2	2	1	1	9926	12	4	0	0	2
S	28	11	34	7	11	4	6	16	2	2	1	7	4	3	17	9840	38	5	2	2
T	22	2	13	4	1	3	2	2	1	11	2	8	6	1	5	32	9871	0	2	9
W	0	2	0	0	0	0	0	0	0	0	0	0	0	1	0	1	0	9976	1	0
Y	1	0	3	0	3	0	1	0	4	1	1	0	0	21	0	1	1	2	9945	1
V	13	2	1	1	3	2	2	3	3	57	11	1	17	1	3	2	10	0	2	9901

图 3-5　PAM1 突变概率矩阵（矩阵中的每个元素都扩大了 10 000 倍）

分化水平上的序列仍有 20%左右的相似性。

PAM 突变矩阵通常是要转换成 LOD（log-odd）矩阵的。这样方便在比对记分时将各个位点的得分相加。几率（odd）是某位点上实际发生的进化事件-替换和该位点上随机的没有任何生物学意义的序列变化之积。然后对它取对数，矩阵的每一个元素要分别转换。首先，用上面得到的 PAM 突变矩阵中某个氨基酸突变到另一氨基酸的概率除以这两种氨基酸在蛋白质中的频率之积，得到替换的相对频率；然后对上面的结果取以 10 为底的对数，再乘以 10。其次，取相反的突变过程，即以上面第二个氨基酸为起始氨基酸，原氨基酸为突变得到的氨基酸，按照上面相同的方法进行计算。最后，取两者的平均值，作为这两个氨基酸互相替换的得分值，得到一个对称的替换矩阵（图 3-6）。

	C	S	T	P	A	G	N	D	E	Q	H	R	K	M	I	L	V	F	Y	W	
C	12																				C
S	0	2																			S
T	−2	1	3																		T
P	−3	1	0	6																	A
A	−2	1	1	1	2																A
G	−3	1	0	−1	1	5															G
N	−4	1	0	−1	0	0	2														N
D	−5	0	0	−1	0	1	2	4													D
E	−5	0	0	−1	0	0	1	3	4												E
Q	−5	−1	−1	0	0	−1	1	2	2	4											Q
H	−3	−1	−1	0	−1	−2	2	1	1	3	6										H
R	−4	0	−1	0	−2	−3	0	−1	−1	1	2	6									R
K	−5	0	0	−1	−1	−2	1	0	0	1	0	3	5								K
M	−5	−2	−1	−2	−1	−3	−2	−3	−2	−1	−2	0	0	6							M
I	−2	−1	0	−2	−1	−3	−2	−2	−2	−2	−2	−2	−2	2	5						I
L	−6	−3	−2	−3	−2	−4	−3	−4	−3	−2	−2	−3	−3	4	2	6					L
V	−2	−1	0	−1	0	−1	−2	−2	−2	−2	−2	−2	−2	2	4	2	4				V
F	−4	−3	−3	−5	−4	−5	−4	−6	−5	−5	−2	−4	−5	0	1	2	−1	9			F
Y	0	−3	−3	−5	−3	−5	−2	−4	−4	−4	0	−4	−4	−2	−1	−1	−2	7	10		Y
W	−8	−2	−5	−6	−6	−7	−4	−7	−7	−5	−3	2	−3	−4	−5	−2	−6	0	0	17	W
	C	S	T	P	A	G	N	D	E	Q	H	R	K	M	I	L	V	F	Y	W	

图 3-6　PAM250　log-odd 矩阵

矩阵中得分大于 1 的氨基酸对彼此之间的替换在相关蛋白质中比其在随机蛋白质中常见，表明这两个氨基酸可能执行相似的功能。等于 1 的氨基酸对之间的替换在相关蛋白质和随机蛋白质中概率相同。得分小于 1 的氨基酸对在随机序列中比相关序列中替换的概率大，这样一对氨基酸在功能上是截然不同的

虽然 Dayhoff 等只发表了 PAM250，但潜在的突变数据可以外推至其他 PAM 值，产生一组矩阵。可以根据待比较序列的长度以及序列间的相似程度来选用特定的 PAM 矩阵，以发现最适合的序列比对。应该注意，PAM 与进化时间之间没有大致对应关系，因为不同的蛋白质家族的进化速率是不同的。一般，在比较差异极大的序列时，通常在较高的 PAM 值处得到最佳结果，如在 PAM200 到 PAM250 之间，而较低的 PAM 矩阵一般用于高度相似的序列。实践中用得最多且比较折中的矩阵是 PAM250。

蛋白质进化的 Dayhoff 模型是一个马尔可夫过程。按照这个模型，蛋白质序列中的每个氨基酸位点可以依照 PAM 矩阵，在任何时间突变到任意一种氨基酸，而且每个位点上的突变是独立于其他位点的，仅仅取决于在本位点上氨基酸的种类。Dayhoff 构建

PAM 矩阵的这个假设遇到了严峻的挑战。首先，假设每个氨基酸位点发生突变的可能性是相同的，事实上不同位点的突变能力是存在差异的。基因中存在突变热点区域，蛋白质中不同氨基酸位点的突变能力也存在差异。

另外，构建 Dayhoff PAM 矩阵的数据量相对较少，且主要是近缘球蛋白的，这使它的适用范围有一定局限性。Gonnet 等利用 1991 年的蛋白质数据库为基础，得到了 PAM250 的新版本打分矩阵——Gonnet92，由于构建这个矩阵的序列的差异较大，这个矩阵与 BLOSUM62 的相似度比它与 PAM250 更高。

5）模块氨基酸替换矩阵（blocks amino acid substitution matrix，BLOSUM）

BLOSUM 矩阵是 Henikoff 在 1990 年提出的另一种氨基酸替换矩阵，它也是通过统计相似蛋白质序列的替换率而得到的。但在评估氨基酸替换频率时，它应用了与 PAM 矩阵不同的策略。BLOSUM 矩阵是依据观察到的 2000 多个保守的氨基酸模块（block）中实际发生的替换建立起来的。这些模块是从包含 500 多个蛋白质家族的数据库 Prosite 中提炼出来的。蛋白质家族由具备相同生化功能的蛋白质所组成，每个蛋白质家族中都有保守的连续氨基酸模块，这些模块可作为蛋白质家族成员识别的标志。

Henikoff 首先研究了 Prosite 中每个蛋白质家族，寻找每个家族保守的连续氨基酸模块。由于这些模块出现在该蛋白质家族的每条序列中，所以他们利用这些模块去数据库中寻找蛋白质家族新成员。然后通过保守模块每一列上的氨基酸替换类型和数目来构建 BLOSUM 矩阵，矩阵中的元素显示了任何两种氨基酸之间发生替换的频率。与 PAM 矩阵相似，为了计算方便，BLOSUM 也转换为 LOD 矩阵（例 3.1）。

例 3.1 BLOSUM62 计分矩阵的计算

。。。。A 。。。。
。。。。A 。。。。
。。。。A 。。。。
。。。。A 。。。。
。。。。S 。。。。
。。。。A 。。。。
。。。。A 。。。。
。。。。A 。。。。
。。。。A 。。。。
。。。。A 。。。。

1. 由于祖先序列是未知的，这一列中的每个氨基酸都有可能是其他 9 个序列在这个位点可能的祖先；因此，需要对 $C_9^2=36$ 种可能的 AA 配对（f_{AA}）和 $C_9^1=9$ 种可能的 AS 配对（f_{AS}）进行比较。

2. 一个 AA 对实际出现的频率 $q_{AA}=f_{AA}/(f_{AA}+f_{AS})=36/(36+9)=0.8$；AS 对实际出现的频率为：$q_{AS}=f_{AS}/(f_{AA}+f_{AS})=9/(36+9)=0.2$。

3. A 出现在一个氨基酸对中的期望频率为：$p_A=(q_{AA}+q_{AS}/2)=0.8+0.2/2=0.9$，$S$ 出现的期望频率 $p_S=q_{AS}/2=0.1$。

4. AA 对的期望频率 $e_{AA}=p_A\times p_A=0.9\times 0.9=0.81$，AS 的期望频率 $e_{AS}=2\times 0.9\times 0.1=0.18$。

5. 因为 BLOSUM 矩阵输出的是实际出现频率和期望出现频率的比，对于 AA 对，比率为：$q_{AA}/e_{AA}=0.8/0.81=0.99$，AS 的比率为：$q_{AS}/e_{AS}=0.2/0.18=1.11$。

6. 上述两个比率都转化为以 2 为底的对数，再乘以 2(1/2 比特单位)。对 AA 矩阵输入 $s_{AA}=\log_2(q_{AA}+e_{AA})=-0.04$，对 AS 对，$s_{AS}=\log_2(q_{AS}+e_{AS})=0.30$。

但是计算每一列的氨基酸替换数目时，此蛋白质家族中亲缘关系近的序列中的替换被重复计算了多次，为了减小近缘成员替换数重复计算的影响，在计算模型中氨基酸替换之前，将这些近缘序列首先组合成一条序列，对于这条序列中氨基酸的替换取其平均值。那些相似度为 60%的模块组合到一起，用来构建 BLOSUM60 矩阵，同理相似度为 80%的模块用来构建 BLOSUM80 矩阵，依此类推。所以与 PAM 矩阵相似，也有一系列的 BLOSUM 矩阵。可以根据亲缘关系的不同来选择不同的 BLOSUM 矩阵进行序列比较。然而，BLOSUM 矩阵阶数的意义与 PAM 矩阵正好相反。低阶 PAM 矩阵适合用来比较亲缘较近的序列，而低阶 BLOSUM 矩阵更多是用来比较亲缘较远的序列。BLOSUM62 是一个应用很广的矩阵，根据经验，它能在较宽的相似度范围内，给出两条序列的最优比对（图 3-7）。

	C	S	T	P	A	G	N	D	E	Q	H	R	K	M	I	L	V	F	Y	W	
C	9																				C
S	-1	4																			S
T	-1	1	5																		T
P	-3	-1	-1	7																	P
A	0	1	0	-1	4																A
G	-3	0	-2	-2	0	6															G
N	-3	1	0	-2	-2	0	6														N
D	-3	0	-1	-1	-2	-1	1	6													D
E	-4	0	-1	-1	-1	-2	0	2	5												E
Q	-3	0	-1	-1	-1	-2	0	0	2	5											Q
H	-2	-1	-2	-2	-2	-2	1	-1	0	0	8										H
R	-3	-1	-1	-2	-1	-2	0	-2	0	1	0	5									R
K	-3	0	-1	-1	-1	-2	0	-1	1	1	-1	2	5								K
M	-1	-1	-1	-2	-1	-3	-2	-3	-2	0	-2	-1	-1	5							M
I	-1	-2	-1	-3	-1	-4	-3	-3	-3	-3	-3	-3	-3	1	4						I
L	-1	-2	-1	-3	-1	-4	-3	-4	-3	-2	-3	-2	-2	2	2	4					L
V	-1	-2	0	-2	0	-3	-3	-3	-2	-2	-3	-3	-2	1	3	1	4				V
F	-2	-2	-2	-4	-2	-3	-3	-3	-3	-3	-1	-3	-3	0	0	0	-1	6			F
Y	-2	-2	-2	-3	-2	-3	-2	-3	-2	-1	2	-2	-2	-1	-1	-1	-1	3	7		Y
W	-2	-3	-2	-4	-3	-2	-4	-4	-3	-2	-2	-3	-3	-1	-3	-2	-3	1	2	11	W
	C	S	T	P	A	G	N	D	E	Q	H	R	K	M	I	L	V	F	Y	W	

图 3-7　BLOSUM62 矩阵

BLOSUM 矩阵和 PAM 矩阵有几点不同。首先，PAM 矩阵是建立在一个进化的突变模型基础上的，它认为氨基酸的突变是一个马尔可夫过程，即每个位点氨基酸的突变是互相独立的，且与该位点上以前的突变无关。而 BLOSUM 矩阵没有明确的进化模型，它是根据同一蛋白质家族中序列保守的氨基酸模块中观察到的替换情况得到的。其次，PAM 矩阵统计了相关序列中的所有氨基酸位点，而 BLOSUM 矩阵只关心保守的氨基酸模块，不关心序列的整体相似程度。由于这些序列属于同一个蛋白质家族，功能相似，所以进化上它们应该有共同的祖先。BLOSUM 矩阵暗含的这个进化模型对亲缘关系远近不加区分，似乎它们同等在起源于一个共同祖先，这是蛋白质进化的一个星形模型（starburst model）。所以 PAM 矩阵适合于探索蛋白质进化轨迹，而 BLOSUM 矩阵适于寻找保守结构域。另外，Dayhoff 的 PAM 矩阵是在 1978 年建立的，由于当时数据库中的蛋白质数量还比较少，所以 PAM 矩阵是建立在少量相似度非常高的蛋白质数据基础之上的。而构建 BLOSUM 矩阵的数据量相对要大得多，且这些蛋白质序列之间相似度的差异非常大。

3.2.2 核酸的得分矩阵

1）等价矩阵（identity matrix）

等价矩阵是最简单的一种打分矩阵，其中，相同核苷酸匹配的得分为“1”，而不同核苷酸的替换得分为“0”（图 3-8 A）。

2）BLAST 矩阵

BLAST 是目前最流行的核酸序列比较程序。这也是一个非常简单的矩阵，如果被比的两个核苷酸相同，则得分为“+5”，反之得分为“−4”（图 3-8 B）。

3）转换-颠换矩阵

核酸的碱基分为两类：嘌呤（腺嘌呤 A、鸟嘌呤 G）和嘧啶（胞嘧啶 C、胸腺嘧啶 T）。嘌呤与嘌呤之间或者嘧啶与嘧啶之间的相互替换称为转换，嘌呤与嘧啶之间的相互替代则称为颠换。在进化过程中，转换发生的频率远比颠换高，转换-颠换矩阵正好反映了这种情况，其中转换的得分为“−1”，而颠换的得分为“−5”（图 3-8 C）。

A. 等价矩阵

	A	T	C	G
A	1	0	0	0
T	0	1	0	0
C	0	0	1	0
G	0	0	0	1

B. BLAST 矩阵

	A	T	C	G
A	5	−4	−4	−4
T	−4	5	−4	−4
C	−4	−4	5	−4
G	−4	−4	−4	5

C. 转换-颠换矩阵

	A	T	C	G
A	1	−5	−5	−1
T	−5	1	−1	−5
C	−5	−1	1	−5
G	−1	−5	−5	1

图 3-8 核酸替换矩阵

4）核酸的 PAM 矩阵

与 Dayhoff PAM 记分矩阵所用的模型相类似，States 等（1991）利用马尔可夫模型建立了一系列的核酸 PAM 矩阵。尽管这些矩阵最初的目的是用来提高序列数据库中相似性搜索的灵敏度，但它们也可以用于核酸比对记分。使用这些数据矩阵的优点在于它们建立在一定的进化模型上，同时可以评估局部比对程序所获记分的统计显著性。

为了建立这些 DNA PAM 矩阵，先要计算一个代表了 99%的序列保守性的 PAM1 突变矩阵，以及一个代表 1%突变的进化距离。在一个模型中，如果从一个核苷酸到另一个核苷酸突变的几率相同且 4 个碱基出现的频率也相同的话，那么在 PAM1 矩阵中代表不变化的 4 个对角线元素均为 0.99，而代表变化的另外 6 个元素是 0.00333。对于 PAM1 矩阵中一个给定的核苷酸，所选值使所有可能的变化总和为 1%（3×0.00333=0.00999）。如果转换发生的概率是颠换的 3 倍，则对应的 DNA PAM 1 矩阵，如图 3-9 所示。

A. 转换和颠换发生的概率相同

	A	G	T	C
A	0.99			
G	0.00333	0.99		
T	0.00333	0.00333	0.99	
C	0.00333	0.00333	0.00333	0.99

B. 转换发生的概率为颠换的 3 倍

	A	G	T	C
A	0.99			
G	0.006	0.99		
T	0.002	0.002	0.99	
C	0.002	0.002	0.006	0.99

图 3-9　核酸 PAM 1 突变矩阵

如同氨基酸矩阵一样，上述矩阵值被用于产生对数几率记分矩阵，它代表了进化距离中所期望的置换频率（图 3-10）。利用这些 PAM 1 矩阵，将其自乘 n 次可获得 PAM N 在一个进化距离的附加对数几率矩阵。

A. 转换和颠换发生的概率相同

	A	G	T	C
A	2			
G	−6	2		
T	−6	−6	2	
C	−6	−6	−6	2

B. 转换发生的概率为颠换的 3 倍

	A	G	T	C
A	2			
G	−5	2		
T	−7	−7	2	
C	−7	−7	−5	2

图 3-10　核酸 PAM 1 替换 LOD 矩阵

与蛋白质 PAM 矩阵相似，如果所比较序列相似度较高，那么最好选择较低阶的记分矩阵。随着 PAM 距离的增大，转换与颠换发生概率不同的模型中，错配得分可能由负变成正，表现为保守的替换。对于相似度较高的序列，这种模型可以提供更多的信息。

3.2.3　空位罚分体系

空位罚分是为了补偿插入和缺失对序列相似性的影响，但是在序列比对中引入的空位不能太多，否则会使序列的比对变得非常困难。由于没有什么合适的理论模型能很好地描述空位问题，因此空位罚分体系目前尚缺乏理论依据，而更多的带有主观色彩。

对应于一个遗传突变事件，不连续的空位可能对应于多个不同的突变事件，而一个突变的发生比多个突变同时发生的可能性要大。另外，在将 cDNA 与基因 DNA 比较时，通过改进的空位打分方式可以正确处理内含子。真核生物的基因是非连续的，在编码区域的外显子之间插入了内含子。在基因转录过程中，内含子被剔除，外显子连接起来形成完整的编码区域，成为成熟的 mRNA。通过反转录，根据 mRNA 形成 cDNA。因此，同一个基因的 cDNA 序列与 DNA 序列的差别主要反映在内含子的删除。这样，在根据基因的 cDNA 寻找 DNA 时，我们也希望对大片段连续空位的处理与孤立空位的处理有所区别。

一般有两种罚分方法，一是固定的罚分，即多个空位的罚分是多倍的一个空位罚分。例如，1 个空位为－5 分，那么 2 个空位为－10 分，3 个空位为－15 分，依此类推；另一种罚分方法称为仿射罚分（affine penalty），它由较大的空位引入罚分（gap open penalty）和较小的空位延伸罚分（gap extension penalty）两部分组成，可根据下面方程计算：

$$w_x = g + r(x - 1) \tag{3-1}$$

式中，w_x 是总的空位罚分；g 是引入第一个空位的罚分；r 是空位延伸罚分；x 是总共引入的空位的长度。应该注意的是，有时也会采用方程 $w_x = g + r(x-1)$ 来计算空位罚分。这时引入第一个空位时，就没有延伸空位罚分部分。尽管这种差异并不会影响比对结果，但使用某个软件时，需要了解清楚它用的是哪种罚分系统，以确保得到正确的比对结果。

空位罚分的大小对序列比对结果有直接的影响。如果与替换矩阵相比，空位罚分较高，在整个比对中空位出现的概率就非常小；相反，如果空位罚分相对于替换矩阵要低得多，那么空位就可能出现在比对的任何地方，以尽可能地使相同的碱基匹配。目前大多数的比对程序都会为记分矩阵提供一个适合大多数情况的空位罚分。在一些普遍使用的程序如 GCG 和 FASTA 中，记分矩阵中就包含了默认的空位罚分值。

除了序列内部的空位，空位也可出现在序列两端，对于两端的空位，可以像序列中的空位一样给予相同的罚分，也可以不罚分，视情况而定。如果比较两条序列长度相似的同源序列，很显然对于末尾的空位应该给予与内部空位相同的罚分。如果参与比对的两条序列进化关系不清楚，而且长度相差较大，则可以对末尾空位不予罚分。

3.3 两条序列比对方法

两条序列的比对通常有三种方法可以实现，即点阵分析法（dot matrix analysis）、动态规划法（dynamic programming algorithm）和词或 K 串法（BLAST 或 FASTA 中所用算法）。

如果两条序列相似度不是非常高，我们一般会先采用点阵法进行分析。因为点阵法能将所有可能的比对结果用该矩阵的对角线表现出来。点阵法还能显示插入/缺失及序列内部正向和反向重复的存在，这是其他比对方法很难做到的。这种方法的局限性在于大部分的点阵分析程序无法给出一个真正的比对结果。

动态规划首先是由计算机科学家提出来的一种算法，它从数学意义上可以保证结果是最优的。

Needleman 和 Wunsch（1970）首先将动态规划法应用于序列全局比对。Smith 和 Waterman（1981）将该方法用于局部比对。在给定的得分系统下（选择合适的记分矩阵和空位罚分系统），动态规划方法能保证给出最优比对结果。正因为如此，动态规划算法得到了广泛的应用。但是随着序列长度的增加，计算步骤和对计算机的内存的要求也会成平方或立方增长，所以当序列较长时，使用这种方法的效率会变得很低。

FASTA 和 BLAST 采用的是词或 K 串方法。这些方法通过搜索序列间完全相同的一短串字符（即词或 K 串），然后通过动态规划方法把这些词语连接成比对结果。这些方法的优点是速度很快，适用于搜索整个数据库，寻找与待查询序列比对结果最好的序列，得到的比对结果在统计上是可靠的。这部分内容将在本书的第 5 章详细介绍。

3.3.1 点阵法

点阵法是最基本的，也是很重要的一种可视化序列比对方法。它首先由 Gibbs 和 McIntyre 于 1970 年提出，可用于寻找两条序列中所有可能的比对。

进行点阵分析时，首先要建立一个矩阵，两条序列的长度分别是矩阵的行数和列数。一条序列（A）置于矩阵顶部，而另一条序列（B）则列在矩阵左侧。从 B 的第一个字符开始，然后沿着该矩阵的第一行移动，在 A 中具有同样字符的单元用点标志。然后，将 B 中的第二个字符与整个 A 序列比较，在匹配的位置以点标志。继续该过程，直到整个矩阵填充完毕。这是按行填充的模式，按列填充是同样道理（图 3-11）。矩阵中的点表示了两条序列所有可能的匹配。所有的相似区域表现在图上都是斜对角线方向的一连串点。对角线以外的孤立点表示随机匹配，没有任何生物学意义。

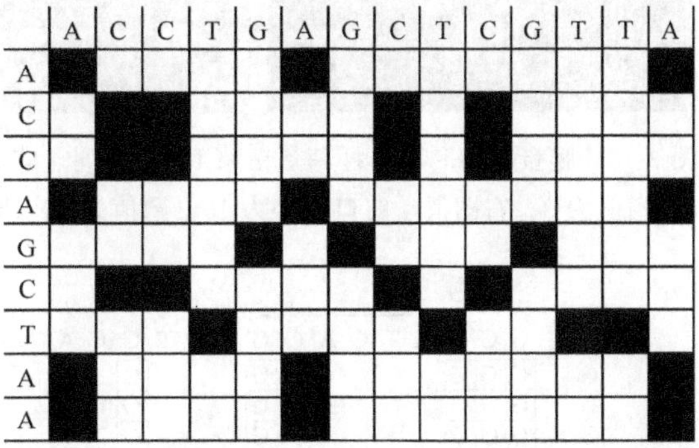

图 3-11　点阵分析方法

从点阵中过滤掉随机匹配可以明显地降低点阵图的噪声，并且可以明确地指出两条序列间具有显著相似性的区域。过滤是指通过一个滑动窗口（sliding window）来比较两条序列。滑动窗口需要设定两个参数，窗口大小（window size）和阈值（threshold or stringency）要求。窗口大小设置的是每次检查的相邻核苷酸的数目，阈值就是在这些相邻的核苷酸中需要完全匹配的最小字符数（图 3-12）。以窗口大小为 10，阈值为 8 为例，首先，将序列 A 的第 1～10 个字符与序列 B 的第 1～10 个字符进行比较。如果在第一次比较中，这 10 个字符中有 8 个或者 8 个以上相同，那么就在点阵空间（1,1）的位置画上点标记。然后窗口沿 x 轴向右移动一个字符的位置，比较 x 轴序列的第 2～11 个字符与 y 轴序列的第 1～10 个字符。不断重复这个过程，直到 A 序列中所有长度为 10 的字符串都与 B 序列中第 1～10 个字符串比较过为止。然后，将 B 序列的窗口向下移动一个字符的位置（2～11 个字符），重复以上过程，直到两条序列中所有长度为 10 的字符串都被两两比较过为止。

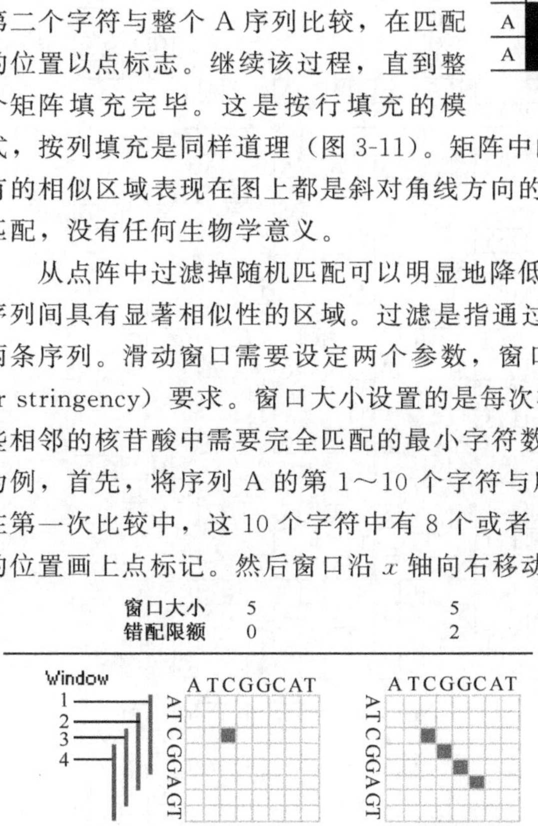

图 3-12　使用滑动窗口，进行点阵分析。左图窗口大小为 5，阈值为 5；右图窗口大小为 5，阈值为 3

由于组成 DNA 的核苷酸只有 4 种，而组成蛋白质的氨基酸有 20 种，所以点阵法进行 DNA 序列比对时，噪音过滤一般要选取较大的窗口。DNA 序列比较的典型选项是窗口大小为 15，阈值为 10；蛋白质一般不需要过滤，不过选取 2 或 3 作为窗口大小，阈值为 2 可以突出匹配区域（图 3-13）。

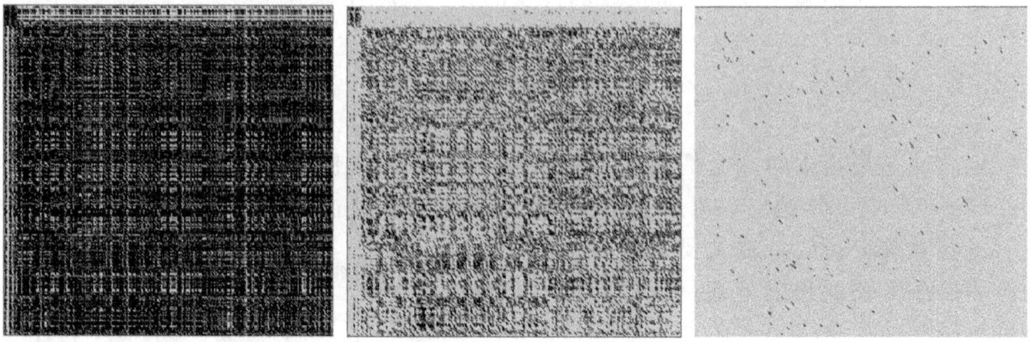

图 3-13　胰蛋白酶和枯草杆菌蛋白酶 DNA 序列点阵分析结果。左图未加过滤，中图滑动窗口大小为 5，阈值为 3；右图滑动窗口大小为 15，阈值为 10（http://www.vivo.colostate.edu/molkit/dnadot/）

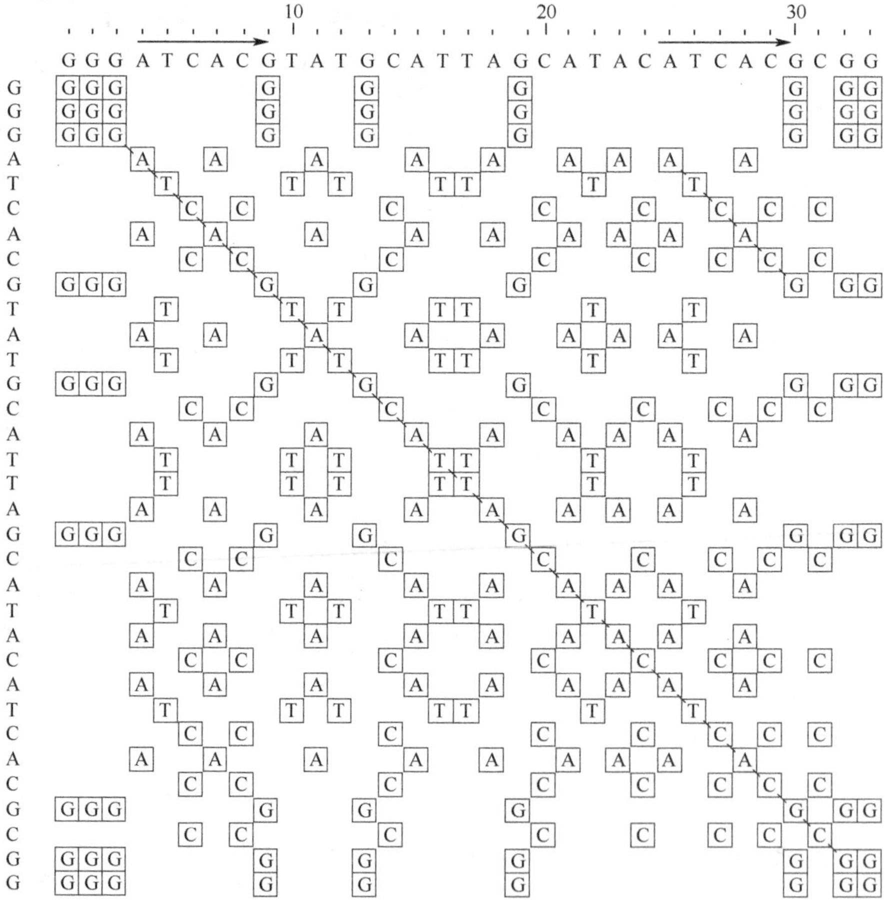

图 3-14　点阵法寻找序列内部重复区域

这条序列的 5～9 和 25～30 为正向重复区域，即图上斜对角线方向用实线连接起来的部分点阵法用于序列比对的主要优点是可以直观地发现两个序列间的所有可能的匹配。这些匹配可以通过动态规划法等其他比对方法来检测。通过比较点阵法和动态规划法产生的最优的比对结果，可以了解是否最长匹配区域得到正确匹配，插入和缺失是否置于最合理的位置。

点阵法还可用于寻找 DNA 或蛋白质序列内部的重复或反向重复区域（图 3-14，图 3-15），整条染色体中的重复区域可通过点阵法检测得到。

大多数序列比对软件包都包含点阵分析的子程序，表 3-1 给出了一些常见的点阵分析软件。

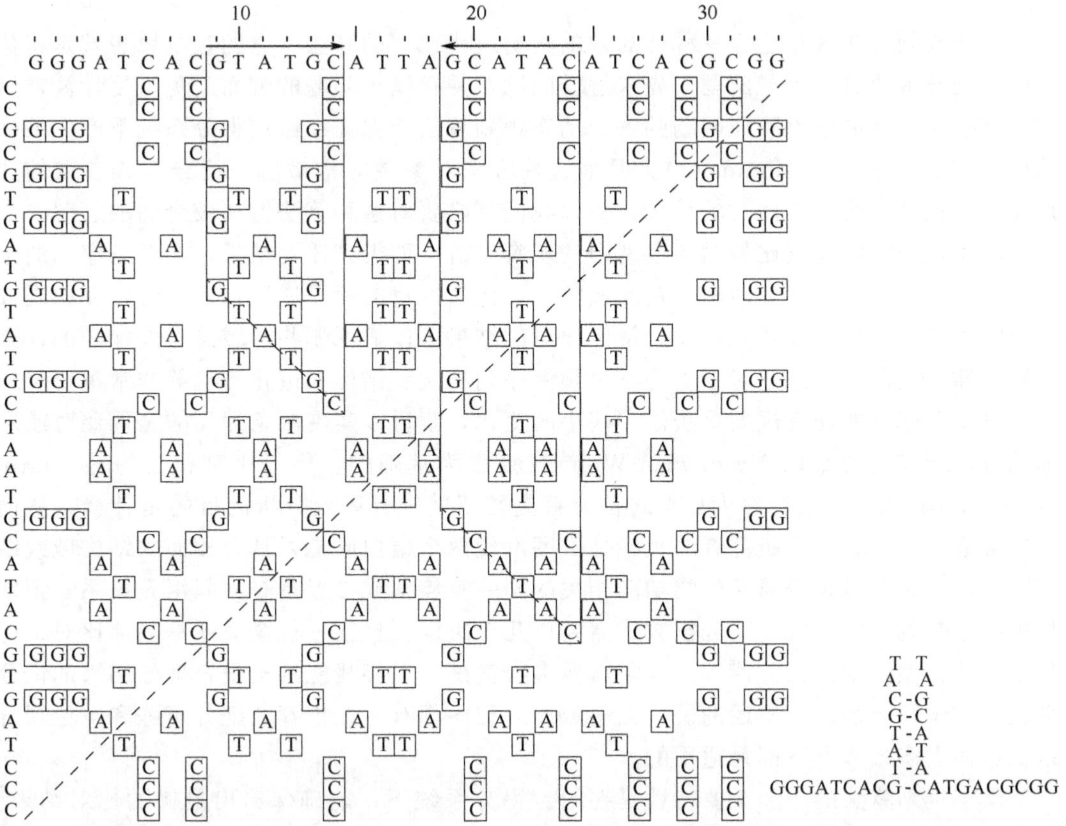

图 3-15 将某序列与其反向互补序列进行点阵分析，寻找其中的反向互补区域，这个区域可能形成右图所示的发夹结构

表 3-1 常见的点阵分析软件或提供点阵分析的网站

软 件	网 址
DOTTER	http://www.cgb.ki.se/cgb/groups/sonnhammer/Dotter.html
COMPARE，DOTPLOT	http://www.accelrys.com/products/gcg/
DOTTUP	http://bioweb.pasteur.fr/seqanal/interfaces/dottup-simple.html
DOTMATTER	http://bioweb.pasteur.fr/seqanal/interfaces/dotmatcher-simple.html
DOTPATH	http://bioweb.pasteur.fr/seqanal/interfaces/dotpath-simple.html
DOTLET	http://myhits.isb-sib.ch/cgi-bin/dotlet
EMBOSS	http://emboss.sourceforge.net/download/

3.3.2 动态规划算法

3.3.2.1 算法简介

进行序列的两两比对最直接的方法就是生成两条序列所有可能的比对，分别计算得分，然后挑选一个得分最高的比对作为最终结果。但是，两条序列可能的比对数非常多，是序列长度的指数函数，随着序列长度的增长，计算量呈指数增长。从算法时间复杂性的角度来看，这种比对方法显然不合适。因此，必须设计高效的算法以找出最优的比对。

动态规划算法就是这样一种能高效的给出最优比对的算法。它的基本思想就是将待求解问题分解成若干个子问题，先求解子问题，并存储子问题的解而避免重复计算，然后从这些子问题的解得到原问题的解。动态规划算法能保证在给定得分系统下产生最优的比对结果（optimal alignment）。但是这种方法对参数非常敏感，记分系统参数的选择在很大程度上决定着比对的结果，所以我们有必要对这种算法做比较全面的了解。

动态规划算法通过比较两条序列中的所有字符对而得到比对结果，在两条序列的某个位点，比对结果可以是匹配、错配或空位，比对的目的就是通过加入空位，使相同或相似的字符匹配的数量达到最高。最优比对的结果可以显示哪些区域是高度保守的，哪些属于插入或缺失，这些对于生物学家预测序列功能、结构和进化信息等非常重要。

只要对基本的动态规划算法做一些小的变化，就可以实现两条序列的全局比对或局部比对。全局比对是以 Needleman-Wunsch 算法为基础的，局部比对利用的是 Smith-Waterman 算法。在进行序列比对之前，首先要清楚进行序列分析的目的是什么，从而选择合适的算法。如果研究者的兴趣是试图发现两个蛋白质是否具有相似的结构域或结构特征，还是两者是否属于生物功能相关的同一家族抑或二者具有共同祖先关系。预期目标将影响到分析方式。对分析方式需要作几个决定，包括进行全局还是局部比对、记分矩阵的类型及空位罚分值等。通常需要多次尝试，以寻找能给出最合理的结果的记分系统和空位罚分系统。幸运的是，大多数比对程序都有一个推荐的记分矩阵和空位罚分系统，在大多数情况下都是适用的。

动态规划算法的一个重要特性是在给定得分系统下，能确保给出最优的比对结果。然而，需要了解的是，两条序列最优的比对方式可能不止一种，而且还有大量的次优比对（suboptimal alignment），从生物学意义上来说，有时这些次优比对可能更合理。大多数的序列比对软件只给出一种比对结果。有时这些多个最优比对之间差异并不大，它们只是在两条序列相似度较低的区域存在不同；有时可能是序列内部的重复序列或其他特殊的特征造成了多种最优或次优比对方式。有些程序（如 LALIGN）可以提供若干完全不同的比对，这些比对具有不同的匹配位置，可以通过比较来增加最优分的可信度。

对于非常相似的序列（如相似度＞95％），序列比对通常十分明显，获得这样的比对甚至用不着计算机程序。随着序列相似性降低，比对的难度增加，可信度也随之降低。对于蛋白质序列，相同氨基酸在20％左右时，相似区域仍可辨别。在这种情况下，比对中错配氨基酸和空位的相对数目就不得不根据经验来确定。对给定的记分矩阵，哪个空位罚分标准效果最好，也要由经验确定。在此相似度水平上的序列比对被 Doolittle 称作序列比对的“模糊区”。比对程序可能会提供一个可靠的比对，提示这两个序列是同源的。但这种情况下需要评价比对得分的统计显著性。

3.3.2.2 Needleman-Wunsch 算法

全局比对动态规划算法是 Needleman 和 Wunsch 在 1970 年提出的，得到了非常广泛的应用。下面我们来具体介绍。首先假设我们要对两条序列 a 和 b 进行比对分析，它们的长度分别为 M 和 N。序列 a 的第 i 个残基为 a_i，序列 b 的第 j 个残基为 b_j。要进行序列比对，还需要一个记分矩阵和空位罚分模型。记分矩阵如常用的 PAM250 或 BLOSUM62 能给出匹配和错配的分值，空位罚分模型对引入的空位进行罚分。

两条序列动态规划算法由四部分组成：最优分的递归计算方法；存储子问题的最优分的动态规划矩阵；给出子问题最优解的矩阵填充过程和寻找最优比对路径的回溯方法。

1）最优分的递归计算方法

两条序列比对的结果由一列列的字符表示的，情况有 3 种：某一列的两个字符完全相同则为匹配，不同则为错配，或者某条序列中引入空位。两条序列比对结束的方式也有 3 种，即两个残基 a_M 和 b_N 匹配或错配而出现在同一列中；a_M 与一个空位出现在同一列中，b_N 出现在之前的某列中；或 b_N 与一个空位出现在同一列中，a_M 出现在之前的某列中。最优比对结果就是上述情况中得分最高的那一个。

对于上述 3 种情况，动态规划算法给出了计分方法[$S(M-1,N-1)+S(a_M,b_N)$]、[$S(M-1,N)-d$]和[$S(M,N-1)-d$]，三者中的最大值就是到达 a_M 和 b_N 的最优比对结果。这里 d 为这个位置的空位罚分值，$S(a_M,b_N)$为 a_M 和 b_N 匹配或错配的记分值。之所以这样计算是因为动态规划是把一个问题分解成了若干独立的子问题，从子问题入手来得到整个问题的解。所以序列 $a_1\cdots a_{M-1}$ 和 $a_1\cdots b_{N-1}$ 的最优比对结果不会因为加入了 a_M 和 b_N 两个残基而受到影响。要得到 $S(M,N)$，我们还需要 $S(M-1,N-1)$，$S(M-1,N)$，$S(M,N-1)$这 3 个分值。要得到以上 3 个分值，还需要另外 9 个分值，$S(M-2,N-2)$，$S(M-2,N-1)$，$S(M-1,N-2)$，$S(M-2,N-1)$，$S(M-2,N)$，$S(M-1,N-1)$，$S(M-1,N-2)$，$S(M-1,N-1)$，$S(M,N-2)$，依此类推(图 3-16)。

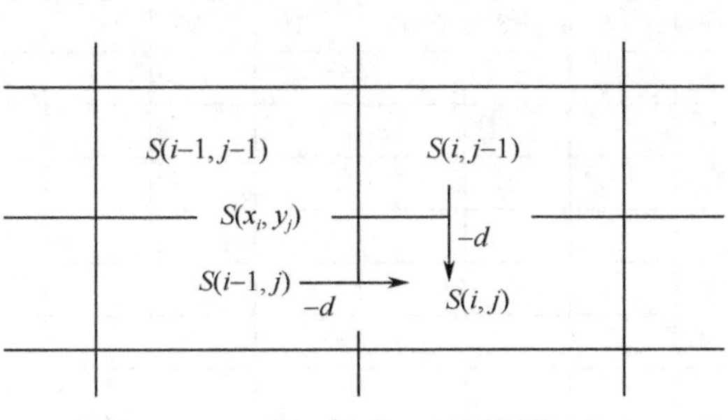

图 3-16 最优分的递归计算方法的图示

据此我们可以写出一个概括性的公式

$$S(i,j)=\max\begin{cases}S(i-1,j-1)+S(a_i,b_j)\\S(i-1,j)-d\\S(i,j-1)-d\end{cases}\tag{3-2}$$

2）用来存储子问题的最优分的动态规划矩阵

如果仔细查看上面自底向上第二次递归时，列出的需要计算的 9 个分值，你会发现，它们之中有重复。为了避免重复计算，需要一个方法来记录已经计算过的分值（子问题的解），这是动态规划算法与简单递归方法的一个重要差异。

两条序列动态规划算法比对需要建立一个二维的矩阵，行向量 i 从 0 到 M，列向量 j 从 0 到 N，将解决每个子问题的最优解存储在这个矩阵中，从而避免重复计算。

3）给出子问题最优解的矩阵填充过程

动态规划矩阵建立起来以后，就可以用它来记录每个子问题的最优解，以自底向上的方式对其进行填充。对于第 0 行和第 0 列，只有引入空位一种比对方式，所以 $S(0,0)=0$；$S(i,0)=wi$；$S(0,j)=wj$。完成了 0 行 0 列赋初值，就可以利用上面提出的递归计算方法来对整个矩阵进行填充，在填充矩阵元素的同时，还需要记录每个单元的得分来自哪种比对方法，是匹配/错配，还是在其中一条序列中引入了空位。

4）矩阵回溯以寻找最优比对路径

一旦整个矩阵填充完毕，就可以得到最优比对得分，即矩阵中最后一个得分，$S(M,N)$。要找出最优比对方式，我们还需要对整个矩阵进行回溯。从矩阵的最后一个单元（M，N）开始，根据填充时记录的路径，直到回溯到第一个单元（0，0）。根据回溯路径，就得到了两条序列的最优比对结果。

例 3.2 利用 Needleman-Wunsch 算法对两条 DNA 序列进行全局比对。

两条 DNA 序列，a= ATTCCAAG，b= TTCGAGT，得分系统为匹配+4 分，错配−3 分，每个空位−4 分。两条序列动态规划算法进行全局比对分三步。

（1）给动态规划矩阵 0 行 0 列赋初值。

	—	A	T	T	C	C	A	A	G
—	0	−4	−8	−12	−16	−20	−24	−28	−32
T	−4								
T	−8								
C	−12								
G	−16								
A	−20								
G	−24								
T	−28								

(2) 按照最优分的递归算法填充动态规划矩阵。

	–	A	T	T	C	C	A	A	G
–	0	–4	–8	–12	–16	–20	–24	–28	–32
T	–4	–3	0	–4	–8	–12	–16	–20	–24
T	–8	–7	1	4	0	–4	–8	–12	–16
C	–12	–11	–3	0	8	4	0	–4	–8
G	–16	–15	–7	–4	4	5	1	–3	0
A	–20	–12	–11	–8	0	1	9	5	1
G	–24	–16	–15	–12	–4	–3	5	6	9
T	–28	–20	–12	–11	–8	–7	1	2	5

(3) 从最后一个单元格开始，回溯最优比对路径。

	–	A	T	T	C	C	A	A	G
–	0	–4							
T			0						
T				4	0				
C					8	4			
G						5	1		
A							9	5	
G									9
T									5

最优比对方式有许多种，这里只列出其中两种。

A T T C C A A C —
  | | | | | |
— T T — C G A G T

A T T C C A A G —
  | | | | | |
— T T C G A — G T

Needleman-Wunsch 算法保证两个序列间在序列全长上的匹配数目最大。为了防止比对结束后还遗留有额外的序列，可以在尾端用空位补齐。这些尾端的空位大多数情况下是要罚分的，但也有例外。

全局比对主要用于不同物种中的相同基因或蛋白质，或者同一物种中相似的基因或蛋白质的比较，目的是寻找基因家庭成员，探索物种间或某个基因或蛋白质的进化关系。局部比对则是用来寻找两条序列中相似的片段或保守的结构域。利用动态规划方法对两条序列局部比对采用的是 Smith-Waterman 算法。

3.3.2.3 Smith-Waterman 算法

局部比对的应用范围比全局比对更广。用它能寻找两条序列中局部保守的结构域，也可用于两条长度差异较大的序列的比对，或者寻找两条整体相似度不高的序列中的保守位点，以及两条序列重叠区域的寻找等。但是当两条序列在多个区域保守，而这些保守区域之间又间隔着一些差别较大的区域时，Smith-Waterman 算法是不太适用的。基因组序列的比较就是这样一个例子，对这样的序列进行局部比对分析是一个比较困难的问题。

Smith-Waterman 算法与 Needleman-Wunsch 算法最主要的差异有两点。首先，在动态规划矩阵的每个单元格的计算增加了一条路径（3-3），当其他 3 条路径的分值都小于 0 时，此单元格取 0 分。也就是说如果最优比对到达某个位置的时候，得分小于 0，此时最好开始一个新的局部比对，而不是在原有比对基础上继续延伸。所以 0 行 0 列赋值都为 0，而非全局比对的 $S(i,0)=w_i$；$S(0,j)=w_j$。局部比对与全局比对的另一个区别是它可以在动态规划矩阵中任何位置结束。所以我们回溯不是从最后一个单元开始，而是从整个矩阵中的最大元素所在的单元格开始，遇到 0 即结束，而不需要回溯到矩阵的第一个元素。

$$S(i,j)=\max\begin{cases}S(i-1,j-1)+S(a_i,b_j)\\S(i-1,j)-d\\S(i,j-1)-d\\0\end{cases}\tag{3-3}$$

例 3.3 利用 Smith-Waterman 算法对两条 DNA 序列进行局部比对。

两条 DNA 序列，a＝ATTCCAAG，b＝TTCGAGT，得分系统为匹配＋4 分，错配－3 分，每个空位－4 分。两条序列动态规划算法进行局部比对分三步。

（1）给动态规划矩阵 0 行 0 列赋初值。

	—	A	T	T	C	C	A	A	G
—	0	0	0	0	0	0	0	0	0
T	0								
T	0								
C	0								
G	0								
A	0								
G	0								
T	0								

(2) 按照最优分的递归算法填充动态规划矩阵。

	–	A	T	T	C	C	A	A	G
–	0	0	0	0	0	0	0	0	0
T	0	0	4	4	4	0	0	0	0
T	0	0	4	8	4	0	0	0	0
C	0	0	0	4	12	8	4	0	0
G	0	0	0	0	8	9	5	1	4
A	0	4	0	0	4	5	13	9	5
G	0	0	1	0	0	1	9	10	13
T	0	0	4	5	1	0	5	6	9

(3) 从矩阵中分值最大的单元格开始，回溯到 0 为止得到最优比对路径。

	–	A	T	T	C	C	A	A	G
–		0							
T			4						
T				8	4				
C					12	8			
G						9	5		
A							13	9	
G									13

最优比对结果有多种，这里列出其中两种。

```
T T C C A A G
| |   |   | |
T T — C G A G

T T C C A A G
| | |   |   |
T T C G A — G
```

3.3.2.4 得分系统的选择与算法的关系

动态规划算法能从数学意义上保证得到一个最优的比对，但能否得到生物意义上正确的比对与所选择的得分系统有密切的关系，与算法无关。Needleman-Wunsch 算法本身并不能保证得到的比对结果是全局的，同样 Smith-Waterman 算法也不能保证一定得到两条序列的局部比对结果。得分系统（记分矩阵和空位罚分）对最终比对结果有非常大的影响。

判断一个比对结果是全局的还是局部的最简单的方法就是观察空位出现的情况。如果匹配区域长，覆盖了序列的大多数区域，而且明显有许多空位，这个比对就是全局的。而局部比对匹配区域相对较短，空位出现的较少。然而，这种判断方法带有较强的主观色彩，需要有更精确的方法来确定所用程序和记分系统提供的是全局或局部的比对。最好的方法是利用这个得分系统对随机或完全无关的序列进行比对。观察比对结果，如果随着参与比对的随机序列的长度增加，比对得分会成比例地增加，这样的程序和记分系统比较适宜全局比对。相反最优分不随序列长度成比例增加则得分系统适宜进行局部比对。正是随机序列在比对的分值和序列长度之间的这种差异将局部和全局比对区分开来。

在实际应用中，需要首先选择基于合适算法的程序，然后仔细选择得分系统。牢记得分系统的微小变动就可能导致比对结果非常剧烈的变化。

表 3-2 列出了一些网络上常见的序列比对程序。

表 3-2 常用的提供两条序列比对的网站

网站或软件名称	网 址
Likelihood-weighted sequence alignment	http://stateslab.bioinformatics.med.umich.edu/service
PipMaker (percent identity plot)	http://bio.cse.psu.edu
BCM Search Launcher	http://searchlauncher.bcm.tmc.edu/seq-search/alignment.html
SIM	http://us.expasy.org
GAP, NAP	http://genome.cs.mtu.edu/align/align.html
FASTA program suite	http://fasta.bioch.virginia.edu
Pairwise BLAST	http://www.ncbi.nlm.nih.gov/gorf/bl2.html
AceView	http://www.ncbi.nlm.nih.gov/IEB/Research/Acembly
BLAST	http://genome.ucsc.edu
GeneSequer	http://www.bioinformatics.iastate.edu/bioinformatics2go/

3.4 多条序列比对方法

3.4.1 多条序列比对简介

随着测序以及测序后拼接技术的进步，生物序列成海量增长。包括人类基因组在内，越来越多的生物基因组已经被测定，并且建立了大量的数据库。新测定的序列，往往可以通过数据库相似性搜索找到已经测定的同源序列。通过分析大量序列，人们发现了不同生物的 DNA 序列通常是相关的。在不同的物种中保守的相似基因通常具有相似的甚至是相同的功能。由于自然选择的力量，突变或重组等会改变序列的功能，在有机体内基因和蛋白质序列同时体现出保守和变异的特征。通过多条序列比对可以发现在不同有机体内的保守序列，有助于新测定序列的功能的推断及发现自然选择对序列进化的影响。

由于多条序列比对对研究和发现分子结构与功能具有巨大的功能和影响，故其计算方法受到了极大的关注。从 20 年前第一个多条序列比对软件发布以来，这方面的研究便一直成为计算生物学研究的热点问题之一。目前已有许多针对特定情况的多条序列比对算法和软件。这些算法和软件主要集中在 4 个方面：多条块比对、多条片段比对、多条局部比对、多条全局比对（图 3-17）。多条序列比对在生物学中有着广泛的应用范围。

A. 多条块比对

```
NSENGTCYPGY     FADYE    ELREQLSSVSS     FERFE     IFPKESSWPN
NSENGTCYPGY     FADYE    ELREQLSSVSS     FERFE     IFPKESSWPN
NPENGTCYPGY     FADYE    ELREQLSSVSS     FERFE     IFPKESSWPN
NSDNGTCYPGY     FINYE    ELREQLSSVSS     FERFE     IFPKTSSWPN
```

B. 多条片段比对

```
QNVHPVTIGECPKYVRSTKLRMVTGLRNIPSIQSR--------------NIGDQRAIYHT
QNVHPVTIGECPKYVRSTKLRMVTGLRNIPSIQSR--------------NIGDQRAIYHT
QNVHPVTIGECPKYVRSTKLRMVTGLRNIPSIQSR--------------NIRDQRAIYHT
QNIHPVTIGECPKYVRSTKLRMATGLRNIPSIQSRGLFGAIAGFIEGGWTSTDQQSLYQN
```

C. 多条局部比对

```
-------QNVHPVTIGECPKYVRSTKLRMVTGLRNIPSIQSR--------------NIGDQRAIYHT
-------QNVHPVTIFGAIKYVRSTKLFIEGGWRSIPSIQSR---------KSTKLNIGDQRGAIAT
-------QNVHPVHIGECPKYVRSTKLRMVTGLRNIPSIQSR--------------NIGDQRAIYHT
PSIQ---QNIHPVTIGECPKYVKSTKLRMATGLRNIPSIQSRGLFGAIAGFIEGGWNIGDQQSLYQN
```

D. 多条全局比对

```
-----THSELMQGVVLPPMYEVTPHMFTNSEVIDKAYTAKMTQTAG------EFYMSFTGSKKNPEQRVAYF
THSELMQGVVLPPMYEVTPHMFTNSEVIDKAYAAKMTQTAG------EFYMSFTGSKKNPEQRVAYFGEDIG
IHSELTQHVVLPPLYEVTPHLFTNSEVIQEAYKAKMTQTAA------KIESHFTGSKSNPEQRVAYFGEDIG
IRKEEMRSVRLPNIVEIFPSMFVPVITLGELEHRVQESTPDQEVVLTEYGPEFSSTHLKPERVAYWREDINA
ILLLLSLPVLAGAITMLLTDRNLNTSFFDPAGX---------GDP------------VLYQHLFWFFGHGHH
```

图 3-17 A. 多条块比对扫描在多条序列比对中只有替换没有空位的区域；B. 多条片段比对扫描序列中指定的区域并进行比对；C. 多条局部比对通过比对发现序列中极为相似的片段；D. 通过多条全局比对使比对结果中出现最多相同的列

3.4.1.1 功能注释

功能注释的正确性对于序列的研究起着至关重要的影响。进行功能注释的经典方式是通过 Blast、HMM 等程序进行数据库搜索寻找同源序列等结构数据库进行序列功能注释。

但是通过搜寻最相似的同源序列进行序列功能注释而缺乏试验验证的方法有可能会造成序列注释的错误。例如，对于蛋白质序列，同一个蛋白质家族内的序列也会有一定的差别，所以仅仅以所含相同氨基酸的百分比判断同源性这种估计的方法有时会造成严重的错误。全局多条序列比对方法可以对经典的数据库搜寻同源法进行必要的补充。当使用生殖支原体序列（mycoplasma genitalium，NCBI 查询号为：P47687）进行 Blastp 搜索时，发现结果中存在大量苯丙氨酰-tRNA 合成酶（phenylalanyl-tRNA synthetase beta subunit）序列，按照传统的方法，生殖支原体会被推断有 tRNA 合成酶的功能。但是在进行多条序列全局比对后发现，生殖支原体序列只与苯丙氨酰-tRNA 合成酶的一部分相同。通过三维结构的比对发现相同的部分是由于生殖支原体和苯丙氨酰-tRNA 合成酶都含有 B2 结构域。

3.4.1.2 系统发育分析

多条序列比对是所有系统发育分析的基础，通过比对可以发现待验证的同源性（以相同的一列表现出），并以此为基础进行系统进化分析。Morrison 和 Ellis 检验了不同的序列比对情况对于最终系统发育构建结果的影响，他们发现系统发育结果更取决于多条序列比对的结果，而不是构建的方法。

在一个多条比对中残基变化的数目或类型是系统发育分析的基础。多条序列比对为遗传发育的推断提供了基本的信息。如图 3-18 所示，序列进化的信息包含在多条序列比对后的每一列中。这些列中既有遗传于祖先序列的信息，也包括在进化历程中由于突变、插入、缺失等原因造成的序列变化的信息。插入、缺失等事件的位置不同，对于系统进化历程的推断有着直接的影响。

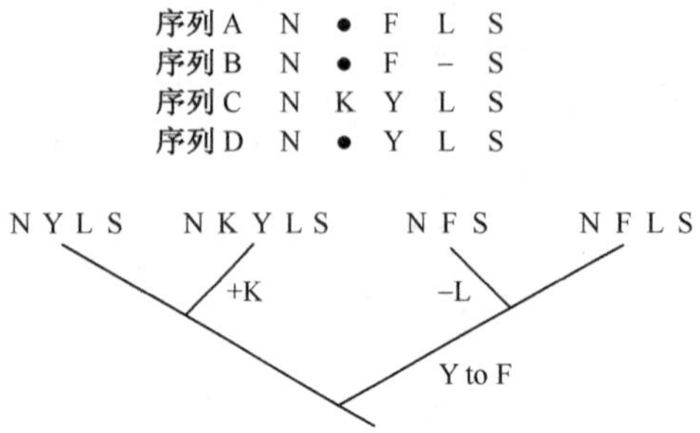

图 3-18 使用多条序列比对进行进化分析，上图中是四条蛋白质序列多条序列比对结果，从结果中可以发现突变、插入、缺失等事件。下图是由多条序列比对结果所推断的进化树，在该树中祖先序列被认为是 D，通过 Y 到 F 突变产生了序列 A，序列 B、C 分别是通过序列 D 中插入 K 和序列 A 中缺失 L 所产生

3.4.1.3 多条序列比对与同源结构建模的关系

相似的蛋白质序列预示着结构的相似性，准确的序列比对可以为结构预测提供一个可行的途径。因此，人们开发了基于多条序列比对的蛋白质二维结构及三维结构预测的方法。Jones 等通过使用多条序列比对发现支原体基因组中 46％的可读框所编码的蛋白质可以通过多条序列比对找到结构相同的同源蛋白质。随着结构生物学的发展以及蛋白质结构数据库容量的增长，通过同源序列进行多条序列比对预测蛋白质序列结构这种方法的准确性会越来越高。

3.4.1.4 多条序列比对与药物设计的关系

通过多条序列比对可以发现序列特定的、具有特殊保守性状和物理化学性质的区域，因此可以通过多条序列比对发现保守的结构元件、定位信号及特定蛋白质家族或亚家族的特征功能元件。对于实验生物学来说，特定的反应元件对于决定新蛋白质家族的性质起着十分重要的作用。并且可以通过多条序列比对发现具有特定的物理化学特性的区域，并以此为基础进行药物设计。

3.4.2 多条序列全局比对

在过去的 20 年中，多条序列比对的算法层出不穷。但是只有少量的算法在现实中得以实现。造成这种现象最重要的原因是由于新的算法并没有在序列比对理论上有所突破，大多数的改进只是相对于以前的结果而言。目前的算法可以分为：精确算法（exact algorithm）、累进算法（progressive algorithm）、迭代算法（iterative algorithm）、随机迭代算法（stochastic iterative algorithm）、基于一致性算法（consistencybased algorithm）、遗传算法（genetic algorithm）、隐马尔科夫算法（hidden Markov model）等，由于篇幅的原因本书着重介绍精确算法、累进算法、迭代算法及遗传算法。

3.4.2.1 精确算法

在理论上，用于两条序列全局比对 Needleman-Wunsch 算法（N-W method）只需将原始的计分矩阵拓展为 N 维空间，就可以进行任意 N 条序列的全局比对。3 条序列的多条序列比对可以用一个立方体表示（图 3-19）。将三条序列 A、B、C 分别置于立方体的 x、y、z 轴上。立方体表面上的区域Ⅰ定出了序列 A、B 最优比对的边界，而区域Ⅱ及区域Ⅲ分别定出了序列 B、C 和序列 A、C 最优比对的边界。区域Ⅳ位于立方体内部，它是区域Ⅰ、Ⅱ、Ⅲ在立方体内部的投影，A、B、C 三条序列的最优多条序列比对就位于该区域中。对更多的序列，类似的分析可以在相应的高维空间中完成。实际上，多条序列比对是通过将多条比对中相应的两条序列比对分数相加来计算立方体格子中的多条比对记分的，这种方法就是 SP 方法（sum of pair），而最优比对以最优 SP 记分为基础。

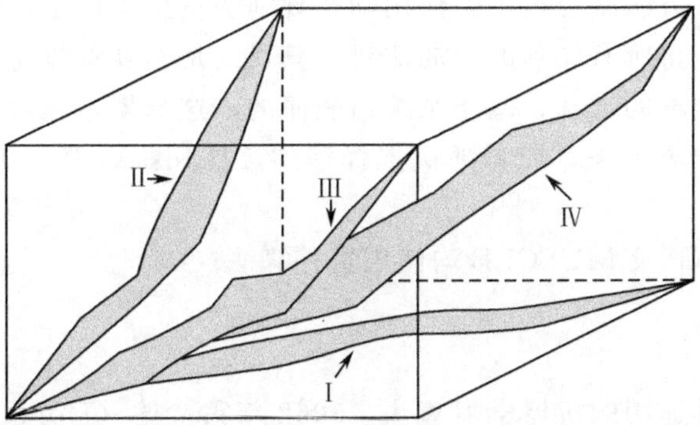

图 3-19 三条序列比对示意图

然而，由于 N-W 算法所需的计算时间和计算机的内存容量随着序列条数和序列长度的增长呈指数增长，实际上使用 Needleman-Wunsch 算法最多只能计算 3 条序列的多条比对。虽然通过在 MSA 程序中使用了经过改进的 Carrillo-Lipman 算法，但是也仅仅能计算至多 10 条近缘序列，而且 Gupta 已经指出，多条比对很少产生一种可证明的最优比对。因此，这种算法仅适用于少量序列的全局比对。

3.4.2.2 累进算法

累进算法是最简单有效的多条序列比对算法之一，它对时间和内存的要求都极低。这种算法最初由 Hogeweg 于 1984 年提出，后来由 Feng 和 Taylor 重新进行了修正。Pileup、MultAlign、Clustal W 等多条序列比对软件都是基于这一算法。

累进算法将最相近的序列进行多条序列比对，形成一个初始比对。然后使用动态规划法逐步将较远缘序列添加到初始的比对中。序列的亲缘关系由一个两条序列比对所形成的系统发育树决定。

使用累进算法的多条序列比对程序（如 CLUSTAL 和 PILEUP）的主要问题是最终的多条比对必须依赖起始的两条序列比对，最先比对的序列在序列树上最为相关。如果这些序列比对得很好，在起始比对中的错误就会很少。然而，这种算法在序列之间关系越远时，错误就越多，而且这些错误还将在多条比对中扩增，并且以后的计算过程无法校正这些错误。现在没有一种简单的方法可以解决这一问题。使用这种累进比对方法的第二个问题是需要选择合适的记分矩阵及空对罚分（Higgins et al.，1996）。由于 Clustal 使用 Affine 罚分系统，大片段的插入或者缺失现象会对结果有着极大的影响。

3.4.2.3 多条序列比对的迭代方法

迭代算法是基于最优化局部的思想。每一次最优化过程就是迭代的过程。迭代算法可以分为随机迭代算法和非随机迭代算法。由于随机迭代算法的速度问题，通常只被用作比对后的优化过程。

非随机迭代算法的思想为：累进比对方法的主要问题是在最为相关序列的起始比对中出现的错误会扩展到多条序列比对中，尤其是起始比对始于两个远缘序列时，这一问题就更为明显。迭代方法则通过不断使用动态规划法重排来纠正这种错误，同时对这些亚类群进行比对以获得所有序列的全局比对。其目的是提高整体比对记分值，如所有对的记分之和。这些类群的选择是基于系统树顺序的，这与累进比对相似，即将一到两个序列从其他序列中分离出来，或者随机选择序列。Hirosawa 等（1995）对这些方法进行了比较。

MultAlin、PRRP 及 MUSCLE 均使用这种算法。

3.4.2.4 遗传算法

遗传算法是一种通用的机器学习算法。1962 年霍兰德（Holland）教授首次提出了遗传算法的思想，它借用了仿真生物遗传学和自然选择机制，通过自然选择、遗传、变异等作用机制，实现各个个体的适应性的提高。从某种程度上说，遗传算法是对生物进化过程进行的数学方式仿真。这一点体现了自然界中“物竞天择、适者生存”的进化过程。与自然界相似，遗传算法对求解问题的本身一无所知，它所需要的仅是对算法所产生的每个染色体进行评价，把问题的解表示成染色体，并基于适应值来选择染色体，使适应性好的染色体有更多的繁殖机会。在算法中也即是以二进制编码的串。并且，在执行遗传算法之前，给出一群染色体，也即是假设解。然后，把这些假设解置于问题的“环境”中，即一个适应度函数中来评价，并按适者生存的原则，从中选择出较适应环境的染色体进行复制，淘汰低适应度的个体，再通过交叉、变异过程产生更适应环境的新一代染色体群。对这个新种群进行下一轮进化，直到最适合环境的值。遗传算法在序列比对的基本思想是通过重排来产生许多不同的多条比对，这些重排模拟空位插入和复制中的重组事件，以便产生越来越多的多条比对记分。

目前使用遗传算法进行多条序列比对的软件有 SAGA 和 RAGA。其基本思想是通过重排来产生许多不同的多条比对，这些重排模拟空位插入和复制中的重组事件，以便产生越来越多的多条比对记分（图 3-20）。这种比对并不能保证为最优或者达到最佳记分。尽管 SAGA 程序可以对较多的序列比对，但超过 20 个序列的比对速度很慢。

```
××××××××××              ×××--×××××××
××××××××××              ×××--×××××××
××××××××××   ------->   ×××××××××--×
××××××××××              ×××××××××--×
××××××××××              ×××××××××--×
```

图 3-20　使用遗传算法进行多条序列比对，图中 X 代表了序列中任意字符。通过模拟空位插入及复制中的重组等事件将序列进行重排，以获得最佳的序列比对

3.4.3　多条序列局部比对

多条序列局部比对分析是相对于全局比对分析，不是分析整条序列，主要分析序列中极为相似的片段。多条序列局部比对分析主要包括以下三个方面：概形分析（profile analysis）、块分析（block analysis）和模式搜寻（pattern-based search）。

概形分析是指在多条序列全局比对中往往可以发现十分保守的区域，将这些区域转换成多条比对，然后得到比对的计分矩阵。概形由这些小的多条比对的列组成，可以包括匹配、错配、插入和缺失。块分析扫描在多条序列比对中只有替换没有空位的区域，然后将这些区域进行多条序列比对，这些区域就称为块。模式搜寻（统计方法搜寻）可以发现在不同的序列中与位置相关的相似区域，这种方法不依赖于多条序列全局比对。

多条序列局部比对的一个重要应用是 EM 算法发现序列中的蛋白质序列中的保守结构域，以及核酸序列中调控基因表达的调控元件。EM 算法是一种迭代算法，最初由 Dempster 等于 1977 年提出，并主要用来求后验分布的众数（即极大似然估计），它的每一次迭代由两步组成：E 步（求期望）和 M 步（极大化）。在序列分析中，E 步是指在序列中搜寻一个允许变化的序列模式，M 步是指在所有的序列中扫描所有相似的模式并将原模式进行优化使其能够匹配更多的序列。MEME（multiple EM for motif elicitation）是最为成功的应用软件之一。使用 MEME 软件可以挖掘序列中具有位置特性的特定长度的保守调控元件。其算法简述如下。

A	.1	.2	.1	.4	.1	.3
C	.2	.2	.2	.2	.5	.4
G	.4	.5	.4	.2	.2	.2
T	.3	.1	.2	.2	.2	.1

图 3-21　随机生成矩阵，每一列代表特定位置的氨基酸出现的频率

（1）随机生成一个列数等于预设调控元件长度的调控元件核苷酸频率矩阵（图 3-21）。

（2）根据随机核苷酸矩阵在序列中进行扫描记录，

估计每条序列中元件所处位置，EM 算法的 E 步（图 3-22）。

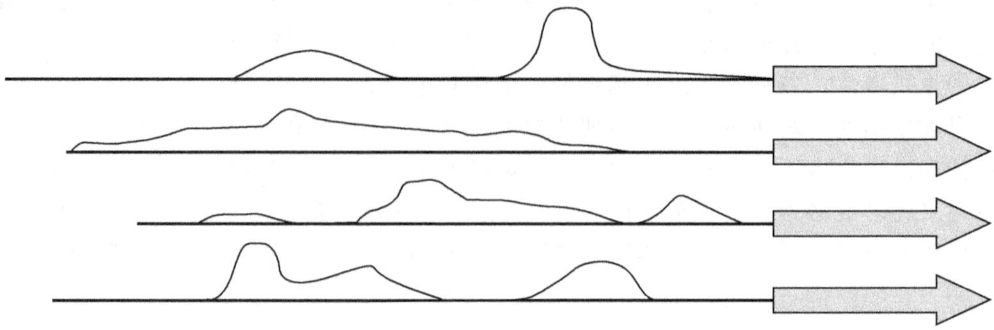

图 3-22　使用随机矩阵对每一条序列进行扫描，图中曲线最高峰表示元件最有可能的起始位置

（3）根据扫描结果，重新制定调控元件核苷酸频率矩阵，EM 算法的 M 步（图 3-23）。

A	.1	.1	.1	.1	.1	.3
C	.2	.3	.2	.2	.5	.1
G	.4	.5	.4	.5	.2	.1
T	.3	.1	.2	.2	.2	.1

图 3-23　根据 E 步重新制定的调控元件核苷酸调控矩阵

（4）重复迭代 E 步和 M 步，直到收敛。

在 MEME 程序中可以选择三种原件计算模式：OOP 模型计算元件在每个序列中出现一次的频率；ZOOP 模型通过使用 0，1 两个状态表示元件是否在特定序列中出现；TCM 模型计算元件在某条序列中出现的次数。

MEME 程序共有两种在线版本，ParaMEME 通过 EM 算法搜索，MetaMEME 通过 HMM 算法进行搜索。通过访问 http://www.sdsc.edu/MEME/meme/website/meme.html 就可以使用。

3.4.4　多条序列比对存在问题和前景展望

多条序列比对是一种十分有力的生物学工具。它的应用范围十分广阔，从关键功能元件的确定直至整个蛋白质家族的进化历程。虽然在过去的 20 年中多条序列比对的算法和软件层出不穷，但是目前多条序列比对这一方法及相应的软件仍存在着种种的不足。

首先，如果序列十分相似或者在蛋白质序列中包含非线性元件，如重复序列（无论串联或其他情况）、螺旋卷曲等都影响到最终比对的结果。虽然已经引入了加权体系（如 CLUSTAL W 等软件），但是结果仍不令人满意。

其次，现在的多条序列比对软件都具有其局限性，各种软件只是针对特定情况下的 DNA 或者蛋白质序列体现出其速度或准确性的优势。没有任何一个多条序列比对软件可以作为通用软件来使用。

多条序列比对的前景应该不仅仅限于简单的序列比对，而是应该发展成一个整合了相关的序列信息、保守元件、结构信息及相关文献的完整系统。用户可以在进行多条序列比对的同时得到这些参考信息以进行分析。表 3-3 给出一些常用的多条序列比对软件；表 3-4 针对不同的序列特征，给出推荐的多条序列比对程序。

表 3-3　常用多条序列比对软件列表

软件名	使用算法	链接
MSA	精确算法	http://www.ibc.wustl.edu/ibc/msa.html
DCA	精确算法	http://bibiserv.techfak.uni-biefield.de/dca
OMA	迭代算法	http://bibiserv.techfak.uni-biefield.de/oma
ClustalW, ClustalX	累进算法	ftp://ftp-igbmc.u-strasbg.fr/pub/clustalW or clustalX
MultAlin	累进算法	http://www.toulouse.inra.fr/multalin.html
DiAlign	基于一致性	http://www.gsf.de/biodv/dialign.html
ComAlign	基于一致性	http://www.daimi.au.df/~ ocaprani
T-Coffee	基于一致性/累进	http://igs-server.cnrs-mrs.fr/~ cnotred
Praline	基于一致性/累进	jhering@nimr.mrc.ac.uk
IterAlign	迭代算法	http://giotto.Stanford.edu/~ luciano/iteralign.html
Prrp	迭代算法	ftp://ftp.genome.ad.jp/pub/genome/saitama-cc/
SAM	迭代算法/隐马尔科夫	rph@cse.ucsc.edu
HMMER	迭代算法/隐马尔科夫	http://hmmer.wustl.edu/
SAGA	迭代算法/遗传算法	http://igs server.cnrs mrs.fr/~ cnotred
GA	迭代算法/遗传算法	czhang@watnow.uwaterloo.ca
Muscle	迭代算法	http://www.drive5.com/muscle

表 3-4　针对于特定序列的多条比对程序推荐

输入序列特征	推荐使用程序
2～100 个蛋白质序列(最多 10 000 个残基),序列差异较小	T-coffee,MUSCLE 可以得到更好的结果。如果知道蛋白质序列的三维结构信息,3DT-coffee 是最好的选择
100～500 个序列,序列无明显差异	MUSCLE 程序的结果较好
大于 500 个序列	使用 MUSCLE 程序中的快速选项,设置 maxiters-2
2～100 保守区域侧翼有变化区域的序列	DIALIGN
2～100 由于重排,重复等具有一个或多个结构域的蛋白质序列	ProDA
长度较长的序列(大于 20 000 个碱基或残基)	CLUSTAL W 其他的程序往往会耗尽内存

习　题

1. 采用简单的 Dot-plot 方法分析核酸序列将产生大量的背景噪声，有什么办法可以将背景噪声显著降低又不严重损失有用的信息？
2. 如何利用 Dot-plot 方法发现基因的内含子和外显子？如何利用 Dot-plot 方法分析 RNA 的发夹结构？
3. PAM250 意味着蛋白质序列上平均每 100 个氨基酸在进化历程上发生了 250 次替换。为什么与祖先序列如此远缘的蛋白质序列间仍然有 14%～21%的相似性？
4. 如果 DNA 序列的得分标准如下：

   $S(a_i b_j) = +5$ if match；$S(a_i b_j) = -3$ if mismatch and $w = -4$ if gap。试采用 Dynamic Programming 方法将下列两序列进行全局对位排列。

   GAATTCAGTTA；M=11

GGATCGA；N=7

5. 利用 Dynamic Programming 方法对序列进行最优对位分析时，为什么首先必须对对位矩阵进行初始化？如何进行初始化？
6. 蛋白质序列与核酸序列对位的主要异同点有哪些？
7. 多重序列比较的基本原理、主要方法、生物学意义是什么？写出你所知道的几种多重序列比对的软件名称。

主要参考文献

Abagyan R A，Batalov S. 1997. Do aligned sequences share the same fold? J Mol Biol，273：355-368

Altchual S F，Bundschuh R，Olsen R *et al*. 2001. The estimation of statistical parameters for local alignment score distributions. Nucleic Acid Research，26，351-361

Altschul S A. 1993. A protein alignment scoring system sensitive at all evolutionary distances，J Mol Evol，36：290-300

Altschul S F，Boguski M S，Gish W *et al*. 1994. Issues in searching molecular databases. Nat Genet，6：119-129

Altschul S F，Gish G. 1996. Local alignment statistics. Methods Enzymol，266：460-480

Altschul S F. 1991. Amino acid substitutyion matrices from an information theoretic perspective. J Mol Biol，219：555-565

Altschul S F. 1993. A protein alilgnment scoring system sensitive to all evolutionary distances. J Mol Evol，36：290-300

Argos P. 1987. A sensitive procedure to compare amino acid sequences. Jmol Biol，193：385-396

Collins J F，Coulson A F W，Lyall A. 1988. The significance of protein sequence similarities. Comp Appl Biosci，4：67-71

Cédric Notredame. 2002. Recent progresses in multiple sequence alignment：a survey，Pharmacogenomics，3 (1)

Dayhoff M O，Barker W C，Hunt L T. 1983. Establishing homologies in protein sequences. Methods Enzymol，91：524-545

Dayhoff M O，Schwartz R M，Orcutt B C. 1978. A model of evolutionary change in proteins. In：Dayhoff MO ed Atlas of protein sequence and structures，Vol. 5，suppl 3. Washington DC：National Biomedical Research Foundation

Dayhoff M O. 1978. Survey of new data and computer methods of analysis. In：Atlas of protein sequence and structure. Vol. 5. suppl. 3. Washington DC：National Biomedical Research Foundation，Georgetown University

Da-Fei Feng，Russell F. 1987. Doolittle，progressive sequence alignment as a prerequisite to correct phylogenetic trees. J Mol Evol，25：351-360

Doolittle R F. 1981. Similar amino acid sequences：Chance or common ancestry. Science，214：149-159

Doolittle R F. 1986. Of URFs and ORFs：A primer on how to analyze derived amino acid sequences. University Science Books，Mill Valley，California

Doolittle R F. 1994. Convergent evolution：the need to be explicit. Trends Biochem Sci，19：15-18

Durbin R，Eddy S，Mitchison G. 1998. Biological sequence analysis：Probabilistic models of proteins and nucleic acids. United Kingdom：Cambridge University Press

Eden E，Lipson D，Yogev S *et al*. 2007. Discovering Motifs in Ranked Lists of DNA Sequences. PLoS Computational Biology，Volume 3 Issue 3 e39

Edgar R C，Batzoglou S. 2006. Multiple sequence alignment，Current Opinion in Structural Biology，16：368-373

Feng D F，Doolittle R F. 1996. Progressive alignment of amino acid sequences and construction of phylogenetic trees from them. Methods Enzymol.，266，368-382

Feng D F，Johnson M S，Doolittle R F. 1985. Aligning amino acid sequences：Comparison of commonly used methods. J Mol Evol，1985，21：112-125

Fitch W M，Smith T F. 1983. Optimal sequence alignments. Proc Natl Acad Sci，80：1382-1386

Fitch W M. Homology: a personal view on some of the problems. 2000. Trends in Genetics, 16 (5): 227-231

George D G, Barker W C, Hunt L T. 1990. Mutation data matrix and its uses. Methods Enzymol, 1990, 183: 333-351

Gibbs A J, McIntyre G A. 1970. The diagram, a method for comparing sequences. Its use with amino acid and nucleotide sequences. Eur J Biochem, 16: 1-11

Gonnet G H, Cohen M A, Benner S A. 1992. Exhaustive matching of the entire protein sequence database. Science, 256: 1443-1445

Henikoff S, Henikoff J G. 1991. Automated assembly of protein blocks for database searching. Nucleic Acid Res, 19: 6565-6572

Henikoff S, Henikoff J G. 1992. Amino acid substitution matrices from protein blocks. Proc Natl Acad Sci, 89: 10915-10919

Henikoff S, Henikoff J G. 1993. Performance evaluation of amino acid substitution matrices. Proteins: Struct Funct Genet, 17: 49-61

Jukes T H, Cantor C R. 1969. Evolution of protein molecules. In: Mammalian Protein Metabolism ed. New York: H. N. Munro. Academic Press

Julie D Thompson, Toby J Gibson, Frédéric Plewniak et al. 1997. The CLUSTAL _ X windows interface: flexible strategies for multiple sequence alignment aided by quality analysis tools. Nucleic Acids Research, Vol. 25, No. 24

Junier T, Pagni M. 2000. Dotlet: diagonal plots in a Web browser. Bioinformatics, 16: 178-179

Karlin S, Altschul S F. 1990. Methods for assessing the statistical significance of molecular sequence features by using general scoring schemes. Proc Natl Acad Sci, 87: 2264-2268

Kimura M. 1980. A simple method for estimating evolutionary rates of base substitutions through comparative studies of nucleotide sequences. J Mol Evol, 169: 111-120

Kimura M. 1983. The neutral theory of molecular evolution. Cambridge: Cambridge University Press

Lecompte O, Thompson J D, Plewniak F A A *et al*. 2001. Multiple alignment of complete sequences (MACS) in the post-genomic era. Gene, 270: 17-30

Lipman D J, Wilbur W J, Smith T F etc. 1984. On the statistical significance of nucleic acid similarities. Nucleic Acidres, 12: 215-226

Löytynoja A, Goldman N. 2005. From The Cover: An algorithm for progressive multiple alignment of sequences with insertions. PNAS, 102 (30): 10557-10562

Maizel J V, Robert P. 1981. Lenk, enhanced graphic matrix analysis of nucleic acid and protein sequences. PNAS, 78: 7665-7669

Miller W, Myers E W. 1988. Sequence comparison with concave weighting functions. *Bull Math Biol*, 50: 97-120

Mount D W. 2001. Bioinformatics: sequence and genome analysis. Cold spring harbor laboratory press, USA

Myers E W, Miller W. 1988. Optimal alignments in linear space. Comput Appl Biosci, 4: 11-17

Needleman S B, Wunsch C D. 1970. A general method applicable to the search for similarities in amino acid sequence of two proteins. J Mol Biol, 48: 443-453

Nei M. 1987. Molecular evolutionary genetics. New York: Columbia Univ Press

Notredame C, Desmond G. 1996. Higgins, SAGA: sequence alignment by genetic algorithm. Nucleic Acids Research, Vol. 24, No. 8: 1515-1524

Notredame C, Emmet A. O'Brien *et al*. 1997. Higgins, RAGA: RNA sequence alignment by genetic algorithm, Nucleic Acids Research, 25 (22): 4570-4580

Orengo C A, Swindells M, Michie A *et al*. 1995. Structural similarity between the pleckstrin homology domain and verotoxin: The problem of measuring and evaluating structural similarity. Prot Sci, 4: 1977-1983

Owen R. 1843. Lectures on the comparative anatomy and physiology of the invertebrate animals. London: Longman, Brown and Green Co.

Pearson W R, Miller W. 1992. Dynamic programming algorithm for biological sequence comparison. Methods Enzymol，210：575-601

Pearson W R. 1990. Rapid and sensitive sequence comparison with FASTP and FASTA. Methods Enzymol. 183：63-98

Pearson W R. 1995. Comparison of methods for searching protein sequence databases. Prot Sci，4：1145-1160

Pearson W R. 1996. Effective protein sequence comparison. Methods Enzymol，266：227-258

Pearson W R. 1998. Empirical statistical estimates for sequence similarity searches. J Mol Biol，276，71-84

Phillips A，Janies D，Wheeler W. 2000. Multiple sequence alignment in phylogenetic analysis. Molecular Phylogenetics and Evolution，16 (3)：317-330

Robert C. 2004. Edgar，MUSCLE：multiple sequence alignment with high accuracy and high throughput，Nucleic Acids Research，32 (5)：1792-1797

Schwartz S，Miller W，Yang C M et al. 1991. Software tools for analyzing pairwise alignments of long sequences. Nucleic Acid Res，19：4663-4667

Smith T F，Waterman M S，Fitch W M. 1981. Comparative biosequence metrics. J Mol Evol，18：38-46

Smith T F，Waterman M S. 1981a. Identification of common molecular subsequences. J Mol Biol，147：195-197

Smith T F，Waterman M S. 1981b. Comparison of biosequences. Adv Appl Math，2：482-489

States D J，Boguski M S. 1991. Similarity and homology. In：Sequence analysis primer. New York：Stockton Press

States D J，Gish W，Altschul S F. 1991. Improved sensitivity of nucleic acid database searches using application-specific scoring matrices. Methods，3：66-70

Vingron M，Waterman M S. 1994. Sequence alignment and penalty choice：Review of concepts，case studies and implications. J Mol Biol，235：1-12

Wilbur W J. 1985. On the PAM model of protein evolution. Mol Biol Evol，2：434-447

（庞红侠　编）

4　生物信息学常用概率统计学方法简介

4.1　概述

4.1.1　概率统计学方法基础

在自然界中，一种事物常存在几种可能出现的情况，每一种可能出现的情况称为事件（event），而每一个事件出现的可能性称为该事件的概率（probability）。例如，患有某种遗传病家族史的成员有两种可能情况，一种是健康，另一种是患该种遗传病。患遗传病即为一事件，若用 A 表示，该遗传病发生的概率 $P(\mathrm{A})$ 即为该病发生的可能性大小，概率大表示该遗传病发生的可能性大。

4.1.1.1　概率的定义

1）概率的统计定义

在相同条件下进行 n 次重复试验，如果某一随机事件 A 发生的次数为 m，那么 m/n 称为随机事件 A 的频率（frequency）；当试验重复数 n 逐渐增大时，随机事件 A 的频率越来越稳定地接近某一数值 p，那么就把 p 称为随机事件 A 的概率。

$$P(\mathrm{A}) = p = \frac{m}{n} \qquad (n\text{ 充分大}) \tag{4-1}$$

2）概率的古典定义

设样本空间由 n 个等可能的基本事件所构成，其中事件 A 包含有 m 个基本事件，则事件 A 的概率：

$$P(\mathrm{A}) = \frac{m}{n} \tag{4-2}$$

这样定义的概率称为古典概率（classical probability）。

概率为 0～1。$P(\mathrm{A})=0$ 表示事件 A 不可能发生，称不可能事件；$P(\mathrm{A})=1$ 表示事件 A 必然发生，称必然事件；$0<P(\mathrm{A})<1$ 表示事件 A 可能发生，也可能不发生，称随机事件。概率的表示方式可以是小数（0.10）、分数（1/10）、百分数（10%）或比数（如 1∶10）。当概率为 0.10 时，表示某一事件发生的可能性为 10%，或者说其不发生的可能性为 90%。

4.1.1.2 概率计算的基本法则

1）加法法则（law of addition）

如果两个或两个以上的事件是相互排斥的，事件 A 发生的概率为 $P(\mathrm{A})$，事件 B 发生的概率为 $P(\mathrm{B})$，则事件 A 或 B 发生的概率为 $P(\mathrm{A})+P(\mathrm{B})$。例如，一对夫妇生男孩的概率为 0.5，生女孩的概率为 0.5，因此胎儿是男婴或女婴的概率等于 1。

2）乘法法则（law of multiplication）

当两个或两个以上事件的结果是独立存在或可以同时发生时，事件 A 发生的概率为 $P(\mathrm{A})$，事件 B 发生的概率为 $P(\mathrm{B})$，则同时发生 A 和 B 的概率为 $P(\mathrm{A})\times P(\mathrm{B})$。例如，一对夫妇生第一胎为男孩的概率为 0.5，第二胎仍为男孩的概率为 0.5，那么该对夫妇两胎都是男孩的概率为 $0.5\times0.5=0.25$。

3）互补原则（rule of complement）

如果某一事件 A 发生的概率为 $P(\mathrm{A})$，则不发生的概率为 $P(\bar{\mathrm{A}})$，则

$$P(\mathrm{A})+P(\bar{\mathrm{A}})=1;\qquad P(\bar{\mathrm{A}})=1-P(\mathrm{A})。$$

4）完全事件系的概率

若有 n 个事件 A_1，A_2，…，A_n 是实验的完全事件系，即这些事件之间是互斥的，任意两事件的积 $\mathrm{A}_i\cdot\mathrm{A}_j$，$i\neq j$ 内不可能事件而且事件的和（$\mathrm{A}_1+\mathrm{A}_2+\cdots+\mathrm{A}_n$）为必然事件。则这 n 个事件的概率之和为 1，即

$$P(\mathrm{A}_1+\mathrm{A}_2+\cdots+\mathrm{A}_n)=P(\mathrm{A}_1)+P(\mathrm{A}_2)+\cdots+P(\mathrm{A}_n)=1 \qquad (4\text{-}3)$$

如果 n 个事件出现的概率是相等的，那么

$$P(\mathrm{A})=\frac{1}{n}$$

例如，如果 DNA 序列中某一核苷酸（A、G、T、C）出现的概率相等，则随机出现某一核苷酸的概率为

$$P(\mathrm{A})=P(\mathrm{T})=P(\mathrm{G})=P(\mathrm{C})=\frac{1}{4}$$

4.1.1.3 小概率事件实际不可能性原理

随机事件的概率表示了随机事件在一次试验中出现的可能性大小，概率大表示事件发生的可能性大，概率小表示事件发生的可能性小。若随机事件 A 的概率很小，如小于 0.05、0.01、0.001，则认为事件 A 在一次试验中不大可能发生，称之为小概率事件。在统计上，把小概率事件在一次试验中看成是实际不可能发生的事件称为小概率事件实际不可能性原理，亦称为小概率原理。它是统计上进行显著性检验的依据。生物学研究中多采用 5%、1%作为小概率事件的标准。

4.1.2 随机变量

当记数或计量一系列观察个体时，不论周围条件控制得如何严格，这些观察值总是表现出一定的变异，这种由于受到许多偶然因素影响而变动的数量称为随机变量（random variable）。做一次随机试验，其结果有多种可能，每一种可能结果都可用一个数来表示，把这些数作为变量 x 的取值，则试验结果可用变量 x 来表示。因此，当测量某种特征时，通常建立一个数字模型进行表达。例如，某种特定组织中某个基因mRNA的表达量就是一个变量。数值反映转录水平的强度，一定条件下产生相同表达量mRNA的基因赋值相同。

随机变量完整地描述了一个随机试验，它不仅反映了随机试验的所有可能结果，而且还说明了随机试验各种结果出现的可能性大小。统计学上，如果表示试验结果的变量 x 的取值为某区间内任何实数，且 x 在其取值范围内的任一区间中取值时，其概率是确定的，但在连续尺度上一点的概率几乎为零，则称 x 为连续型随机变量（continuous random variable）。例如，基因表达水平便是一个连续型随机变量。由连续型随机变量所得到的数据称为连续型数据（continuous data）。如果当试验只有几个确定的结果，表示试验结果的变量 x 的取值可用实数表示，并可一一列出，且 x 取某一值时，其概率是确定的，这种类型的变量称为离散型随机变量（discrete random variable）。离散型随机变量通常是测量或计数中可定的整数值。例如，DNA 微阵列上基因的数目就是一个离散型随机变量，其取值为正整数。随机离散变量所代表的数据称为离散型数据（discrete data）。

4.1.3 随机变量的概率分布

事件的概率表示了一次试验某一个结果发生的可能性大小。若要全面了解试验，则必须知道试验的全部可能结果及各种可能结果发生的概率，即必须知道随机试验的概率分布（probability distribution）。随机变量可能取得的每一个实数值或某一范围的实数值是有一个相应概率的，这就是所要研究和掌握的规律，这种规律称为随机变量的概率分布。概率分布用来描述随机变量与概率发生之间的关系，通常用表格、图形或函数来表示。对随机试验的概率分布研究其实质就是对随机变量概率分布的研究。概率分布主要分为离散型随机变量的概率分布和连续型随机变量的概率分布两大类。

4.1.3.1 离散型随机变量的概率分布

将离散型随机变量 x 的所有可能取值及其对应概率 $[P_i=P(x=x_i), i=1,2,\cdots,n]$ 一一列出所形成的概率表称为离散型随机变量的概率分布（表 4-1），$P(x=x_i)$ 也可用函数 $F(x)$ 表示，称为概率函数。常用列表法表示离散型随机变量的概率分布。

表 4-1 离散型随机变量的概率分布

变量 x_i	x_1	x_2	$\cdots$	x_n
概率 $P(x=x_i)$	P_1	P_2	$\cdots$	P_n

显然离散型随机变量的概率分布具有 $P_i\geqslant 0$

和 $\sum P_i = 1$ 这两个基本性质。

常见的离散型随机变量的概率分布主要有二项分布（binomial distribution）、泊松分布（Poisson distribution）、超几何分布（hypergeometric distribution）和帕斯卡分布（Pascal distribution）等。这里仅讨论序列对位或比对（sequence alignment）显著性检验中常用的概率分布，即二项分布和泊松分布。

1）二项分布及其概率计算

a. 伯努利试验及其概率计算

将某随机试验重复进行 n 次，若各次试验结果互不影响，即每次试验结果出现的概率都不依赖于其他各次试验的结果，则称这 n 次试验是独立试验，如投掷硬币试验。对于 n 次独立的试验，如果每次试验结果出现且只出现对立事件 A（币值面朝上）或 $\overline{A}$（币值面朝下）之一，即非此（A）即彼（$\overline{A}$）两种试验结果。每次试验中出现 A 的概率是常数 $p(0<p<1)$，则出现对立事件 $\overline{A}$ 的概率为 $1-p=q$，则称这一串重复的独立试验为 n 重伯努利试验，简称伯努利试验（Bernoulli trial）。n 重伯努利试验中，事件 A 发生 $k(0\leqslant k\leqslant n)$ 次的概率为

$$P_n(k) = C_n^k p^k q^{n-k} = \frac{n!}{k!(n-k)!} p^k q^{n-k}, \qquad k = 0,1,2,\cdots,n \tag{4-4}$$

其中，$P_{(A)}=p$，$P_{(\overline{A})}=q=1-p$

不难发现，在 n 重伯努利试验中，事件 A 发生 k 次的概率恰好等于二项式 $(q+p)^n$ 展开式中第 $k+1$ 项

$$(q+p)^n = \sum_{k=0}^{n} C_n^k p^k q^{n-k}$$

故式（4-4）亦称作二项概率公式。例如，投掷硬币试验中，币值面朝上（A）事件发生的概率随着试验重复次数 n 的增大趋近于 0.5，即 $p=0.5$，$q=1-0.5=0.5$，图 4-1 显示其概率和累积概率分布。

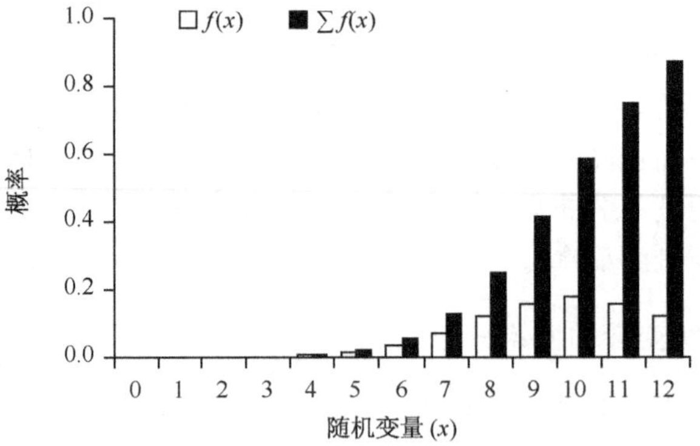

图 4-1　二项分布（$p=0.5$）的概率和累积概率分布图

b. 二项分布的意义与性质

二项分布（binomial distribution）的定义：设随机变量 $x=0，1，2，\cdots，n$，且有

$$P_n(k) = C_n^k p^k q^{n-k}, \qquad k = 0,1,2,\cdots,n$$

其中，$p>0$，$q>0$，$p+q=1$，则称离散性随机变量 x 服从参数为 n 和 p 的二项分布，记为 $x \sim B(n,p)$。

二项分布的性质：

(1) $$P(x=k)=P_n(k) \geqslant 0, \quad k=0,1,2,\cdots,n$$

(2) 二项分布的概率之和等于 1，即

$$\sum_{k=0}^{n} C_n^k p^k q^{n-k} = (q+p)^n = 1$$

(3) $$P(x \leqslant m) = P_n(k \leqslant m) = \sum_{k=0}^{m} C_n^k p^k q^{n-k}$$

(4) $$P(x \geqslant m) = P_n(k \geqslant m) = \sum_{k=m}^{n} C_n^k p^k q^{n-k}$$

(5) $$P(m_1 \leqslant x \leqslant m_2) = P_n(m_1 \leqslant k \leqslant m_2) = \sum_{k=m_1}^{m_2} C_n^k p^k q^{n-k} (m_1 < m_2)$$

二项分布参数 n 和 p 的性质：

(1) 当 p 值较小，如 $p=0.1$，且 n 不大时，分布是偏斜的。但随着 n 的增大，分布逐渐趋于对称；当 $n \to \infty$ 时，分布呈正态分布，见图 4-1（左）；

(2) 当 n 一定，随着 p 值增大接近对称；当 p 值趋于 0.5 时，分布趋于对称，见图 4-2（右）；

(3) 对于固定的 n 和 p，当 k 增加时，$P_n(k)$ 先随之增加并达到其极大值，以后又下降。

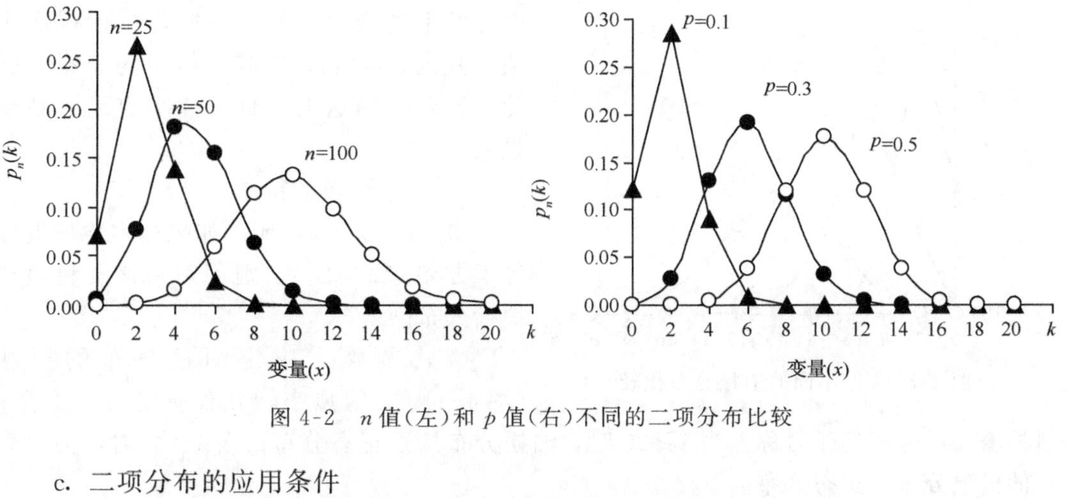

图 4-2　n 值(左)和 p 值(右)不同的二项分布比较

c. 二项分布的应用条件

(1) 各次观察单位只有互相对立的两种结果，属于二项分类资料；

(2) 已知发生某一结果的概率为 p，其对立结果的概率则为 $1-p=q$，p 是通过大量观察获得的比较稳定的数值；

(3) n 次观察单位的观察结果互相独立，即每个观察单位的观察结果不会影响到其他观察单位的观察结果。

d. 二项分布的平均数（期望值）与标准差

二项分布由两个参数 μ 和 p 决定，服从二项分布 $B(n,p)$ 的随机变量 x 的平均数 μ

和标准差 σ 与参数 μ、p 有如下关系：

（1）若 $x \sim B(n,p)$，$x=k$，$k=0,1,2,\cdots,n$，则

$$E(x)=\mu=np, \qquad \sigma=\sqrt{npq}$$

（2）若 $x \sim B(n,p)$，$x=k$，$k=0,1,2,\cdots,n$，则

$$x'=\frac{x}{n}=\frac{k}{n}\sim B(n,p)$$

此时

$$E(x')=\mu=p, \qquad \sigma=\sqrt{pq/n}$$

这里 $x'=k/n$ 为服从二项分布的百分数。当 p 未知时，以样本百分数 $\hat{p}$ 来估计，则样本百分数标准误

$$s_p=\sqrt{(\hat{p}\,\hat{q}\,/n)}, \qquad \hat{q}=1-\hat{p}$$

2）泊松分布及其概率计算

a. 泊松分布的定义

当随机变量 $x=k$，$k=0,1,2,\cdots,n$，且其概率分布为

$$P(x=k)=\frac{\lambda^x}{k!}e^{-\lambda}, \qquad k=0,1,2,\cdots,n \tag{4-5}$$

式中，参数 $\lambda>0$ 且为常数；e=2.7182…是自然对数的底数，称 x 服从泊松分布或波松分布（Poisson distribution），记为 $x\sim P(\lambda)$。泊松分布是一种可以用来描述和分析随机发生在单位空间或时间内的稀有事件的概率分布。这一分布在生物、医学研究中是经常遇到的，如某一非传染性疾病相关的基因在整个人类基因组中的分布。因此，要观察到这类事件，样本容量 n 必须很大。

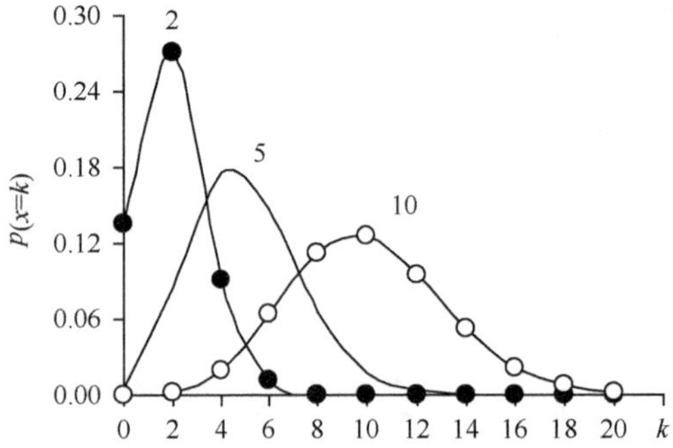

图 4-3　λ 值不同的泊松分布比较

b. 泊松分布的特征

（1）$\mu=\sigma^2=\lambda$，所以如果样本均值近似等于方差（$\bar{x}\approx S^2$），则可判断该资料服从泊松分布。

（2）参数 λ 决定泊松分布的形状（图 4-3）。λ 值愈小，分布愈偏斜，随着 λ 值的增大，分布趋于对称。当 $\lambda\geqslant 20$ 时，泊松分布接近正态分布；当 $\lambda\to\infty$ 时，泊松分布的极限分布为正态分布。

（3）当 n 趋近于无穷时，累积分布概率趋近于 1。

c. 泊松分布概率的计算和应用条件

（1）泊松分布概率的计算依赖于参数 λ，只要参数 λ 确定，把 $k=0,1,2,\cdots,n$ 依次代入式 4-5 即可求得各项的概率，Excel 中函数 POISSON（k,λ,FALSE）可完成计算。

（2）大多数服从泊松分布的实例中，λ 往往未知，因为 $E(\bar{x})=\mu$，而 $\mu=\lambda$，故用所观察的随机样本计算出平均值 $\bar{x}$ 作为 λ 估计值，计算各项概率。

（3）对于二项分布，当 $n\to\infty$，$p\to 0$ 且 $np=\lambda$（较小常数）时，二项分布趋于泊松

分布，np 代取 λ 计算各项概率。

（4）二项分布的应用条件也是泊松分布的应用条件，要求 n 次试验是独立的，随机的。然而，一些具有传染性的罕见疾病的发病数，因首例发生后可称为传染源，会影响后续病例的发生，故不符合泊松分布的应用条件。

4.1.3.2 连续型随机变量的概率分布

连续型随机变量 x 的取值仅为一个范围，当 x 在该范围取值时，其概率是确定的。此时 x 取一固定值是无意义的，因为在连续尺度上一点的概率几乎为 0。常见的连续性随机变量的概率分布有 β 分布（beta distribution）、γ 分布（gamma distribution）、χ^2 分布（chi-square distribution）、t 分布（t distribution）、F 分布（F distribution）和正态分布（normal distribution）。

连续性随机变量的概率分布具有以下性质：

（1）分布密度函数 $f(x) \geqslant 0$；

（2）当随机变量 x 取某一特定值时，其概率等于 0，即 $P(x=c)=\int_c^c f(x)\mathrm{d}x=0$（$c$ 为任意实数），因此，对于连续性随机变量仅研究其在某一区间内取值的概率；

（3）在一次试验中随机变量 x 之取值必在（$-\infty$，∞）范围内，为一必然事件，故 $P(-\infty < x < +\infty)=\int_{-\infty}^{+\infty} f(x)\mathrm{d}x=1$。

另外，在计数资料分析中，还常涉及频数分布的概念。它是统计每个变量值所处的区域，从而将资料进行收集、归类并整理的方法。如用 cDNA 微阵列检测若干基因表达强度的结果可用频数分布方法加以整理，即将在序列间隔范围内，把出现表达强度的基因个数及其频率制成次数分布表。或者以基因表达强度为横坐标，基因频数为纵坐标，用作图法绘制成次数分布图表示基因频数分布，次数分布图更直观。

1）正态分布及其概率计算

正态分布（normal distribution）是连续性随机变量的一种最重要的理论分布。首先，客观世界确有许多现象的数据服从正态分布，因此正态分布可以用来拟合这些现象的样本分布从而分析其理论分布。其次，在适当的条件下，正态分布可用来做二项分布及其他间断性变量或连续性变量分布的近似分布，从而可应用正态分布替代其他分布以计算概率和进行假设检验或显著性检验。最后，虽然有些总体并不服从正态分布，但从总体随机抽出的样本平均数及其他一些统计量的分布，在样本容量适当大时仍近于正态分布，因此可用正态分布来研究这些统计量的抽样分布。

a. 正态分布函数

若有一组数据（x），其平均数为 μ，标准差为 σ，其正态分布概率密度函数为

$$f_N(x)=\frac{1}{\sigma\sqrt{2\pi}}\mathrm{e}^{-\frac{1}{2}\left(\frac{x-\mu}{\sigma}\right)^2} \tag{4-6}$$

式中，$f_N(x)$ 为某一定值 x 出现的函数值，称概率密度函数，相当于曲线 x 值的纵轴高

度；常数 $\pi=3.14159\cdots$；$e=2.71828\cdots$；μ 表示所研究总体平均数；σ 表示所研究总体标准差。μ 和 σ 是描述正态总体的两个参数，决定正态分布的形状和大小，μ 确定它在 x 轴上的位置，而 σ 确定它的变异度，则称随机变量 x 服从正态分布（normal distribution），记为 $x \sim N(\mu, \sigma^2)$，其概率分布函数为

$$F(x) = \frac{1}{\sigma\sqrt{2\pi}}\int e^{-\frac{1}{2}\left(\frac{x-\mu}{\sigma}\right)^2} dx \tag{4-7}$$

正态分布密度函数如图 4-4 所示。

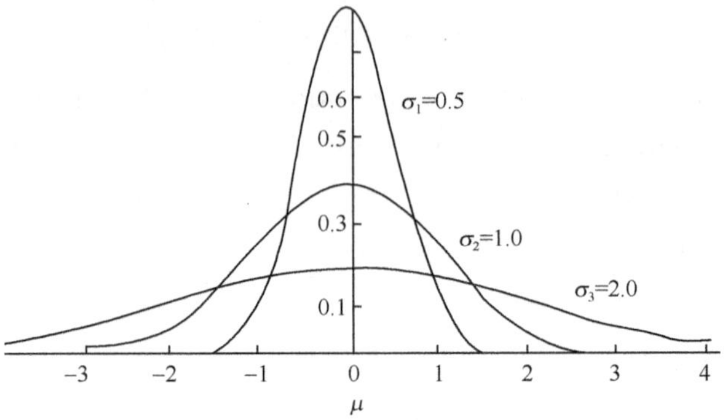

图 4-4　标准差 σ 不同的正态分布比较

b. 正态分布的性质及其概率计算

正态分布的性质：

（1）变量在某个区间内取值的概率等于曲线与其 x 轴在该区间围成的面积。正态分布概率密度函数曲线与 x 轴所围成的全部面积等于 1。

（2）正态分布的多数观察值集中于均值 μ 的附近，离平均数愈远，观察值出现的次数愈少，满足 $|x-\mu| \geqslant 3\sigma$ 的次数极少。

按照正态分布的性质，概率的计算即内正态分布概率密度函数的定积分计算。为简化起见，在一般应用中，需将正态分布标准化。一般以一个变量 u 替代变量 x，即将 x 离其平均数的差数，以 σ 为单位进行转换，于是 $u=\dfrac{(x-\mu)}{\sigma}$ 或 $u\sigma=(x-\mu)$。u 称为标准正态离差，当用抽样误差标准误 σ_x 代替 σ 时，常用 z 表示，$z=(x-\mu)/\sigma_x$，表示离开平均数 μ 几个标准差或标准误单位。由此将上述正态分布方程标准化后变为标准正态分布或 z 分布函数，即

$$\phi_{(u)} = \frac{1}{\sqrt{2\pi}} e^{-\frac{1}{2}u^2} \quad \text{或} \quad \phi_{(z)} = \frac{1}{\sqrt{2\pi}} e^{-\frac{1}{2}z^2} \tag{4-8}$$

标准正态分布是参数 $\mu=0$，$\sigma=1$ 时的正态分布，从 $N(\mu,\sigma^2)$ 到 $N(0,1)$。从几何意义上说，仅仅是将变量 x 作了横坐标轴的平移和尺度单位的变化。标准正态分布概率（曲线下与 x 轴围成的面积）计算与正态分布一致。对不同的 u 或 z 值编成函数表，称为正态分布表或 z 分布表，一般统计教材都附有该分布表。正态分布 $N(\mu,\sigma^2)$ 的随机变量 x 在 $[x_1, x_2]$ 内取值的概率，等于服从标准正态分布 $N(0, 1)$ 的随机变量 u 在 $[(x_1-\mu)/\sigma, (x_2-\mu)/\sigma]$ 或 z 在 $[(x_1-\mu)/\sigma_x, (x_2-\mu)/\sigma_x]$ 内取值的概率。因此计算一般

正态分布的概率，只须将区间的上下限作标准化变换，就可查正态分布表。

一般把随机变量 x 落在平均数 μ 加减不同倍数标准差 σ 区间之外的概率称为两尾概率，记作 α。用两尾概率可以求得随机变量 x 小于 $\mu-k\sigma$ 或大于 $\mu+k\sigma$ 的概率，称为一尾概率，记作 $\alpha/2$。

x 落在 $(\mu-1.96\sigma,\mu+1.96\sigma)$ 之外的两尾概率为 0.05，则一尾概率为 $P(x<\mu-1.96\sigma)=P(x>\mu+1.96\sigma)=0.025$；

x 落在 $(\mu-2.58\sigma,\mu+2.58\sigma)$ 之外的两尾概率为 0.01，则一尾概率为 $P(x<\mu-2.58\sigma)=P(x>\mu+2.58\sigma)=0.005$。

只要已知两尾概率 α 的值，可由正态分布表查得对应的两尾临界 u 值或 z 值。

c. 正态分布、二项分布和泊松分布的关系

(1) 对于二项分布 $B(n,p)$，当 $n\to\infty$、$p\to 0$（实际中 $p<0.1$）、$np=\lambda$（较小常数）时，则二项分布→泊松分布，此时泊松分布参数 $\lambda=np$。

(2) 对于二项分布 $B(n,p)$，当 $n\to\infty$、$p\to 0.5$（实际中 $p>0.1$）时，则二项分布→正态分布，此时正态分布参数 $\mu=np$、$\sigma^2=npq$。

(3) 对于泊松分布 $P(\lambda)$，实际中当 $\lambda\geqslant 20$ 时，泊松分布接近正态分布，正态分布的 $\mu\approx\lambda$、$\sigma^2\approx\lambda$。

2) 极值分布及其概率计算

极值分布（extreme value distribution）是指样本极大值或极小值的概率分布，如 Gumbel 分布、Frechet 分布和 Weibull 分布等。它们可以用一种统一的形式来表达，即广义极值分布（generalized extreme value distribution，GEV）。在生物科学研究中，发现有些观察单位数据服从一种拖尾很长的分布，随着取值的增大，函数值较正态分布下降幅度缓慢。这种缓慢下降型的概率分布称作 Gumbel 极值分布，如两个不相干或随机序列之间的局部比对得分的分布就是 Gumbel 极值分布的一个典例。正如在一个数据库进行相似性搜索一样，特别是当进行大量比较时，有些比对分值可达到很高的值。通过极值分布可以对某一特定得分的概率进行准确预测。

a. 极值分布函数

极值分布是一个双负指数函数，其概率密度函数为

$$Y_{ev}=e^{(-x-e^{-x})} \tag{4-9}$$

极值分布概率密度函数曲线如图 4-5 所示。

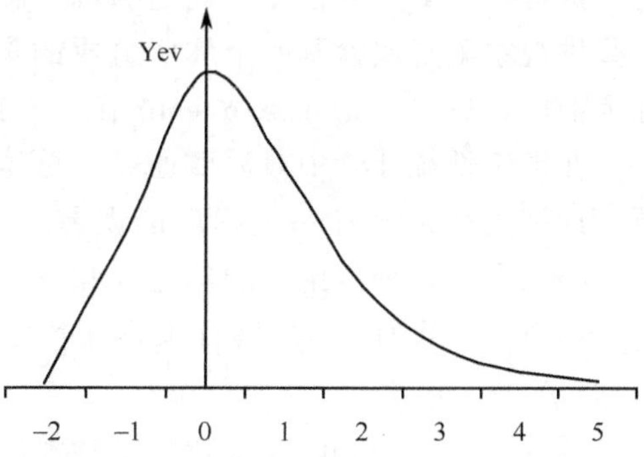

图 4-5 极值分布的概率密度函数曲线

b. 极值分布的性质及其概率计算

(1) 变量在两个定值间取值的概率等于曲线下与 x 轴在该区间围成的面积。极值分布概率密度函数曲线与 x 轴所围成的全部面积必等于 1。

(2) 极值分布中，x 的期望值或平均值是 Euler-Mascheroni 常量，等于 0.57722…，而 x 的方差 σ^2 等于 $\pi^2/6=1.6449$。

(3) 标准正态分布以 $x=0$ 为对称轴左

右对称分布，因此曲线下区间[0,0.5]和[−0.5,0]所围成的面积相等，方差 σ^2 为 1。某一特定 x 值的概率是通过计算正态分布曲线 B 下 $-x$ 与 x 区间的面积。$x=2$ 常用作偏离平均数的显著性标志，x 在[−2,2]区间的面积为 0.9544。而极值分布为偏斜分布。极值分布和正态分布的概率分布比较如图 4-6 所示。

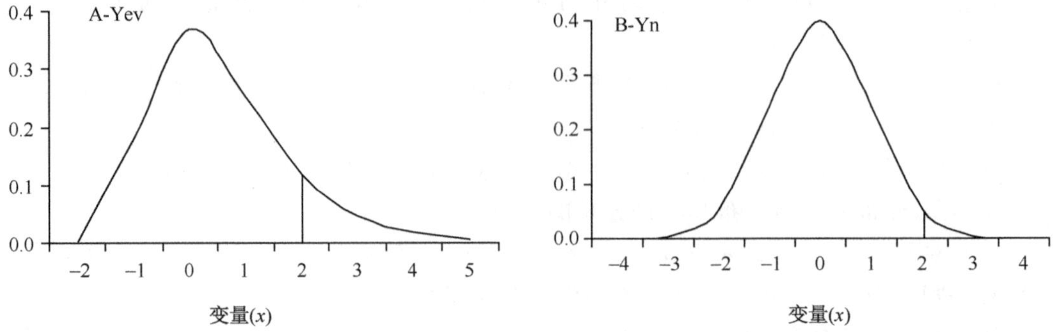

图 4-6　极值分布（A）和正态分布（B）概率分布的比较

极值分布中，$x=0$ 代表峰值或分布的众数，小于等于平均数的面积占总面积的 $1/e$ 或 0.368，而平均数以上的面积为 1−0.368=0.632。分值 s 小于 x 值的概率 $P(s<x)$ 是通过计算极值分布曲线 A 下从 $-\infty$ 到 x 间的面积，可由式（4-10）求得。

$$P(s < x) = e^{-e^{-x}} \tag{4-10}$$

$s \geqslant x$ 的概率 $P(s \geqslant x)$ 等于 1 减去 $P(s<x)$，即

$$P(s \geqslant x) = 1 - e^{-e^{-x}} \tag{4-11}$$

在 $x=2$ 处，Yev=0.118，$P(s<2)=e^{-e^{-2}}=0.873$。当 $x=2$，曲线下面积大于 0.87；当 $x=3$，面积才达到 0.95。随着 x 增大，两分布之间的差异变得更大。因此，对于呈极值分布的某一变量，如随机序列比对得分，该分值必须比正态分布期望的值大，才能获得同等水平的显著性。

4.1.4　总体与抽样分布

生物学研究中，常面临不同的研究对象，该研究对象的全部个体所组成的集合称为一个总体（population）。试验研究和生物信息处理中，一般不可能对总体中所有个体逐一进行观察测定或检测，而是随机从总体中抽取一部分个体供观察测定或进行检测，这些供观察测定或检测的个体所组成的集合称为样本（sample），随机抽取样本的过程称为抽样调查（sampling investigation）或抽样检测（sampling investigation）。

在推论性统计学中，需要通过从总体中进行抽样，从得到的样本资料对总体进行推断。这种过程常会有一定程度的误差，又称为抽样误差（sampling error）。统计分析中，必须了解这种推论中的确定性和不确定性因素，这仍然涉及概率问题。

如对一个含有 26 个核苷酸的 DNA 序列分析。假设有两种分别来自不同物种的序列：

序列 1　GT CTG TGG GC AA TA CG GATC CGTC AA

序列 2　GA CAT TAT GG AT TT CT GTAG CGAT AT

要想知道这两个序列是否具有显著的相似性，即预测两者是否具有共同的祖先，或显著的同源性。如果两序列是由 4 种核苷酸（A、T、G、C）随机组合得到的序列，其相似性应该接近 1/4。这 26 个核苷酸中我们可预期得到约 6 个相同的核苷酸，但实际已发现有 11 个相同的核苷酸（下画线表示）。这种结果是否是随机产生的呢？其可能性需要用概率原理来分析。因此，可选择与两条待测序列等长的多条随机序列，进行抽样，用相同方法进行比对或对位（alignment），形成一个误差抽样分布，然后将待测两序列的对位分值与该分布比较，如果该分值落在误差抽样分布的小概率范围，则说明因随机产生的序列的概率很低，可认为是其他因素作用的结果，即两者具有显著的同源性，或两者来自同一共同祖先。

抽样分布（sampling distribution）属于概率分布的范畴，是通过对抽样所得到的样本统计数的分布进行表述的方式。统计分析中，需要推断这种抽样分布的基本参数，如平均数（mean）、标准差（standard deviation）和置信界限等，从而判断抽样误差的大小。

4.2 序列对位显著性检验

近年来，序列分析研究最为重要的内容是在 DNA 或蛋白质序列（sequence）间比对或对位（sequence alignment）的显著性检验（examining of significance）方法。任何序列对位均可以计算其相似性打分，但重要的是需要判断该得分是否足够高，是否能够提供进化同源性的证据。由于随机因素的影响，非同源序列也可能得到较高的相似性打分。因此，需要用显著性检验判断这个分值是否具有显著统计意义，进而帮助生物学家决定由一定算法所得出的对位是否就是所期望的结果。然而，至今没有一种数学理论能描述全局序列比对的期望得分的分布，所以，无法直接进行统计显著性检验，而只能进行间接显著性检验。下面介绍显著性检验的意义、步骤和几种序列对位显著性检验的方法。

4.2.1 显著性检验的意义和步骤

4.2.1.1 显著性检验的意义

显著性检验也称为假设检验（examining of hypothesis），即首先确定研究对象所在总体的概率分布类型后，利用样本的统计分析来推断关于这一总体某些参数的假设。通过对样本的观察来检验这种假设为真的可能性。从概率论角度分析，如果这种可能性不能成立，则另一种相对的假设被接受。这两类假设分别称为无效假设（null hypothesis，H_0）和备择假设（alternative hypothesis，H_A）。H_0 是指样本来自总体为真的假设，即假设待比较的两总体参数间没有差异，是待检验的假设。它有可能被接受，也有可能被否定。H_A 是在 H_0 被否定时准备接受的假设，指样本来自总体为假，即两总体存在真实差异。

显著性检验首先要明确研究变量的概率分布类型和分布参数以及抽样分布规律，然后根据小概率事件实际不可能性原理作出判断。即从某一总体中随机抽样形成一个抽样分布，根据随机试验中某一抽样事件属于该分布的概率范围，可计算这一随机事件属于该分布的概率，即误差造成的概率，一般用 p 值（p-value）表示。p 值愈小，随机误差造成的概率愈小。若某一抽样事件落在其小概率范围，则说明由随机误差造成的概率小于5%或1%时，我们就可认为该事件不可能属于抽样误差。若该抽样事件发生的概率 $p<0.05$，则认为两者具有显著的差异；若该抽样事件的概率 $p<0.01$，则认为两者的差异是极显著的。统计上，用来进行显著性检验（assess the significance）的概率标准5%、1%和0.1%，均称为显著水平（significance level），一般用 α 表示。

4.2.1.2 显著性检验的方法

显著性检验的方法很多，如 Z 检验、t 检验、χ^2 检验、F 检验等，分别是根据 Z 分布、t 分布、χ^2 分布、F 分布而进行的显著性检验方法。这些分布类型、统计量计算及其显著性检验在《试验统计方法》相关教材中都有详细讲解，这里不再一一详述。

4.2.1.3 显著性检验的步骤

（1）提出无效假设（H_0）和备择假设（H_A），二者必须相互排斥并包含所有可能性。

（2）选择待研究变量合适的概率分布类型。

（3）根据试验精确度要求，规定显著水平 α。

（4）根据样本资料计算统计量。

（5）比较某一给定显著水平 α 下的临界值与检验统计量的大小，推断检验统计量属于该总体的概率。

（6）根据小概率原理推断结论：接受或否定 H_0，亦即否定或接受 H_A。

4.2.1.4 显著性检验的两类错误

在显著性检验中，当选择不同的显著水平时，同一组资料可能得到无差异或差异显著的结论。这就是有关显著性检验发生错误的问题。因为在显著性检验中，否定或接受 H_0 的根据是“小概率事件实际不可能性原理”，但不等于小概率事件必不发生，故估计的把握性并非百分之百。例如，经标准正态分布进行的 Z 检验获得“两序列同源”的结论，若有95%的把握否定 H_0，却要冒5%下错误结论的风险；而经 Z 检验获得“两序列不相干”的结论同样也要冒下错结论的风险。

显著性检验可能出现两类错误：Ⅰ型错误（type Ⅰ error）和Ⅱ型错误（type Ⅱ error）。Ⅰ型错误是“以真为假”的错误，即 H_0 成立，而检验的结果却否定了 H_0。Ⅰ型错误亦称假阳性结果（false-positive result）或 α 错误，因为Ⅰ型错误发生的概率即为显著水平 α。Ⅱ型错误是“以假当真”的错误，即 H_0 不成立，而检验的结果却接受了 H_0，Ⅱ型错误亦称假阴性结果（false negative result）或 β 错误，因为Ⅱ型错误发生的概率为 β。只有增加试验重复次数，即加大样本容量，并适当降低显著水平 α，才能减少犯两类错误的概率。

当一系列试验数据服从某一特定的概率分布时，就确定了拒绝该实验无效假设的概率。对于给定的试验次数，该概率关系到提供一个判断有关该实验结果的某一假设正确与否的功效。一个典型的例子是，猜一个装有很多黑、白球的袋子中黑球的比率 p。抽 n 个球将产生 $n+1$ 个试验结果，抽出 B 个是黑球的变量服从均值为 pn 的二项分布。n 愈大，比值 B/n 愈接近 p。在这一试验中，试验预计推翻假设的概率取决于 p。例如，如果此袋中绝大多数是黑球或者绝大多数为白球，小样本将会对 p 进行可靠估计。相反，如果黑、白球的数量基本相等，则需要大样本才能获得对 p 的正确估计。为了确定这一试验统计上推翻假设的概率，我们首先提出一个假设，规定 p 小于或等于某一定值，如 $p \leqslant 0.6$，则称这一检验为无效假设。其目的是要去进行一个检验，以接受或否定这一假设。对于任意样本容量 n，若抽出黑球数 r 可足以使无效假设被拒绝。当抽 n 个球，发现 B 个或更多的黑球，即 $B \geqslant r$，那么，此无效假设被拒绝；反之，被接受。

p、n 和 r 一旦被确定，二项分布将会显示样本容量为 n 的球抽样中无效假设被拒绝或被接受的可能范围。对于不同的 p 值，如果在含 n 个球的样本中，至少发现 r 个黑球，则袋中黑球实际的比率，即无效假设被拒绝的概率就可以由二项式计算出来，即

$$p(\text{null-hypothesis}) = n!p^k(1-p)^{n-k}/k!(n-k)!, \qquad k = r, \cdots, n$$

图 4-7 揭示了上述试验显著性检验两类错误发生的可能性和无效假设被拒绝的概率分布。

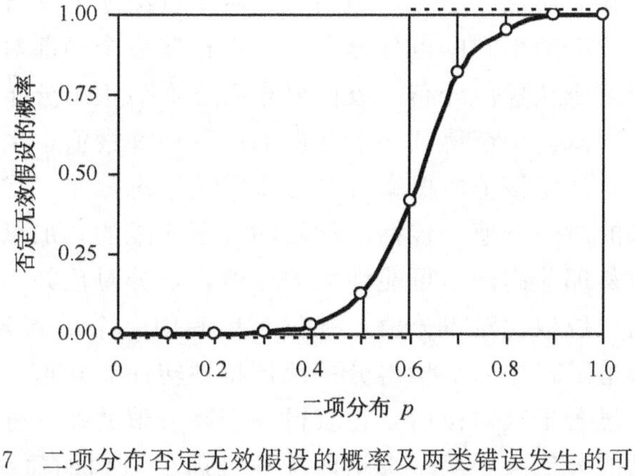

图 4-7　二项分布否定无效假设的概率及两类错误发生的可能性

从图 4-7 可看出，对于一个理想试验，无效假设被否定的概率将维持在零直到 $p=0.6$ 才发生变化（坐标轴左旁虚线），当 $p>0.6$ 其值达到 1（图上边框旁虚线）。然而，实际试验中，由于试验的不确定性，该概率的曲线在 $p=0.3$ 开始增大，直到 $p=0.9$ 才达到 1。对于 $p<0.6$，理想结果与计算结果的差值（图中左下竖点线）提供了对Ⅰ型错误或 α 错误，即假阳性结果发生概率的估测（即无效假设是正确的，但检验结果却被拒绝）。当 $p=0.6$，假阳性结果的概率为 $\alpha=0.42$。当 $p>0.6$，计算的概率与理想最大概率间的差值（图右上竖点线）提供对Ⅱ型错误或 β 错误，即假阴性结果的估计（即无效假设是错误的，但检验结果却被接受）。当 $p=0.6$，假阴性结果发生的概率 $\beta=1-0.42=0.58$。只有加大样本容量，并适当增大临界黑球数 r，才能减少犯两类错误的概率。

4.2.2 利用正态分布进行序列相似的显著性检验

首先，将两条待比对的序列分别随机打乱，再使用相同的程序与打分函数（或打分矩阵）进行比对，计算这些随机序列的相似性得分。然后，重复这一过程（通常为50～100次），得到随机序列比对得分的正态分布曲线，这里用 μ 和 s 分别表示其平均数与标准差。设原来两条序列的比对得分为 x，利用下式计算大于或等于 x 的比对得分概率，可以根据 z 值判断两个序列相似得分的显著性。根据正态分布，一般假定当 $z>5$ 时，随机序列相似性得分的出现概率很小，说明两个待比对的序列在进化上是相关的；当 $3\leqslant z\leqslant 5$ 时，如果两者有其他方面相似的证据（如功能相似），则两条序列也是同源的；如果 $z<3$，则表示两条序列不同源。许多多重序列对位软件都带有计算 z 值的程序，可直接用于评价序列对位的显著性。

$$z=(x-\mu)/s$$

4.2.3 利用极值分布进行序列对位显著性检验

当两个序列处于最适对位状态时，利用与这两条待测序列在长度和组成上相同的两条随机序列进行对位所期望得到的得分分布，可以检验一个局部对位得分的显著性。这些随机序列对位得分值服从极值分布。极值分布有点类似正态分布，但在高分区具有一个正偏斜尾部。当一次试验中获得某一个变量的一系列观察值，生物学家习惯首先去计算其平均数和标准差，认定该值的概率分布必将服从正态分布。在序列对位中，他们同样将产生的许多不同的对位分值，包括匹配好的或不匹配的，加以平均。然而，生物学上人们感兴趣的对位是那些高分值可能性大的对位，低分对位并不重要。于是，试验的目的就是想得到一组对位或比对得分值，并仅利用其中一个最高分值而剔除其余分值。研究的焦点就从想知道随机序列平均得分的统计特性转向想知道下次获得的随机序列的对位分值有多高。经过若干次对位后，将获得一个高分值的概率分布。可以用来估计随机或不相干的序列间的分值大于两个真正匹配序列间的分值的概率。如果该概率很小，两序列间对位得分是显著的，即序列相似性得分是显著的。

从统计学角度，我们可以仅研究两个序列对位的最大分值。但两个序列对位中会产生很多分值，可以把最大分值本身看作是随机变量。显然这种随机变量也有概率分布。可以想象，某两个序列对位的最大分值的概率密度分布函数与这两个序列每次对位分值的概率密度分布函数既有联系又有区别。在概率论中这种极大值（或者极小值）的概率分布称为极值分布。即随机序列间对位得分的分布服从极值分布，而非正态分布。

例如：

$y_{1,1},y_{1,2},\cdots,y_{1,365}$是第1串序列对位的分值，把其中的最大分值记为 x_1；

$y_{2,1},y_{2,2},\cdots,y_{2,365}$是第2串序列对位的分值，把其中的最大分值记为 x_2；

$\vdots$

$y_{k,1},y_{k,2},\cdots,y_{k,365}$是第 k 串序列对位的分值，把其中的最大分值记为 x_k；

则从很多个彼此独立的不同分值 y 值中挑出来的各极大值（$x_1,x_2,\cdots,x_k$）应当服从极值分布。

可以通过计算任意两序列对位得分的高分值 x 是否落在极值分布的接受区域来推断该对位的显著性。当 $x \geqslant 3$ 时，说明两随机序列对位的概率小于 0.05，属小概率事件，表明两序列对位得分显著，即两序列具有显著的相似性或同源性。

4.2.4 靶序列数据检索相似性得分显著性检验

一个对位结果中相似性分数值（score）是碱基或氨基酸配对得分及空位罚分的总和。判断两条序列对位显著性的另一个常用方法是分析其中的一条序列（称为靶序列）对数据检索的相似性得分的分布情况，即所检测出的其他类似序列的个数与得分大小，并根据结构域或功能的有无设立阳性对照和阴性对照。如果靶序列所检测出序列的分布状态与阳性对照序列的检测结果相近，而阴性对照序列不能或仅检测出很少有关的序列，则可以断定要比对的那两条序列的比对结果是有统计意义的。这种方法称为相似性得分分布分析方法，常用于数据库相似性检索的显著性评价，可以确定一些微弱的序列相似性的显著性。

BLAST 将数据库相似性搜索建立在严格的统计学基础之上。图 4-8 显示 NCBI 中利用 BLASTn 程序进行序列相似性搜索返回的一个高得分的相似片段对柱状图输出结果，5 种不同的颜色代表数据库序列与查询序列的相似程度：从左至右，黑色表示得分值低于 40；蓝色分值介于 40～60；绿色分值介于 60～80；紫红色分值介于 80～200；红色表示分值高于 200。查询序列与数据库序列对位带红色愈多说明匹配度愈高，相似性愈显著（图 4-8，色彩请按图上网查看）。横线表示数据库序列与查询序列匹配的长度。另外，BLAST 还以文字形式描述查询序列与数据库序列比较的得分及得分的显著性意义，并按得分从高到低的次序一一列出数据库相似性序列，并给出两序列的比对分值（score）。同时，利用相似性得分法时还可以参考其 E 值。对于严格的对位，其 E 值必须低于一定阈值才能说明对位的结果具有足够的统计学显著性，这样可排除由于偶然的因素产生高对位得分的可能。

DNA 序列由 4 种字符组成，而蛋白质序列由 20 种字符组成，当比对两条 DNA 序列时，每个比对序列随机匹配的概率为 25%，两条序列随机相似的可能性比较大，搜索结果出现假阳性的可能性比较大；而对于蛋白质序列，每个比对序列随机匹配的概率为 5%，搜索结果出现假阳性的可能性很小。另外，蛋白质序列比 DNA 序列更加保守。因此，在实际工作中，倾向于用蛋白质序列进行相似性搜索。

4.2.5 Karlin-Altschul 概率论显著性检验

Karlin 和 Altschul 提出一种基于概率论的显著性检验方法，他们推导出一个精确的公式，计算两条序列比对得分大于两条随机序列比对得分的概率。根据这一公式，比对得分是将第一条序列的任意一个片段与第二条序列的任意一个片段进行比对的最高得分，但比对过程中不引入空位，此得分称为最大片段得分，比对的片段称为高得分片段对（high scoring segment pair，HSP）。HSP 通常用改良的 Smith-Waterman 算法或简

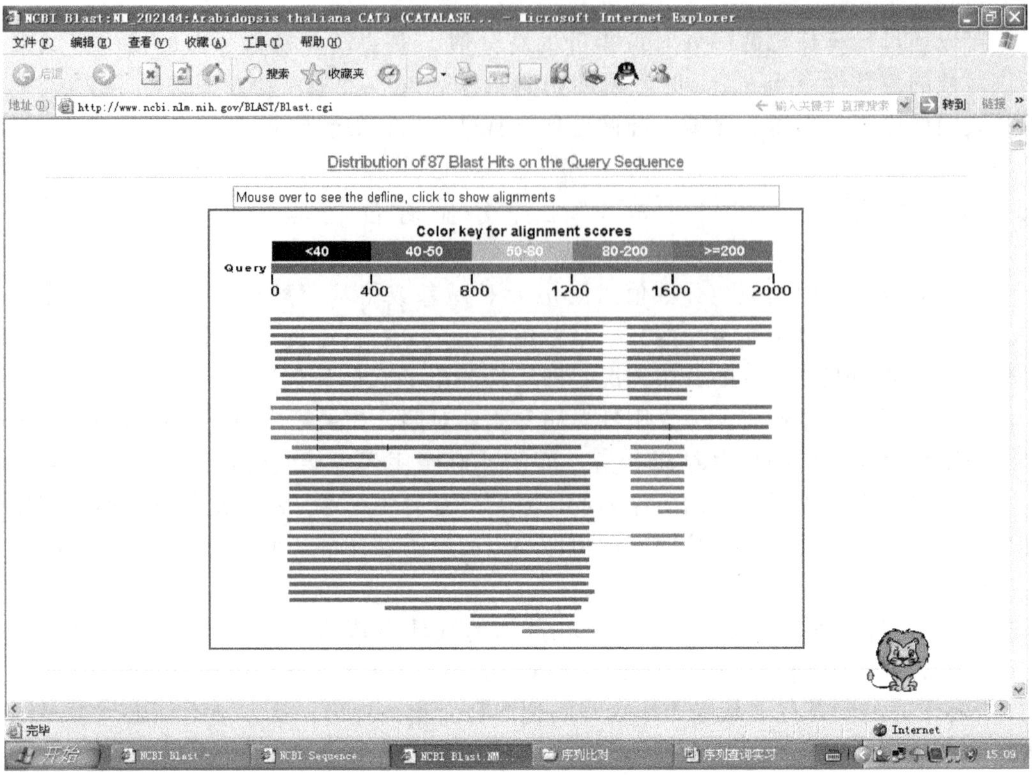

图 4-8　NCBI 中利用 BLASTn 程序进行序列相似性搜索柱状图输出结果

单地使用大的空位罚分方法获得。

Karlin-Altschul 的计算公式为

$$p(s > x) = 1 - \exp(-Kmn\mathrm{e}^{\lambda x}) \qquad (4\text{-}12)$$

式中，$p(s>x)$是最大片段得分大于 x 的概率；m 和 n 分别是两条待比对序列的长度；K 和 λ 是两个参数，它们的值取决于打分函数和序列中各种字符出现的频率。该方法只限于不引入空位的序列比对得分的显著性检验计算。把一个已知的比对得分值 s 同预期的分布相关联，可以计算出 p 值（p-value），从而给出这个分值的比对显著性。通常，p 值越趋近于零，分值越有意义。

不考虑空位进行序列比对，可以使问题大大简化，但这脱离了分子生物学的实际情况。只有引入空位才能建立一个插入和缺失的精确模型，但如果空位相对较少，在这些空位之间仍然可以获得高分值区域，有代表性的是可能会获得精密相邻的 HSP。在这种情况下，从总体上去评估它的显著性是较为合理的，也许每个片段并不显得很重要，但是几个片段同时出现就不能看成偶然事件了。Karlin-Altschul 加和统计学可以计算 N 个 HSP 的统计值，其实质是把 N 个最佳片段的分值进行加总，从而计算事件偶然发生的可能性。其他一些论据也被用来确认这些分值，只是在片段和比对一致的情况下进行加总。虽然加总的分值分布与 HSP 分值最大值之间有差异，但仍然可以得到解释。

4.2.6 Doolitter 经验显著性检验

以上几种显著性检验的方法均需要经过一定计算才能判断显著性，实际工作中，也可根据经验对显著性进行粗略判断。Doolitter 针对蛋白质序列提出以下经验规则。

(1) 如果两个序列的长度都大于 100，在适当加入空位之后，其配对的相同率达到 25%以上，则认为这两个序列相关。

(2) 如果两个序列配对的相同率小于 15%，则不管两个序列的长度如何，它们不可能相关。

(3) 如果两个序列配对的相同率为 15%～25%，它们可能是相关的。

4.2.7 序列全局排列的显著性检验

序列全局对位（global alignment）是从全长序列出发，在待比较两个序列中引入"间隔"，使得序列的全长都得到比较，以考察两个序列之间的全局相似性。一般来说，全局对位程序应用 Needleman-Wunsch 对位算法和一个打分系统（scoring system）计算出对位的一对核苷酸或一对氨基酸的平均匹配得分。因此，随机或无关序列对位的分值随着序列长度成比例增加。这些分值很容易达到两相关序列间的分值。这样就产生高的背景，相关序列必须与之比较。另外，有很多可能不同的全局排列，任意两序列取决于所选定的打分系统，该打分系统的微小变化能够产生一个不同的对位。这样，找到最佳全局对位和了解如何检验其显著性并不是一件简单的任务。

Waterman 在 1989 年利用错配和空位罚分随序列长度呈线性增加这一全局对位的特点，提出一套在随机 DNA 序列间全局对位得分的平均数（mean）和标准差（standard deviation）。然而，这些值的使用受到一定限制，因为它们基于一个简单的空位罚分系统。为了估计 Needleman-Wunsch 全局对位得分的显著性，Dayhoff 分别在 1978 年和 1983 年利用对数点阵记分矩阵（log odds scoring matrix）和一个连续空位罚分（a constant gap penalty）对大量随机和不相关的蛋白质序列进行 Needleman-Wunsch 对位得分评估。结果表明，随机序列对位得分的分布服从正态分布。因此，两条明显相关的序列 A 和 B 间对位分值的显著性检验可通过计算 100 条随机序列 A 与 100 条长度和组成相同的 B 对位得分的平均数和标准差进行。这一显著水平意味着两条不相关序列得到高分的概率为 1.35×10^{-3}（3 个标准差或 3 SD's）和 2.87×10^{-6}（5 个标准差或 5 SD's）。这一方法也用来寻找一条序列内的可重复区、相似区或小保守区如活性位点等，相关的计算机程序有 RELATE，可在多种计算机上运行，包含 W. Pearson 的 FASTA 分布包。RELATE 程序也可以计算出基于正态分布的一个分布，它仅提供了一个对位显著性的近似指标。

图 4-9 显示出利用 RELATE 程序对两细菌（λ 和 P22）抑制子蛋白质序列对位所产生的一个对位分值分布（distribution of alignment scores）的一个例子。将两细菌抑制子蛋白质序列随机断裂为 25 个重叠氨基酸片段，对其组成的 40 301 个片段对进行比较。在对位的 40 301 个片段中，平均分值为 −27.3，落在大于或等于 4 个标准差（≥4

SD）范围的片段对有 29 个，其对位分值在 30 以上，说明这些序列对的相关性较其他对显著，此蛋白质具有强的局部相似性。

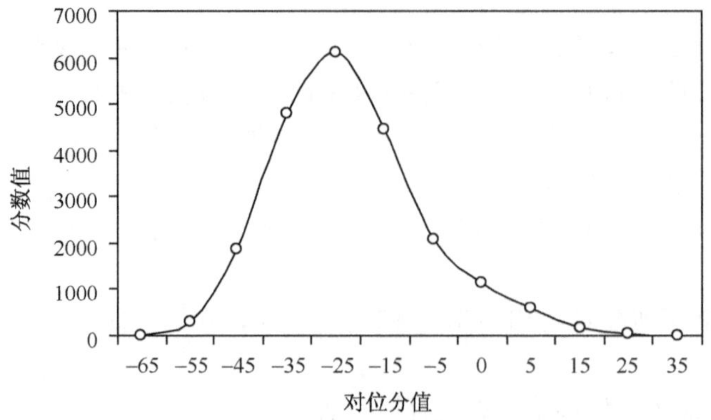

图 4-9 利用 RELATE 程序产生的对位分值分布

4.2.8 利用 E 值（E-value）判断序列对位的显著性

因为核酸中共有 4 种核苷酸，根据概率论，一个目的片段在具有海量数据的序列数据库中总可以找到与它具有一定相似性，但实际上两者并无同源性的片段。E 值（E-value）或期望值（expect value）是序列比对分析中代表随机匹配可能性的一个数值，代表了由随机匹配概率而造成的相似性的概率，即目的片段与搜索获得的片段为随机配对的可能性，它的数值越接近于零，此两个片段为随机配对的可能性就越小。因此，数据库中与目的片段真正配对的序列，其 E 值都很低。E 值与相似性分数值密切相关，E 值越低，其相似性分数值越显著。E 值为 0 则说明此两个序列或片段不可能为随机的配对，即它们肯定是一对同源性基因。在其他序列分析中，E 值有类似含义。

根据 Altschul 的随机匹配模型，BLAST 检索中默认的 E 值下限为 10，在此设置中那些 E 值等于或大于 10 的结果将被认为是由于随机配对所产生的。这意味着那些 E 值高于 10 的匹配序列将不在检索结果中出现。E 值越小两个序列匹配就越严谨，检索时降低 E 值可相应提高检索结果的严谨程度。同时，也可根据实际情况提高或降低 E 值的设置。例如，当进行统计学上无显著相关性的序列、短序列的核酸及氨基酸的同源性检索时，由于出现随机配对的概率大，要适当提高 E 值，可将 E 值提高到 1000 或以上。因为在这些例子中，它们的相似性分数值与期望值 E 并无显著相关性。E 值允许小数出现。序列对位的显著性检验在 NCBI、DDBJ 和 EMBL 的 BLAST 序列对位分析中自动完成，统计显著性用 E-value（E 值）标记，E-value 愈小，说明序列对位得分的可靠性愈大。图 4-10 显示 BLAST 查询序列与数据库目标序列比对的 E 值（E-value）及其显著性意义（第 6 列）。同时，利用 E 值判断序列对位的显著性时，还应考虑相似性得分数值（score）、最大可能的同源率（identity）和空位（gap）百分比（图 4-10，表 4-2），这样才能全面了解序列比对的显著性。

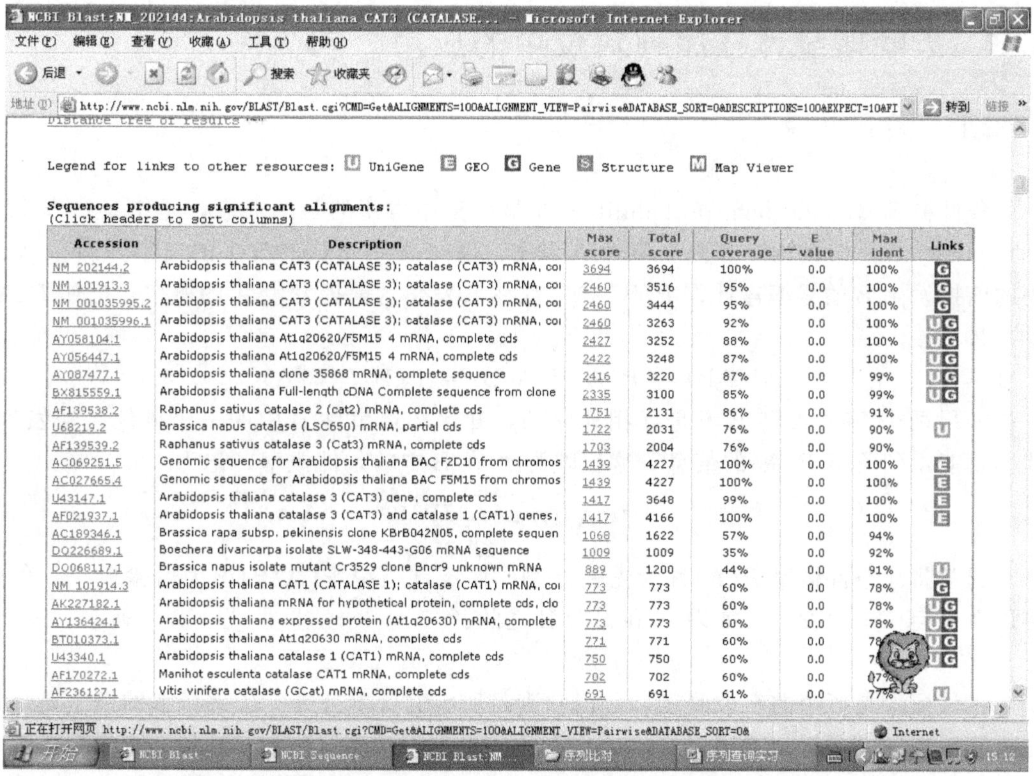

Accession	Description	Max score	Total score	Query coverage	E value	Max ident	Links
NM_202144.2	Arabidopsis thaliana CAT3 (CATALASE 3); catalase (CAT3) mRNA, coi	3694	3694	100%	0.0	100%	G
NM_101913.3	Arabidopsis thaliana CAT3 (CATALASE 3); catalase (CAT3) mRNA, coi	2460	3516	95%	0.0	100%	G
NM_001035995.2	Arabidopsis thaliana CAT3 (CATALASE 3); catalase (CAT3) mRNA, coi	2460	3444	95%	0.0	100%	G
NM_001035996.1	Arabidopsis thaliana CAT3 (CATALASE 3); catalase (CAT3) mRNA, coi	2460	3263	92%	0.0	100%	UG
AY058104.1	Arabidopsis thaliana At1g20620/F5M15 4 mRNA, complete cds	2427	3252	88%	0.0	100%	UG
AY056447.1	Arabidopsis thaliana At1g20620/F5M15 4 mRNA, complete cds	2422	3248	87%	0.0	100%	UG
AY087477.1	Arabidopsis thaliana clone 35868 mRNA, complete sequence	2416	3220	87%	0.0	99%	UG
BX815559.1	Arabidopsis thaliana Full-length cDNA Complete sequence from clone	2335	3100	85%	0.0	99%	UG
AF139538.2	Raphanus sativus catalase 2 (cat2) mRNA, complete cds	1751	2131	86%	0.0	91%	
U68219.2	Brassica napus catalase (LSC650) mRNA, partial cds	1722	2031	76%	0.0	90%	U
AF139539.2	Raphanus sativus catalase 3 (Cat3) mRNA, complete cds	1703	2004	76%	0.0	90%	
AC069251.5	Genomic sequence for Arabidopsis thaliana BAC F2D10 from chromos	1439	4227	100%	0.0	100%	E
AC027665.4	Genomic sequence for Arabidopsis thaliana BAC F5M15 from chromos	1439	4227	100%	0.0	100%	E
U43147.1	Arabidopsis thaliana catalase 3 (CAT3) gene, complete cds	1417	3648	99%	0.0	100%	E
AF021937.1	Arabidopsis thaliana catalase 3 (CAT3) and catalase 1 (CAT1) genes,	1417	4166	100%	0.0	100%	E
AC189346.1	Brassica rapa subsp. pekinensis clone KBrB042N05, complete sequen	1068	1622	57%	0.0	94%	
DQ226689.1	Boechera divaricarpa isolate SLW-348-443-G06 mRNA sequence	1009	1009	35%	0.0	92%	
DQ068117.1	Brassica napus isolate mutant Cr3529 clone Bncr9 unknown mRNA	889	1200	44%	0.0	91%	U
NM_101914.3	Arabidopsis thaliana CAT1 (CATALASE 1); catalase (CAT1) mRNA, coi	773	773	60%	0.0	78%	G
AK227182.1	Arabidopsis thaliana mRNA for hypothetical protein, complete cds, clo	773	773	60%	0.0	78%	UG
AY136424.1	Arabidopsis thaliana expressed protein (At1g20630) mRNA, complete	773	773	60%	0.0	78%	UG
BT010373.1	Arabidopsis thaliana At1g20630 mRNA, complete cds	771	771	60%	0.0	78%	UG
U43340.1	Arabidopsis thaliana catalase 1 (CAT1) mRNA, complete cds	750	750	60%	0.0	7[illegible]	UG
AF170272.1	Manihot esculenta catalase CAT1 mRNA, complete cds	702	702	60%	0.0	[illegible]	
AF236127.1	Vitis vinifera catalase (GCat) mRNA, complete cds	691	691	61%	0.0	77%	U

图 4-10　NCBI 中利用 BLAST 程序进行序列两两对位的 E 值

表 4-2　拟南芥（*Arabidopsis thaliana*）CAT3 序列与芸薹属（*Brassica napus*）变种的 BLAST 比对结果

```
gb|DQ068117.1| U Brassica napus isolate mutant Cr3529 clone Bncr9 unknown mRNA
          Length = 929
Score = 440 bits (238), Expect = 8e-120
Identities = 711/928 (76%), Gaps = 78/928 (8%)
Strand = Plus/Plus
Query 651  CAAGATTACAGACACATGGAA-GGCTCAGGTGTGAACACCTACATGCTC-A-TCAACAAA  707
           ||||| ||||||||||||||| || || |||||   ||| |||||  ||| | |   ||||
Sbjct 3    CAAGACTACAGACACATGGAAGGGTTC-GGTGT-CACA-CTACA--CTCTAGT-TTCAAA  56
...
```

从表 4-2 可以看出，拟南芥（*Arabidopsis thaliana*）CAT3 序列（查询序列，Query）与克隆的芸薹属变种（*Brassica napus* isolate mutant）未知序列（目标序列，Sbjct）比对相似性得分为 440 比特（bit），同源率为 76%（在 928 对中匹配 711 对），E 值很小（8e-120），空位（gap）个数 78 个，空位率仅 8%，说明两者具有显著的同源性。

4.3 贝叶斯统计在序列对位中的应用

4.3.1 条件概率

条件概率（conditional probability）是概率论中常用的一个概念，是指某样本空间（sample space）中的两个非独立事件 A 和 B，事件 A 和 B 同时发生的概率，即在 A 发生的前提发生 B 的概率，计作 $P(B/A)$；或在 B 发生的前提发生 A 的概率，记作 $P(A/B)$。即

$$P(AB) = P(A)P(A/B) = P(B)P(B/A)$$

如果两个事件 A 和 B 不是互相独立的，并且知道事件 B 中的一个事件已经发生，我们就能得到关于 $P(A)$的信息。这反映为 A 在 B 中的条件概率，记为

$$P(A/B) = \frac{P(AB)}{P(B)}$$

通常将无条件概率 $P(A)$称为先验概率，而条件概率 $P(A/B)$称为后验概率。条件可以在任何一个中发生。如果 A 和 B 是独立的：

$$P(A/B) = P(A)$$

条件概率是概率的有效测度，所以它满足所有的基本公理。条件概率的概念是统计分析和遗传风险分析中常用算法（algorithm）贝叶斯定理（Bayes' rule）的分析基础。

例如两个非独立事件 A 和 B，A＝{虫害发生}，B＝{日平均温度超过25℃}，从虫害和温度的长期观察记录中得到概率：$P(A)=0.01$，$P(B)=0.15$，$P(AB)=0.005$

则

$$P(A/B) = \frac{P(AB)}{P(B)} = \frac{0.005}{0.15} = 0.033$$

即如果日平均温度超过 25℃，则发生虫害的概率显著增加。

4.3.2 贝叶斯定理

假设样本空间 S 被分成一个含有 n 个互斥事件的集合，每个事件称为 S 的一个划分，

$$S = \{A_1, A_2, A_3, \cdots, A_n\}$$

$A_iA_j=0$，$i \neq j$。考虑 S 中的一个任意事件 B，如图 4-11 所示：

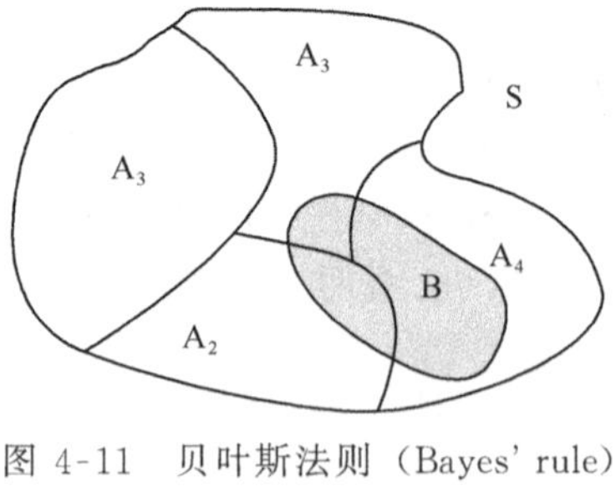

图 4-11 贝叶斯法则（Bayes' rule）先验概率和后验概率示意图

事件 B 可以写成由 n 个不相交（互斥）事件 BA_1，$BA_2, \cdots, BA_n$ 组成，记为

$$B = BA_1 + BA_2 + \cdots + BA_n$$

这隐含了全概率定理：

$$P(B) = P(B/A_1)P(A_1) + P(B/A_2)P(A_2) + \cdots + P(B/A_n)P(A_n)$$

用全概率定理和条件概率的定义可以得到贝叶斯定理：

$$P(A_i/B) = \frac{P(B/A_i)P(A_i)}{P(B)}$$

$$=\frac{P(B/A_i)P(A_i)}{P(B/A_1)P(A_1)+P(B/A_2)P(A_2)+\cdots+P(B/A_n)P(A_n)}$$

当结果为 $A_1, A_2, \cdots, A_n$，得到 B 的概率的信息给定时，贝叶斯定理可以更新为 $P(A_i)$。

例如，有一个由 10 个水样组成的集合。3 个水样已被污染。定义事件如下：C 样本已被污染，C′样本未被污染，D 污染被检测出，D′污染未被检测出。

基于 10 个样本中有 3 个被污染，故 $P(C)=0.3$。

假设样本分析技术不完美。通过校准检验：$P(D/C)=0.9$表明成功检测出（真阳性）；$P(D/C')=0.4$表示错误警报（假阳性）。贝斯定理（用 C 代替 A_1，用 C′代替 A_2，用 D 代替 B)：

$$P(C/D)=\frac{P(D/C)P(C)}{P(D/C)P(C)+P(D/C')P(C')}=\frac{0.9\times 0.3}{0.9\times 0.3+0.4\times 0.7}=0.5$$

贝叶斯法则（Bayes'rule）是根据事件历史以及相关背景信息计算事件可能发生的似然率，由此形成条件概率的基础。采用两个系数 A 和 B，可以用方程来描述该定理：B 已发生的情况下 A 的条件概率 $P(B)$。$P(A)$是已发生或 A 的先验分布值，$P(B/A)$是对 B 关于特定的 A 的新预期值，P(B)是 B 的新预期值之和，$P(A/B)$为后验概率，代表由已知 A 的先验概率及新发现的 A 和 B 关系后，对 A 的新预期值。贝叶斯“后验分布”或“预测分布”是对有关未知参数未来观测所需了解的每个事物的概括。

4.3.3 贝叶斯统计学介绍

序列对位方法的最新发展是利用贝叶斯统计方法进行序列对间（between pairs of sequence）的对位（alignment），并计算两序列间的距离（distance between sequence）。由于应用了条件概率，贝叶斯统计方法不同于其他类型的统计学。这些条件概率用于计算两事件或两条件同时发生的概率（joint probability）。条件概率的典型例子是 $P(B/A)$，意指事件 A 发生的条件下事件 B 发生的概率；$P(B)$是仅指事件 B 发生的概率，而不考虑事件 A。假设 A 有两个状态，即 A_1 和 A_1，B 也有两个状态，即 B_1 和 B_2，如果这些状态与两个基因的两个等位态有关，即

$$P(A)=P(A_1)+P(A_2)=1$$
$$P(B)=P(B_1)+P(B_2)=1$$

若观察得，$P(B_1)=0.3$，则 $P(B_2)=1-0.3=0.7$，结果如表 4-3 所示。在对应行或列的总和被称为边缘概率（marginal probability）。边缘概率 $P(A_1)$未知，上述可供利用的信息统称先验信息，这对于计算 A 和 B 同时发生的概率或联合概率条件尚不充分，但随着 A_1 和 B_1 同时发生数据的增加，联合概率可通过贝叶斯法则求得。

表 4-3 贝叶斯统计分析的一个先验信息

等位基因	A_1	A_2	合计
B_1			0.3
B_2			0.7
合计			1.0

表 4-4 贝叶斯统计分析的一个先验信息

等位基因	A_1	A_2	合计
B_1	0.24	0.06	0.3
B_2	0.21	0.49	0.7
合计	0.45	0.55	1.0

假设条件概率已知，即

$$P(A_1/B_1) = 0.8, \qquad P(A_2/B_2) = 0.7$$

例如，$P(A_1/B_1)$代表具有等位基因 B_1 的一个群体中同时含有等位基因 A_1 的比率。首先注意

$$P(A_1/B_1) + P(A_2/B_1) = 1$$

所以

$$P(A_2/B_1) = 1.0 - P(A_1/B_1) = 1.0 - 0.8 = 0.2$$

同理

$$P(A_1/B_2) = 1.0 - P(A_2/B_2) = 1.0 - 0.7 = 0.3$$

则 A_1 和 B_1 的同时发生的概率

$$P(A_1B_1) = P(B_1)P(A_1/B_1) = 0.3 \times 0.8 = 0.24 \tag{4-13}$$

或

$$P(A_1B_1) = P(A_1)P(B_1/A_1) \tag{4-14}$$

同理，A_2 和 B_2 的同时发生的概率

$$P(A_2B_2) = P(B_2)P(A_2/B_2) = 0.7 \times 0.7 = 0.49$$

或

$$P(A_2B_2) = P(A_2)P(B_2/A_2)$$

其余的联合概率可通过减法计算如下：

$$P(A_2B_1) = P(B_1) - P(A_1B_1) = 0.30 - 0.24 = 0.06$$

$$P(A_1) = P(A_1B_1) + P(A_1B_2) = 0.24 + 0.21 = 0.45$$

或

$$P(A_1) = P(B_1)P(A_1/B_1) + P(B_2)P(A_1/B_2) = 0.3 \times 0.8 + 0.7 \times 0.3 = 0.45 \tag{4-15}$$

$$P(A_2) = P(A_2B_1) + P(A_2B_2) = 0.06 + 0.49 = 0.55$$

或

$$P(A_2) = P(B_1)P(A_2/B_1) + P(B_2)P(A_2/B_2) = 0.3 \times 0.2 + 0.7 \times 0.7 = 0.55$$

由公式 4-1 和 4-2 可推导出

$$\begin{aligned} P(B_2/A_1) &= P(A_1B_2)/P(A_1) \\ &= P(B_2)P(A_1/B_2)/P(A_1) \\ &= P(B_2)P(A_1/B_2)/[P(B_1)P(A_1/B_1) + P(B_2)P(A_1/B_2)] \\ &= 0.7 \times 0.3/(0.3 \times 0.8 + 0.7 \times 0.3) = 0.467 \end{aligned} \tag{4-16}$$

则

$$P(B_1/A_1) = 1.0 - 0.467 = 0.533$$

像这种通过计算获得的概率均称后验概率，填入表 4-3 得到表 4-4 数据。因此，根据条件概率及其附加信息，利用贝叶斯法则可计算后验概率的估计值。在遗传学例子中，每一概率可能与一个等位基因的频率有关。如果等位基因 A 和 B 的两等位状态在遗传上完全独立，如两个非连锁基因的遗传，则 A_1 和 B_1 同时发生的概率 $P(A_1B_1) = P(A_1)P(B_1)$，但上述例子中，基因的一种状态影响另一种状态，类似于基因的连锁遗传，$P(A_1B_1) \neq P(A_1)P(B_1)$。总之，贝叶斯法则最普遍的应用是考虑几个变量对同一

个结果的发生最大可能性的影响。利用贝叶斯方法进行序列分析中，最大可能的对位可以被鉴定出来，所涉及的变量包括可能的对位、空位记分系统（gap scoring system）和对数点阵替换矩阵（log odds substitution matrix）等。

4.3.4 贝叶斯统计在序列对位中的应用

贝叶斯分析（Bayesian analysis）是一种用来估计基于已观察分布的隐函分布参数的统计方法。贝叶斯统计分析利用由一系列计分系统确定的最大可能的得分体系和最有把握的比对而找到的比对得分信息。由于利用条件概率，贝叶斯统计方法不同于其他类型的统计方法，利用这些条件概率可获得后验信息，如两事件或两条件共同发生的概率。贝叶斯推断是通过参数估计和模型选择来实现任务的，最常用的方法是最大后验概率估计法（maximum posterior probability approach）和最大似然法（maximum likelihood approach）。

就序列分析来说，两序列间局部对位的一个比对分值（score）随所选择的打分矩阵和空位罚分系统的不同而不同。选择一个氨基酸得分矩阵的依据是根据其在鉴定相关序列中的性能决定的。然后以它们在鉴定相关性已知的序列中的性能和维持一个局部对位的行为为依据，利用与序列长度的对数成比例增加的两个不相关序列间的分值来选择空位罚分，以得到一个特殊的得分矩阵。以比特（bit）为单位的对位分值是相关序列间对位期望分值与那些不相关序列间对位期望分值的比值，用底数为 2 的对数表示。这些分值可以利用公式 $r=2^s$ 被转换为一个几率（r）。像这样的不相关或随机序列间的一个对位分值的概率可以利用极值分布参数求解，结合打分矩阵和空位罚分进行。总之，以上分析可提供几个不同的对位，但却不提供任何最大可能信息。随着贝叶斯统计学的应用，该法就不同了。贝叶斯统计学在这一问题上的应用允许人们去检测先验信息，如所选择的氨基酸替换矩阵对两序列是同源的概率的效应。这种方法提供了一个包括所有得分系统在内的所有对位的后验概率的分布。这样，最大可能的对位及其概率就会被测定。因为可供利用的选择可以得到验证，该法以满足选择一个特殊打分矩阵和空位罚分系统的要求为中心。这种方法也提供了有关空位数和替代矩阵的条件后验分布信息。

利用贝叶斯统计学进行序列分析的另外一个应用是找到在序列对位中对一个已给定错配水平提供最大概率的 PAM DNA 替换矩阵（PAM DNA substitution matrix），从而预测序列间的进化距离。C. Lawrence 贝叶斯信息学指南可参阅网址：http://www.wadsworth.org/resnres/bioinfo/。

习　题

1. 何谓显著性检验？
2. 序列局部对位的最高得分服从哪种类型的概率分布？
3. 序列对位显著性检验容易犯哪两类错误？
4. 何谓 E 值（E-Value）和 p 值（p-Value），有何统计意义？
5. 现以拟南芥过氧化氢酶（catalase，CAT）的全长 mRNA 序列为查询序列，与数据库中类似的序列进行搜索，得到与向日葵属植物比对信息，请根据 E 值（E-value）、得分（score）、同源率（identity）和空位（gap）综合分析下列查询序列与目标序列两两对位的显著性意义。

›☐ gb|L28740.1|HNNCATA U Helianthus annuus catalase mRNA, complete cds
Length = 1735
Score = 1014 bits (549), Expect = 0.0
Identities = 1174/1472 (79%), Gaps = 58/1472 (3%)
Strand = Plus/Plus

```
Query 63 A  TGGATCCTTACAAGTATCGGCCGGCGAGTTCTTACAACT-CTCCATTCTTCACCACCAA  121
           |||||||||||||||| ||  |  | | ||| ||||| | | |||||||||||||||
Sbjct 17 A  TGGATCCTTACAAGTACCGTTCTTCAAGTGCCTACAA-TGCCCCATTCTGGACCACCAA  75
```

…

主要参考文献

盖钧镒. 2000. 试验统计方法. 北京：中国农业出版社
黄韧，薛成等. 2003. 生物信息学. 广州：中山大学出版社
李巍. 2004. 生物信息学导论. 郑州：郑州大学出版社
明道绪. 2005. 田间试验与统计分析. 北京：科学出版社
萧浪涛. 2006. 生物信息学. 北京：中国农业出版社

（郭凤霞　编）

5 数据库搜索

随着分子生物学技术的飞速发展，公共生物分子数据库日益增多（见第 2 章），且各数据库里的数据量也不断增长，为生物学研究人员提供了大量有用信息。如何快速准确的从数据库里获得我们需要的信息呢？或者又如何对自己克隆测定的核酸序列进行功能预测与分析呢？以上问题的解决都涉及数据库搜索的相关内容。数据库搜索是数据库应用和进行生物信息学分析最基本，也是最重要的内容。

在生物信息学中，数据库搜索有两种基本方式：一种是基于文本的查询，如将基因的数据库收录号、标识符、名称、功能等作为关键词，提交给检索系统进行匹配查找；另一种是基于序列的搜索，即用一条核酸或蛋白质序列进行序列对数据库的相似性搜索，通过特定的序列相似性比对算法，找出核酸或蛋白质序列数据库中与检测序列具有一定程度相似性的序列。如今以上两种数据库搜索方式都被生物学研究人员普遍采用，但它们具有完全不同的概念，所要解决的问题、所采用的方法和得到的结果均不相同。因此很多研究者将第一种方式称作数据库检索或数据库查询，而将第二种方式称作数据库搜索，它在生物信息学中具有特定含义。本章将为大家介绍国际著名数据库 GenBank 和 EBI 开发的检索系统 Entrez、SRS 和相似序列的数据库搜索系统 BLAST 和 FASTA。

5.1 数据库检索

目前国际上由不同研究机构开发和维护的公共数据库种类繁多，包括核酸序列数据库、蛋白质序列数据库、基因组数据库及生物大分子结构数据库等，如果将这些数据库的相关数据进行链接和集成，或开发有效的数据管理系统，那么经一次检索就可获得多个数据库的相关信息，同时对提高数据库的实用价值也起到非常重要的作用。例如，我们可以从一条核酸序列出发，通过数据库检索，便可快速获得其相关的基因、在染色体上的定位、蛋白质结构及其功能等信息。目前最著名的集成数据库查询系统是 NCBI 开发的 Entrez 和 EBI 开发的 SRS 系统。下面将对这两个检索系统的使用方法和特点做具体介绍。

5.1.1 Entrez

5.1.1.1 所集成的数据库

Entrez（http://www.ncbi.nlm.nih.gov/Entrez/）系统是 NCBI 开发的核心检索系统，该系统集成了 NCBI 的各种数据库（表 5-1），包括生物医学文献数据库（如 PubMed、OMIM、Books、Journals database 和 PMC 等）、核酸序列数据库（GeneBank/EMBL/DDBJ、Genome Database、Unigene、STS 和 PopSet 等）、蛋白质序列数据库、蛋白质结构数据库、生物分类数据库等。图 5-1 显示了 Entrez 系统集成的 8 类主要数据库的关联图；图 5-2 为 Entrez 主页显示的该系统所整合的各类数据库。

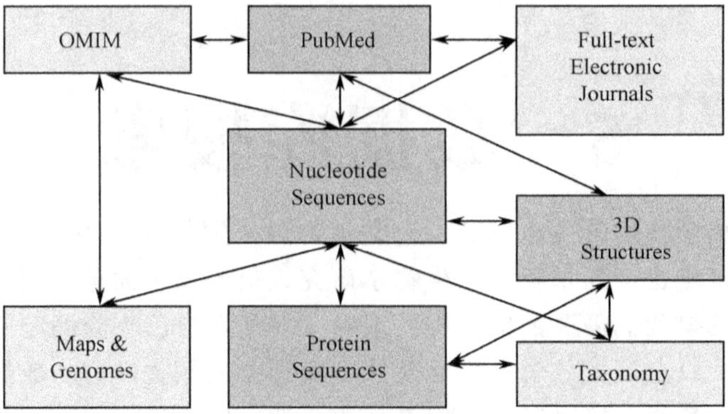

图 5-1 Entrez 集成系统结构

图 5-2 Entrez 系统所整合的数据库

表 5-1 Entrez 系统集成的数据库分类列表

类 别	数据库
核酸序列	核酸序列数据库：dbEST、PopSet、dbGSS、Probe、dbSNP、RefSeq、dbSTS、TPA、Nucleotide、Trace Archive、GenBank、UniGene、HomoloGene、UniSTS、MGC
蛋白质序列	蛋白质数据库：Proteins、PROW、RefSeq、3D Domains
三维结构	分子结构数据库：Structure (MMDB)、Conserved Domains、3D Domains
分类组织学	Taxonomy

续表

类　别	数据库
基因组	基因组数据库：Genomes、Gene、Cancer Chromosomes、Genome Project、COGs
基因表达	基因表达相关数据库：GEO Datasets、GEO Profiles、SAGE
文献	PubMED
书籍	Books

5.1.1.2　Entrez 的特点

从以上介绍可知，Entrez 最显著的特点就是链接的数据库多，将文献、序列、结构、基因组、系统分类等不同类型的数据库有机地结合在一起。Entrez 的另一大特点是使用方便。在 Entrez Home 网页界面输入关键词，可以同时查询所有数据库；也可以点击单一数据库的超链接，打开后只对本数据库进行检索。除此之外该系统还建立了交叉索引的查询方法，它建立了数据库间或同一数据库内部记录间的链接，这对于生物数据的挖掘非常重要，这也是 Entrez 最成功之处。这样用户可以从一个数据库方便直接地转入另一个数据库，即从某一类数据开始，在所得的查询结果中再提供其他相关数据库的信息链接。例如，在核酸检索结果中点击 Links（图 5-3），列出了其在基因、蛋白质、文献等数据库中的链接，点击即可获得对应数据库的相关条目。通过 PubMed 的链接，可以找到有关序列的科学文献；通过 Protein 的链接，可以得到基因表达的蛋白质信息。Entrez 系统还将数据库和应用程序结合在一起，例如，通过“Related sequences”工具，可以直接找到其他同源序列。在查询文献数据库时，获得摘要结果后，还可以通过点击“Related articles”继续查找相关文献。

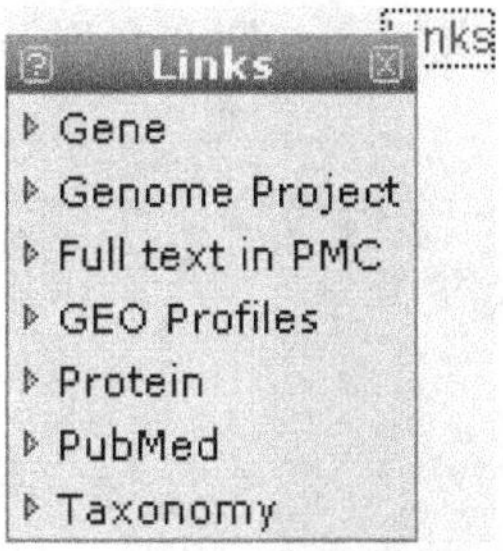

图 5-3　Links 链接的数据库

Entrez 系统检索结果的另一显著特点在于这种交叉索引查询方式不仅考虑了查询对象和数据库中单词的实际匹配，而且考虑了意义的相近匹配，最后的查询结果按照查询关键词与数据库信息匹配程度来排列，匹配程度高的排列在前面，匹配程度低的排列位置相对靠后，这样便于我们寻找最高相似程度的匹配结果。

5.1.1.3　数据库检索

Entrez 系统为我们提供了多种查询方式，概括起来讲主要有以下几种：快速查询、限定查询及 Entrez Tools 页面所罗列的其他查询方式（批处理查询、E-mail 查询等）。下面就几种主要的查询方式做简单介绍。

1）快速查询

通过 NCBI 主页面上方的数据库检索栏即可直接进行快速查询。具体方法如下：首先在“Search”后的下拉列表菜单中选择需要检索的数据库，然后在“For”后面的方框中输入需要检索的关键词，点击“Go”就可以完成一次检索。默认情况下，这样的快速查询在所有类型字段中查找匹配关键词，往往会产生大量的干扰结果，因此为了获得更有效的检索一般采取限定查询。

2）限定查询

为了提高数据库检索效率，我们常常采用 Entrez 系统的限定查询方式。该方法是通过限定查询范围（Limits）、预览查询结果（Preview/Index）、查看查询记载（History）和操作剪贴板（Clipboard）等各种辅助功能来实现的。首先进入 Entrez 系统的 Web 页面，点击“Limits”按钮，即可进入限定查询范围页面，见图 5-4，可以根据实际需要，将输入关键词的查询范围进行限制，即将不同的关键词限定在不同的字段内检索，如对序列收录号、题目、关键词、生物大分子的名称或功能、分子类型、提交或更改日期和数据库等进行选择，其中对于不同的数据库类型，其限定范围也有所不同；例如，序列数据库可以限定序列长度、分子类型、分子质量等；文献数据库则可以限定作者、题目、关键词、期刊名称等。通过这样的限定字段查询能更快速更有效地获取所需信息。

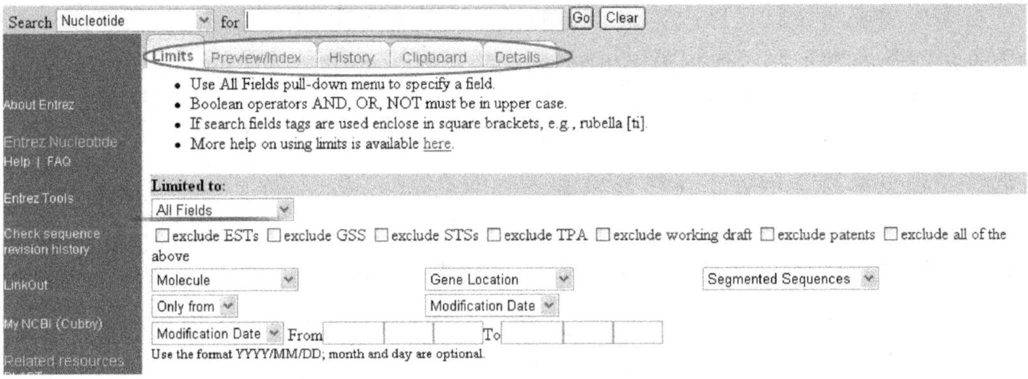

图 5-4　Entrez 系统的限制字段查询设置

除了利用“Limits”外，点击“预览/索引”检索按钮“Preview/Index”，检索栏中会增加“Preview 和 Index”按钮，如图 5-5 所示。限制查询字段且输入主题词后，点

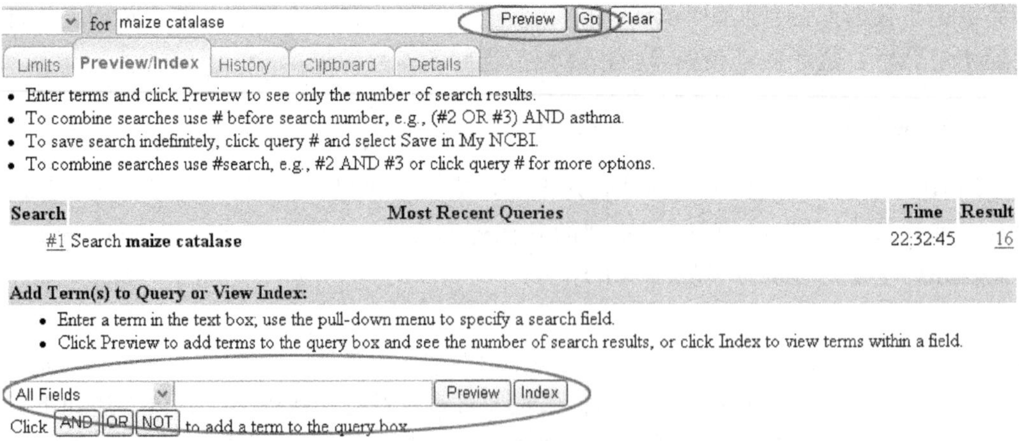

图 5-5　Entrez 系统的预览/索引检索

击“Index”按钮，Entrez 会在你选定的字段中显示从该检索词开始的一个索引词表窗口，此时你可以选择其中一个或几个词进行检索。当你对所输入的主题词不很熟悉或不能正确拼写时，索引检索是一种非常有效的检索方式。若点击“Preview”按钮，可进行结果的预览，此时不列出具体查询结果，而只列出查询到的数据条目数。利用这一辅助功能，可以提高查询速度，并对查询结果有初步了解，以便对查询结果作进一步处理，缩小查询范围。点击“History”按钮，则可以查看查询过程的记录，包括每次查询的关键词、查询字段、时间及结果记录等，还可对每次查询结果进行分析，并做进一步处理。

前面介绍了用“Limits”进行限制字段查询，下面介绍另外一种限定字段的方式，即是在输入的主题词后面用方括号来限制查询字段。例如，catalase[Keyword]表示在关键词这个字段中查找与 catalase 匹配的条目，L05934[Accession]表示在序列收录号字段中查找 L05934，用序列收录号进行查询是最快速最准确的一种查询方式。我们还可以采用以下方式对分子质量、序列长度、序列登录号、序列提交日期等数值型字段的范围进行限定查询，如300∶1500[SLEN]，表示查询序列长度在 300bp 至 1500bp 范围内的核酸序列。有关 Entrez 系统的部分查询字段及相关说明见表 5-2。

表 5-2　Entrez 系统查询所用的部分限定字段

字段	说明
Accession Number [ACCN]	序列登录号
Sequence Length [SLEN]	序列长度
Properties [PROP]	序列特性
Key word [KYWD]	关键词
Organism [ORGN]	物种来源
Author [AUTH]	作者
Journal Name [JOUR]	期刊名
Feature Key [FKEY]	基因或其产物的特性

利用 Entrez 系统进行查询时可以使用逻辑词 AND、OR 和 BUT，使用时这些逻辑词必须大写。当输入多个主题词时，默认的逻辑词是“和”（AND）。比如输入 maize catalase，就搜索到包含了“maize AND catalase”的所有结果。也可以在表述搜索条件的主题词两端加上双引号，将搜索条件当成短语，在数据库中搜索与短语匹配的记录，如“28S rRNA”；如果不加双引号则默认为搜索包含“28S AND rRNA”的所有记录。

3）其他查询方式

除了我们前面介绍的方法外，在 NCBI 主页面点击“Entrez Tools”链接时（图 5-6），可以看到 Entrez 系统开发的其他查询方式，包括批处理查询、E-mail 查询等（图 5-7）。

批处理查询即 Entrez 系统开发的“Batch Entrez”查询方式，可通过一次查询获得多个基因或蛋白质的序列信息，弥补

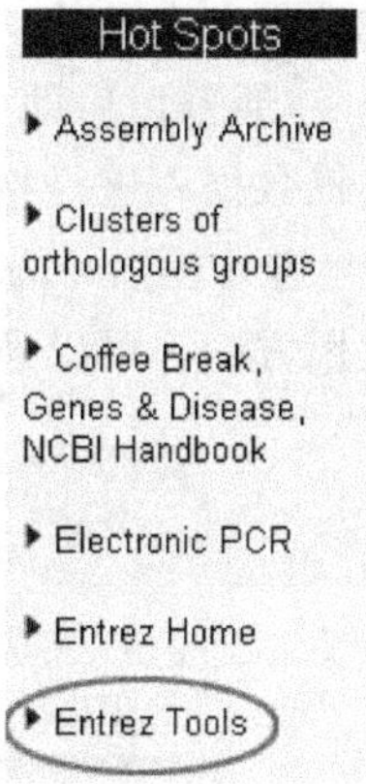

图 5-6　NCBI 主页的“Entrez Tools”链接

Advanced Entrez Tools

Web Tools:

Batch Entrez - Upload a file of GI or accession numbers to retrieve sequences.

PubMed Batch Citation Matcher - Send citation information to Entrez and retrieve PubMed

Advanced Entrez Searching - Advanced searching techniques for Web Entrez.

My NCBI - includes automatic e-mailing of search updates and filters for search results.

Programming Tools:

E-Utilities - Run Entrez queries and download data from your own scripts over the Web.

Linking to Entrez - Link to specific Entrez pages from your own web pages or applications.

Entrez Client/Server - C language library for embedding Entrez calls into your programs.

图 5-7　Entrez 系统的多种查询方式

了前面我们介绍的方法仅能获得单个基因或蛋白质信息的不足。Entrez 系统提供了两种批处理查询的方法：一种方法是在常规的 Entrez 查询结果页面上，通过选择我们所需要的序列信息，利用保存功能下载到本地计算机；另一种方法就是首先将我们所需序列的数据库收录号整理存入到一个文件里，打开 Batch Entrez 的查询页面，见图 5-8，点击浏览，然后上传保存数据库收录号的文件，最后点击“Retrieve”按钮，即可获得所需序列。

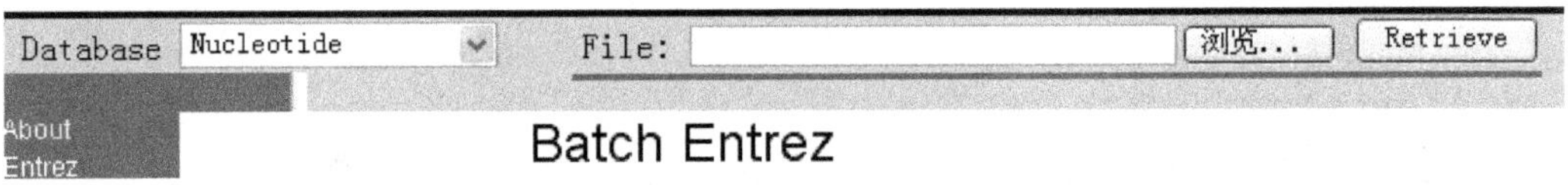

图 5-8　Entrez 系统的批处理查询

Entrez 系统还为广大用户提供了 E-mail 信息检索服务，用户可以先选择一个数据库，通过页面右上角的“My NCBI”图标（图 5-9），进入 E-mail 检索的注册登记页面（图 5-10），注册登记后即可进行检索。该系统允许用户对核酸序列、蛋白质序列、结构数据库和文献数据库进行检索，一般有两种检索方式，一种是按照序列识别号（unique identifier，UID）进行检索，另一种是根据文本主题词（text term）进行检索。更多有关 Entrez 系统的使用方法，可以通过“Entrez Help”和“Entrez Tutorial”查阅。

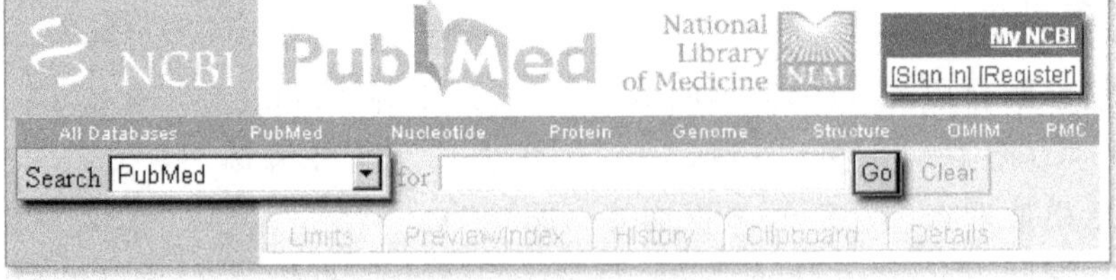

图 5-9　Entrez 系统的 E-mail 检索服务

5.1.2 SRS

5.1.2.1 集成的数据库

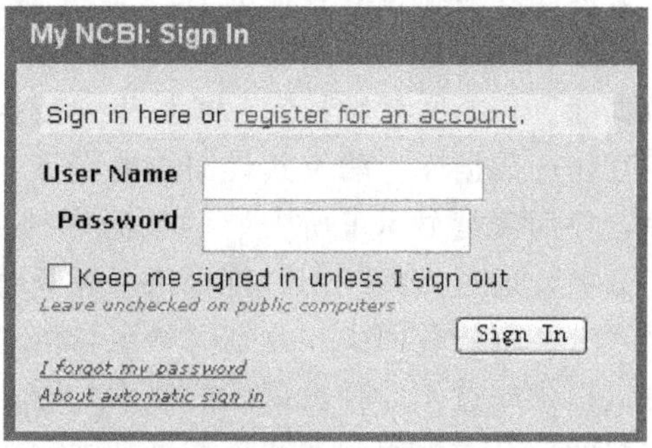

图 5-10 My NCBI 的注册登记界面

SRS（sequence retrieval system）信息检索系统是由 EMBL（欧洲分子生物学实验室）开发的以万维网界面运行的数据库检索及导航系统，是目前生物信息学界应用最为广泛的数据库检索系统。该系统最初是为核酸序列数据库 EMBL 和蛋白质序列数据库 Swiss-Prot 的查询而开发的。随着分子生物信息数据库应用和开发需求的不断增长，SRS 已经成为欧洲生物信息网的主要数据库检索工具，现被广泛用于各种数据库，也是当今国际上最具有影响力的分子生物数据库查询系统之一。目前，SRS 已经发展成为商业软件，由英国剑桥的 LION Bioscience 公司负责更新和维护，学术单位在签订协议后可以免费获得该软件的使用权，而非学术单位则需要购买使用权。

SRS 是一个开放的数据库查询系统，具有统一的 Web 用户界面，目前共有 300 多

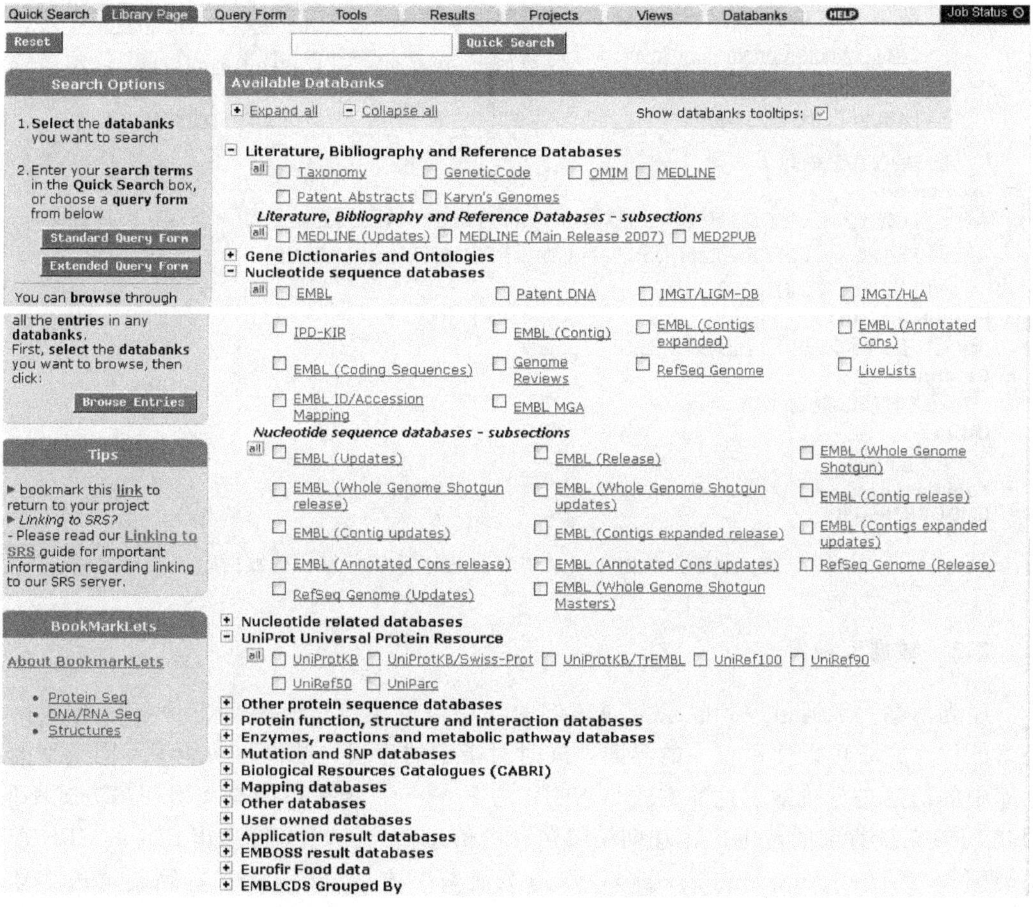

图 5-11 EBI 的 SRS 系统所整合的数据库

个数据库安装在世界各地的 SRS 服务器上。欧洲生物信息学研究所、英国基因组测序中心 Sanger Centre 和英国基因组资源中心 HGMP 等大型生物信息中心集成了 100 多个数据库，包括文献数据库，核酸序列数据库，蛋白质序列数据库，蛋白质功能，结构、相互作用数据库，酶及其代谢数据库等，图 5-11 显示了 EBI 的 SRS 系统的数据库主页面，界面清楚显示了所安装的数据库种类和名称。SRS 系统按数据类型将数据库进行了分类，通过点击“+”符号，可展开每个分类以显示相关联的数据库，点击“—”符号，分类可折叠回去。北京大学生物信息中心于 1997 年开始安装 SRS 系统，目前已经可以提供超过 100 种数据库的搜索，图 5-12 为北京大学生物信息中心 SRS 数据库系统安装的部分数据库种类和名称，其中比较常用的 EMBL 和 GDB 等已做到每日更新。国内的上海生命科学院、微生物研究所等单位也于 2000 年开始安装 SRS 系统。

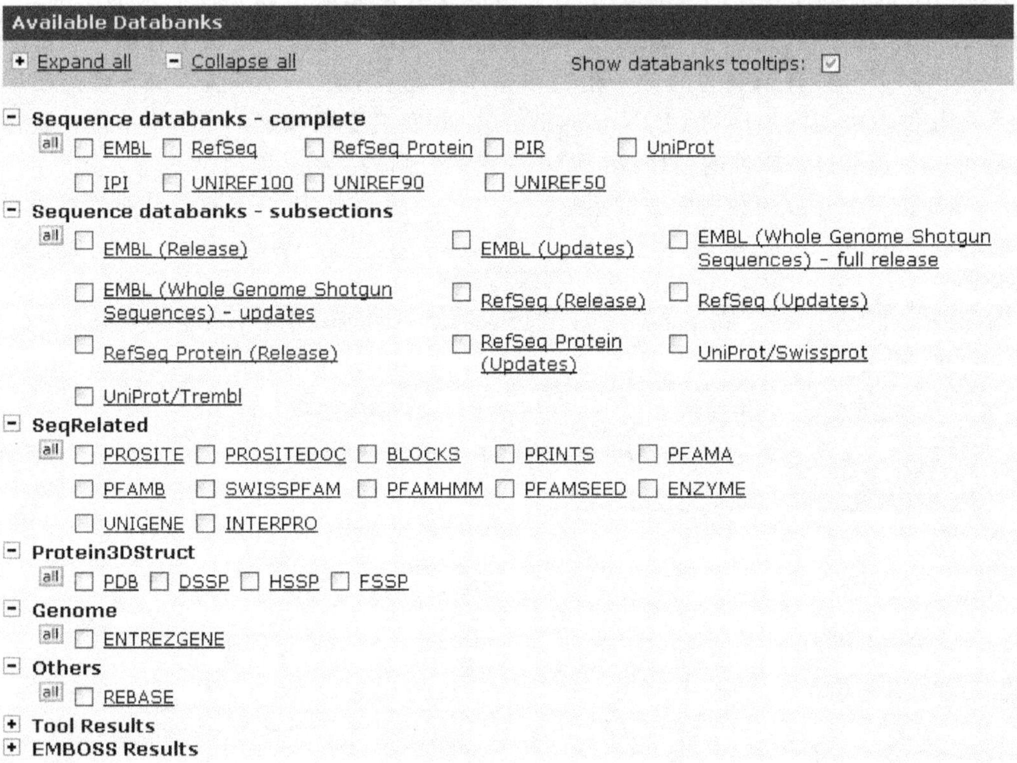

图 5-12　北京大学生物信息中心的 SRS 系统所整合的数据库

5.1.2.2　数据库检索

序列信息一般通过序列收录号或其中的注释信息获得，使用 SRS 系统进行数据库检索的优点在于可以使用统一的界面，同时对指定的序列、结构、功能等不同类型的数据库中的信息进行检索，这种方式与 NCBI 的 Entrez 系统采用的交叉引用的方式不同。因此 SRS 系统查询的范围广，查询结果包含的信息量大。当我们打开 EBI 的 SRS 查询系统网页（http://srs.ebi.ac.uk/），点击页面右上方“Show all”右侧的“+”号按钮，即可显示所安装的所有数据库。用鼠标点击数据库名左侧的选择框以选中需要检索的数据库后，可以选择快速查询、标准查询、扩展查询三种不同的方式进行查询。

1）快速查询

在 SRS 查询系统的 Quick Search 页面，我们可打开数据库下拉菜单列表，选择一个数据库，并在快速检索栏中填入主题词，按回车键或点击“Search”按钮，即可得到查询结果。例如，我们选择蛋白质序列数据库 Proteins，输入过氧化氢酶“catalase”，如图 5-13，按回车键或点击“Search”按钮后即得到该数据库中与过氧化氢酶有关的蛋白质序列的条目及其他信息。

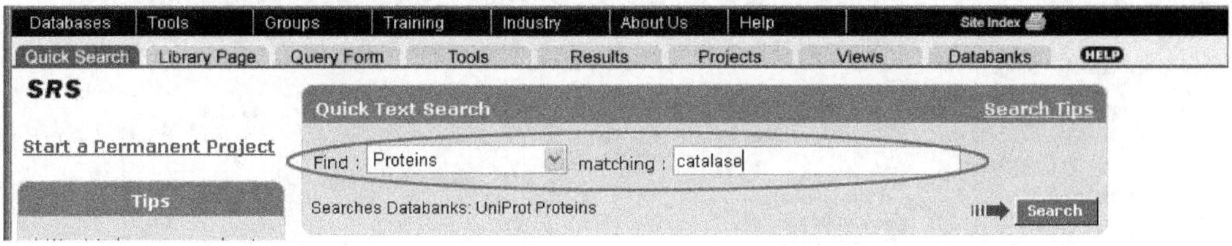

图 5-13　SRS 的 Quick Search 界面

2）标准查询

快速查询方式简单方便，但不便于用户限定查询条件和同时对多种类型数据库进行查询。例如，在上述查询结果中，可能包含了部分过氧化物酶、超氧化物歧化酶等序列条目，也包括了过氧化氢酶序列片段条目，因为在这些条目中，均存在“catalase”。选择标准查询方式，则可以由用户给出适当的查询条件，将主题词限定在一定的字段里查询，以缩小查询范围，提高查询效率。点击“Library Page”按钮，则进入数据库选择页面，用来选择所需查询的数据库名称。用户可选择一个数据库进行查询，也可同时选择多个数据库查询。以蛋白质序列数据库 UniProtKB/Swiss-Prot 为例，选择该数据库后，点击“Standard Query Form”按钮，则进入该数据库的标准查询页面（图 5-14）。可根据需要将页面左侧查询结合方式选择栏“Combine search with”下的“AND”改为“BUTNOT”，在“ALL TEXT”下拉菜单列表中选择查询字段，如查询序列收录号、物种来源、说明、文献、作者、日期、关键词等查询项目，或者对于有的数据库也可以同时搜索所有字段（All Text），这适用于对数据库内容不很熟悉或对所查信息不很确切的情况。在后面方框里输入相应主题词，此时可同时输入多个主题词进行查询。从图 5-14 可知，我们最多可以使用四个不同的搜索项，当输入查询条件后，点击“Search”按钮，查询结果以表格的形式显示，并有指向相应数据库中的文件超链接，点击即可获得相应的查询条目。

3）扩展查询

标准查询方式的功能比快速查询有所增加，但并没有体现 SRS 的全部查询功能，而利用扩展查询方式，则可充分利用 SRS 系统强大的查询功能。扩展查询可以将输入关键词的查询范围限定在物种、说明、作者、文献、序列收录号、分子质量等字段内，也可以限定日期和序列长度等。还可以选择参考文献（reference subentry field）、注释

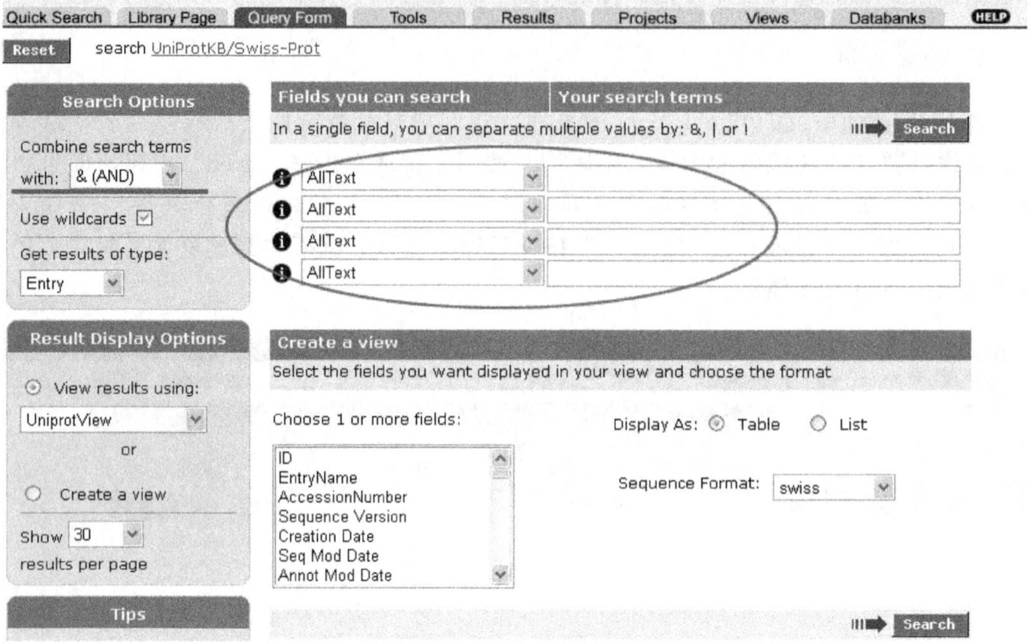

图 5-14　SRS 的 Standard Query Form 界面

信息（comment subentry field）、序列特征表（feature subentry field）等某些特殊内容，实现快速高效的检索，见图 5-15 的扩展查询界面，还可对多个关键词进行多字段的限定，真正实现快速高效的数据库查询。

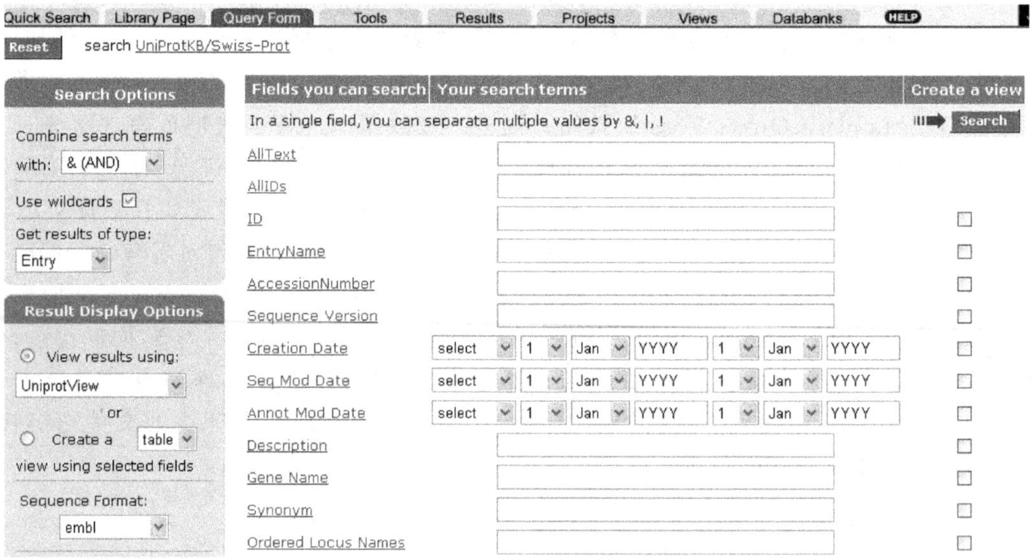

图 5-15　SRS 的 Extended Query Form 界面

在使用 SRS 系统进行查询时，除上述的"Quick Search"、"Library Page"、"Query Form"选择按钮外，该系统另有许多具有其他功能的常用选择按钮，如"RE-

SULTS”、“VIEWS”、“DATABANKS”等，点击这些按钮，则可进入其特定的页面。“RESULTS”为查询结果管理页面，用来对查询结果进行分析和做组合、链接等处理，以得到进一步的筛选结果。“VIEWS”为显示管理页面，用户可以选择不同的方式来显示查询结果，包括文本方式、表格方式、图形方式、FASTA搜索结果方式等。“DATABANKS”是系统安装的数据库清单，包括数据库名称、版本、类型、数据量、建立索引的日期等。此外SRS系统提供了详细的联机帮助信息，任何页面下点击右上方的“Help”按钮，即可启动联机帮助手册。在 http://srs. ebi. ac. uk/页面还提供了有关SRS用法的“user guide”超链接，仔细阅读用户指南和帮助手册，可进一步熟悉SRS系统的使用方法。

5.2 数据库搜索相似序列

5.2.1 数据库搜索相似序列的意义

前面我们介绍了常用的数据库查询系统和基本的数据库查询方法，数据库查询为生物学研究提供了一个重要工具，在实际工作中经常使用。然而，基于序列本身的数据库搜索，也是生物信息学研究中的一个重要工具。随着分子测序技术的发展和各类生物信息数据库的建立，数据库搜索相似序列已成为生物信息学的主体，也是现代分子生物学研究的重要组成部分。在分子生物学实验中，我们经常通过克隆、测序获得新的DNA序列，此时就需要进行数据库搜索，查看数据库里是否存在与查询序列高度相似的序列，则可判断所获得的序列是否为新的未知序列，并了解在其他物种中是否有相应的同源序列等信息。

数据库搜索相似序列对预测基因的功能非常有效，因为我们往往可以推测相似性较高的序列是同源的，即它们具有共同的祖先，进而推测它们具有相似的高级结构、功能和生物学活性。因此通过相似性搜索我们不仅可以判断自己克隆的序列是否为新序列，也可进行功能预测等分析。数据库里存在大量经实验准确测定的已知序列、结构和功能的基因或蛋白质，将我们新克隆的或其他感兴趣的基因序列进行数据库搜索，与数据库中的每个序列进行比较，鉴别出相似的序列，如果能获得这些相似序列的表达特性、功能、结构等详细注释信息，将对下一步的研究有很大帮助。数据库搜索结果还显示与最佳匹配序列的对位排列及匹配记分。如果一个查询序列与一个已知功能结构的序列一致性很高，则这个查询序列被认为具有相同的结构和功能。这些预测的准确性依赖于序列间对位排列的质量。随着序列相似程度下降，预测的可信度也下降。一般来说，当相似程度高于50%时，比较容易推测检测序列和目标序列可能是同源序列；如果序列之间的一致性低于25%～30%，就很难或者根本无法确定它们是否同源。如今，一批模式生物的基因组序列已被测定，包括酵母、大肠杆菌、线虫、果蝇、人、拟南芥、水稻等，这些物种的基因组序列通过进一步的生物学实验分析或经过理论预测已发现基因和相应编码蛋白质的功能。因而，我们可以利用这些模式生物中特定序列的生物功能信息来预测其他生物中相似序列的功能。

相似序列的数据库搜索是当今一些主流的生物信息学应用最重要的基础，除了用于序列间的同源判定和功能预测外，现在还普遍应用于基因的电子克隆、蛋白质家族成员寻找及这些蛋白质的共有模式、保守结构域及功能位点的识别等。基因的电子克隆是近年伴随基因组计划和EST计划发展起来的基因克隆方法，该方法以感兴趣的基因片段作为查询序列，搜索数据库，找到部分重叠的序列进行拼接，再以拼接序列为新的查询序列，继续搜索，直到没有新的序列可供拼接为止，最后根据拼接序列设计引物进行实验验证。对于蛋白质家族分析，先以该家族的其中一条蛋白质序列为查询序列进行数据库搜索，便可找到很多家族成员，再将这些蛋白质序列进行多序列比对就很容易识别这个蛋白质家族的保守结构域和共有模式。同样的方法也可用于基因组DNA序列，来寻找一致的调控模式，如启动子识别信号、转录因子结合位点等。

数据库搜索相似序列的基础是序列的相似性比对，就是将查询序列与数据库里的序列逐一进行序列的两两比对分析，由于现在数据库信息量大，这样简单重复的分析非常耗时，所以开发了一些近似的算法以提高速度，目前使用最广泛的序列对数据库相似性搜索的应用程序就是FASTA和BLAST程序。与第3章介绍的用动态规划的方法进行双序列比对有所不同，它们不一定能找到两条序列间的最佳联配，因此准确性比较低。但它们速度快，通常要比动态规划法快5～50倍，有了这样的处理速度，才使搜索庞大的数据库成为可能。

Pearson和Lipman等于1985年开发了FASTA，并在1990年和1996年做了改进。FASTA方法可以快速地从数据库任意序列间找出与新序列相似的短串，进行搜索时首先将每个序列分解成短的字符串，这些串被编入一张表，以标明它们在序列中的位置。如果某个或几个串在两条序列中同时出现，尤其是当几个同时出现的串彼此相接时，就意味着两条序列在这些区域相似。BLAST程序是由Atschul等于1990年开发的，其最初目的是改善FASTA的性能，通过寻找更小、更重要的热点字串来提高计算速度。同FASTA一样，BLAST也是首先制作一张每个序列中短序列串的表格，不同的是它还决定了哪些串更重要，能更好的反映两条序列的相似性，然后将搜索限于几个关键字段及相关字段。下面将对这两个程序做基本介绍。

5.2.2 BLAST

5.2.2.1 BLAST简介

BLAST（basic local alignment search tool）是基本局部相似性比对搜索工具的简称，它是世界上应用最广泛、最著名的序列分析工具，国际著名生物信息中心都提供基于Web的BLAST服务器，如美国国家生物技术信息中心（NCBI）（http://www.ncbi.nlm.nih.gov/BLAST）、欧洲生物信息中心（EBI）等。NCBI的BLAST是目前应用最广泛的程序，它具有强大的计算机支持系统，回复结果速度快。此外华盛顿大学还开发了独立的WU-BLAST程序（http://blast.wustl.edu/）。经过多年的发展，BLAST做了很多改进，目前的版本是BLAST2.0，比对时允许空位插入，同时为满足不同类型的比对需要，BLAST已发展成为一个大家族，集成了一系列程序，能提供核酸、蛋白质序列对各种不同类型数据库的相似性搜索。

5.2.2.2 BLAST 算法基础

BLAST 程序在进行序列数据库相似性搜索时，查询序列可选择过滤掉低复杂度的区域，然后按字长参数（DNA 序列字长一般为 11，蛋白质序列为 3）将序列分解成小的字串。找出查询序列和目标序列间所有单个或多个连续匹配的字串。对于这样的局部对比排列，可用打分函数或记分矩阵（如 PAM 矩阵和 BLOSUM 矩阵等，见第 3 章）进行打分，这个得分就是序列相似性的度量，不同的匹配程度得分有高低之分。若匹配程度较高，且记分超过一定阈值的连续字串就被称为序列片段对（segment pair），它是两条给定序列中的一对子序列，它们的长度相等，且形成无空位的完全匹配。由于在序列片段对查找过程中不考虑空位字符，即不考虑插入和删除操作，所以运行速度非常快。得分阈值可以由用户设定，但程序有一个缺省的推荐值。选择阈值的基本原则是一条随机序列与查询序列比较的得分不会超过该值。找到序列片段对后，再对具有一定长度的片段对沿序列的两个方向来扩展一个对位排列，只要记分值不断增加就持续下去。当累积记分停止增加时，就停止向这个方向的扩展。由此就得到一定长度的保持最好记分的序列串，称高记分片段对（high-scoring pair，HSP）。接下来就是检查发现的每个 HSP 值是否大于阈值，经鉴定后列出整个数据库中匹配的高记分片段对。BLAST 的最后一步就是确定每个 HSP 记分的统计显著性。两条可以达到 HSP 分值的随机序列（一条是查询序列长度，另一条是数据库中的全部长度，大约等于数据库中全部序列长度之和）的概率可以计算出来。以上就是无空位的 BLAST 比对算法的基础。

如上所述，最初的 BLAST 程序不允许空位插入，但在生物的进化过程中碱基的插入或缺失突变是普遍存在的，因此比对结果通常会出现一些无空位但不连续的区域，若将有些高分值片段对通过一些相似性较低且有空位的片段连接起来，就能组成一些更长的或许更具实际生物学意义的比对。基于上述思路，Altshul 等于 1997 年改进了 BLAST 算法，允许插入或删除操作。为避免对空位字符打分影响搜索速度，新算法缩短了对数据库初始搜索的时间，在多个 HSP 中，只找出一个最好的得分最高的片段对（maximal segment pair，MSP），并以此为基础运用动态规划方法将这一片段向序列两端延伸，最终产生一个记分较高的最佳比对结果，且可能有空位插入。由于免去了查找所有高分值片段对的步骤，新算法比原算法快 3 倍。

一旦 BLAST 在数据库中发现与查询序列相似的序列，接下来我们要解决的主要问题是如何确定所识别的序列相似性是有意义的。它们代表的是真实的生物进化关系，还是不相关序列间的偶然相似？目前我们广泛使用的 BLAST2 版本不仅允许空位插入，还可以获得对位排列记分并计算记分的期望值，帮助我们判断相似序列是否具有真实的生物学意义。这个期望值（expectation value）简称 E 值，它是 BLAST 结果中提供的一个统计学评价。当查询序列与从数据库里识别出的目标序列的比对记分为 S 时，E 值是得分大于等于 S 的期望频率，该值可以被解释为期望随机得到记分大于等于 S 值的概率，换种说法来讲，E 值表示数据库中查询序列和随机序列或无关的序列间随机匹配的概率。比如经数据库搜索后，查询序列与某一目标序列的 E 值为 0.05，表示这个相似性有 5%的机会偶然发生。E 值越小就意味着序列的相似性偶然发生的机会越小，也就是相似性越能反映真实的生物学意义。

5.2.2.3 BLAST 程序及数据库

BLAST 集成了一系列程序，下面以 NCBI 的 BLAST 为例，初步介绍不同程序的使用特点。如图 5-16 为 NCBI 的 BLAST 主页，列出了以 BLAST 算法为基础的不同程序，能满足用户方便快速地进行数据库搜索的需求。如图所示，BLAST 程序主要分为三大类，即基因组 BLAST、基本 BLAST 和一些特殊类型的数据库搜索程序。基因组 BLAST 程序可将查询序列与某一特定物种的基因组序列比对，搜索相似序列；基本 BLAST 按查询序列和搜索数据库的类型来划分，主要分为 5 类，包括核酸类、蛋白类、翻译类，表 5-3 列出了 BLAST 的 5 种基本程序及其查询序列和对应搜索数据库的类型。

图 5-16 NCBI 的 BLAST 程序

部分 BLAST 程序简介如下：

1）Megablast

该程序特别适用于由于测序或者其他原因形成的差异不大的序列之间的比较，采用了贪婪算法（greedy algorithm），同时本程序的字长比 BLASTn 的默认字长大，可加快搜索速度，比普通程序的算法快 10 倍以上，能很快的完成两组大数据的比对，也是目前基因组数据库搜索的默认程序。

表 5-3　BLAST 的基本程序

程 序	查询序列类型	数据库类型	描 述
BLASTn	DNA	DNA	用核酸序列搜索核酸数据库
BLASTP	蛋白质	蛋白质	用蛋白质序列搜索蛋白质数据库
BLASTX	DNA	蛋白质	用核酸序列搜索蛋白质数据库（先将核酸序列按 6 个可读框翻译成蛋白质序列）
TBLASTN	蛋白质	DNA	用蛋白质序列搜索核酸数据库（先将核酸数据库的序列按 6 个可读框翻译成蛋白质序列）
TBLASTX	DNA	DNA	将查询序列和数据库里的核酸序列都按 6 个可读框翻译成蛋白质序列后再比对

2）PSI-and PHI-BLAST

位点特异的迭代 BLAST 和模式发现迭代 BLAST 搜索，是在普通 BLAST 的基础上发展起来的两个新程序，是将双序列比对和多序列比对结合在一起的数据库搜索方法，可通过多次迭代搜索出蛋白质家族或超家族中序列相似性较低的成员，弥补了普通 BLAST 难于找到进化距离较远的同源序列的不足。这两个程序主要是针对蛋白质序列进行数据库搜索所做的改进，其主要思想是通过多次迭代找出最佳结果。第一次 BLAST 搜索后，利用结果中最相似的序列重新构建位点特异性打分矩阵（PSSM），然后再使用该矩阵进行第二轮 BLAST 搜索，再调整矩阵，搜索，如此迭代，直到找出最佳搜索结果。最终高度保守的区域就会得到比较高的分值，而不保守的区域则分数降低。这样可以提高 BLAST 搜索的灵敏度，从而有利于发现进化距离较为遥远的同源序列。

3）特殊 BLAST 程序

NCBI 还针对一些特殊用途开发了特殊的 BLAST 程序，如用于两条序列比对的 BLAST2，载体序列检测程序 VecScreen，专门搜索免疫球蛋白序列数据库的 IgBlast 等。

如果你有两条序列并且想知道它们是否有特殊的匹配关系时（譬如比较分析自己分离克隆的序列和数据库里作为引物设计的模板序列，或分析来源于两个不同材料的同源基因），此时就不需要花费大量时间对整个数据库进行复杂的比对搜索，而仅需比较这两条序列的相似性，就可以用“BLAST 2”序列分析工具。它能进行两条序列的精确比对，同时给出两序列的图形化比对结果和文本形式的联配结果。

载体序列检测程序 VecScreen 也是我们常用的程序之一，当我们克隆了目标核酸序列后，为达到较好的测序效果，常将目标序列连接到适合的克隆或表达载体上，再选择通用测序引物进行测序鉴定。分析测序结果的第一步就是要去除位于目标序列两端的载体片段序列。VecScreen 是实现这一目的的数据库搜索程序，能有效地识别和去除载体污染序列。NCBI 的载体数据库包括了常规的人工构建的克隆载体、细菌载体、双元载体等各种类型的载体，该载体数据库可通过此网址（http://www.ncbi.nlm.nih.gov/VecScreen/replist.html）查询。

Find conserved domains in your sequence (cds)、Find sequences with similar conserved domain architecture (cdart)

NCBI 开发的专门用来搜索蛋白质序列中可能的保守结构域的搜索工具，通过查询序列与数据库中的序列比对后，鉴定查询序列可能的保守结构区域。

5.2.2.4 应用实例

进行 BLAST 之前我们应确定用核酸还是蛋白质序列进行搜索，选择何种程序对哪一类数据库进行搜索。DNA 数据库的信息量比蛋白质数据库的大，如果我们搜索的目的是看此序列是否已被测序过，或对基因进行定位分析，了解它是否有多种转录剪切体时通常使用 DNA 序列进行搜索。但核酸序列由 4 种碱基组成，当比对两条核酸序列时，出现随机匹配的概率是 25%；蛋白质序列由 20 种氨基酸组成，随机匹配的概率仅为 5%，因此核酸序列搜索结果出现假阳性的可能性比较大。在进化过程中蛋白质序列比核酸序列更为保守，有的序列在核酸水平可能相似性不高，但蛋白质水平却有着截然不同的相似性结果，因此如果进行结构和功能预测或同源判定时，采用蛋白质序列进行相似性搜索更有意义。对于数据库的选择来说，我们一般根据查询序列的类型来选择相应的数据库，但当我们不知道 DNA 序列的正确阅读框时，可用 BLASTX 将查询序列翻译后再搜索蛋白质数据库。总的来讲，通常人们会搜索几个不同数据库以便发现尽可能多的相似性高的序列。

确定了查询序列、搜索程序和相应的数据库后，我们就需要设置相似性搜索参数，提交查询序列，读懂 BLAST 结果了。下面以玉米过氧化氢酶 3 基因的相似性搜索为例来具体说明 BLAST 的使用方法。

(1) 进入 NCBI 的 BLAST 程序主页，点击 nucleotide blast，将玉米过氧化氢酶 3 的基因序列以 FASTA 格式粘贴到查询窗口，如图 5-17，在该查询窗口除了直接输入序

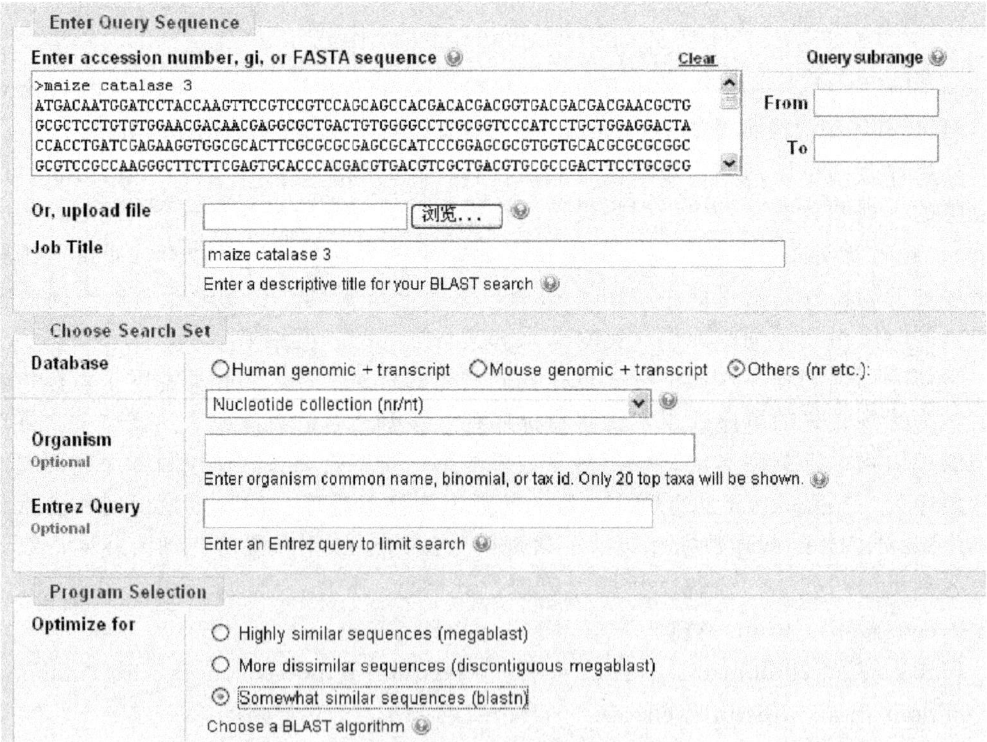

图 5-17 查询序列输入窗口

列外，也可以输入序列的收录号。在查询序列输入窗口界面，我们还可以对查询序列范围（如500～1000bp）和查询数据库进行选择和设置。选择不同类型数据库进行搜索，可以获得不同的结果信息。在图5-17的页面中可以方便地进行目标搜索数据库的选择。如果需要对人或鼠的基因组数据库进行搜索，可直接选择；若需要选择其他数据库，则选中"Others"，然后点击下拉框，选择合适的数据库。目前能供大家选择的数据库见表5-4。除此之外，我们还可以设置搜索的范围（如限定entrez系统的字段或者选择特定物种的序列进行比对）和选择。核酸搜索的程序（如megablast、discontiguous megablast和blastn）。

表5-4 可供BLAST搜索的主要数据库

数据库名称	数据库说明
nr	在 GenBank ＋ EMBL ＋ DDBJ ＋ PDB 中所有非冗余的核酸序列，或在 GenBank ＋ PDB ＋ SwissProt ＋ PIR ＋ PRF 中所有非冗余的蛋白质序列
est	非冗余的 EST 序列
est _ mouse	非冗余的鼠 EST 序列
est _ human	非冗余的人类 EST 序列
est _ others	在 GenBank ＋ EMBL ＋ DDBJ 中非冗余的除开人类和鼠以外的其他物种的 EST 序列
swissprot	SWISS-PROT 的蛋白质序列
gss	基因组相关序列，包括单向基因组测序序列，外显子捕获序列等
chromosome	基因组序列
htgs	高通量基因组序列
pat	专利序列数据库
Yeast	啤酒酵母基因组序列（对 Blastp 而言，则为基因组翻译的蛋白质序列）
E. coli	大肠杆菌基因组序列（对 Blastp 而言，则为基因组翻译的蛋白质序列）
Drosophila	果蝇基因组序列（对 Blastp 而言，则为基因组翻译的蛋白质序列）
Mito	线粒体序列
pdb	蛋白质结构数据库的相应核酸或蛋白质序列
month	在最近的 30 天内更新的序列
Alu-repeat	Alu 重复序列
dbsts	序列特异性标签位点序列

（2）在查询序列输入页面，点击"Algorithm parameters"，还可对BLAST程序的相关参数进行设置。见图5-18所示，可设置的参数主要包括以下几种。

搜索结果中显示序列的数目设置（默认值为100）。

期望值E值的选择，默认为10。如果查询目标是要寻找相似度很高的序列，我们可以降低E值，提高搜索速度，如果要寻找亲缘关系较远的序列，则不能随便降低该值。

字长设置，增加该值可以提高搜索的特异性和速度，降低该值则可提高灵敏度。

短序列搜索。当查询序列很短，如进行PCR引物的特异性验证时，查询序列仅20bp左右，程序通过增加E值和降低字长等参数来实现短序列间的比对。

记分参数设置。包括匹配得分、错配罚分、起始空位罚分和扩展空位罚分。

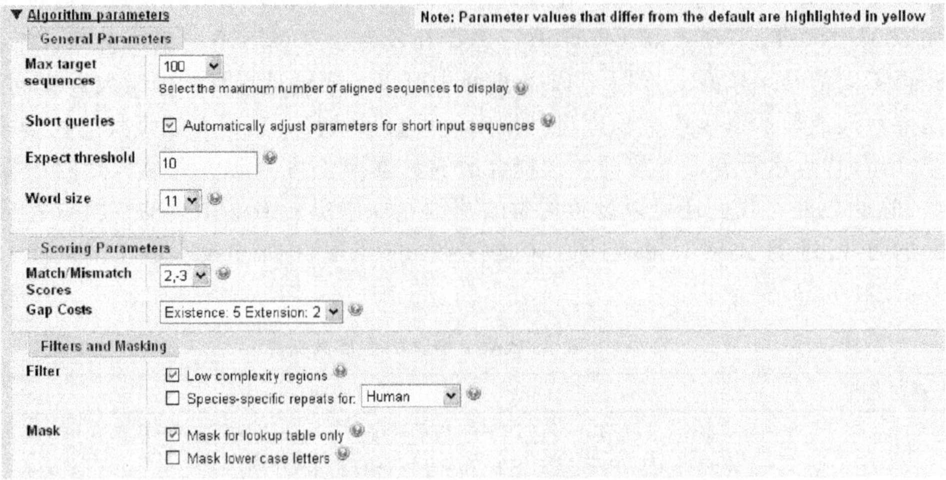

图 5-18　BLASTN 主要参数设置

过滤选项。程序默认为过滤掉低复杂度区域和重复序列等。因为数据库里重复序列是普遍存在的，若查询序列也有此类序列，按标准的比对算法会得到较高的记分，但多数情况下，这些区域的生物学意义不大，这样会干扰我们寻找其他重要相似的区域。因此在搜索前应当过滤掉这些低复杂度区域。

(3) 确认以上参数后点击 BLAST 按钮就开始数据库搜索了，此时可选择搜索结果在一个新窗口中打开。

(4) 最后的搜索结果页面大体包括 3 个部分：BLAST 的版本号、查询序列和搜索的数据库。

查询序列与数据库序列匹配的图形化结果，按序列相似性由高到低排列，且用不同的颜色来显示匹配序列的长度和相似性的大小。相似性高且匹配序列长度大于 200bp 的用红色线条表示，而匹配序列长度小于 40bp 的则用黑色线条表示（图 5-19）。在这

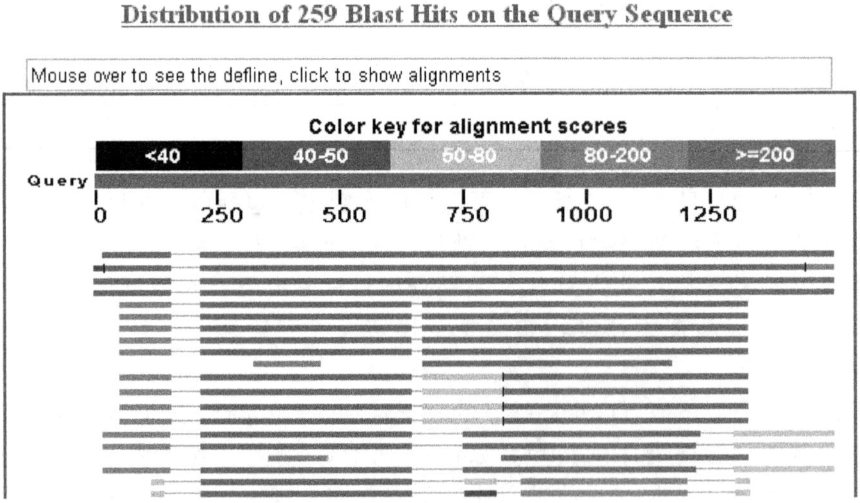

图 5-19　BLAST 搜索的图形化结果

个图形化结果中，我们可以将鼠标移动到表示目标序列的线条上，此时就可以非常方便地了解每条目标序列的基本信息，如序列收录号、序列来源的物种名称及基因名等。

数据库搜索的文字结果，建立了数据库目标序列的超链接和序列的两两比对结果（图 5-20）。图 5-20a 中列出的是高分值的目标序列，每一行显示一条序列，从左至右依次为序列收录号、序列的描述说明、比对记分情况、E 值等。图 5-20b 显示了查询序列（Query）玉米过氧化氢酶 3 基因序列与数据库中搜索到的目标序列（Subject）的部分联配，且在标题中给出了比对记分、E 值、相同联配核苷酸比例及空位插入的数量和比例等。

Sequences producing significant alignments:
(Click headers to sort columns)

Accession	Description	Max score	Total score	Query coverage	E value	Max ident	Links
AY104630.1	Zea mays PCO080157 mRNA sequence	2492	2762	94%	0.0	99%	U
L05934.1	Zea mays catalase (Cat3) gene, complete cds	2405	2848	96%	0.0	100%	
X12539.1	Maize cat-3 mRNA for catalase-3 isoenzyme (EC 1.11.1.6)	2141	2457	96%	0.0	100%	UG
M33103.1	Z.mays catalase isozyme 3 (CAT-3) mRNA, complete cds	2109	2425	96%	0.0	100%	U
NM_001052208.1	Oryza sativa (japonica cultivar-group) Os02g0115700	539	1095	79%	1e-149	89%	UG
X61626.1	O.sativa mRNA for catalase	539	1079	79%	1e-149	89%	U
AK099923.1	Oryza sativa (japonica cultivar-group) cDNA clone:J013116M08, full	539	1095	79%	1e-149	89%	UE
AK065094.1	Oryza sativa (japonica cultivar-group) cDNA clone:J013001M08, full	539	1095	79%	1e-149	89%	U

图 5-20a　BLAST 搜索的文字结果（高分值目标序列的列表）

```
> gb|AY104630.1| U Zea mays PCO080157 mRNA sequence
Length=1960

                              Sort alignments for this subject sequence by:
                                E value  Score  Percent identity
                                Query start position  Subject start position

 Score = 2492 bits (1257),  Expect = 0.0
 Identities = 1269/1273 (99%), Gaps = 0/1273 (0%)
 Strand=Plus/Plus

Query  219    CAAGGGCTTCTTCGAGTGCACCCACGACGTGACGTCGCTGACGTGCGCCGACTTCCTGCG  278
              ||||||||||||||||||||||||||||||||||||||||||||||||||||||||||||
Sbjct  387    CAAGGGCTTCTTCGAGTGCACCCACGACGTGACGTCGCTGACGTGCGCCGACTTCCTGCG  446

Query  279    CGCGCCCGGCGTGCGGACGCCCGTGATCGTGCGCTTCTCGACGGTGATCCACGAGCGGGG  338
              ||||||||||||||||||||||||||||||||||||||||||||||||||||||||||||
Sbjct  447    CGCGCCCGGCGTGCGGACGCCCGTGATCGTGCGCTTCTCGACGGTGATCCACGAGCGGGG  506
```

图 5-20b　BLAST 搜索的文字结果（查询序列与目标序列的联配）

本次搜索的基本统计信息，如搜索的数据库、搜索时间、记分矩阵和空位罚分公式等。

5.2.3　FASTA

5.2.3.1　FASTA 简介

FASTA 程序是第一个被生物学研究人员广泛使用的数据库相似性搜索程序，也是目前使用最广泛的序列分析工具之一。该算法由 Lipman 和 Pearson 首先提出，是一种关于序列比较的启发式算法，用于序列数据库搜索。为了达到较高的搜索敏感程度，程序采用打分矩阵实行局部比对，以获得最佳搜索结果。而为了提高搜索速度，在进行最佳搜索之前，算法使用已知的字串检索出可能的匹配。

5.2.3.2 FASTA 算法的基本思路

FASTA 算法的基本思路大体如下：首先选定字长参数 k-tuple（与查寻序列相匹配的很短的序列片段）值的大小，蛋白质序列数据库搜索时，$k=1$ 或 2；DNA 序列数据库搜索时，则 $k=4\sim6$。通过比较两个序列中的短片段及其相对位置，可以构成一个动态规划矩阵，在对角线方向上的一些连续配对的小片段，并找出配对密度最高的十个片段的位置。接下来就是利用记分矩阵对这十个片段进行重新记分，去除每个区域两侧得分较低的部分，此时所得的每个区域都没有空位，但可能有错配，相似区域的分数会被保存下来。最后将这些相似区域连接起来，形成新的序列比对，这个过程允许空位插入，插入空位就给予一定的罚分。

在 FASTA 程序中，k 值的选取影响算法的敏感性和特异性。所谓敏感性是指识别相关序列的能力，而特异性则是指去除假阳性（不相关的序列）的能力。敏感性和特异性也是评价数据库搜索结果的参数之一。通常将数据库搜索结果中的序列分为这样 4 种类型：①真阳性序列，表示与查询序列有真实生物学关系的目标序列；②假阳性序列，表示没有真实生物学关系但又被搜索出来的目标序列；③真阴性序列，表示与查询序列没有真实生物学关系的非目标序列；④假阴性序列，表示与查询序列有真实生物学关系但未被搜索出来的非目标序列。因此数据库搜索的敏感性可以表示为以目标序列的形式显示的具有真实生物学关系的序列数目在数据库中的比例，可记为 $S_n=$ 真阳性序列数目/(真阳性序列数目＋假阴性序列数目)。特异性指目标序列中具有真实生物学关系的目标序列比例，可记为 $S_p=$ 真阳性序列数目/(真阳性序列数目＋假阳性序列数目)。

在一般情况下，敏感性和特异性是两个矛盾的对立面，难以同时兼顾。小的 k 值增加敏感性，而大的 k 值加强特异性。在实际应用中我们可以根据需要选择合适的 k 值进行数据库搜索。

5.2.3.3 FASTA 程序及数据库

与 BLAST 一样，FASTA 也是由一系列相关程序组成的一个家族，针对不同的查询序列和数据库类型开发了不同的程序，表 5-5 列出了 FASTA 集成的主要程序及其对应的 BLAST 工具。除了几种主要的程序外，还有针对小片段多肽进行数据库搜索的程序，即 Fasts/Tfasts 和 Fastf/Tfastf。Fasts 可将一系列短的多肽片段（主要来自于蛋白质质谱分析结果）与数据库里的蛋白质序列或 DNA 序列（Tfasts）进行比对。Fastf 可将混合的小片段多肽与数据库中的蛋白质序列或者 DNA 序列（Tfastf）进行比对。

表 5-5 FASTA 集成的程序

程序	查询序列	查询数据库	相对应的 BLAST 程序
Fasta	DNA 或蛋白质	DNA 或蛋白质	Blastn 或 Blastp
Fastx/y	DNA	蛋白质	Blastx
Tfastax/y	蛋白质	DNA	tBlastx

5.2.3.4 FASTA 应用实例

为方便大家熟悉 FASTA 的基本用法，下面以玉米过氧化氢酶 3 的蛋白质序列为例，简单介绍 EBI 数据库的 FASTA 程序的应用。

(1) 进入 EBI 主页，点击 Tools/Similarity & Homology/Fasta Protein，打开数据库的 FASTA 主页（http://www.ebi.ac.uk/fasta33/index.html），如图 5-21，这是对蛋白质数据库进行搜索的序列输入页面，分为参数设置区和序列输入区两个部分。

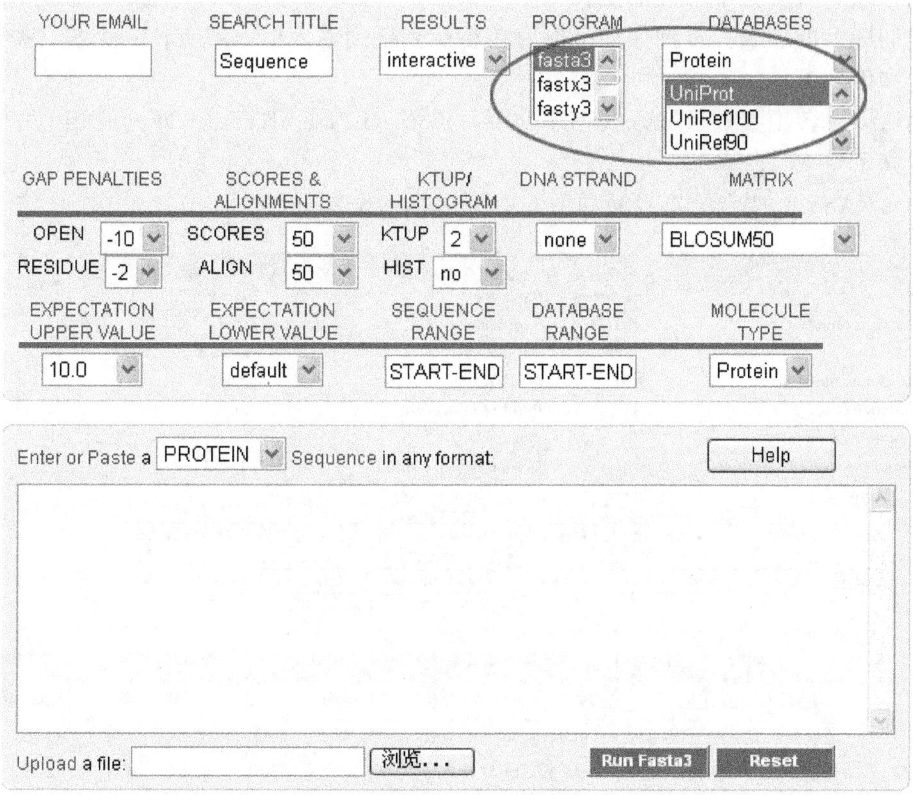

图 5-21 FASTA 程序的参数设置和序列输入窗口

获得结果的方式选择：可通过电子邮件或交互式网页两种方式获得搜索结果，当网速较慢、没有充裕的时间等待反馈结果时，可选择 E-mail 形式获得结果。此时只需要在“YOUR EMAIL”下面的方框内正确填入邮件地址，且在“RESULTS”的下拉框选择 email 即可。

PROGRAM 选择：可以根据查询序列的类型和查询目的选择合适的 FASTA 程序，这里我们选择默认程序 Fasta3。

数据库选择：根据查询序列的类型选择相应数据库，FASTA 可供搜索的数据库较多，核酸序列数据库主要包括 EMBL 及其所有类型的子数据库，蛋白质数据库包括 Swiss-Prot、Trembl 及欧洲、日本、美国的专利数据库等。FASTA 系统不仅可以选择某一个数据库且可以选择多个数据库同时进行搜索，这是 BLAST 所不具备的。

空位罚分：GAP PENALTIES 是对空位罚分进行设置的参数选项，分为开放空位罚分（OPEN）和扩展空位罚分（RESIDUE），当查询蛋白质序列时，默认的罚分公式是（－10，－2）。

还可以对搜索结果显示的记录条数、字长、记分矩阵、期望值等参数作具体设置。SCORES 和 ALIGNMENT 分别表示显示序列比对分数和序列两两比对结果的记录数目，默认情况下均为 50 条。对蛋白质序列搜索来说，该程序默认的字长参数为 2，记分矩阵为 BLOSUM50（Blastp 的默认记分矩阵为 BLOSUM62），期望值上限为 10，下线为 0。除此之外，对用于本次搜索的查询序列和数据库里的序列范围可做一定的限制和设置，默认时为整个序列的全长。

查询序列的输入：查询序列可以直接粘贴到序列输入框，或上传一个包含查询序列的文本文件即可。

确认以上各项参数且输入查询序列后，点击 RUN FASTA3，即开始相似序列的数据库搜索了。

（2）FASTA 搜索结果界面如图 5-22，包括两个部分。

SUBMISSION PARAMETERS			
Title	Sequence	Database	uniprot
Sequence length	496	Sequence type	p
Program	fasta	Version	3.4t25 Sept 2, 2005
Expectation upper value	10.0	Matrix	BL50
Sequence range	1-	Number of scores	50
Number of alignments	50	Word size	2
Open gap penalty	-10	Gap extension penalty	-2
Histogram	false		

Show Annotation | Fasta Result | MView | VisualFasta | XML | SUBMIT ANOTHER JOB

Clear all | Check all | Invert selection | Reset | Show Alignments | Download | fasta

Alignment	DB:ID	Source	Length	Identity%	Similar%	Overlap	E()
1 ☐	UNIPROT:CATA3_MAIZE	Catalase isozyme 3 (EC 1.11	496	100.000	100.000	496	1.3e-216
2 ☐	UNIPROT:CATA1_ORYSA	Catalase isozyme A (EC 1.11	492	86.842	95.547	494	4e-191
3 ☐	UNIPROT:Q0E4K1_ORYSA	Os02g0115700 protein.	492	86.842	95.547	494	4e-191
4 ☐	UNIPROT:CATA2_HORVU	Catalase isozyme 2 (EC 1.11	494	85.859	94.949	495	1.1e-189
5 ☐	UNIPROT:Q5ZEQ9_SECCE	Catalase (EC 1.11.1.6).	494	85.253	94.747	495	7.4e-189
6 ☐	UNIPROT:Q9AXE7_ZANAE	Catalase 2 (EC 1.11.1.6).	492	81.984	93.927	494	9.9e-180
7 ☐	UNIPROT:CATA_SECCE	Catalase (EC 1.11.1.6).	492	81.891	91.952	497	5.9e-179
8 ☐	UNIPROT:Q10S82_ORYSA	Catalase-1, putative, expr	492	72.470	90.486	494	9.6e-164
9 ☐	UNIPROT:Q8LSP8_ORYSA	Putative catalase.	541	72.470	90.486	494	1e-163

图 5-22　Fasta 搜索结果界面

第一部分是关于本次搜索的一些基本信息和搜索结果的不同显示格式的超链接。首先对本次 FASTA 搜索过程做了简单总结，以表格的形式列出了搜索的参数、查询的数据库类型等；其次是搜索结果的不同显示格式的链接按钮，如搜索的文字结果（fasta result），图形化结果（visual fasta），两两比对结果（show alignment）等。点击相应结果的超链接按钮，即可打开网页，查看比对结果。图 5-23 和图 5-24 分别显示了 Fasta

搜索的序列两两比对结果和部分图形化结果，这里的图形化结果仅仅用来显示，没有交互功能，与 BLAST 的结果有一定的差别，用于表示目标序列的线条没有建立相应的序列信息和两两比对结果的超链接。

第二部分是以表格形式显示的最佳比对结果序列记录的排列和统计，搜索结果按得分由高到低的顺序排列，图 5-22 仅显示了部分得分较高的序列记录。

```
>>SW:CATA1_ORYSA P29611 Catalase isozyme A (EC 1.11.1.6)  (492 aa)
 initn: 3122 initl: 1554 opt: 3084  Z-score: 3595.0  bits: 674.7 E(): 5.1e-193
Smith-Waterman score: 3084;  86.842% identity (95.547% similar) in 494 aa overlap (3-496:1-492)

               10        20        30        40        50        60
Sequen MTMDPTKFRPSSSHDTTVTTTNAGAPVWNDNEALTVGPRGPILLEDYHLIEKVAHFARER
         ::: ::::::: :: .::::::::::::::::::::::::::::::::::::::::::
SW:CAT   MDPCKFRPSSSFDTKTTTTNAGAPVWNDNEALTVGPRGPILLEDYHLIEKVAHFARER
                 10        20        30        40        50

               70        80        90       100       110       120
Sequen IPERVVHARGASAKGFFECTHDVTSLTCADFLRAPGVRTPVIVRFSTVIHERGSPETIRD
       ::::::::::::::::::::::::.::::::::.::..::::::::::::::::::::::
SW:CAT IPERVVHARGASAKGFFECTHDVTDITCADFLRSPGAQTPVIVRFSTVIHERGSPETIRD
       60        70        80        90       100       110
```

图 5-23　Fasta 搜索的序列两两比对结果

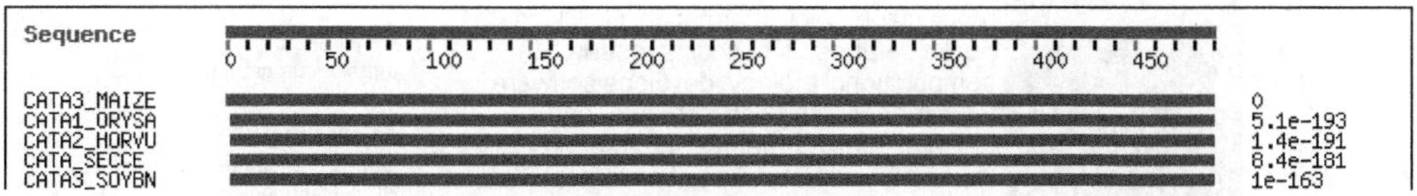

图 5-24　Fasta 搜索的图形化结果

5.3　序列提交

5.3.1　序列提交简介

以上我们对数据库检索和数据库搜索系统及其应用程序做了相关介绍。通过合适的主题词选择、恰当的字段限定并结合一定的查询方式，可以快速高效地从海量数据中获得所需序列信息；通过数据库搜索相似序列可一次获得大量相似性高的或同源的序列。但在实际工作中，我们也常常产生新的 DNA 或蛋白质序列，此时就需要将这些序列递交到公共数据库进行储存，从而实现全球研究者对数据资源的免费共享。当前几乎所有生物医学期刊不再刊登完整的序列数据，而需要作者提供相关新序列的数据库收录号。因此，我们不仅要了解如何从数据库里获得所需序列信息，还要掌握如何向公共数据库提交序列，下面将对国际著名数据库开发的序列提交程序做基本介绍。

目前 GenBank、EMBL、DDBJ 三大数据库均开发了自己的序列提交程序，GenBank 开发了 BankIt 和 Sequin，EMBL 和 DDBJ 分别开发了 WEBIN 和 SAKURA 程序。其中仅 Sequin 是一个基于多平台（如 MAC、PC 和 UNIX）的独立程序，其余 3 个都是基于互联网的在线提交程序。由于这三大数据库每天进行数据交换，因此我们只需采用其中一种程序向某一个数据库提交序列即可。下面将对 NCBI 开发的 BankIt 程序的用法做具体介绍。

5.3.2 NCBI 开发的序列提交程序用法简介

打开 NCBI 的主页，点击序列提交程序链接（图 5-25），就可进入图 5-26 所示的网页界面，本页面建立了 BankIt 和 Sequin 的超链接，以及 NCBI 开发的专门用于 EST、STS 和 GSS 等批量序列提交的特殊程序链接。BankIt 是一种方便快捷的提交方式，适合于处理单条或少数几条序列，但不能进行序列分析和复杂序列注释。点击相应链接，即可进入 BankIt 在线提交界面（图 5-27），可以注册新的序列条目（New），也可对数据库里的现有序列条目进行更新（Update）。

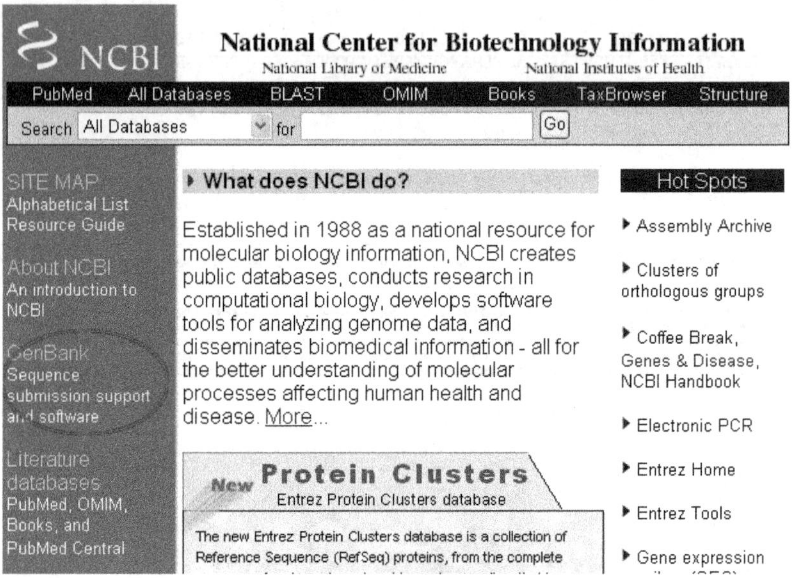

图 5-25　NCBI 主页的序列提交程序链接

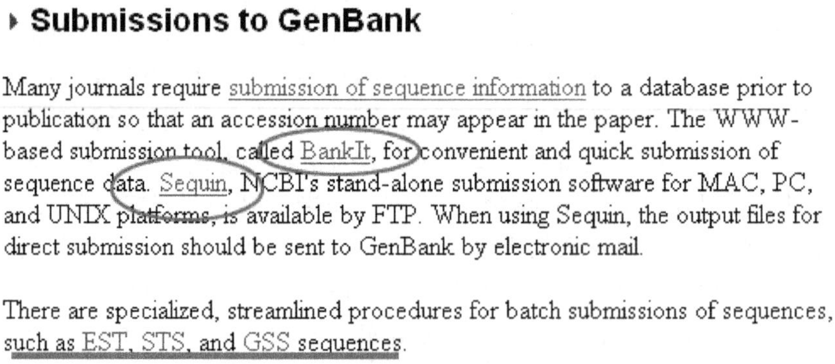

图 5-26　NCBI 开发的序列提交程序

这里我们以提交新序列为例来了解序列提交过程。

（1）首先输入提交核酸序列的长度，再点击“New”按钮（图 5-27）。

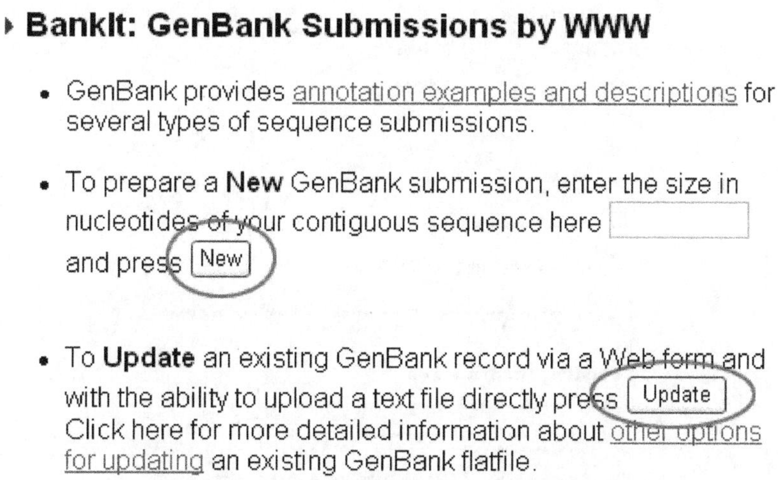

图 5-27　在线序列提交工具 BankIt

(2) 进入 BankIt 程序的序列提交主页面，首先我们看到的是数据库产生的本次提交的查询号码，见图 5-28 所示，在序列未释放到数据库之前，我们可用该号码查询递交序列的处理情况。图中还显示了进行序列提交时，需要我们正确填入的有关序列的信息，主要包括四个部分：即综合的序列提交信息（包括序列条数、联络信息、发布时间要求等）、序列引用的参考文献信息、序列来源物种信息以及序列本身的信息。

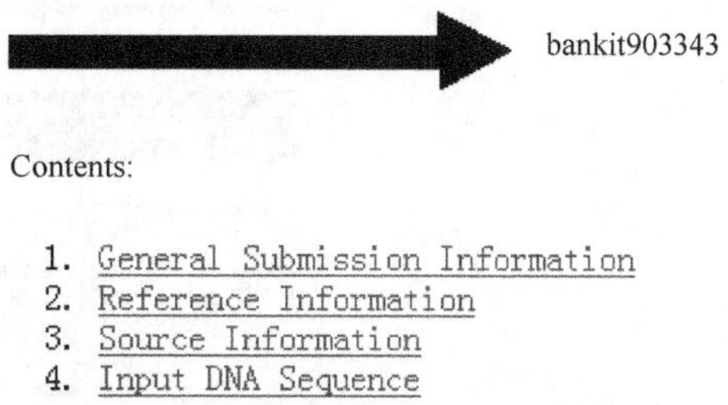

图 5-28　提交序列产生的查询号码

(3) BankIt 程序将以上需要输入的与提交序列相关的信息整理成一系列表单，主要表单见图 5-29，能非常方便的进行相关信息录入。逐一填写以上表单，最后将提交的核酸序列粘贴到序列输入窗口，若没有额外的信息，就点击验证按钮“Validate and Continue”（图 5-30），系统就自动对我们提交的序列信息进行检查。

(4) 如果系统检测到输入信息有误（如输入数据的格式和类型错误、核酸序列受载体污染等），则会立刻提醒你，要求进行相应的修改，修改后继续点击“Validate and Continue”按钮。

(5) 当以上信息完全正确输入后，系统提示我们还没有结束，此时可以加入一些简单注释，如阅读框信息、编码的蛋白质序列和功能注释等。如果没有更多可补充的注释信息输入，最后确认无误后，可直接点击提交按钮“Submit to GenBank”，发送到数据库。

用户提交序列后，一般在一两周内会通过电子邮件收到该序列的 GenBank 收录号，表明序列已被接受并释放到了数据库，可以通过数据库的检索系统查询到序列条目。

当我们需要同时提交若干条序列，或提交的序列较长（如染色体片段序列等）且有复杂注释信息时，BankIt 就不太适用了，而独立程序 Sequin 却能帮助我们完成以上任务。Sequin 程序适用于各种序列长度，能方便地进行序列编辑和处理复杂注释。它的

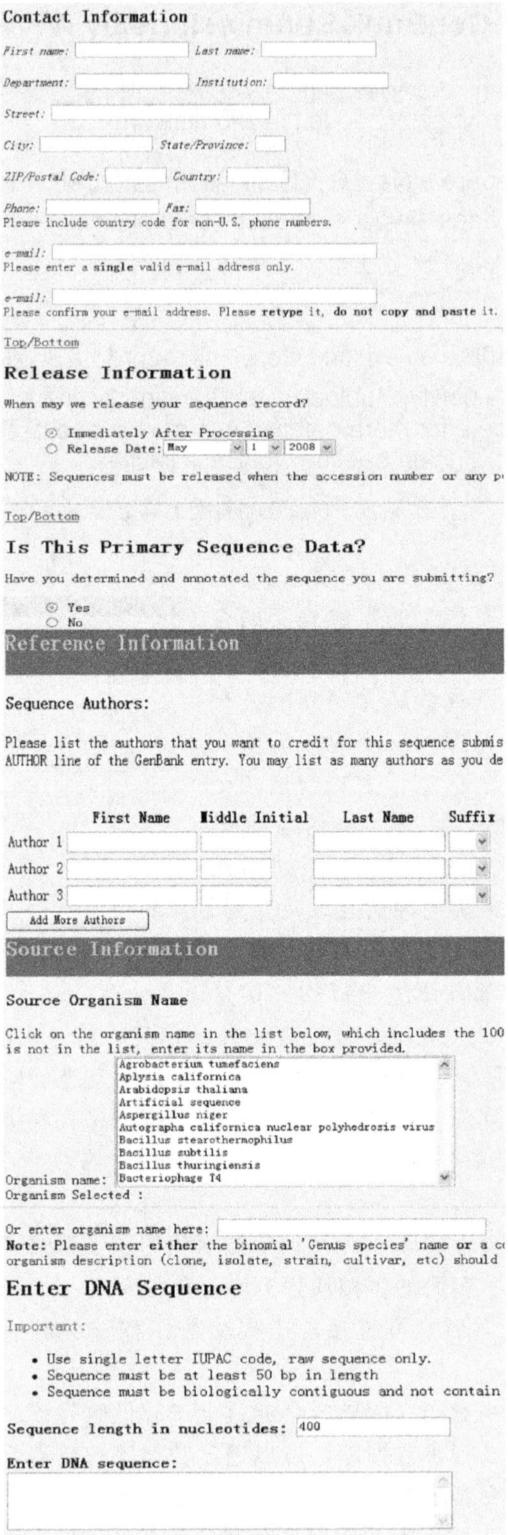

图 5-29　主要的序列相关信息输入界面

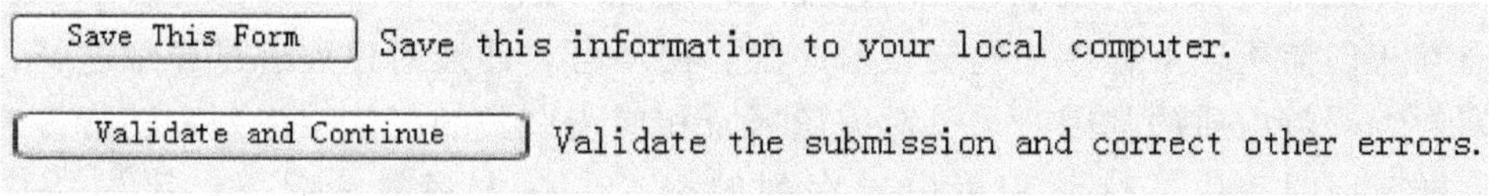

图 5-30　序列验证按钮

优点在于整合了许多序列注释工具，包括基因组重复序列的识别、载体序列筛选及可读框识别工具等，能方便地进行序列分析，使提交序列的注释信息更完善、更准确。Sequin 程序还被设计用于提交一些特殊的序列，如多序列比对序列，系统发生、种群和突变研究的序列。在不同操作系统下运行的 Sequin 程序都可以在 ftp://ncbi. nlm. nih. gov/sequin/下获得。

下载 Sequin 程序后，启动“Sequin. exe”应用程序，要求用户填写一系列与提交序列相关的信息，包括作者、引用文献、核酸序列、注释信息等，这里可以比 BankIt 更详细具体地对序列进行注释。最后生成一个序列注册文件，以 sqn 为扩展名，可直接将该文件作为附件向 NCBI 发送（gb-admin@ncbi. nlm. nih. gov），即完成序列提交。

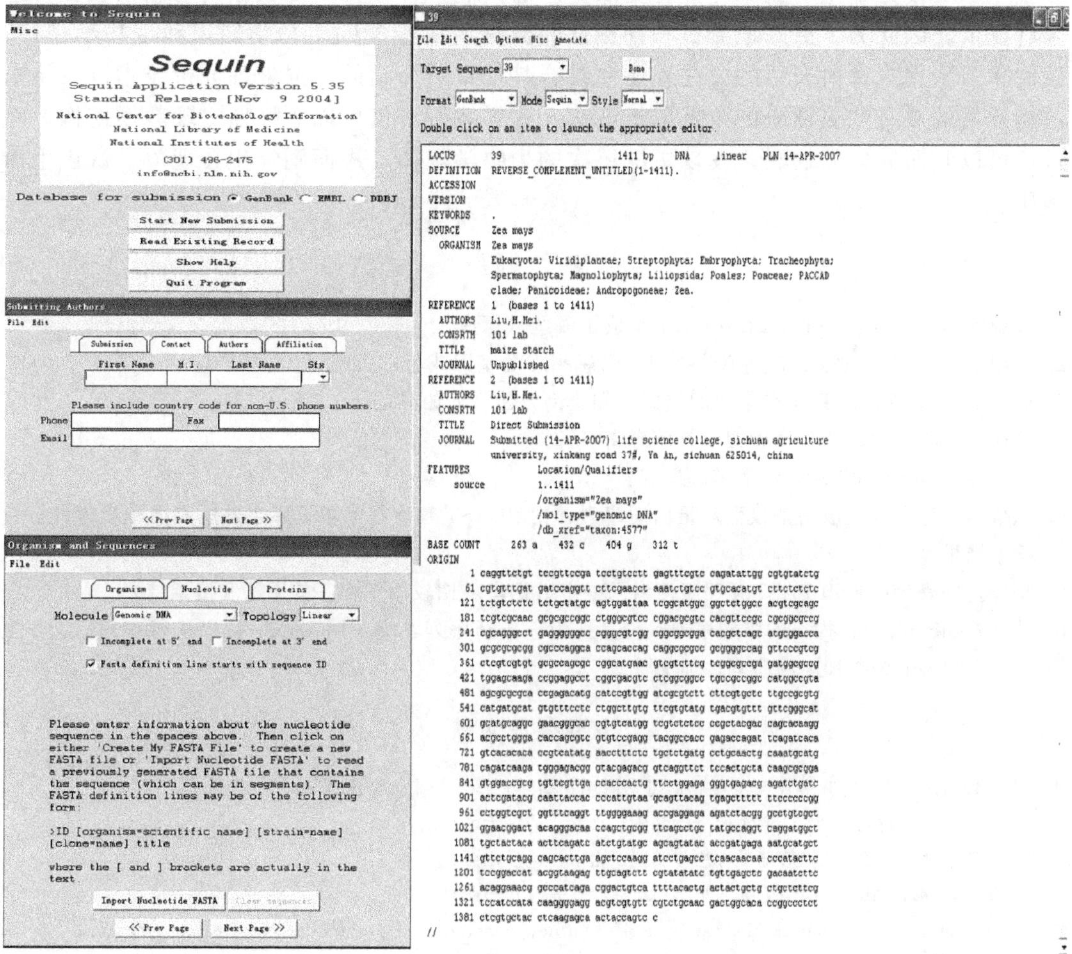

图 5-31　Sequin 程序提交序列的过程示例

Sequin 程序的部分操作界面和生成的注册文件见图 5-31。

通常我们使用以上程序来提交核酸序列，由于可方便地对序列进行详细注释，如提交序列为编码蛋白质的基因时，可对编码区及相应蛋白质的氨基酸序列和功能等进行注释，这样就同时完成了核酸和蛋白质序列的提交。在大多数情况下，蛋白质序列和 DNA 序列并存，但也有些例外。近年随着蛋白质组学的发展，很多情况下我们直接分析处理蛋白质，通过双向电泳联用质谱等技术能快速地获得大量蛋白质序列和功能信息，但编码相应蛋白质的基因序列的信息却一无所知，此时就需要仅提交蛋白质序列。目前蛋白质数据库 SWISS-PROT 开发了 Spin 程序，专门用于蛋白质序列的提交，它也是一个基于 Web 界面的序列提交程序。有关 Spin 程序的具体用法可查阅其帮助文件，网址为 http://www.ebi.ac.uk/swissprot/Submissions/spin/help/spin_help.html。

总之，数据库搜索已成为一种重要的数据获取工具。本章所介绍的数据库检索数据库搜索相似序列及序列提交等方法都是有效的进行数据查询、数据获取及数据存储的方法，这也是进行分子数据分析及应用的最基础、最重要的内容。但是随着分子生物学和生物信息学的快速发展，分子生物数据也与日俱增，并被及时地储存于一定类型的数据库里，从而使分子生物数据库具有更深更广的内涵，并且其内部数据间的联系也变得越来越复杂。因此为了更好地分析和挖掘这些数据中所蕴涵的生物学知识和生物学规律，我们除了采用本章所介绍的方法外还要结合其他章节介绍的数据处理分析技术以及将来可能开发的更有效更便捷的数据分析方法。这样我们不仅可以更好地实现数据挖掘，而且还可以利用数据间的联系发现更深层次的生物学规律，进而阐释生命现象、认识生命本质。

习　题

1. 登录到 NCBI 网站，查看 Entrez 系统集成了哪些数据库？
2. 应用 Entrez 系统的限定查询方式查找自己感兴趣的基因或蛋白质序列。
3. 简述 Entrez 和 SRS 系统在集成的数据库和查询方法方面的异同。
4. 简述进行相似序列的数据库搜索有何意义？
5. 请简述 BLAST 和 FASTA 的核心思想？
6. 从数据库里分别获取一条核酸和蛋白质序列，用 BLAST 程序搜索数据库，熟悉其操作步骤并分析搜索结果。
7. 将以上的查询序列用 FASTA 程序搜索同一个数据库，比较两类程序的用法和搜索结果。
8. 请从 GenBank 中查找一条核酸序列，将其视为一条新序列，练习用 Sequin 程序进行序列提交，生成一个以 sqn 为扩展名的序列注册文件。

主要参考文献

李桂源，钱骏. 2004. 基于 WWW 的生物信息学应用指南. 长沙：中南大学出版社

孙啸，陆祖宏，谢建明. 2005. 生物信息学基础. 北京：清华大学出版社

张成岗，贺福初. 2002. 生物信息学方法与实践. 北京：科学出版社

钟扬，张亮，赵琼. 2001. 简明生物信息学. 北京：高等教育出版社

Altchul S F et al. 1997. Gapped blast and psi-blast: a new generation of protein database search programs. Nucleic Acids Res, 25(17): 3389-3402

Altschul S F, Gish W, Miller W et al. 1990. Basic local alignment search tool. J Mol Biol, 215: 403-410

David W. Mount. 2001. Bioinformatics: Sequence and genome analysis. Cold Spring Harbor Lab (CSHL) Press

Etzold T, Argos P. 1993. SRS-an indexing and retrieval tool for flat file data libraries. Comput Appl Biosci, 9(1): 49-57

Etzold T, Harris H, Beulah S. 2003. SRS: An integration platform for databanks and analysis tools in bioinformatics. Bioinformatics Managing Scientific Data, 35-74

Etzold T, Ulyanov A, Argos P. 1996. SRS: information retrieval system for molecular biology data banks. Methods Enzymol, 266: 114-128

Harte N, Silventoinen V, Quevillon E et al. 2004. Public web-based services from the European Bioinformatics Institute. Nucleic Acids Res, 32 (Web Server issue): W3-9

Lipman D J, Pearson W R. 1985. Rapid and sensitive protein similarity searches. Science, 227: 1435-1441

Pearson W R, Lipman D J. 1988. Improved tools for biological sequence comparison. Proc Nat Acad Sci USA, 85: 2444-2448

Worley K C, Wiese B A, Smith R F. 1995. BEARTY: an enhanced BLAST-based search tool that integrates multiple biological information resources into sequence similarity search results. Genome RES, 5: 173-184

Zdobnov E M, Lopez R, Apweiler R et al. 2002. The EBI SRS server-recent developments. Bioinformatics, 18(2): 368-373

Zdobnov E M, Lopez R, Apweiler R et al. 2002. The EBI SRS server-new features. Bioinformatics, 18(8): 1149-1150

Zhang J, Madden T L. 1997. PowerBLAST: A new network BLAST application for interactive or automated sequence analysis and annotation. Genome Res, 7: 649-656

Zhang Z, Pearson W R, Miller W. 1997. Aligning a DNA sequence with a protein sequence. J Computational Biology, 4: 339-349

（刘汉梅　编）

6 分子系统发育分析

在生物序列分析过程中，我们经常会产生这样的疑问：我们能确定序列、基因以及它们对应的物种的进化关系吗？如何确定？确定的进化关系可靠吗？系统发育分析（phylogenetic analysis）就是根据特征或距离数据确定基因、物种起源和发生关系的方法，分析的结果通常以系统发育树（phylogenetic tree）的形式直观地呈现出来。

6.1 系统发育与系统发育树

6.1.1 分类、进化、系统发育

进化论是现代生物学研究的重要分支，其主要观点认为：物种的产生是自然界演化的产物；演化是生物与环境相互作用的过程，是遗传系统随时间发生的一系列不可逆改变。系统发育学（phylogenetics）是研究进化关系的科学，是根据现有数据推演进化谱系的科学。由于进化的不可逆性、分析数据的不完整性和分析方法的局限性，推演的系统发育关系并不一定能够完全真实地反映进化关系。分类学（taxonomy）是现代生物学的重要分支，目前存在两种不同的分类原则：第一种分类原则根据表型特征的相似度分群归类，这种分类重在应用，不涉及物种的生物进化；第二种分类原则按照生物系统发育相关性水平来分群归类，其目标是探寻各种生物之间的进化关系，建立反映生物系统发育的分类系统。这种以进化论为指导思想的分类学也称为系统学（systematics），其目标不仅是为了进行物种的识别和归类，更重要的是通过追溯系统发育过程推断进化谱系。

研究进化与系统发育有一个最基本的前提，即两个序列或物种越相似，它们则越有可能拥有一个新近的共同祖先。如何确定两个物种之间的相似性？经典的物种进化主要依据形态结构、生理生化等表型特征，以及少量的化石资料来判断物种之间的亲缘关系。由于表型特征有限，而且亲缘越远表型差异迅速扩大，远缘物种间可比性大大降低，因而推断的进化关系往往不准确。随着遗传学的发展、遗传信息流的破解和分子生物学研究的深入和普及，基于生物大分子的结构特征，特别是核酸和蛋白质序列相似性的分子系统发育分析日渐成为系统发育学的热门领域。核酸和蛋白质序列具有数据量大、无偏向性、覆盖物种全面等特点，既可以分析近缘物种，也可以分析远缘物种。而且不同物种中对应序列可通过多序列比对客观地量化相互间的相似性，最终确定物种间的系统发育关系。最经典的实例便是根据细胞色素 c 序列和 16S rRNA 序列构建的系统发育树。

在进行系统发育分析时，假如我们可以推断 A 和 B 两个物种的相似性为 86%，但如何确定它们分歧为两个物种的具体时间呢？这时需要引入“分子钟”的概念。分子钟假说是 Emile Zuckerkandl 和 Linus Pauling 于 1962 年提出的，他们认为生物分子进化过程中普遍存在有规律的钟，即分子进化速率近似恒定。这样便可根据已知

年代的核酸样品计算出序列变化率和进化时间之间的关系，从而推断物种间的分歧时间和特异的进化事件发生的时间。然而真实的进化速率并不是完全恒定的，会受到物种每一代的寿命、群体大小、种间差异等因素影响，因而关于分子钟的理论和应用仍在完善之中。

6.1.2 系统发育树

研究生物进化和系统发育过程中，常用一种树状分枝图来概括各种生物之间的亲缘关系，这种表征物种或序列进化关系的树状分枝图形称为系统发育树（phylogenetic tree），简称系统树或进化树。通常将根据生物大分子序列相似性数值构建的系统树称为分子系统树。

在数学理论中“树”是“图”的一种。图用于表示实体及它们之间的关系，实体抽象为“节点”，关系抽象为“连接”。如果图中的连接具有方向性，则形成的图称为有向图。树作为一种特殊的图，必须满足两个基本条件：①如果图有 n 个节点，其连接数必须为 $n-1$；②树中不能包含回路。所谓回路即从一个节点出发沿连接可以回到该节点本身。如图 6-1 所示，图 6-1B 为有向图，图 6-1A 和 6-1B 中存在回路，只有图 6-1C 可称为“树”。

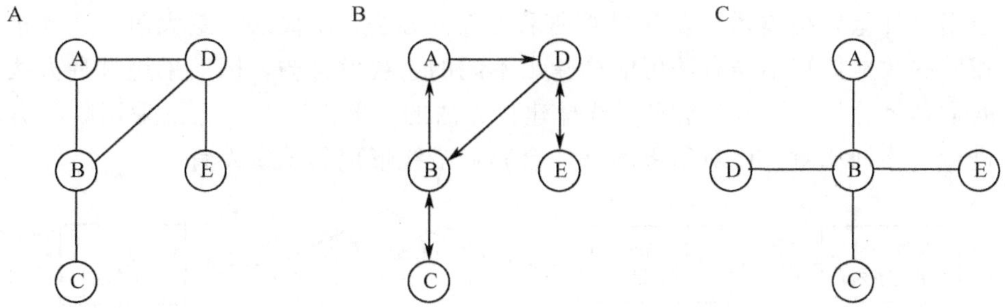

图 6-1　图与树示例

系统发育树由外枝（或称为叶）和枝组成，外枝代表节点或分类单元，枝则代表节点或分类单元之间的关系。节点又可分为内部节点和终端节点。系统树可分为有根树（rooted tree）和无根树（unrooted tree）。图 6-2A 为有根树，图 6-2B 为无根树。有根树可以显示出共同祖先，而无根树则看不出哪一个是原始祖先。图 6-2A 中 A/B 从一个共同祖先分化而来，C/D 从另一个共同祖先分化而来，A/B 和 C/D 的祖先则从一个更早的共同的祖先分歧而来，左侧的根则表示所有分枝的共同祖先。树结构中的每一个节点表示进化过程中一个物种分歧为两个独立繁衍的物种，形成的新分枝中的变异独立于其他分枝。

图 6-2 中的两个系统树都属于二叉树，二叉树中每一个节点有且只有两个分枝。二叉树与进化中一次分歧产生一个新种的期望一致。这种以连续二叉分支呈现物种间亲缘关系的进化树称为支序图（cladogram）。然而在树中有可能出现一个节点产生多个分枝，可认为它们之间仍是一次分歧产生一个新物种，但相近种类之间差异太小，不能够

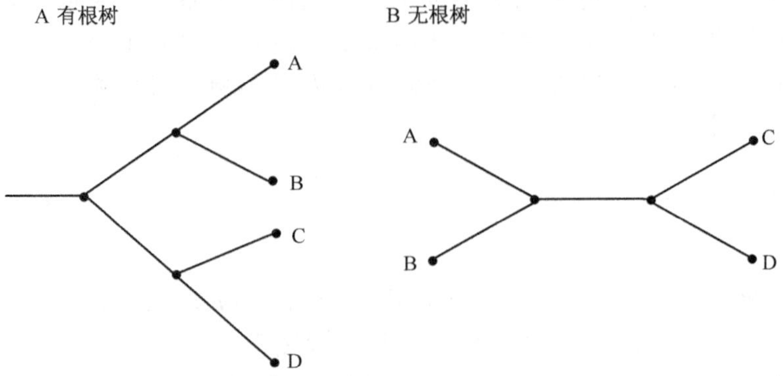

图 6-2　有根树与无根树

分辨。枝的长度通常用于表示一个节点到下一个节点变异的程度，枝长度的总和称为树长。用枝长表示进化时间的系统树称为系统发育图（phylogram）或谱系图，系统发育图是引入时间概念的支序图。支序图主要反映分支事件发生的相对顺序，谱系图不仅强调分支事件，而且量化了变异程度和分歧时间。

6.1.3　构建系统发育树常用方法和软件

根据序列差异构建系统发育树通常采用三种方法：距离法、最大简约法和极大似然法。相同的数据使用不同方法可能构建出不同的系统发育树，因而采用哪种方法，需要具体问题具体分析。图 6-3 给出了选择建树方法的一般流程图。无论采用哪种方法，首先要进行多序列比对，比对结果的好坏会影响最终形成的系统发育树。

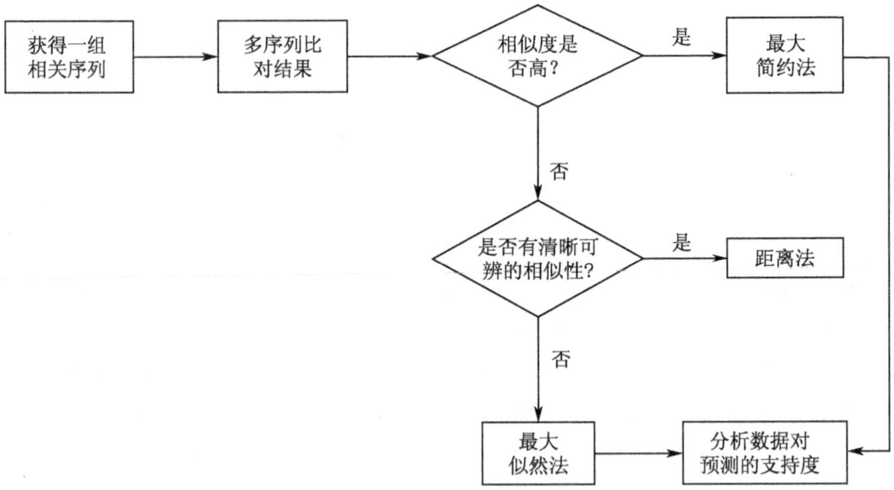

图 6-3　系统发育树构建方法选择流程图

在实际的系统发育分析中，我们主要使用一些免费或商业软件，典型的如 PHYLIP、PAUP 和 MEGA 等，每一种软件都提供了多种不同的分析方法，每一种软件都在不断完善。表 6-1 列出了常用的系统发育分析软件及相关网站。

表 6-1　系统发育分析相关软件及网站

名称	网址	说明
PHYLIP	http://evolution.genetics.washing ton.edu/phylip.html	美国华盛顿大学 Felsenstein 开发，免费软件，通用的系统发育分析软件
PAUP	http://paup.csit.fsu.edu/	美国 simthsonion institute 开发，商业软件，通用的系统发育分析软件
MEGA	http://www.megasoftware.net/	通用的免费分子发育分析软件
MOLPHY	ftp://ftp.sunmh.ism.ac.jp/pub/molphy	日本国立统计数理研究所开发，基于极大似然法的系统发育分析软件
PAML	http://abacus.gene.ucl.ac.uk/software/paml.html	英国 University college London 开发，基于极大似然法的系统发育分析软件
TreeView	http://taxonomy.zoology.gla.ac.uk/rod/treeview.html	英国 U Glasgow 大学开发画树软件
Tree of Life	http://tolweb.org/tree/	系统发育和生物多样性综合网站
RDP	http://rdp.cme.msu.edu/	基于 rRNA 的系统发育分析网站

6.2　距离法

距离法（distance method）是首先获得一组序列中两两间的差异，然后根据差异数值构建系统发育树。具有最小变异的序列对称为“近邻”，在树结构中，它们分歧于同一个节点或共同祖先，它们通过枝连接到同一个节点。距离法的目标就是鉴定出能够准确反映“近邻”序列在树结构中的位置关系，且枝长能反映序列间差异的系统树。距离法既用于多序列比对，也用于系统发育树分析。例如，CLUSTALW 使用寻找“近邻”的方法指导多序列比对；PAUP4.0 提供了使用距离法进行系统发育分析的功能；PHYLIP 软件包中包括 DNADIST 和 PROTDIST 模块，分别用于分析一组 DNA 或蛋白质序列相互间的距离，并输出距离矩阵。

Fitch-Margoliash 法、邻接法（neighbor-joining，NJ）和非加权算术平均组对法（unweighted pair group method with arithmetic mean，UPGMA）是依据距离矩阵构建系统发育树的三种主要方法。PHYLIP 软件包中包含 FITCH、FITSCH、NEIGHBOR 三个模块，用于距离法构建系统发育树。FITCH 实现了 Fitch-Margoliash 法；FITSCH 与 FITCH 模块类似，但引入了分子钟；NEIGHBOR 则实现了使用邻接法和 UPGMA 法构建系统发育树。

6.2.1　距离矩阵

在进行多序列比对时，我们经常关注序列之间的相似度，统计比对后每一列是否相同、是否可替换（参考替换矩阵），从而计算出序列间的相似度数值或得分。通常认为序列相似度越高，则分歧的时间越短。相似性常用百分比衡量，也可用打分系统得到的分值衡量。在进行系统发育分析时，常用序列之间的差异度（距离）来衡量，差异越大，亲缘关系越远，差异越小，分歧时间越短。基于蛋白质或核酸序列构建分子系统发育树，首先要进行多序列比对，然后根据两两的差异度构建距离矩阵。

例如，有 5 个序列 a～e，序列间的相似度矩阵如图 6-4A 所示，序列间的距离矩阵如图 6-4B。在图 6-4A 的对角线上数值都为 100，而在图 6-4B 的对角线上数值都为 0，因为每一序列和自身的相似度为百分之百，自己与自己的差异度为 0，其他位置上差异度等于 100 减去相似度。距离矩阵和相似度矩阵都是对称矩阵，因而只需要写出半边就可以。距离矩阵可以用百分比，也可以使用由其他方法计算出的距离。

A 相似性矩阵

	a	b	c	d	e
a	100	65	50	50	50
b	65	100	50	50	50
c	50	50	100	97	65
d	50	50	97	100	65
e	50	50	65	65	100

B 距离矩阵

	a	b	c	d	e
a	0	35	50	50	50
b	35	0	50	50	50
c	50	50	0	3	35
d	50	50	3	0	35
e	50	50	35	35	0

图 6-4　相似性矩阵和距离矩阵

如何依据距离法构建系统发育树，图 6-5 给出了基本的流程。首先进行序列比对，图 6-5A 中对四个序列进行了多序列比对，总共有 20 个垂直列。其次计算两两之间的距离，图 6-5B 给出了两两之间的距离，此处并非使用百分率，而是统计一个序列变成另一序列所需要的变异次数，如序列 A 和 B 之间的距离为 3。再次，构建距离矩阵，如图 6-5C。最后，根据距离矩阵，采用不同的方法构建系统树。图 6-5D 给出了推算出的系统发育树，各个枝上用数字标注出相邻两节点间的距离。计算任意两节点之间距离就会发现，结果与距离矩阵的数值一致，因而得到的系统树能够反映原始数据。

A 序列比对

sequence A　ACGCGTTGGGCGATGGCAAC
sequence B　ACGCGTTGGGCGACGGTAAT
sequence C　ACGCATTGAATGATGATAAT
sequence D　ACACATTGAGTGATAATAAT

B 两两序列之间的距离

n_{AB}　3
n_{AC}　7
n_{AD}　8
n_{BC}　6
n_{BD}　7
n_{CD}　3

C 距离矩阵

	A	B	C	D
A	—	3	7	8
B	—	—	6	7
C	—	—	—	3
D	—	—	—	—

D 符合距离矩阵的系统树

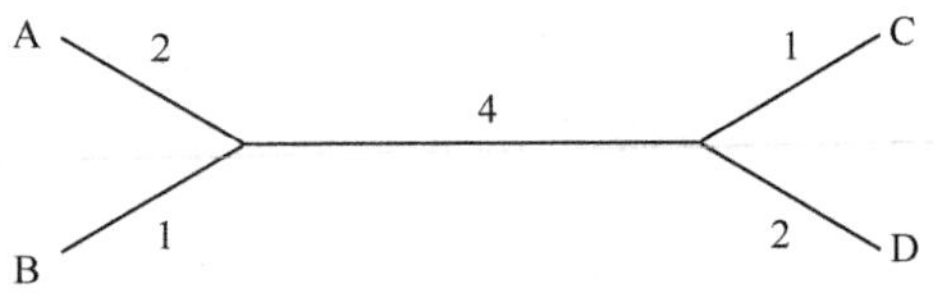

图 6-5　基于距离构建系统发育树的基本流程示例

6.2.2　Fitch-Margoliash 法

Fitch-Margoliash（FM）法是依据距离矩阵推演系统发育树的方法之一，该方法使用类似图 6-5C 的距离表。Fitch-Margoliash 法根据距离首先找到最相关的两个序列，然后将剩余序列看作一个序列。这样多个序列便可看作具有共同起源的 3 个分类单元，树结构从而简化为起源于同一节点的三个外枝，随后计算出每个枝长。组合序列和其他序列的距离用形成组合的各序列与其他序列间距离的平均值表示，枝长具备可累加性。当一个节点确定后，将首先找到的两个序列看作一个序列，这样原来的序列数目就减少了一个，如此不断循环，最终可构建出基于一组序列距离矩阵的系统发育树。

图 6-6A 是一个三序列距离表。可绘出图 6-6B 所示结构的树，A、B、C 三个序列分歧于一个共同的内部节点，a、b、c 分别表示三个枝的长度。根据枝长的可加和性可列出三个算式：a+b=22（1）；a+c=39（2）；b+c=41（3）。算式（2）减（3）可得：a−b =−2（4）。算式（4）加（1）可计算出：a = 10；随后可计算出：b=12；c=29。将枝长标注在树结构上如图 6-6C 所示。

A 三个序列距离矩阵

	A	B	C
A	—	22	39
B	—	—	41
C	—	—	—

B 三序列树无根树

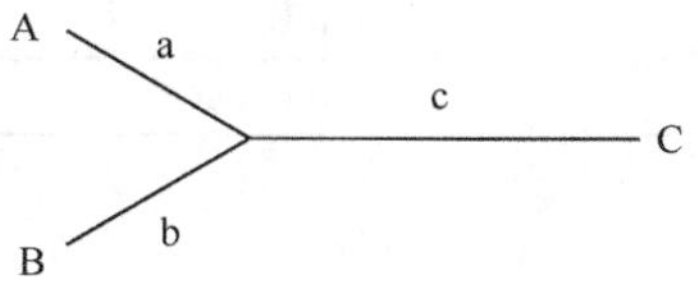

C 标注枝长的三序列树无根树

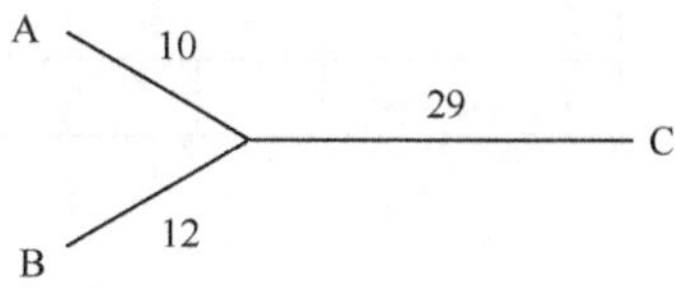

图 6-6　Fitch-Margoliash 法构建三序列系统发育树流程

如果有更多序列，该如何进行系统发育分析？图 6-7A 是一个 5 序列距离矩阵。首先从中找出距离最小的两个序列，即 D 和 E。将除 D 和 E 之外的所有序列组合成一个分类单元 average ABC，用 D、E 和 average ABC 3 个分类单元组成一个三样本的距离矩阵（图 6-7B）。组合分类单元 average ABC 与 D 之间的距离等于 AD、BD、CD 距离的平均值，组合分类单元 average ABC 与 E 之间的距离依此类推。原来的五序列问题就变成了前面所述的三序列系统发育分析问题。根据距离表可计算出 D 和 E 距离内部节点的距离分别 4 和 6。随后将 D 和 E 作为一个组合分类单元（DE），重新生成距离表（图 6-7C），其他序列到组合分类单元（DE）的距离等于它们与 D 和 E 距离的平均值，如 A 到（DE）的距离等于 AD 和 AE 距离的平均值，即等于 40，依此类推计算出 B 和 C 与（DE）的距离。此时原来的 5 序列距离矩阵变成了 4 序列距离矩阵。现在可以重复上述步骤，首先从图 6-7C 距离表中找出距离最近的两个序列，即 C 和（DE），然后将其他序列组合成一个分类单元 average AB，形成距离矩阵（图 6-7D）。参照三序列系统发育分析可计算出 C 和（DE）距共同节点的距离分别 6 和 10，也可以推算出第一个节点距第二个共同节点间的距离为 5。将（DE）和 C 组合为一个分类单元（CDE），重新形成距离矩阵，如图 6-7E，此时，原来的五序列距离矩阵已经变成三序列距离矩阵，按照三序列系统发育分析方法可以计算出 A、B、（CDE）距共同节点的距离分别为 10、12 和 29.7。根据计算出的所有数值及各个样本的“邻近”关系可构建出系统发育树（图 6-7F）。

6.2.3　邻接法

邻接法（neighbor-joining method，NJ）由 Saitou 和 Nei（1987）提出。该方法与 Fitch-Margoliash 法非常类似，都是首先确定距离最近（或相邻）的分类单元对，然后

A

	A	B	C	D	E
A	—	22	39	39	41
B	—	—	41	41	43
C	—	—	—	18	20
D	—	—	—	—	10
E	—	—	—	—	—

B

	D	E	Ave. ABC
D	—	10	32. 7
E	—	—	34. 7
Average ABC	—	—	—

C

	A	B	C	(DE)
A	—	22	39	40
B	—	—	41	42
C	—	—	—	19
(DE)	—	—	—	—

D

	(DE)	C	Ave. AB
(DE)	—	19	41
C	—	—	40
Average AB	—	—	—

E

	(DE)	C	(CDE)
A	—	22	39.7
B	—	—	41.7
(CDE)	—	—	—

F

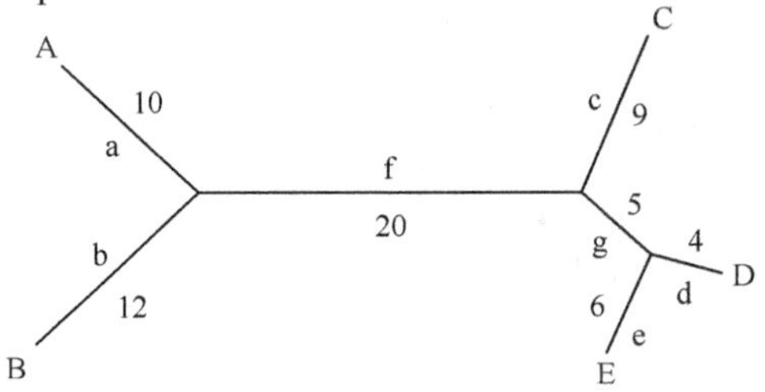

图 6-7　五序列系统发育树构建

为使系统树的总距离达到最小，不断循序将相邻分类单元合并成一个新的分类单元，最终建立相应的系统发育树。不同的是它们用于确定哪两个分类单元相邻的算法不同。Fitch-Margoliash 法找两两之间距离最小的分类单元组合成对，而邻接法则比较哪两个分类单元组对后树的枝长总和最小。

以图 6-6A 中距离矩阵为例，A、B、C、D、E 五个分类单元在没有进行邻接之前，其相互的关系可用图 6-8A 表示，树型呈星形，所有的分类单元与同一个内部节点连接。此时树的总枝长可用 S_0 表示。S_0 可用表达式（E1）计算，但 a、b、c、d、e 的值是未知的，可以用距离矩阵中给出的其他值来表示（E2）。如果是 N 个分类单位，则枝

A 无邻接的星状树结构　　　　B A、B 邻接后的树结构

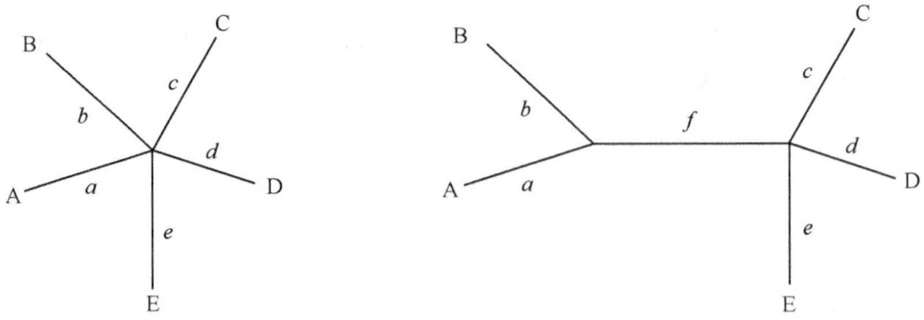

图 6-8　邻接法构建系统发育过程中间态树结构

长之和可用公式（E3）表示。接下来判断哪两个分类单元最邻近。按照邻接法的原则，首先进行所有可能的邻接，然后选择枝长总和最小的邻接组对。如 A 和 B 邻接，则树的拓扑结构就可以表示为图 6-8B 的模式。此时树的总枝长可以表示为 S_{AB}，可用表达式（E4）表示，用表达式（E5）求算。假设有 N 个分类单元，当 m 和 n 邻接组对时树的总枝长可以用公式（E6）表示。上述算法可以算出不同分类单元邻接后的总枝长，如 S_{AB}、S_{BC}、S_{CD}、S_{DE}分别为 66.7、81、76、70。从结果可知当 A 和 B 组对时树的总枝长最小，因而首先将 A 和 B 邻接。随后将 A 和 B 看作一个分类单元，参考 Fitch-Margoliash 法形成减少了一个分类单元的距离矩阵。随后重复上述方法从中再找出使树长最小的邻接。依此类推最终确定每一个分类单元在系统树中的相对位置，构建出可信度高的系统发育树。

$$S_0 = a + b + c + d + e \tag{E1}$$

$$S_0 = (D_{AB} + D_{AC} + D_{AD} + D_{AE} + D_{BC} + D_{BD} + D_{BE} + D_{CD} + D_{CE} + D_{DE})/4 \tag{E2}$$

$$S_0 = \sum D_{ij}/(N-1)\text{，}\quad i < j \tag{E3}$$

$$S_0 = a + b + c + d + e + f \tag{E4}$$

$$S_0 = [(D_{AC} + D_{AD} + D_{AE} + D_{BC} + D_{BD} + D_{BE})/6] + D_{AB}/2 + [(D_{CD} + D_{CE} + D_{DE})/3] \tag{E5}$$

$$S_{mn} = [(\sum d_{im} + d_{in})2(N-2)] + d_{in}/2 + \sum d_{ij}/N-2\text{，}\quad i < j \tag{E6}$$

6.2.4 非加权算术平均组对法

非加权算术平均组对法（unweighted pair group method with arithmetic mean, UPGMA）。Fitch-Margoliash 法和邻接法构建出的进化树中，同一节点分歧的外枝的长度可以不同，即不同分枝进化的速率不同，或者说这些方法不受进化速率变化的影响。UPGMA 是一种简单的系统树构建方法，它假定进化的速率恒定，因而从同一点分歧的外枝的长度是一致的。除了用于构建系统发育树外，UPGMA 也用于序列比对和聚类。该方法首先找出最相关序列，然后认为它们到共同分歧节点的距离相等，且等于它们之间距离的一半。然后将这两个序列看作一个序列，原来的分类单元就少了一个。依次循环直到树中包含了所有序列。

仍以图 6-6A 中距离矩阵为例。按照 UPGMA 法的原则，首先从序列中选出最相关，距离最小的两个序列，即 D 和 E，然后计算其距离的平均值，$d=e=n_{de}/2=5$。绘制的树结构如图 6-9A。左右为不同样式的树结构，左侧只有水平线代表距离，垂直线的长度不计，距离共同分歧点的枝长相等。将 D 和 E 作为一条序列，原来的 5 个序列变成了 4 个序列。构建新的四序列距离矩阵，距离的计算类似于 Fitch-Margoliash 法，比如 DE 和 C 之间的距离等于 19。从 4 个序列中再找出关系最近的序列对，DE 和 C 是这一轮中距离最小的序列对。因而将 DE 和 C 挑出，计算 DE 到 C 距离的半值为 9.5。将 C 枝加入图 6-9A 所示的树结构中获得图 6-9B 中所示的树结构，$c=9.5$，$g=4.5$。现在将 CDE 作为一个序列处理，构建三序列距离矩阵。此时最相关序列对为 A 和 B，A 和 B 之间距离的平均值为 11，绘制的 A 和 B 树结构如图 6-9C 所示。将 CDE 作为一个序列，将 AB 作为一个序列，此时只剩了两条序列，计算它们之间的距离的一半。等于 n_{AC}、n_{AD}、n_{AE}、n_{BC}、n_{BD} 和 n_{BE} 平均值的一半，即 20.35，将图 6-9B 和图 6-9C的树结构进行整合，获得图 6-9D 所示的树结构。可推算出 f1 和 f2 的长度分别为 9.35 和 10.85。

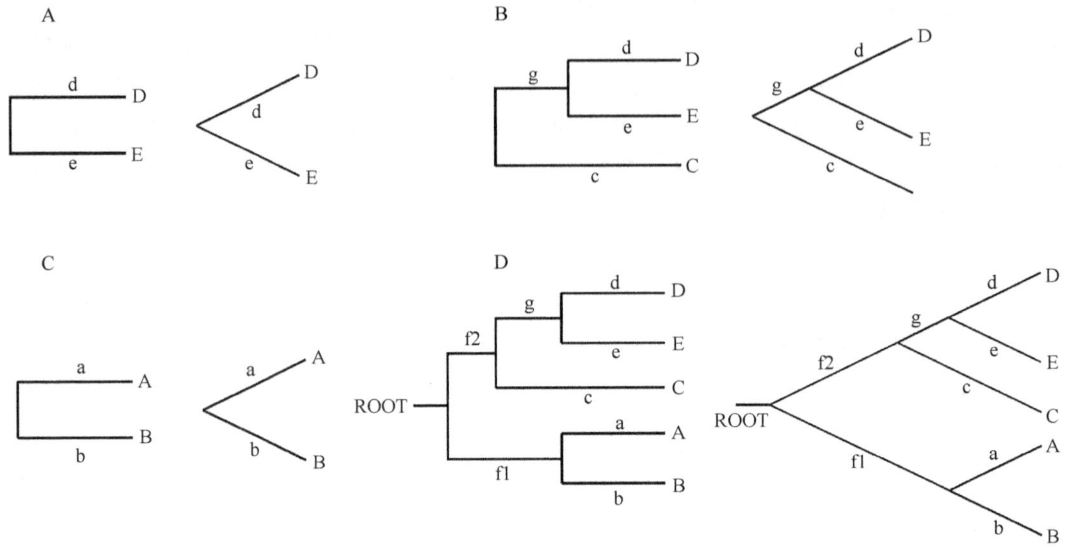

图 6-9 UPGMA 法构建系统发育树基本流程

在图 6-9D 中，在 CDE 和 AB 枝交汇的节点处添加了 root，这样无根树便成了有根树。"根"到底应该添加在哪个节点处？为了给树结构添加根通常需要在构建树的过程中引入或选择外组群（outgroup）。所谓外组群就是一个或多个序列，它们与其他序列亲缘较远但又相关，在构建进化树的过程中最后加入，并在外组群和其他序列的节点处加入根，外组群的引入有利于确定根的添加位置。如在图 6-9D 中，假如 A 和 B 来源于不同于其他序列的物种，而且有化石证据表明 A 和 B 来源的物种在进化中先于其他物种出现，这样 A 和 B 就可以作为外组群，辅助系统树中"根"位置的确定。

6.3 最大简约法

最大简约法（maximum parsimony，MP）。通过最小化序列中产生可观测变异所需要的步数来构建进化树，因而该方法也称为最小进化法。首先对选择序列进行多序列比对，从而确定哪些位置是相对应的。对于每一个配对的位置，按照最小进化的需求处理可观测的变异确定系统发生关系，照此分析比对结果中所有信息位点。最终从全部信息位点构建出的系统树中鉴别出整体变异数最小的树，即最佳的系统发育树。这种方法特别适用于数量较少且非常相似的序列。这种算法不是特别复杂，但它能确保找到最优的树，因为它穷尽了与分析序列相关的所有树。正因为如此，这种算法非常耗时，不能用于序列数目非常多或序列中变异非常多的序列集。这种方法可能会得到一个或多个无根树；也可引入其他假设条件，构建出有根树。

表 6-2 包含了 4 个 DNA 序列的比对结果。虽然比对结果中有 9 个比对位点，但不

是所有位点都能提供用于区分不同序列的有效信息。位点1、6、8在4个序列中完全一致，不能提供任何分类信息。最大简约法分析时，只有当某一位点每种类型的核苷酸（或氨基酸）在两个以上序列中出现，该位点才被看作是有效的信息位点。因而位点2、3、4也不能作为有效的信息位点，只有5、7、9是有效的信息位点。4个序列理论上只会形成三种拓扑结构的无根树（图6-10），该图展现了基于位点5差异的三种无根树，以及内部节点可能的变化情况，并根据变异推导出三种树型的树长分别为1、2、2。依据图6-10的分析，树形1是最简约的树，因为其树长最短。事实上需要继续分析位点7和位点9，并综合这三个位点最终得出结论。依据位点7树型1、2、3对应的树长分别为1、2、2，依据位点9树型1、2、3对应的树长分别为2、1、1，综合分析可知树型1是最简约的树，树长为4。由于该方法要分析所有有效的信息位点，并根据简约原则分析每一种树型变化和树长，因而如果序列数目过多或者序列中的信息位点过多会大大增加运算量。最大简约法会产生唯一的最简约树吗？由于最后可能出现不同的树型具有相同的最小树长，因而会出现多个最简约树的情况。

表6-2　四条DNA序列的多序列比对结果

类别	序列位置（位点）和核苷酸类型								
	1	2	3	4	5	6	7	8	9
1	A	A	G	A	G	T	G	C	A
2	A	G	C	C	G	T	G	C	G
3	A	G	A	T	A	T	C	C	A
4	A	G	A	G	A	T	C	C	G

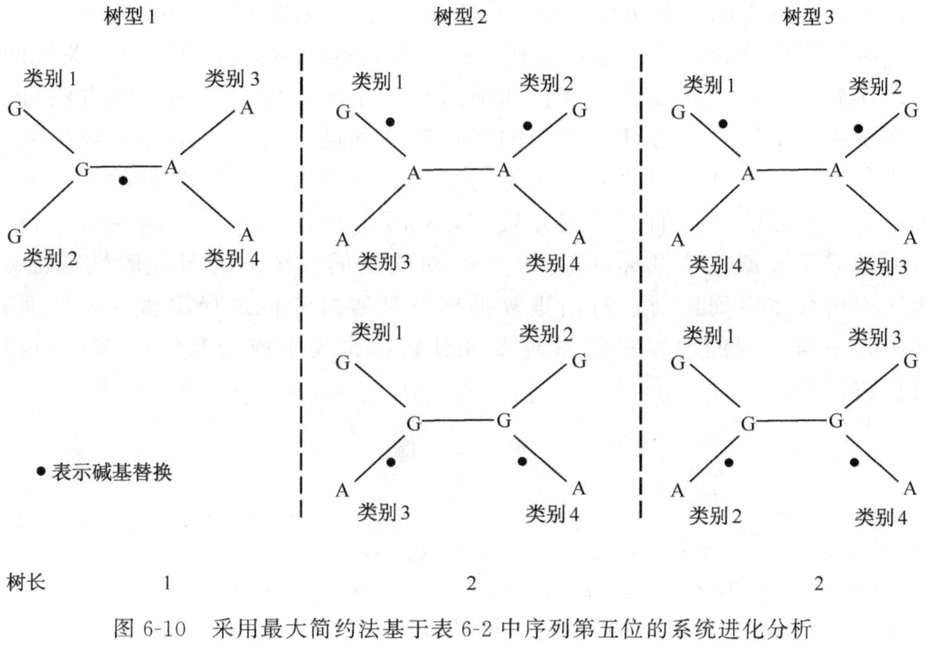

图6-10　采用最大简约法基于表6-2中序列第五位的系统进化分析

6.4 极大似然法

极大似然法（maxinum likelihood，ML）与最大简约法类似。极大似然法通过概率计算来找到最能反映一组序列中变异的系统树，需要对多序列比对结果的每一个垂直列进行分析。与最大简约法不同之处在于其采用标准的概率模型分析序列中的各种变异。通常新突变出现的概率非常小，因而对于比对结果中每一位置序列的改变都要加以考虑，而且这种方法要穷尽所有可能的树，因而运算量极大，主要适用于序列数目较少的情况。使用极大似然法进行系统发育分析时，首先假定系统树的结构，然后选择分枝长度以使产生特定系统树的似然值最大化。确定最优系统树的过程是寻找似然函数值极大的系统树的过程，由于似然函数的不同，不同系统树的似然函数值便不同。如果将最小变化的树作为最似然的树，极大似然法就成了最大简约法。

极大似然法提供了一种评价变异的方式，虽然序列的变异相同，但这种变异是不同的机制导致的。极大似然法允许采用不同的进化模型对变异进行分析评估，并在此基础上构建系统发育树，如 Jukes-Cantor 和 Kimura 模型。最大简约法适用于亲缘关系较近的序列，而极大似然法可适用于亲缘关系较远的序列。虽然极大似然法需要极大的运算量，但随着计算机性能的不断提升和各种超级计算机的出现，极大似然法的使用越来越广。目前流行的软件如 PAUP 和 PHYLIP 都有极大似然分析模块。例如，PHYLIP 中有两个模块用于极大似然分析，DNAML 模块通过极大似然法构建核酸序列系统发育树，允许针对不同核苷酸、不同变异类型（如转换和颠换）、不同类型的位点设定不同的变异频率。DNAMLK 与前者类似，但假设了一个分子钟。

正如本章开始所说，进化是一个不可逆的过程。根据现有的各种数据、距离矩阵重构的系统发育树是否可靠，是否与真实的进化过程一致，的确是一个关键的问题。如何才能得到最佳的系统发育树呢？如前所述，相同的序列采用不同方法可能产生不同的系统树，不同的方法具有不同的特点和适用度。对于一组序列最好采用不同的方法进行分析，如果不同的方法获得的结果相同或近似，则获得的系统发育树可靠；如果不同的方法分析的结果差异较大，则要做更深入分析，判断哪一种结果更可靠。通常采用数值重复抽样（bootstrap）对构建的系统树进行经验性验证。例如，对一组序列进行多序列比对，所谓重复抽样就是通过随机选择垂直列，从而获得不同的样本，根据不同的取样进行系统发育分析，比较生成的系统树结构的相似度，确定最佳树结构。

思　考　题

1. 什么是系统发育分析？
2. 构建系统树的方法主要有哪几种？如何针对具体问题选择？
3. 找一组序列使用 PHYLIP 软件包中的不同方法分别进行系统发育分析。
4. 下表是 5 个序列比对后产生的距离矩阵，试用 UPGMA 法手工分析系统发育关系。

	A	B	C	D	E
A	—	1	3	9	12
B	—	—	2	8	11
C	—	—	—	6	11
D	—	—	—	—	11
E	—	—	—	—	—

主要参考文献

Mount D W. 2002. Bioformatics：sequence and genome analysis. 北京：科学出版社

Westhead D R，Parish J H，Twyman R M. 2002. Instant notes in bioinformatics. London：BIOS Scientific Publishers Ltd

（范三红　编）

7　基因组学与基因预测

基因组（genome）是指一个生物体、细胞或病毒的整套基因。基因组学（genomics）则以基因组分析为手段，研究基因组的构成、时序表达模式（temporal expression pattern）和功能，并提供有关生物物种及其细胞功能的进化信息。随着人类基因组及其他生物基因组计划的顺利实施，基因组学开始进入了一个崭新的发展时期，也为人们进行超大规模的基因组分析工作提供了可靠的技术保证。

对于基因组序列，我们最关心的是从序列中找到基因及其表达调控信息。基因预测，一般是指预测 DNA 序列中编码蛋白质的部分，即外显子部分。目前基因区域的预测已从单纯外显子预测发展到整个基因结构的预测。这些预测综合各种外显子预测的算法和人们对基因结构信号（如 TATA 框等）的认识，预测出可能的完整基因，从而使人们可以识别重要的基因（如影响代谢、细胞分化和发育及动植物疾病过程的基因），并对相关基因进行调控。人们已经认识到，某些类型的遗传变异（包括特定的人类疾病），从基因组水平理解最好。总之，基因组序列为探索生物间和生物体内的遗传变异提供了一个崭新的机会。

7.1　引言

7.1.1　原核生物基因组

原核生物的基因组比较小，DNA 含量低。原核生物基因组的许多信息都是为了维持细胞的基本功能，如构建和复制 DNA，产生新蛋白质，以及获得和存储能量。在原核生物基因组中，基因分布的密度非常高，其中的 DNA 分子的绝大部分是用来编码蛋白质的，只有非常小的一部分不转录，这点与真核生物的 DNA 分子不一样。

作为一种特别的生物体，病毒（包括噬菌体）的核酸分子质量最小。由于病毒依靠宿主细胞的许多功能来复制自身，所以它们所携带的遗传信息要比宿主细胞少得多。几乎所有植物病毒、某些细菌病毒和动物病毒的基因组都是由 RNA 组成的，一般特别小。最小的病毒基因组仅约有 5kb，如单链噬菌体 ΦX174；最大的有 200kb 左右，如 T_2 噬菌体。病毒基因组虽然小，但是它们所编码的蛋白质种类却不少。有些病毒的基因组不够编码自己的蛋白质，于是就采用重叠基因的办法。

一般根据下列 3 个标准来选择生物进行测序：①已对它们进行过大量生化分析（如大肠杆菌和枯草杆菌，它们已成为原核模式生物）；②它们是一种主要的人类病原体，如 *Mycobacterium tuberculosis*（结核病）和 *Mycoplasma pneunoniae*（肺炎支原体）；③它们有系统发育意义。对原核和真核生物的核糖体 RNA 分子的分析已使人们预测了生命树中 3 个主要分支（古细菌、细菌和真核生物）。第一个被测序的细菌基因组是嗜血流感杆菌——一种人类病原体。该项目由基因组研究所（TIGR）（http://

www. tigr. org)完成。对大量的随机重叠片段测序，然后用计算机组装其染色体，极个别的区域由手工组装，其序列全长为 1.8×16^6bp（1 830 140bp）。1743 个已预测基因中大约有 58%与大肠杆菌的基因匹配，对这些基因的识别使得研究人员可以构建嗜血流感杆菌基因的一些生化途径。嗜血流感杆菌基因另外 42%的功能还未能识别出，尽管它们和大肠杆菌的 38%的未知功能基因相似。目前，已经完成了 56 种古细菌（archaea）、691 种细菌（bacteria）、1798 种病毒（virus）、36 种类病毒（viroid）的基因组测序工作（http://www. ncbi. nlm. nih. gov/entrez/query. fcgi?db=Genome）。

7.1.2 真核生物基因组

真核生物在各个方面都要比原核生物复杂得多。在基因组方面，真核生物基因组的规模远大于原核生物基因组，组织复杂，信息含量高。在整个 DNA 序列中，蛋白质编码区域仅占一小部分，而非编码序列则占了很大一部分。真核生物基因组有一些重要特点，了解这些特点，才能理解基因结构对序列分析的重要意义。例如，真核生物序列中有内含子、外显子、编码序列、非编码区等，而原核生物的基因结构较为简单，通常没有内含子。

大多数真核基因都是由蛋白质编码序列和非蛋白质编码序列两部分组成的。基因中的编码序列称为外显子（exon），而基因中的非编码序列称为内含子（intron）。在一个结构基因中，编码某一蛋白质不同区域的各个外显子并不是连续地排列在一起的，而是常常由不同的内含子隔离，形成镶嵌排列的断裂方式，所以，真核基因有时被称为断裂基因。不同基因拥有的内含子的数量和大小相差非常悬殊，如胶原蛋白基因，长约 40kb，有 40 个内含子，其中短的只有 50bp，长的可达到 2000bp。许多真核基因具有大量的非常大的内含子，例如，与人类囊性纤维症有关的基因，含有 24 个内含子，加起来超过 1Mb。而少数基因，如组蛋白基因，根本不带内含子。

真核基因分裂结构的一个重要特点是外显子、内含子连接区是具有高度保守性和特异性的碱基序列。外显子、内含子连接区是指外显子和内含子的交界，又称边界序列。外显子、内含子连接区虽然很短，但却是高度保守的。这一保守序列（conserved sequence）与其作用机制密切相关，它是 RNA 剪切的信号序列。序列分析表明，几乎每个内含子 5′端起始的两个碱基都是 GT，3′端最后的两个碱基都是 AG。由于这两个碱基序列的高度保守性和广泛存在性，有人将它称为 GT-AG 法则，即 5′-GT…AG-3′。由于内含子两端的接头序列不同，因此，可定向标明内含子的两个末端，根据剪切加工过程沿内含子自左向右进行的原则，一般将内含子 5′端接头序列称左剪切位点，3′端接头序列称为右剪切位点。有时候，也将前者称为供体位点（donor site），将后者称为受体位点（acceptor site）。

外显子、内含子在连接区的保守序列几乎存在于所有高等真核生物基因中，这表明在这些基因中可能存在着一个共同的剪切机制。一个完整的基因，不但包括编码区域，还包括 5′端和 3′端两侧长度不等的特异性序列。这些序列不编码氨基酸，却在基因表达的过程中起着重要的作用。

RNA 聚合酶在基因表达起始阶段和基因 5′端上游区域的某一段核酸序列结合，然后开始转录，合成基因的 RNA 拷贝，这一段核酸序列称为启动子（promoter）。启动子决定了 RNA 转录的方向、速度和准确性。通过对许多基因的启动子进行解析、比较，发现了相当保守的启动子序列，如位于原核生物转录起始点上游 10bp 处的嘌呤（box）序列，即 $T_{80}A_{90}T_{45}A_{60}A_{50}T_{96}$。这里，字母右下角的数字为相应碱基出现的频率。另外，在转录起始点上游 35bp 处，有一段保守序列：$T_{82}T_{84}G_{78}A_{65}C_{54}A_{45}$。对于真核基因，在转录起始点上游 30bp 处，有 TATA 框（TATA box）；在上游 80bp 处有一个 CAAT 框（CAAT box）；而在上游 80～110bp 附近还有 GCCACACCC 或 GGGCCGGG 序列，这称为 GC 盒（GC box）。

在基因组中仅出现一次的基因称为单拷贝基因。单拷贝基因多是编码蛋白质的基因，一般比较复杂。这些基因往往是断裂基因，即编码区域非连续。在真核生物中也存在如同原核生物操纵子结构的转录单位，其转录出来的初级产物可以通过不同的拼接方式产生一种以上的蛋白质，即一段 DNA 序列可编码多种蛋白质。

有 25%～50%的真核细胞编码蛋白质的基因是以单个基因存在于基因组中，而其余编码蛋白质的基因都属于两个或两个以上相似基因构成的基因家族。这种来自于同一个祖先基因，编码相似而不完全相同的蛋白质的一组基因被称为基因家族。被这些基因编码的蛋白质称为蛋白质家族。基因家族有大有小，少则仅有几个基因，多则有数百个基因。珠蛋白和 β 珠蛋白对应的基因家族是研究得最多的基因家族。

真核生物细胞 DNA 中存在着大量的重复序列，脊椎动物尤其如此，大致可以分成 3 类，即低度重复序列、中度重复序列和高度重复序列。

中度重复序列的重复次数在 $10～10^5$，占总 DNA 的 10%～40%；高度重复序列的重复次数大于 10^6，基本的重复序列长度从几个碱基到几百个碱基或更长，占基因组的 10%～60%。

人类基因组的编码区域不到所有 DNA 序列的 3%，基因数为 2.5 万～3.5 万个。人类基因组中重复序列占了很大一部分，约为 50%，这些重复序列可能具有一定的功能，但也可能没有功能。

7.1.3 人类基因组计划

在人类基因组计划实施以前，科学家偏重于研究单个基因，但人体的生长发育是基因组中各个基因相互作用、协同工作的结果，人的疾病也往往与多基因相关，因此人类基因组计划将目标对准整个基因组，从整体水平去考虑基因的存在、基因的结构与功能、基因之间的相互关系等。

人类基因组计划（human genome project，HGP）是美国在 1990 年提出实施的一项伟大的科学计划，与阿波罗登月计划、曼哈顿原子弹计划同称为人类自然科学史上的三大计划。自实施以来，该计划在世界各国引起了很大反响。在人类基因组计划中，准备用 15 年时间，投入 30 亿美元，完成人类全部 24 条染色体中 3×10^9 个碱基对的序列测定，其主要任务包括作图（遗传图谱、物理图谱的建立及转录图谱的绘制）、测序和基因识别，还包括模式生物（如大肠杆菌、酵母、线虫、小鼠等）基因组的作图和测序，以及信息系统的建立。作图和测序是基本任务，在此基础上人类才能解读和破译生物体的生老病死，以及与疾病相关的遗传信息。

模式生物基因组在HGP中占有重要的地位。有些模式生物基因组结构相对比较简单，单位DNA片段上基因的密度高，易于进行基因识别。从进化的角度讲，生物的许多基因有很大的同源性，对模式生物基因的分析有助于阐明人类基因的结构与功能。人类基因组计划中包括对5种模式生物的研究，这5种模式生物分别是大肠杆菌、酵母、线虫、果蝇和小鼠。这些模式生物具有代表性，其中大肠杆菌是经典的实验材料，是基因工程和蛋白质工程中常用的生物。酵母是最简单的真核生物，只有一个细胞，一个细胞就组成一个独立的生物体。研究中选用的酵母是啤酒酵母。线虫也是一种比较简单的生物，对线虫的发育过程进行研究，可以知道成虫的每一部分是如何发育而来的。果蝇是遗传学家喜欢的经典实验生物，摩尔根就是根据果蝇实验发现了遗传学中著名的“连锁交换律”。小鼠作为实验动物，已为人类的生物医学研究做出了很大贡献。它是人类的近缘亲戚，也是哺乳动物，与人类只有几亿年的进化距离，其基因组规模与人类的差不多，基因的数目也与人类的差不多。

对致病基因的克隆也是人类基因组计划的内容。疾病与基因直接或间接相关，通过生物学、医学等技术对相关基因进行抑制或调控，即可取得治疗疾病的效果。如果掌握了与某种疾病相关的基因及其突变，则可以对该疾病进行预测、诊断，甚至治疗。人类基因组计划的实施对医学事业、生物学的研究乃至人类生活的各个领域产生了不可估量的影响，这一点已不容置疑。人类的任何疾病都与人类的基因有关，是人类基因组与病原基因组中的有关基因相互作用的结果。例如，所有癌症都是由于DNA序列的变化引起的。在人的一生中，细胞中的DNA不断受到癌诱导物质的侵扰，同时也处于自身复制错误的危险之中。每个细胞中DNA都可能发生变化，在大部分情况下，这些变化不会对人体产生太大的影响，但是在极端的情况下，DNA序列的变化可能会导致关键性基因功能的变化，引起细胞增殖的失控。

人类基因组计划得到的是人类基因组的蓝图，但是个体基因组之间并非完全相同，存在着大约0.1%的差距，这就是所谓的基因多态性。这种基因组之间的差异决定了人与人的不同，根据基因多态性可以进行亲子分析，实现个人身份鉴别。对基因多态性的分析将使我们能够揭示人体特征的遗传学基础，如个人能力的遗传学基础，这些个人能力包括计算能力、记忆能力、身体协调性，甚至可能是创造力。基因多态性在医学上表现为不同的人对疾病的易感性或抵抗性不一样；同时也表现为针对同样疾病进行同样的药物治疗而效果却不尽相同：有的人病愈，而有的人则治疗效果不明显，甚至产生强烈的毒副作用。基因组计划，特别是人类基因组单碱基多态性研究计划，将促进个体化治疗的发展，在不久的将来，我们可以根据不同患者的致病基因，研制出适合他们的治疗药物。如果真能做到“因人施药”，那可能是基因组研究给人类带来的最大福音。

人类基因组计划进行得非常顺利，已经于2003年提前两年完成，一些模式生物的基因组测序工作也已经完成。1999年底，科学家成功地确定了人类第22条染色体上所有核苷酸的组成，人类第一次破译出人的一对染色体的全部遗传密码。我国于1999年9月正式参与人类基因组计划，并承担了1%的测序任务，成为国际上承担HGP任务的6个国家之一。

人类基因组计划已经完成，我们已经进入“后基因组学”（post-genomics）时代。

当前，基因组学的研究重心已开始从揭示生命的所有遗传信息转移到在分子整体水平上对基因功能的研究，这种转向的一个标志是产生了功能基因组学（functional genomics）这一新学科。基因组学实际上是为功能基因组学做准备，一旦功能基因组学进入实质性的发展阶段，人类将可以从中获得更大的利益。功能基因组的任务是进行基因组功能注释（genome annotation），了解基因的功能，认识基因与疾病之间的关系，掌握基因的产物及其在生命活动中的作用。功能基因组学从基因组整体水平上对基因的活动规律进行阐述，这从根本上改变了传统生物学的思维方式。随着生物学技术和计算技术的发展，逐渐形成了一种新的全局方法：基因组表达图谱（转录分析，如在 mRNA 水平上通过 DNA 芯片技术检测大量基因的表达模式）和大规模蛋白质图谱（蛋白质组分析）方法。在使用全局方法进行研究时，研究人员同时检测大量基因的表达水平，从而在整体水平上获得关于基因功能及基因之间相互作用的信息。与还原论不同的是，这种研究方法能够积极地产生许多新的假设。如果说生物信息学在人类基因组计划中的着重点是基因组序列的话，那么在功能基因组中，生物信息学的着重点则是序列的生物学意义，基因组编码序列的转录、翻译的过程和结果，着重分析基因表达调控信息，分析基因及其产物的功能。在功能基因组时代，应用生物信息学方法，高通量地注释基因组所有编码产物的生物学功能是功能基因组研究的一个重要特征。

生物信息学与人类基因组计划紧密结合，互相渗透，生物信息学已成为基因组计划不可分割的一部分。事实证明，人类基因组计划在生物信息学的支持下，前进步伐大大加快，已经提前完成了预期计划，功能基因组研究也已经全面展开。而人类基因组计划反过来又大大促进了生物信息学的发展，不仅丰富了生物信息学的研究内容，也促进生物信息学新思想、新方法的产生。生物信息学在最近 10 年迅速发展的历程证明了这一点。在过去的 40 余年中，仅仅围绕人类基因组中 3%左右的编码序列的研究，就造就了几十名诺贝尔奖获得者。可以想像，人类基因组中另外 97%的非编码序列，会有多少信息等待我们去发掘。

7.2 基因组测序技术及序列组装

近年来，由于高通量的自动荧光 DNA 测序技术的应用，使得 DNA 序列数据快速积累，而由 DNA 序列通过计算机程序翻译得到的蛋白质序列数据也相应增长。DNA 序列的分析有力支持了若干生物学研究领域，例如，系统进化研究，基因工程中的限制性内切酶图谱研究，基因识别中的内含子、外显子预测，由可读框（ORF，open reading frame）推测蛋白质一级结构等。

7.2.1 基因组测序技术

DNA 分子的序列是通过核酸测序技术得到的。对于完整基因组自上而下的测序过程一般包括 3 个步骤：①建立克隆的物理图谱，如酵母人工染色体 YAC（yeast artificial chromosome）克隆、细菌人工染色体 BAC（bacterial artificial chromosome）克隆等；②测定每个克隆的序列；③注释。当得到一段 DNA 序列之后，可以利用序列分析工具，通过与数据库序列的比较，得到与该序列相关的信息，如基因、调控元件、重复区域等，进而对序列的生物学特性进行注释。人类基因组计划（HGP）采用的就是这种策略。Venter 提出的战略构想正好与目前的人类基因组计划相反，即首先测序，然后才是在测序的基础上作图。Venter 把这种战略称为“全基因组随机测序”，也称为“全基因组鸟枪战略”（whole genome shotgun strategy）。

在大规模 DNA 测序中，目标 DNA 分子的长度可达上百万个碱基对。现在还不能直接测定整个分子的序列，但是可以得到待测序列的一系列序列片段。序列片段是 DNA 双螺旋中的一条链的子序列（或子串）。这些序列片段覆盖待测序列，并且序列片段之间也存在着相互覆盖或者重叠。在一般情况下，对于一个特定的片段，我们不知道它是属于正向链还是属于反向链，也不知道该片段相对于起点的位置。另外，这样的序列片段中还可能隐含错误的信息。序列片段的长度范围为 300～1000bp，而目标序列的长度范围是 30 000～1 000 000bp，总的片段数目可达上千个。DNA 序列片段组装（sequence assembly，又称为序列拼接）的任务就是根据这些序列片段，重建目标 DNA 序列。如果能够得到 DNA 一条链的序列，那么根据互补原则，另一条链的序列也就得到了。

人类基因组计划的直接目的是获得涵盖人类全部进化和遗传信息的 30 亿个碱基对，并以此为开端最终完成对生命系统和科学的解码。为了在不太长的时间内和一定规模的物力投入下，完成这一任务，众多高通量的自动化实验设备应运而生。以近年来颇受关注的 Celera 公司为例，他们通过 300 台 ABI3700 全自动测序仪，可以在 9 个月内完成人类全基因组的鸟枪法（shotgun）测序。其背后依赖的是一整套由 800 台 Alpha based Compac 电脑联成的超级计算机网络，其中每台可在 1h 内处理多达 2000 亿个碱基的相互比较，它们提供了从收集数据到完成片段拼装的全方位的生物信息学服务。而其母公司 Pekin Elmer 也以其在自动测序仪上的卓越成就而声名显赫，他们为了适应高通量的数据产出，也向市场推出一套客户数据收集集成和分析系统。随着测序工作逐渐成为实验室常规工作，研究一套模板式的，能根据不同实验室特点，简便装卸的数据集成管理系统，将成为越来越迫切的需要。

正是高通量的全自动测序仪的问世，才使人类基因组计划得以顺利推进，并且已经表现出研究进展对技术革新的依赖，从 ABI377 的平板电泳到 MagaBase 或 ABI3700 的毛细管电泳，每一项技术的革新无疑是对 HGP 的巨大推动。由于测序仪产生的文件首先是二进制的图像文件，需要经过一套碱基读取系统，即碱基识别（base calling），使之转化成为可识别的碱基文件。目前除了自动测序仪自身携带的碱基读取软件外，被广泛采用的是 PhilGreen 实验室发展的一套完整的系统（Phred-Phrap-Consed），其中 Phred 主要负责碱基读取工作，它的主要功能有 5 项。

（1）跟道（lane tracking）：找到电泳道并识别泳道的空间。

（2）信号分离（lane profiling）：分离碱基的 4 种不同信号。

（3）信号分析（trace processing）：估计信号的强弱和基线，纠正信号的交叉。

（4）碱基识别（base-calling）：按顺序破译碱基。

（5）错误率的估计（error probabilities）：根据信号峰的间距，识别与未识别碱基的比率，以及信号峰分辨率等来的估计错误。

7.2.2 基因组序列组装

无论是在EST测序后的cDNA全长克隆或是在基因组序列鸟枪法测序，DNA序列的组装是必不可少的。目前在以上两个领域，根据其自身的特点，各有流行的应用软件。在cDNA全长克隆中，被广泛采用的有PE公司的AutoAssembler软件和Gencodes的Sequencher软件，二者各有特色。

Sequencher目前已有分别针对Mac和PC平台的产品，它成功地将去除载体序列，限制性酶切图谱、氨基酸多框架翻译和DNA片段拼装等结合在一起，并且在运算速度上明显胜于Auto Assembler。然而Auto Assembler也有其明显的优势，它提供了直观的文本顺序与峰形图相对应的界面，并在对序列编辑方面比Sequencher更为方便，不足之处在于Auto Assembler需要另一软件Stride来校对翻译框架和分析限制性酶切图谱。而这两个软件的拼装系统中的核心算法都应用到了Phrap。Phrap组装器和Consed校对器基本功能如下。

(1) 根据Phred的结果重新组装鸟枪法产生的不同短序列。

(2) 显示组装结果和质量。

(3) 整合人工校对的结果。

各种软件的长短之处，读者在对软件的实际应用中，一定会有更为深刻的体会。

7.3 功能基因组学

功能基因组学（functional genomics）指利用结构基因组学研究所得到的各种来源的信息，建立与发展各种技术和实验模型来测定基因及基因组非编码序列的生物学功能。

表7-1 DNA和RNA序列分析的常用工具

目　标	软　件	网　址
序列相似性	BLASTn，tBLASTx和BLASTx	www. ncbi. nlm. nih. gov/BLAST
寻找可读框	ORF Finder	www. ncbi. nlm. nih. gov/gorf/forf/html
在DNA序列中寻找基于PCR的序列标签位点（STS）	Electronic PCR	www. ncbi. nlm. gov/STS
翻译DNA或RNA成蛋白质	Translate and Protein Machine	www. expasy. hcuge. ch/tools/dan. html 和 www. ebi. ac. uk/translate. html
比较基因组DNA和蛋白质序列	Gene Wise	www. sanger. ac. uk/Software/Wise2/
寻找基因	Gene Recognition and Aseembly Internet Link（GRAIL）and PROCRUSTES	www. compbio. ornl. gov/Grail-1. 3 和 www. hto. usc. edu/software/procrustes

目前，世界范围内已有大量的DNA序列被储存在数据库中，这些数据库对发现与确定医学和生物学中有价值的新基因起很大作用。的确，仅从完成的微生物基因组来看，约40%的结构基因是新发现的。这些基因的生理、生化性质从未通过实验研究过。在基因组计划完成后，还需要相当长的一段时间来了解生物体的全部复杂性。

生物信息技术的发展，使得人们有可能对基因组全序列开展大规模数据挖掘和分析方面的工作。表7-1列出了部分用于DNA和RNA序列分析的软件及网址。

首先必须强调的是，原核生物和真核生物基因组中的基因注释所涉及的问题是不同的。在原核生物中，基因密度很高（也就是说只有很少的基因间DNA）并且绝大多数基因不含内含子。在真核生物中，基因密度下降并且由于物种自身复杂度的增高而使基因复杂度也增高。例如，酵母（*Saccharomyces cerevisiae*）基因组约70%是由基因组成，这些基因中的大多数不含内含子，大约5%的酵母基因含有单一的小内含子。而果蝇（*Drosophila*）基因组只有25%是由基因组成，大约20%的基因没有内含子，大多数基因有1～4个内含子。在哺乳动物和高等植物中，基因密度下降到1%～3%。在人类基因组中，仅6%的基因没有内含子，大致相同数量的基因分别有1～12个内含子，而有些基因则含有50个以上的内含子，外显子的长度一般为150 bp，而内含子长度很可能在1～5kb范围内。因此，在高等真核生物基因组中寻找基因一般是比较困难的。

7.3.1 基因识别

得到的一条核酸序列通过翻译得到6条读码框后，下一步就要确定哪个是正确的阅读框。通常，我们选择中间没有被终止密码子（TGA、TAA或TAG）隔开的最大读码框作为正确结果，即可读框（open reading frame，简称ORF）。ORF的结尾比它的起始容易判断。一般编码序列的起始位点是蛋氨酸的密码子ATG；但蛋氨酸在编码序列内部也经常出现，即ATG并不一定是ORF的起始标志。因此，有必要应用其他方法找到5′端非编码区的末端。

幸运的是，确实有一些规律可以帮助我们在DNA中找到蛋白质编码区，随机出现较长ORF的概率很小。识别边缘处的Kozak序列对确定编码区的起始位点也有一定帮助。而且，密码子在编码区和非编码区有不同的统计规律。尤其是一些特殊氨基酸在不同物种中密码子的使用情况有很大区别，偏爱密码子的规律在非编码区体现不出来。因此，偏爱密码子的统计分析有助于推测5′及3′非编码区，并对发现错误翻译也有所帮助，因为在错误翻译中不常用的密码子会大量出现。

7.3.1.1 ORF识别法

对于任何给定的核酸序列，根据密码子的起始位置，可以按照3种方式进行解释。例如，对于序列AGGTCCGATCTG，一种可能的密码子阅读顺序为AGG、TCC、GAT、CTG，另外两种可能的密码子阅读顺序分别为A、GGT、CCG、ATC、TG和AG、GTC、CGA、TCT、G。这三种阅读顺序称为阅读框（reading frames）。一个可读框（open reading frame，ORF）是一个没有终止密码子的序列。

可以用最长 ORF 方法识别原核基因。原核基因结构相对简单，其基因识别任务的重点是识别可读框，或者说是识别长的编码区域。辨别序列是编码区域或是非编码区域的一种方法是检查终止密码子的出现频率。由于一共有 64 个密码子，其中 3 个是终止密码子，因此，如果一条核酸序列是均匀随机分步的，那么终止密码子出现的期望次数即为每 21(≈64/3) 个密码子出现一个终止密码子。每个编码区域只存在一个终止密码子，该密码子作为编码区域的结束标志。因此，如果找到一个比较长的序列，其相应的密码子序列不含终止密码子，那么这段序列可能就是编码区域。在实现基于上述思想的算法时，扫描给定的 DNA 序列，在 3 个不同的阅读框中寻找较长的 ORF；当遇到终止密码子以后，回头寻找起始密码子，以确定完整的编码区域。

大部分早期的 DNA 序列数据来自于线粒体或细菌基因组，最早的基因识别方法就是针对这类序列数据发展而来的。一个简单的算法，如果它能够发现较长的 ORF，并使用长度阈值，则该算法将检测到大多数基因，并且具有很好的特异性。当然，这种算法比较简单，不适合处理短的 ORF 或者交叠的 ORF。

7.3.1.2 基于密码子出现频率的预测方法

真核基因远比原核基因复杂。一方面，真核基因的编码区域是非连续的，编码区域被分割成若干个小片段；另一方面，真核基因具有更加丰富的基因调控信息，这些信息主要分布在基因上游区域。为了确定基因在一段序列上所处的位置，需要首先找出基因两端的功能区域，即转录启动区和终止区，然后在启动区下游位置寻找翻译起始密码子，从而确定基因的起始位置。为了取出外显子，而将内含子剔除，必须识别转录剪切位点，即剪切给体位点和剪切受体位点。

必须清楚，要想设计一个 100％识别编码区域的程序几乎是不可能的。问题是如何提高一个识别算法的敏感性 S_n 和特异性 S_p。S_n 和 S_p 都应该比较高，若一个算法的测试结果仅仅一个很高，而另一个很低，则该算法是不成功的。例如，假设一个识别编码区域的算法，它将所有介于 AG 和 GT 之间的序列片段都找出来作为识别结果，那么该算法的敏感性 S_n 将达到 100％，但其特异性 S_p 却近似于 0％。因此，对于一个识别算法，往往敏感性和特异性的平均值作为衡量其准确率的指数，即 $(S_n+S_p)/2$。在一般情况下，调整程序的参数，使得 $S_n \approx S_p$。

真核 DNA 序列中基因的识别是一个复杂的问题，一种方法是首先通过统计分析预测编码区域，挑选出候选的外显子，然后利用动态规划算法构建最优的基因结构，这个最优的基因结构被定义为与一个外显子一致的链。然而，直接运用这种方法会遇到概念上和计算上的困难。每一个候选的基因由许多统计参数来描述，但还不清楚如何将这些统计参数组合到一个打分函数中。这个问题在一定程度上可以用神经网络来解决，运用神经网络为每个候选的外显子打分，或将神经网络与动态规划算法相结合，从而构建最优基因结构。然而使用标准的动态规划隐含说明仅仅考虑具有加和性的打分，而许多序列分析表明用非线性的函数有时会得到更好的效果。矢量动态规划方法为利用非线性函数提供了可能。矢量动态规划构造一组基因，并确保其中包含满足自然单调条件的函数所对应的最优基因。

这里首先介绍一种根据各个密码子出现频率识别编码区域的方法。例如，亮氨酸、丙氨酸、色氨酸分别有 6 个、4 个和 1 个密码子，将一个随机均匀分布的 DNA 序列翻译成氨基酸序列，则在氨基酸序列中上述氨基酸出现的比例应该为 6∶4∶1。但是，在真实的氨基酸序列中，上述比例并不正确。这说明 DNA 的编码区域并非随机序列。

假设在一条 DNA 序列中已经找到所有 ORF，那么，可以利用密码子频率进一步区分编码 ORF 或非编码 ORF。将给定的 ORF 转换为相应的密码子序列，得到一个 64 个状态的马尔可夫链。这里，为每个密码子分配一个状态，状态转换概率即为一个密码子跟随在其他密码子后面的概率。利用这种算法，一个密码子出现的概率依赖于其前面一个密码子。下面考虑一个简单的统计模型，在该模型中，假设相继的密码子是独立的，不存在前后依赖关系。令 f_{abc} 代表密码子 abc 在编码区域出现的频率。给定一个不知道阅读框的编码序列 a_1、b_1、c_1、a_2、b_2、c_2，…，a_{n+1}，b_{n+1}，c_{n+1}，对于密码子 $a_1b_1c_1$ 开始的阅读框，其 n 个密码子的出现频率为：

$$p_1 = f_{a_1b_1c_1} \times f_{a_2b_2c_2} \times f_{a_nb_nc_n}$$

同样，在第二种和第三种阅读框中，n 个密码子出现的概率分别如下：

$$p_2 = f_{b_1c_1a_2} \times f_{b_2c_2a_3} \times f_{b_nc_na_{n+1}}$$

$$p_3 = f_{c_1a_2b_2} \times f_{c_2a_3b_3} \times f_{c_na_{n+1}b_{n+1}}$$

令 P_i 代表第 i 个阅读框成为编码阅读框的概率，其值按下式计算：

$$P_i = \frac{p_i}{p_1 + p_2 + p_3}$$

设计算法时，在给定的核酸序列上移动一个长度为 n 的窗口，对窗口内的每个序列片段按上式计算 P_i，并根据 P_i 值识别编码的阅读框。软件包 GCG 中的 Codon Preference 程序采用的就是这种方法。

可以将密码子使用偏爱性作为编码区域的一种统计特性。对现有的大量序列数据进行分析，不难发现：外显子和内含子在密码子的出现上存在着明显的差异。

在一个基因中，第 i 个（i=1～64）密码子相对使用倾向 RSCU_i 的定义如下：

$$\mathrm{RSCU}_i = \frac{\mathrm{Obs}_i}{\mathrm{Exp}_i}$$

其中 Obs_i 是该基因中第 i 个密码子实际出现的次数，而 Exp_i 是对应密码子期望的出现次数，且有

$$\mathrm{Exp}_i = \frac{\sum \mathrm{aa}_i}{\sum \mathrm{syn}_i}$$

其中 $\sum \mathrm{aa}_i$ 是统计的第 i 个密码子出现的次数，$\sum \mathrm{syn}_i$ 是所有与第 i 个密码子同义密码子出现的次数。RSCU 值大于 1 表示相应的密码子出现的次数比期望值高，而小于 1 则表示出现次数相对较少。

实验说明，连续的 6 个核苷酸出现频率的对比是预测一个窗口是属于编码区域或非编码区域的最好的单个指标。若编码窗口的长度至少为 50bp，则最好的编码预测准确率约为 70%。假设一段 DNA 序列为 S，从 S 的第 i 位到第 j 位的双联密码统计度量 IF_6（i，j）定义为

$$\mathrm{IF}_6(i,j)=\max\begin{cases}\sum\limits_{k=0,3,6,\cdots,j-6}\ln(\mathrm{f}_{i+k}/F_{i+k})\\\sum\limits_{k=1,4,7,\cdots,j-5}\ln(\mathrm{f}_{i+k}/F_{i+k})\\\sum\limits_{k=2,5,8,\cdots,j-4}\ln(\mathrm{f}_{i+k}/F_{i+k})\end{cases}$$

式中，f_k 是从第 k 位开始的双联密码的频率；F_k 是该双联密码随机出现的频率。这里假设的 j 取值为大于等于 6。

此外，利用密码子第三位的偏爱性，也可以预测编码区域。这种方法的准确率取决于对已知基因的统计，统计样本必须足够多。

利用各种统计编码度量，可以预测一段 DNA 序列是否是编码区域。许多编码区域识别算法都是基于这种思想的。

7.3.1.3 同源性方法

同源性方法（基于数据库相似性搜索法）根据具有相同起源的序列在碱基组成上具有相似性的特点来识别未知的编码序列，主要是通过数据库相似性搜索来实现的。通过数据库搜索，发现相似序列或者同源序列，根据相似序列具有相似结构及相似功能的原理，得到待分析序列的初步信息，指导详细的序列分析。到目前为止，不少原核生物和酵母的全序列已经测定，研究表明，有将近一半的脊椎动物基因可以通过 BLAST 在酵母、细菌和线虫等模式生物中找到相似性相当高的序列。这为同源性方法用于预测新基因提供了可能性。另外，相似搜索方法从大规模 EST 测序也得到了推动力。例如，如果通过搜索发现待分析的序列与 EST 或已知蛋白质编码序列相似，则可以推测待分析的序列是基因序列。

除非完整的 cDNA 或同源蛋白质早已在数据库中（这种情况比较少），相似搜索一般不能识别完整的基因。由于蛋白质的分子结构和功能域的保守性，利用蛋白质数据库的相似性仅能发现很少一部分编码的外显子。另外一方面，EST 匹配方法在多数情况下仅能识别 3′端的外显子。很多的人类基因可能已有同源 EST，然而直接比较大量基因组序列的 EST 数据则不太合适，需要消耗大量的计算时间。由于在基因组序列中到处存在着重复序列，搜索的结果往往是大量的匹配，因此需要在扫描 EST 数据库之前仔细地过滤基因组序列查询条件。

通过相似性搜索所得到的结果可以支持其他编码区域预测算法的预测结果，目前大多数流行的编码区域预测程序都将数据库相似性搜索的信息结合进基因预测进程。

7.3.1.4 神经网络方法

神经网络（neural network，NN）属于信息科学的理论范畴，它是由大量神经元构成的非线性动力学系统，它具有很强的自学习、自适应和自组织能力。在人工神经网络中，神经元常被称为“处理单元”，有时也称为“节点”，它是对生物神经元的一种近似。

目前，广泛应用的一些神经网络模型包括感知器（perceptron）、反向传播网络（back-propagation network，BP）模型、自组织特征映射（self-organizing map，SOM）模型、回归网络（recurrent network）模型和混合网络模型等。

神经网络中的神经元是一种具有相当自适应能力的处理单元，神经网络将知识存储在神经元之间的连接上。神经元之间连接的权值可以根据一定的学习规则来调整。比较常用的几种规则有：Hebb 规则、感知器学习规则、σ 学习规则、Widrow-Hoff 学习规则等。

神经网络中最常用的 BP 网，它是由输入层、输出层和若干隐层互联而成的一种多层网络。BP 网是前馈网络，所采用的训练算法是反向传播法，这是一种有导师的学习方法，它利用均方误差和梯度下降法来实现对网络连接权的修正，从而使网络实际输出与规定输出之间的均方误差（mean squared error，MSE）最小。梯度下降法的基本思想是：首先设置权的一组初值，然后计算均方误差相对于权的梯度，并对权值进行修正，当满足一定的规则时（如 MSE 进入到下限的某一范围）即停止，这时称为算法收敛。具体描述如下。

每个节点通过对输入加权后进行非线性处理，得到其活性输出。最常用的非线性函数是 Sigmoid 函数：

$$f(x)=\frac{1}{1+e^{-x}}$$

对某个处理单元，如果网络有 K 个训练样本 $\{X_k\}$，对应的理想输出为 $\{T_k\}$，网络的权值为 W，该处理单元的 MSE 为 ε，则

$$\varepsilon=\frac{1}{K}\sum_{k=1}^{K}(W\cdot X^k-T^k)^2$$

因此 ε 可以看成是权重 W 的函数。然后可以通过梯度下降法来修正权重：

$$W^*=W-\eta\nabla\varepsilon$$

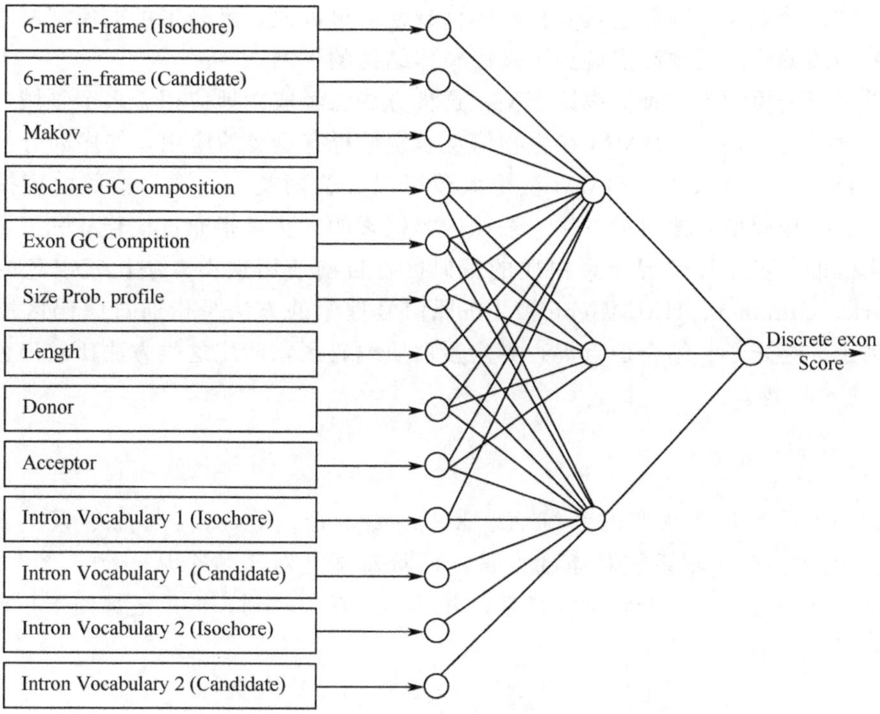

图 7-1　GRAIL 中识别外显子的神经网络结构

该BP网的输入层由13个节点组成，隐层由3个节点组成，最后是输出层，仅由一个节点组成，该节点的值反映一段序列成为外显子的可能性。输入层的输入是与序列相关的一些信息（包括特征信号和统计信息），这些信息刻画了相应序列是否为编码序列。通过离散化输出节点可以表明输入信息是否为与编码序列相关的信息。这样的神经网络首先需要利用已知的外显子去训练，通过训练网络学习外显子的组成规律，然后利用所掌握的概率预测外显子（图7-1）。

7.3.1.5 隐马尔可夫模型法

马尔可夫链（Markov chain）模型通过构造离散随机过程，对未来事件的发生做出统计意义上的预测。马尔可夫模型中需要初始概率分布和状态的转移矩阵，均由训练得到。

隐马尔可夫模型（hidden Markov model，HMM）是由马尔可夫链发展扩充而来的一种随机模型。在马尔可夫链中，每一个状态对应一个可观察的事件。隐马尔可夫模型对马尔可夫链进行了推广，使得可观察的是状态的一个概率函数，而状态本身则是不可观察的。隐马尔可夫模型可以被理解为一个双随机过程，一个是系统状态变化的随机过程，另一个是由状态决定输出的随机过程。

马尔可夫模型广泛应用于寻找新基因的基因组分析。例如，对于原核生物的DNA序列，马尔可夫链就能较好地对其建模，区分编码区与非编码区，确定最长的可读框（ORF），作为候选基因。这种方法已在细菌基因组中得到广泛的应用。

而隐马尔可夫模型能很好地对真核生物DNA序列建模。隐马尔可夫模型将DNA序列的形成看成一个随机过程。模型的统计规律是未知的，而隐马尔可夫模型能自动寻找出隐藏的统计规律，因此它具有独特的优越性。可以说，隐马尔可夫模型使基因预测从原来单纯的编码序列预测发展到了基因整体结构的预测。

隐马尔可夫模型是一种概率论模型，这种方法已经成功地应用于多个领域，如语音识别、光学字符识别等。HMM在生物信息学领域也有重要的应用，如序列分析、基因识别等。目前，基因识别的HMM法也大致可以分为两类：一类为按照内容搜索的方法；另一类为按照信号搜索的方法。按照内容搜索的方法是指通过核苷酸和三联密码子等在编码区的分步规律来界定蛋白质的编码区，目前使用这类方法比较出色的软件有GeneMark、Glimmer、HMMGene等；按照信号搜索的方法是指通过编码区周围的信号（启动子、终止子、结合位点等）界定蛋白质编码区，使用这类方法比较出色的软件有Veil、Genie等。

1）马尔可夫链

考虑一个具有多个状态的系统 X，$X=\{x_1, x_2, \cdots, x_{|X|}\}$，令 X^0、X^1、…、X^t 为一系列在各个时刻系统状态的变量，即状态链。对于每个从1到 $|X|$ 的整数，它们分别与状态链中的一个状态相联系，并且，在任何时刻，这条链都处于一种特殊的状态。当且仅当对于 t 有

$$P(X^{t+1} \mid X^0, X^1, \cdots, X^t) = P(X^{t+1} \mid X^t)$$

则 X_t 形成一条马尔可夫链。简单地说，就是系统未来的状态仅依赖于当前状态。X_t 称为在时刻 t 系统链的状态。一条马尔可夫链完全决定于初始分步 $P(X^0)$ 和转换概率

$P^t = P\ (X^{t+1} \mid X^t)$。我们讨论确定模型的马尔可夫链，即状态转换概率不随时间变化的马尔可夫链。令状态转换矩阵为 $F=(f_{ij})$，f_{ij} 代表从状态 X^i 移动到状态 X^j 的概率。

生物序列可以被描述为一个随机过程的输出，其中对于一个给定的核酸，在位置 p 出现的概率依赖于已占据前面 k 个位置的核酸，这样一种表示被称为 k 阶马尔可夫模型。一条序列具有不同的统计性质（如二目频率或三目频率），不同的功能区域（如编码区域、非编码区域）对应于不同的马尔可夫模型。

作为一个例子，下面介绍马尔可夫链在识别 CpG 岛中的应用。CpG 岛是一类长度在几百 bp 的特殊 DNA 序列，其中 CpG 岛有助于在基因组序列中确定我们感兴趣的区域。

CpG 岛的识别问题表述为：给定一段长度为 L 的 DNA 序列 $s=s_1s_2\cdots s_L$，确定 s 是否是一个 CpG 岛。设字母表为 $\sum$，对于字母表中的任何两个字符 a、b，定位转换概率为 $f_{ab}=p\ (s_i=b \mid s_{i-1}=a)$，即字符 a 后面出现字符 b 的概率。假设 $\{x_i\}$ 是一个随机过程，随机变量 xi 的取值仅依赖于 x_{i-1}，即对于所有 $s_1, s_2, \cdots, s_i \in \sum$，有

$$P(x_i = s_i \mid x_1 = s_1, x_2 = s_2, \cdots, x_{i-1} = (s_i - 1)$$
$$= P(x_i = s_i \mid x_{i-1} = s_{i-1}) = fs_{i-1}, s_i$$

整个序列 s 的发生概率为

$$P(s) = p(s_1)\prod_{i=2}^{L} fs_{i-1}, s_i$$

为了处理方便，添加两个特殊的字符“B”（begin）和“E”（end），同时将序列 s 的长度加 2，使得 $s_0=$ “B”，$S_{L+1}=$ “E”，则上述公式简化为

$$P(s) = \prod_{i=1}^{L} f_{si-1,si}$$

令 f_{ab}^{+} 为 CpG 岛内的字符转换概率，f_{ab}^{-} 为 CpG 岛外的字符转换概率（表 7-2），则序列 s 的对数似然得分为

$$\mathrm{Score}(s) = \log\frac{P(S \mid CpG\_\mathrm{island})}{P(s \mid non\_CpG\_\mathrm{island})} = \sum_{i=1}^{L}\log\frac{f_{s_{i-1},s_i}^{+}}{f_{s_{i-1},s_i}^{-}}$$

上述计算值越大，则 s 越可能是 CpG 岛。

f_{ab}^{-} 为 CpG 岛外的字符转换概率（表 7-2）。

表 7-2　*CpG* 岛内部和外部的转换概率

+	A	C	G	T	−	A	C	G	T
A	0.180	0.274	0.426	0.120	A	0.300	0.205	0.285	0.210
C	0.171	0.368	0.274	0.188	C	0.322	0.298	0.078	0.302
G	0.161	0.339	0.375	0.125	G	0.248	0.246	0.298	0.208
T	0.079	0.355	0.384	0.182	T	0.177	0.239	0.292	0.292

利用上述方式可以判断一条给定的核酸序列是否为 CpG 岛。另外一个待解决的问题是：在给定的 DNA 序列中，确定 CpG 岛的位置。解决这个问题的一个直接的方法是：从给定序列 s（长度为 L）中分别取长度为 l（$l \ll L$，长度一般在几百个碱基）、起始位置为 k

$+1$ ($0 \ll k \ll L-l$) 的连续子序列 s^k，假设 $s^k = S_k^{+1} S_{k+2} \cdots S_{k+l}$，对每一个子序列计算得分 Score ($s^k$)，具有正值的 s^k 就是可能的 CpG 岛，在此基础上预测 CpG 岛的位置。

HMM 在编码序列识别中的应用

就基因识别问题而言，可以将外显子和内含子看成是一系列单词，它们以 exon-inton-exon-intron-…-intron-exon 形式组成句子，可以用 HMM 模型来识别基因结构。在将一个自然的核酸序列逐步分解为编码区域和非编码区域的过程中，其重点在于确定一个给定的区域是由编码区域模型产生容易，还是由非编码区域模型产生容易。这样的一种过程是 HMM 模型用于基因结构分析的基础。对于复杂的脊椎动物基因，需要多种 HMM 模型以便捕获外显子、内含子、基因间区、剪切位点及 5′端和 3′端信号等各方面的信息。这样更便于将序列表示为一个抽象过程的输出，该抽象过程经过一系列不可见的离散状态。对 HMM 进一步抽象，可以产生更一般的马尔可夫模型，即扩展的隐马尔可夫模型（generalized hidden Markov model，GHMM）。

2）信号传感器模型

一般的 HMM 中，各种核苷酸相对独立，然而，在 DNA 中，双联核苷酸的出现却具有一定的倾向。对单碱基情况进行修改，可以处理双联核苷酸的问题，即将 4 种概率分步扩展为 16 种。对于第二列，计算所有当第一列为 A 时 4 种核苷酸出现的次数，并进行归一化处理，由此得到 4 种概率分布，即条件概率。对于第一列为 C、G、T 的情况进行同样的处理，产生 HMM 模型种第二个状态的 16 种概率分布。对于其他状态（除了第一个状态）进行同样处理。

假设一段序列为 ACTGTC…，则

$$P(ACTGTC\cdots) = p_1(A) \times p_2(C \mid A) \times p_3(T \mid C) \times p_4(G \mid T) \times p_5(T \mid G) \times p_6(C \mid T)\cdots$$

式中，p_1 是状态 1 对于 4 种核苷酸的概率；$p_2(x \mid y)$ 是状态 2 的条件概率。条件概率对应于 1 阶状态，依此可以扩展成为高阶状态，如 $p(x \mid y, z)$ 对应于 2 阶状态。

3）编码区模型

密码子结构是编码区域最重要的特征，三联密码的模型见图 7-2A。单外显子基因结构模型见图 7-2B，该模型从起始密码（ATG）出发，经过一系列的密码子，结束于终止密码子（图中仅画出一个终止密码子）。

由于密码子的长度为 3，因此，为了捕获密码子的特征，密码子模型的最后一个状态应该至少为 2 阶。对于 2 阶的状态，具有 64 种概率分布，可根据已知编码区域进行统计计算而得到 64 种分布。例如

$$p(\mathrm{A} \mid \mathrm{CA}) = c(\mathrm{CAA})/[c(\mathrm{CCC}) + c(\mathrm{CAC}) + c(\mathrm{CAG}) + c(\mathrm{CAT})]$$
$$p(\mathrm{A} \mid \mathrm{CA}) = c(\mathrm{CAC})/[c(\mathrm{CAA}) + c(\mathrm{CAC}) + c(\mathrm{CAG}) + c(\mathrm{CAT})]$$
$$p(\mathrm{A} \mid \mathrm{CA}) = c(\mathrm{CAG})/[c(\mathrm{CAA}) + c(\mathrm{CAC}) + c(\mathrm{CAG}) + c(\mathrm{CAT})]$$
$$p(\mathrm{A} \mid \mathrm{CA}) = c(\mathrm{CAT})/[c(\mathrm{CAA}) + c(\mathrm{CAC}) + c(\mathrm{CAG}) + c(\mathrm{CAT})]$$

其中，$c(xyz)$ 代表密码子 xyz 的计数。这样的模型可以检测无终止密码子的区域，因为对应于 3 个密码子 TAA、TAG、TGA，$p(\mathrm{G} \mid \mathrm{TA})$、$p(\mathrm{G} \mid \mathrm{TA})$ 和 $p(\mathrm{A} \mid \mathrm{TG})$ 自

动为 0。

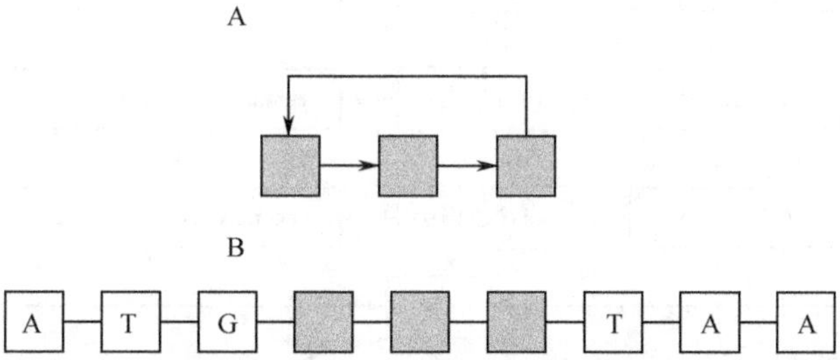

图 7-2　密码子及外显子 HMM 模型

A. 密码子模型；B. 单外显子基因模型

得到图 7-2 所示的模型以后，设计在模型中寻找最佳路径的算法。与一条基因序列（单个外显子基因）对应的最佳路径从 ATG 出发，结束于终止密码子。这样的模型虽然在识别基因时可能产生误识，但找出的候选基因至少满足下述 3 个条件：①该候选基因从起始密码子出发，结束于终止密码子；②其长度是 3 的整数倍；③在阅读框中没有终止密码子。

4）组合模型

组合信号传感器和编码区模型，形成如图 7-3 所示的基因模型。这个模型由基因间区域、起始编码区、编码区和终止编码区的模型组合而成。该模型可以检测连续的单外显子基因，即检测（…基因｜…基因间区域｜…基因 2…基因间区域 2…基因 n…）

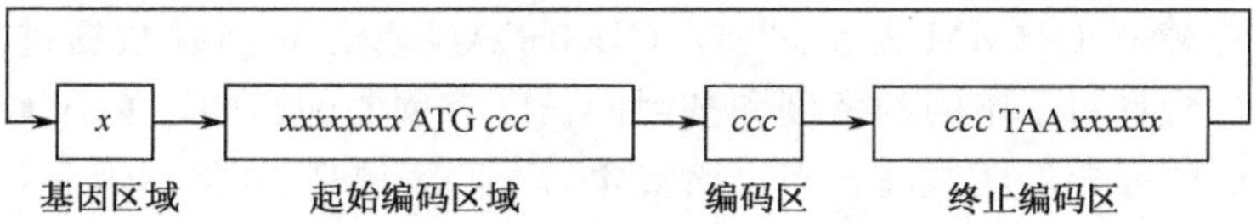

图 7- 3　单外显子基因组合模型

在这个模型中未考虑基因 5′端上游的启动子和基因 3′端下游的结束区。将上述模型扩展，使之可以识别具有多个外显子的基因。要加上识别剪切位点的模型；另外，由于剪切位置可能在不同的阅读框，所以必须分别处理。改进后的模型见图 7-4。图 7-4 最上面的一行处理介于两个密码子之间的内含子。在内含子之前的 3 个状态（*ccc*）与上一个外显子的最后一个密码子匹配。内含子模型的前两个状态匹配剪切给体（donor）位点的保守位置 GT，后面的 6 个状态匹配 GT 之后的核苷酸，接下来的一个状态处理内含子的内部，最后是识别剪切受体（acceptor）位点的模型内含子后面第一个密码子的模型。

第二行处理内含子紧接着密码子第一位之后的情况，第三行处理内含子紧接着密码子第二位之后的情况。

HMM 用于识别基因有其他方法不可比拟的优势：①HMM 具有牢固的统计学基础；②HMM 的模块性使得小的模块可以结合成大的 HMM，这对识别基因非常有利。当然，作为一种基于统计模型的模式识别方法，HMM 也有其不足的地方，比如 HMM

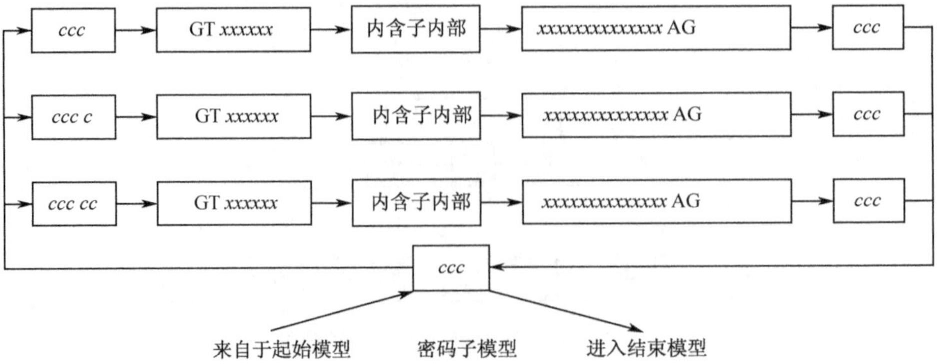

图 7-4　多个外显子基因组合模型

训练时对初始数据比较敏感，收敛时可能会是局部最优。但在实际应用中，随着数据样本数目的增多，应该可以得到更好的统计结果。

GHMM 是扩展的隐马尔可夫模型。GHMM 的每个状态的输出不一定是单个字符，可以是一个有限长度的字符串。对于当前状态，输出的字符串长度即字符串本身是按照一定的概率分布而随机选择的。用 4 个参数来描述一个具体的 GHMM 模型：有限状态集合 S，初始状态概率分布 π，状态转换概率矩阵 T（T_{ij} 表示状态 i 到状态 j 的转换概率），字符串长度概率分布表 F（f_s 表示状态 s 的字符串长度概率分布）。与 HMM 相似，GHMM 的每个状态的概率模型说明该状态释放各种字符串的可能性。

GHMM 可以作为基因结构的一种模型，它的状态对应于基因的各种不同功能位点，如启动子区域、外显子、内含子等。GENSCAN 就是一个使用 GHMM 模型的基因识别程序。在建立 GHMM 模型之前，GENSCAN 首先对训练数据进行分类。基因组序列的 G+C 含量对于基因的密度和基因的长度有重要的影响，富含 G+C 区域的基因密度比 G+C 中等含量区域高 5 倍，比富含 A+T 区域高 10 倍，因而，在组织 GENSCAN 的训练集时，按照 G+C 的含量将训练数据分为 4 类：①G+C 含量小于 43%；②G+C 含量为 43%～51%；③G+C 含量为 51%～57%；④G+C 含量大于 57%。对于每一类数据，都分别设置初始状态概率，计算状态转换概率和字符串长度分布概率。

利用 GENSCAN 程序对 570 种脊椎动物的多外显子基因的测试集进行预测，其预测的准确率明显高于其他程序。GENSCAN 有几个明显的特点：①它能在基因组 DNA 序列中找出一个完整的外显子—内含子结构；②具有在给定的 DNA 序列中识别多个基因的能力；③还可以同时处理正、反两条链。GENSCAN 识别一个外显子的正确率为 80%，如果待识别的基因有多个外显子，则对于整个基因识别的准确率将会下降，外显子越多，则准确率下降幅度越大。

7.3.1.6　模式判断分析法

模式判别分析法（pattern discrimination analysis）是一种统计方法，主要根据观察到的一个或多个序列模式来对序列进行分类。在基因识别中，序列的模式主要是指一些刻画序列是否为编码序列的统计量，如 6 目外显子优先值（6-mer exon preference score，EPS）等。模式判别分析首先根据编码序列和非编码序列得到一系列统计度量参数，然后根据判别函数组合这些统计量，并用于对未知序列进行分类。在比较著名的模式判别法 HEXON 和 EGENEH 中采用线性判别分析法，而 MZEF 中使用的是二次判别分析法。图 7-5 是根据两个统计量 EPS 和 3′端剪切位点得分（3′flanking splice site score，3′ SS）所绘的模式判别分析示意图。判别分析的目的是确定一个分类标准最大程度地将两类序列分割开。图中虚线是线性判别的结果，它为外显子（ex）和非编码区（nc）提供一个直线分割边界，这是最简单的一种判别分析法，可能会导致一些序列点的错误分类；实线表示二次判别的结果，二次判别采用二次函数来分类样本。从图 7-5 中可知，采用二次曲线来分割外显子和非编码序列，该方法能够得到更好的分类结果。根据训练数据集得到了分类不同样本的曲线后，就可以通过计算待分析序列的 EPS 和 3′ SS 来确定它是属于外显子还是非编码序列。在实际应用中，判别分析法会组合更多的序列统计特性并采用更复杂的判别函数来识别编码序列。

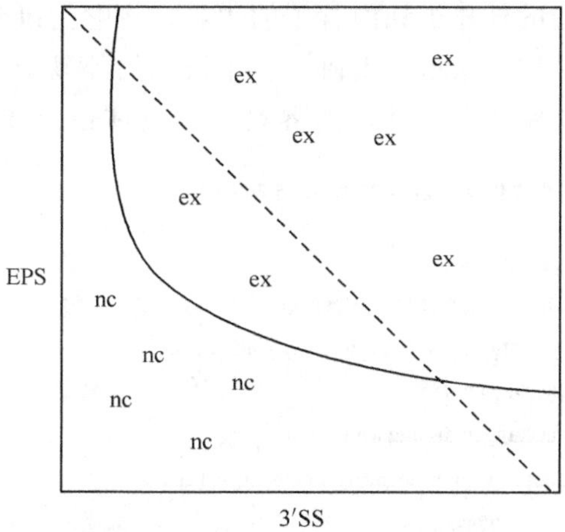

图 7-5　基于两个统计量 EPS 和 3′SS 的判别分析法示意图

虚线表示线性判别分析得到的直线分割边界，实线表示二次判别分析所得的曲线分割边界

7.3.1.7　基于动态规划的基因结构预测方法

许多基因识别程序的目标是检测编码蛋白质的部分，而一个理想的基因识别程序应该能够发现完整的基因结构，即从第一个编码外显子的 ATG 出发，通过其他所有的内部编码外显子，结束于最后一个编码外显子的终止密码。寻找单个外显子是一方面，预测完整的基因结构是最终的目标。基因识别程序的最终任务是建立完整的基因结构模型，包括各个基因的正确组装和转录 5′端与 3′端的识别。

对于找到的候选外显子，需要进一步按照一定的约束条件将它们组合起来，形成完整的基因结构，这就是构建基因模型的任务。外显子的组装方法与最初检测单个外显子的差别在于如何将预测出来的外显子组装成一致的基因模型。经过多年的努力，已研究出许多不同的程序。尽管各程序之间存在着差异，但大多数使用组合的方法。这些程序首先利用编码度量、剪切位点得分或其他特异信号（如对于 5′端外显子上游的 TATA 盒、起始编码 ATG 等，对于 3′端外显子的终止编码、多聚 A 位点等）的组合产生一系列的候选外显子，然后将候选的外显子进行组装，构成候选基因结构。

$$P(X^{t-1} \mid X^0, X^1, \cdots, X^t) = P(X^{t+1} \mid X^t)$$

直接实现组合方法会遇到概念上和计算上的问题。首先将一个基因各个分量的所有参数（编码度量、信号强度、外显子长度等）转化为一个有意义的并且唯一的指数是很困难的。另外，符合一个真实基因（长度为 30～50 kb）条件的外显子数量较多。必须设计有效的算法来解决组合爆炸问题，并在合理的时限内找到最佳基因模型。

下面介绍一种构建基因模型的方法。图 7-6A 是一条核酸序列，其中注明了候选的起始密码子和终止密码子的位置，同时还表明了剪切给体（donor）位点和受体（acceptor）位点的位置（用粗体字符标注）。剪切给体位点的保守序列为“gt”，剪切接受体位点的保守序列为“ag”。每一个位点可以被赋予一个加权值（表示成为功能位点的可能性），该加权值取决于对应位点附近的序列，可以利用前面介绍的编码区域识别方法，通过计算而得到。

这些位点形成了候选的外显子和内含子的边界，将它们组合起来即形成外显子—内含子结构，也就是基因结构。从形式上讲，一个候选的外显子是这样一个序列片段，其左边界为接受位点或起始密码子，而右边界是一个给体位点或终止密码子（图 7-6B）。

A.
tccatgcagaccatggcggtacaggacatgccggtgcagctctgactt.

B.
ATGcagaccatggcggt
ATGcagaccatggcggtacaggacatgccggt
ATGcagaccatggcggtacaggacatgccggtgcagctcTGA
agaccatggcggt
agaccatggcggtacaggacatgccggt
agaccatggcggtacaggacatgccggtgcagctcTGA
atggcggt
atggcggtacaggacatgccggt
atggcggtacaggacatgccggtgcagctcTGA
aggacatgccggt
aggacatgccggtgcagctcTGA
ATGccggt
ATGccggtgcagctcTGA
agctcTGA

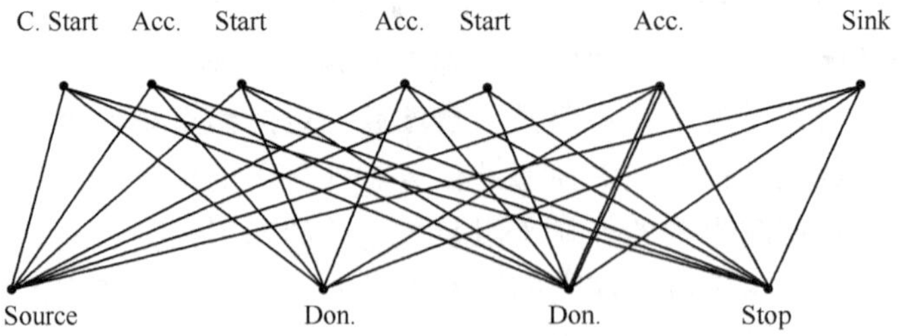

图 7-6　基因识别图论表示

A. DNA 片段及候选位点；B. 候选外显列表；C. 位点图

同样，一个候选的内含子是这样一个序列片段，它介于给体位点和接受体位点之间。而介于序列起始端和起始密码子之间，或介于终止密码子和序列末端的部分为基因间区域。与功能位点一样，对候选外显子和候选内含子也可以进行打分，计算它们成为外显子或内含子的可能性。

候选基因是一条非相交的外显子和内含子的链，表示为

$$(i_0,\ e_1,\ i_1,\cdots,e_n,\ i_n)$$

式中，i_j 代表内含子（$0\leqslant j\leqslant n$）；e_l 代表外显子（$1\leqslant l\leqslant n$）。i_0 和 i_n 并非真正的内含子，它们分别代表基因两侧的非编码序列，这样表示它们只是为了描述上的方便。

候选基因位于给定的 DNA 序列，并满足下列一致性条件。

（1）所有外显子加起来的长度是 3 的整数倍。

（2）在各个外显子内部（除最后一个外显子的最后一个密码子）都没有终止密码；

（3）第一个内含子—外显子边界（i_0，e_1）是翻译起始密码子，而最后一个外显子—内含子边界（e_n，i_n）是终止密码子。

对于一段包含完整基因的序列，条件（1）～（3）都可以得到满足，但是，若一段序列仅包含不完整的基因，则可能不满足条件（1）或条件（3）。有许多算法可以对包含不完整基因的序列进行一般化处理。

给定一个表明位点或一系列候选外显子和候选内含子的序列，我们可以构造一个无循环有向图 G，使得该图中一条完整的路径代表一个完整的基因结构。于是，基因识别问题就转化为图 G 的路径分析问题，而后者又可以用动态规划来解决。至于具体如何解决，还依赖于所用的特定的打分函数，依赖于选择外显子的过程。

位点图是一个无循环有向图 G，其中每个顶点代表候选的转录剪切位点、起始密码子或终止密码子。图中的顶点分为两层，将外显子的左边界置于上层，而将外显子的右边界置于下层。按照各位点在原序列中的位置，从左至右将两层中的顶点依次连接起来，形成有向边，或者称为弧。每个顶点连接到另一层中排在其后的所有顶点，而在同一层顶点之间没有连接。这样，G 中的每一条弧代表一个可能的外显子或内含子，如图 7-6C 所示。其中，自上而下的弧代表候选的外显子，自下而上的弧代表候选的内含子。在位点图中，另设两个特殊的顶点，即起点（source）和终点（sink）。起点位于下层，连接到所有起始密码子所对应的顶点。终点位于上层，所有终止密码子所在的顶点连接到该顶点。从起点到终点的任何一条路径代表一个可能的基因结构，而每一个基因一定对应于图 G 的一条路径。

利用动态规划算法寻找最优的路径，从而构造代价最小（或得分最高）的基因。这种方式在 GeneParser 和 GRAIL 中得到应用。

对于一个可能的基因结构，假设通过剪切位点识别程序计算得到所有剪切接受体位点得分（A）和给体得分（D），通过编码区域预测程序计算得到其编码得分（C），并令 L 为外显子长度，N 等于相继外显子的个数，则一个基因结构的得分可按下式计算：

$$R=\frac{A-N_{\mu_A}}{N_{\sigma_A}}+\frac{D-N_{\mu_D}}{N_{\sigma_D}}+\frac{C-L_{\mu_C}}{\sqrt{L\sigma_C}}$$

这里 μ_a 是对于参数 α 在学习样本上的均值和标准方差。一系列的计算机实验表明，非线性函数比线性函数效果更好。

利用前面所介绍的组合方法进行基因识别，实际结果表明，真正的外显子在许多高得分的结构中出现。我们可以对打分以后的基因按递减顺序进行排队，最后仅考虑排在前面的一部分候选基因，而筛选掉排在后面的基因。

7.3.1.8 基于剪切比对的基因识别

基于剪切比对（spliced alignment）的基因识别的基本思想是利用数据库中的同源性信息进行基因识别，包括 DNA、RNA 和蛋白质数据库。其方法是：①首先通过分析所有可能的剪切受体位点和剪切给体位点，构建一组候选的外显子；②然后，进一步分析候选外显子，探查所有可能的外显子组合，寻找一个与已知序列（如 mRNA、蛋白质）最匹配的组合。如果能够找到一个候选基因结构编码结果相似的已知序列，则这个候选基因结构（即外显子—内含子结构）很可能就是要找的外显子—内含子结构。

Legouis 等采用一种半自动的综合方法识别基因。具体结构是：①选择所有长度大于 50bp 并介于保守的剪切受体位点和给体位点之间的 ORF，作为候选的外显子；②对于候选的外显子计算其 6 目编码度量值，并从大到小将它们排列起来；③对照蛋白质序列数据库进行搜索，寻找相似体。

PROCRUSTES 就是基于这种方法的一个程序，它提供一个继承的过程，利用已知蛋白质和 cDNA 的相似信息识别或预测基因的结构。对于一个给定的基因组序列，该程序首先将一系列候选的外显子，这些候选外显子由所有介于剪切受体位点和剪切给体位点之间的子序列所构成，只进行少量的过滤，以降低丢失真正外显子的风险。PROCRUSTES 然后考察所有候选外显子组合而成的可能的链（代表一种候选基因结构），并找出一个与目标蛋白质（对应的密码子序列）具有最大全局相似性的候选基因结构。虽然可能的外显子组合很多，但剪切比对算法仍然很快，可以处理大量的包含多基因的基因组序列片段。Rogozin 等也提出了利用蛋白质同源性进行基因结构预测的思想，并在 ORFgene 中实现。基于剪切比对的基因识别算法仅当存在可以参考的功能序列时才有效，这种方法可以识别 53%的基因。

7.3.2 调控元件识别

编码测度与细胞识别和表达基因的方法基本上不同（Knudsen and Brunak，1997）。如果我们能识别表达系统与核酸相互作用的位点，如转录因子结合位点与内含子/外显子的接头位点，这将对基因识别大有启发（并可能提高精度）。

一种归纳出这些位点位置（一般来说，基因识别算法开发者称之为“信号”）的方法是给出所谓“共有序列”，它是由特定的结合位点比对后得到各位置最常出现的碱基构成。共有序列是很好的助记工具，但一般在用于从假位点中判别真正位点时还不太可靠，这是因为它没包含各位点上其他 3 种碱基出现的可能性。许多算法采用能给出更佳判别的复杂技术。其中一种根据物理化学原理的技术是位置权重矩阵（PWH）技术。信号的各位置上每种可能出现的核苷酸都分配一个分数。对一个特定序列，把它看作可能出现的信号，将各位置的相应分数加和后给出该序列作为潜在位点的得分。一些情况下，这些分数大约与控制蛋白（核糖核蛋白）的结合能成正比（Stormo，1990；von Hippel，1994）。

有一些研究（如 Barrick et al.，1994）表明 PWM 在估测单个特定结合位点时表现较好。然而不幸的是，单独用 PWM 来识别普通真核基因表达系统的复杂成分（如剪接位点和启动子序列）时仅获得艰难而有限的成果，主要问题可能在于上下文特异的表达机制和复合结合分子之间的协作。

7.3.2.1 启动子

直到最近才能确定真核基因组序列大到足以包含许多基因。数据成为基因搜寻程序的新问题：要从多基因中准确分割一组外显子。启动子是提供这一生物学功能的富含信息的信号序列。计算机识别启动子（Fickett and Hatzigeorgiou，1997）部分以其能推进基因识别而十分重要。很多复杂程序依赖于实验室提供的转录因子结合特性和一些对启动子结构的描述。但这些描述看上去并未抓住转录起始中的一些重要特性，并且也许令人吃惊的是，主要依赖于简单寡核苷酸频率计数的程序表现也差不多。启动子识别仍是一个重大挑战，在前面引用的综述中，用包含 24 个新确认的转录起始点的 18 个序列测试了当前的程序。这些程序最多找出了一半的启动子，假阳性率约为每千个碱基中有一个。

7.3.2.2 内含子剪接位点

许多不同物种的研究小组汇集了剪接位点的 PWM，这些可能是多物种分析能得到的最重要资源。可惜 PWM 分析剪接位点时特异性很低，主要由于存在多剪接机制，以及调控下的交替剪接。事实上，由于大多交替剪接在数据库中未被提及，完整评估算法精度很困难。作为复合基因搜寻程序一部分的 GENSCAN，Burgen 和 Karlin 将剪接位点归为不同的类，并使用判决树将 PWM 应用于树的每一叶上。这种方法显著提高了精度。许多复合的基因识别服务程序提供分离的剪接点预测（如 FGENEH/D/N/A 程序中的 H/D/N/ASPL 成分）。

7.3.2.3 翻译起始位点

对于真核生物，如果转录起始点已知，并且没有内含子打断 5′非翻译区的话，Kozak 规则可以在大多数情况下定位起始密码子。原核生物一般没有剪接过程，但在可读框中找正确的起始密码子仍很困难。这种情况里，由于多顺反操纵子的存在，启动子定位虽有用，但不像在真核生物中起关键作用。对于原核生物，关键是核糖体结合点的可靠定位。

7.4 比较基因组学

比较基因组学（comparative genomics）是基因组学的重要分支。它是随着人类基因组计划，特别是随着人类与其他生物基因组的大规模序列分析发展起来的新科学，现已成为研究生物基因组的最重要的策略与手段之一。比较基因组学就是通过比较来研究基因组的科学。通过模式生物基因组之间或模式生物基因组与人类基因组之间的比较与鉴定，可以为研究生物进化和分离人类遗传病的候选基因，以及预测新的基因功能提供依据。

比较基因组学的特点是在整个基因组的层次上的比较，如基因组的大小、基因数目的多寡、特定基因的存在或缺失、基因（或标记序列片段）的位置及排列顺序、特定基因或某片段的组织等。而最重要也最体现比较基因组学的学科特点的是全基因组的核苷酸序列的整体比较。基因组学与基因学研究对象都是基因，比较基因组学也不排斥对某个特定基因或位点的比较，特别是在我们还没有阐明所有生物基因组的结构之前的现阶段。

7.4.1 基本概念

相似性（similarity）就是简单比较得出的直观结果的直接描述，即两者之间的相同程度。相似性本身的含义，并不要求与进化起源是否同一、亲缘关系的远近，甚至于结构与功能有什么联系。不同基因组之间、不同基因或不同物种之间的“同一”基因，都可以用百分比来表示异同程度。

同源性（homology）是具有严格定义的进化学词汇：在进化上起源同一。同源性可以用来描述染色体（同源染色体）、基因（同源基因）、基因组的一个片段（同源片段）。在进化上起源同一的两段核苷酸序列，特别是功能较重要的保守区段或基因，一般表现为相似。迄今有证据表明同源的基因确确实实在核苷酸（或氨基酸）序列上具有较高程度的相似。这就带来了这两个词的混用。

相似性与同源性是两个不同的概念，相互之间并没有直接的等同关系。相似只有描述的词汇，并不代表实质性的同源。相似的不一定是同源的，因为在进化的过程中，来源不同的基因或序列由于不同的独立突变而“趋同”并不罕见；同源一般表现为相似但同源并不一定比非同源的相似程度要高。功能相似或相同也不一定必然同源。非同源基因的代谢功能替换已有不少证据，其他表型相似也不一定反应了同源，不同基因的不同突变就有可能产生“表型模拟”。同源又分两种不同的情况，即垂直（orthology）与水平（paralogy）。

直系同源（orthology）是基于序列比较基因组学中最重要的定义。直系同源的条件是：

（1）在进化上起源于一个始祖基因并垂直传递（vertical descent）的同源基因；

（2）分布于两种或两种以上物种的基因组；

（3）功能高度保守乃至于近乎相同，甚至于其在近缘物种可以相互替换；

（4）结构相似；

（5）组织特异性与亚细胞分步相似。

在这些条件中，垂直传递与功能相同是最重要的。例如，多种抗药性基因，在细菌、果蝇、河豚鱼、小鼠、人类的基因中都存在，其结构相似，功能都与对多种药物的抗性有关。直系同源基因的鉴定是比较基因组的研究线索和内容，直系同源的存在是基因组进化的重要证据，因此对直系同源的定义与条件的掌握甚为严格。鉴定直系同源的实际操作标准为：

例如，基因组Ⅰ中的A基因与基因组Ⅱ中的A′基因被认为是直系同源，则要求：

（1）A′的产物比任何在基因组Ⅱ中所发现的其他基因产物都更相似于A产物；

（2）A′与A的相似程度比在任何一个亲缘关系较远的基因组中的任一基因都要高；

（3）A编码的蛋白与A′编码的蛋白要从头到尾都能并排比较，即含有相似以至于相同的功能域（motif）组织。

旁系同源（paralogy）基因是指在同一基因组（或同系的物种的基因组）中，由于始祖基因的加倍而横向（horizontal）产生的几个同源基因。直系与旁系的共性是同源，都源于各自的始祖基因。其区别在于：①在进化起源上，直系同源是强调在不同基因组中的垂直传递，旁系同源是在同一基因组中的横向加倍；②在功能上，直系同源要求功能高度相似，而旁系同源在定义上对功能上并没严格要求，可能相似，但也可能并不相似（尽管结构上具有一定程度的相似），甚至没有功能（如基因家族中的假基因），旁系同源的功能变异可能是横向加倍后的重排变异或进化上获得了另一功能，其功能相似也许又是机械式的相关（mechanistically related），或非直系同源基因取代新产生的非亲缘或远缘蛋白在不同物种具有相似的功能。

7.4.2 基于全基因组序列（whole genome sequence-based）的比较基因组

尽管对人类基因组计划的期望各有不同，但阐明人类基因组全核苷酸序列都是大家的共识与共同期望。核苷酸序列以及据各自的遗传密码所预测的结构基因的氨基酸序列，是代表一个物种全基因组的最基本信息。比较基因组学的逐步发展以及所取得的成果，是与序列的积累同步的。全基因组序列的分析与比较，才使比较基因组学真正成为整个生物学领域中最新的、最重要、进展最快、影响最大的科学。尽管迄今已测序的基因组还比较少，但已经得到的数据，特别是与进化有关的数据，比迄今积累的所有的数据之和还要多。

全基因组测序的重要性已被大家接受。在人类基因组计划的讨论之初，多数人的意见是全基因组分析得不偿失，而分析“有意义的基因”才是“大头”。这个观点是没有错且已被EST和cDNA计划所证明。全基因组分析则正是为了最后一部分最重要的信息，正视我们对生命的认识是如此贫乏与肤浅。只有整个基因组的序列在手，才能说已经不大可能还有其他功能上或其他方面的基因。当然，全基因组的核苷酸序列的完成，只是结构基因组学的初步完成，功能基因组学基础的奠定，而不是基因组所相关的所有生物学研究的终点。

7.4.3 种间比较基因组学研究

在实施人类基因组计划的同时，人们已对5种生物的基因组进行了测序与分析。它们是大肠杆菌（*E. coli*）、酿酒酵母（*S. cerevisiae*）、秀丽新小杆线虫（*C. elegans*）、黑腹果蝇（*D. melanogaster*）和小鼠（*M. musculus*），称为人类的5种“模式生物”。

根据进化中“保守”基因的相似性，我们可以从这些模式生物中寻找人类可能具有的新基因。例如，人们从小鼠中发现了“胖鼠”基因，通过遗传分析（特别是确定等位基因）和物理作图，可获得“胖鼠”基因在小鼠基因组中的位置。然后，根据小鼠基因组与人类基因组的对应关系，获得人类的“胖鼠”基因。

比较基因组学（comparative genomics）是在基因组图谱和测序的基础上，利用某个基因组研究获得的信息推测其他原核生物、真核生物类群中的基因数目、位置、功能、表达机制和物种进化的学科。该学科的发展及所取得的成果与序列的积累相同步，尤其是人类全基因组序列的分析与比较使比较基因组学成为整个生物学领域最新、最重要、进展最快和影响最大的学科之一。

通过对不同亲缘关系物种的基因组序列进行比较，能够鉴定出编码序列、非编码调控序列及给定物种独有的序列。而基因组范围之内的序列比对，可以了解不同物种在核苷酸组成、同线性关系和基因顺序方面的异同，进而得到基因分析预测与定位、生物系统发生进化关系等方面的信息。

比较基因组学的基础是相关生物基因组的相似性。两种具有较近共同祖先的生物，它们之间具有种属差别的基因组是由祖先基因组进化而来，两种生物在进化的阶段上越接近，它们的基因组相关性就越高。如果生物之间存在很近的亲缘关系，那么它们的基因组就会表现出同线性（synteny），即基因序列的部分或全部保守。这样就可以利用模式基因组之间编码顺序上和结构上的同源性，通过已知基因组的作图信息定位另外基因组中的基因，从而揭示基因潜在的功能、阐明物种进化关系及基因组的内在结构。

人类与多个灵长类动物的比较基因组学研究，在阐明灵长类特异基因调节元件和划分多基因的外显子方面显示出了很大的优势；而通过人和小鼠 X 染色体保守区域的比较分析，也定位了 43 种新的编码蛋白质的基因结构。近年来通过多种生物的比较基因组研究，不仅加深了人们对基因功能及其演变过程的了解，更加速了多种疾病相关基因的发现，为复杂疾病的成因及治疗模式提供依据，大大加快了人类基因治疗的进程。

1）系统发生的进化关系分析

生物最本质的特征是进化，比较基因组学同样以进化理论作为理论基石，同时其研究结果又前所未有地丰富和发展了进化理论。当在两种以上的基因组间进行序列比较时，实质上就得到了序列在系统发生树中的进化关系。基因组信息的增多使得在基因组水平上研究分子进化、基因功能成为可能。通过对多种生物基因组数据及其垂直进化、水平演化过程进行研究，就可以对与生命至关重要的基因的结构及其调控作用有所了解。但由于生物基因组中有 1.5%～14.5%的基因与“横向迁移现象”有关，即基因可以在同时存在的种群间迁移，这样就会导致与进化无关的序列差异。因此在系统发生分析中需要建立较完整的生物进化模型，以避免基因转移和欠缺合适的多物种共有保守序列的影响。我国张春霆院士首创的几何代数方法，通过借助几何学的观点，通过 Z 曲线的 GC 轮廓图方法成功地识别细菌基因组中单个水平转移的基因，这一新方法被认为是研究微生物基因水平转移的重要生物信息学工具和标准方法之一。

2）基因的预测

电子克隆（insilicon cloning）是近年来伴随基因组计划和 EST 计划发展起来的基因克隆新方法。它是利用生物信息学技术，借助电子计算机强大的运算能力，通过 EST 或基因组序列的组装和拼接获得相关序列，进而利用 RTPCR 快速克隆功能基因的一种方法。自 1991 年 Adams 等首次描述利用 EST 发现新基因以来，EST 在发现新基因、基因组作图和鉴定基因组序列的编码区方面显示了巨大的优势。此外，电子克隆也已经应用于非编码调节性 RNA 的鉴定。

3）基因组中非编码区域的结构与功能研究

基因组中存在大量不编码蛋白质的“垃圾 DNA”或是“基因荒漠”。通过对人、小鼠、青蛙和鱼的 DACH1 基因及其邻近的基因荒漠区进行序列比对，发现了在脊椎动物进化过程的 10 亿多年间保持稳定的一些基因，并且研究结果显示，处于基因荒漠区的部分 DNA 序列实际上能提高 100 万个碱基对以外的基因的活性。

目前一系列的研究结果已经显示，基因荒漠至少具有调控其他基因表达的功能。以酵母基因组的基因荒漠中的 SRG1 为例，SRG1 虽然不直接编码蛋白质，但它在开启状态下将调控邻近的 SER3 基因表达。SRG1 能够利用转录获得 RNA 屏蔽或者压制酵母基因组中 SER3 基因的功能。而通过人与鸡的基因荒漠的比较，利用保守性将人的基因荒漠分为功能稳定型和可变型的两类。稳定型基因荒漠的周围多是与转录调控和发育相关的基因，而可变型基因荒漠的周围则是功能各异的基因。研究表明，稳定型基因荒漠对于染色体的重排（rearrangement）有抑制作用，经常携带有远程调控元素，与它邻近的基因相关，并且在脊椎动物基因组中稳定型基因荒漠也是比较保守的。此外也有研究显示，基因与基因之间的非编码区的长度，直接和基因的调控复杂度成正比。

7.4.4 种内比较基因组学研究

同种群体内基因组存在大量的变异和多态性，正是这种基因组序列的差异构成了不同个体与群体对疾病的易感性和对药物与环境因子不同反应的遗传学基础。

单核苷酸多态性（single nucleotide polymorphism，SNP）是指在基因组水平上由于单个核苷酸位置上存在转换或颠换等变异所引起的 DNA 序列多态性。根据 SNP 在基因中的位置，可分为基因编码区 SNP（coding-region SNP，cSNP）、基因周边 SNP（perigenic SNP，pSNP）和基因间 SNP（intergenic SNP，iSNP）3 类。

2005 年 2 月 17 日公布的第一份人类基因多态性图谱是依据基因“连锁不平衡原理”，利用基因芯片在 71 个欧洲裔美国人（白色人种）、非洲裔美国人（黑色人种）和汉族华裔美国人（黄色人种）中鉴别出了 158 万个单一核苷酸变异的 DNA 位点，这个图谱将有助于预测某些疾病发生的可能性以及施以最佳治疗方案，在实现基于基因的个体化医疗目标的征途上迈出了重要的一步。

拷贝数多态性在全基因组测序和基因芯片技术发明前，受限于基因组内高通量 DNA 拷贝数检测手段，人们对全基因组范围内的拷贝数多态性（copy number polymorphism，CNP）数量和分布知之甚少。2004 年，全球内数个“人类基因组计划”研究基地意外地发现，表型正常的人群中，不同的个体间在某些基因的拷贝数上存在差异，一些人丢失了大量的基因拷贝，而另一些人则拥有额外、延长的基因拷贝，研究人员称这种现象为“基因拷贝数多态性”。正是由于 CNP 才造成了不同个体间在疾病、食欲和药效等方面的差异。研究表明，平均 2 个个体间存在 11 个 CNP 的差异，CNP 的平均长度为 465kb，其中半数以上的 CNP 在多个个体中重复出现，并经常定位于其他类型的染色体重排附近。而 Sharp 等又分析了来自四大洲的 47 个表型正常的个体，得到了 119 个不同 DNA 区域的 CNP。无可置疑，随着对“基因拷贝数量多态性”研究的深入，人类对自身的遗传机制将有更深的认识，这也将有助于人类战胜多种顽症。

习　题

1. 登录到 NCBI 网站上，查看它共收集了多少个基因组的数据？
2. 简述原核生物基因组和真核生物基因组的特点。
3. 谈谈你对人类基因组计划的理解。
4. 基因组如何测序？
5. 基因识别的主要方法有哪些？
6. 如何应用隐马尔可夫模型识别基因？
7. 比较基因组学的应用有哪些？
8. 在互联网上查找基因识别程序，分析各种识别程序的特点。

主要参考文献

郝柏林，张淑誉. 2002. 生物信息学手册. 上海：上海科学技术出版社

蒋彦，王小行，曹毅等. 2003. 基础生物信息学及应用. 北京：清华大学出版社

孙啸，陆祖宏，谢建明. 2005. 生物信息学基础. 北京：清华大学出版社

王哲. 2002. 生物信息学概论. 西安：第四军医大学出版社

张成岗，贺福初. 2005. 生物信息学方法与实践. 北京：科学出版社

钟杨，王莉，张亮. 2003. 生物信息学. 北京：高等教育出版社

钟杨. 2001. 简明生物信息学. 北京：高等教育出版社

（范丙友　编）

8　蛋白质结构与功能预测

蛋白质（protein）是生物体的重要组分，它是生物体的重要结构成分，也是生命活动的执行者，还是生命活动的原料和储藏物，在生命活动中具有极其重要的作用。研究蛋白质结构，蛋白质与蛋白质或其他分子之间的相互作用，有助于了解蛋白质行使其生物功能的机制，认识生命活动的奥秘。对于未知功能或者新发现的蛋白质分子，通过结构分析，可以进行功能注释，指导设计确认生物学功能的实验。通过分析蛋白质的结构，确认功能单位或者结构域，可以为遗传操作提供目标，为设计新的蛋白质或改造已有蛋白质提供可靠的依据，同时为新的药物分子设计提供合理的靶分子结构。

8.1　蛋白质结构简介

8.1.1　蛋白质的一级结构

1）蛋白质的基本结构单位——氨基酸（amino acid）

组成蛋白质的常见氨基酸有 20 种，它们在结构上的共同点是：氨基、羧基都连在 α 碳原子上（故又称为 α 氨基酸）；除甘氨酸外，α 碳原子的构型均为 L 型（图 8-1）。

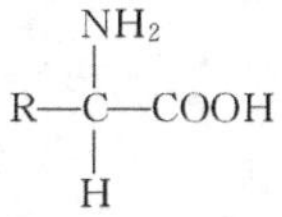

图 8-1　氨基酸结构式

氨基酸侧链 R 的结构不同决定了它们性质的差异，表 8-1 主要是根据 R 的极性的分类。根据 R 基团的结构也可以分为脂肪族（G、A、V、L、I、S、T、C、M、D、N、E、Q、R 和 K）、芳香族（F 和 Y）、杂环族（H 和 W）及杂环亚氨基酸（P）。

表 8-1　组成蛋白质主要氨基酸结构及特征

氨基酸名称	缩略	R 结构	解离基团的 p*K*			p*I*
			p*K*1	p*K*2	p*K*3	
R 基团非极性或疏水						
丙氨酸（alanine）	丙（Ala，A）	$—CH_3$	2.35	9.69	—	6.02
缬氨酸（valine）	缬（Val，V）	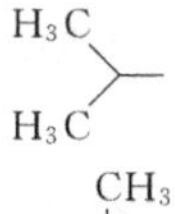	2.32	9.62	—	5.96
亮氨酸（leucine）	亮（Leu，L）	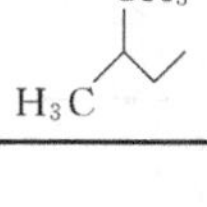	2.36	9.60	—	5.98

续表

氨基酸名称	缩略	R结构	解离基团的 pK			pI
			pK1	pK2	pK3	
异亮氨酸 (isoleucine)	异（Ile，I）	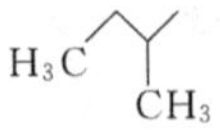	2.36	9.69	—	6.02
脯氨酸* (proline)	脯（Pro，P）	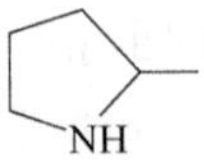	1.99	10.60	—	6.30
苯丙氨酸 (phenylalanine)	苯（Phe，F）	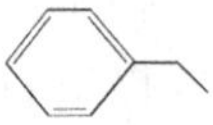	1.83	9.13	—	5.48
色氨酸 (tryptophan)	色（Trp，W）	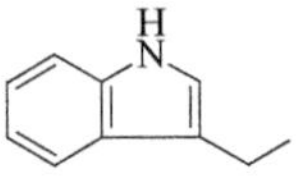	2.83	9.39	—	5.89
甲硫氨酸 (methionine)	甲（Met，T）	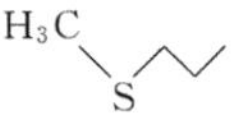	2.28	9.21	—	5.74
R基团具极性、不带电						
甘氨酸 (glycine)	甘（Gly，G）	H	2.34	9.60	—	5.97
丝氨酸 (serine)	丝（Ser，S）	OH—CH_2—	2.21	9.15	—	5.68
苏氨酸 (threonine)	苏（Thr，T）	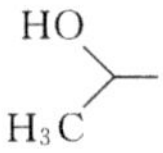	2.63	10.43	—	6.16
半胱氨酸 (cysteine)	半（Cys，C）	SH—CH_2—	1.96	8.18(—SH)	10.28(—NH_3)	5.07
酪氨酸 (tyrosine)	酪（Tyr，Y）	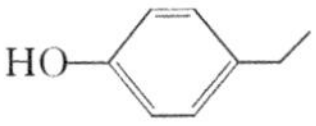	2.20	9.00	10.07（—OH）	5.65
天冬酰胺 (asparagine)	天胺（Asn，N）	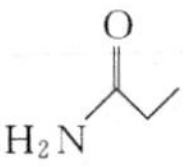	2.02	8.80	—	5.41
谷氨酰胺 (glutamine)	谷胺（Gln，Q）	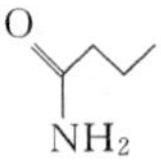	2.17	9.13	—	5.65
R基团带负电荷						
天冬氨酸 (aspartic acid)	天（Asp，D）		1.88	3.65	9.60	2.77
谷氨酸 (glutamic acid)	谷（Glu，E）		2.19	4.25	9.67	3.22

续表

氨基酸名称	缩略	R 结构	解离基团的 pK			p*I*
			p*K*1	p*K*2	p*K*3	
R 基团带正电						
赖氨酸 (lysine)	赖（Lys，K）		2.18	8.95	10.53	9.74
精氨酸 (arginine)	精（Arg，R）	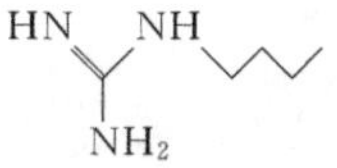	2.17	9.04	12.48	10.76
组氨酸 (histidine)	组（His，H）	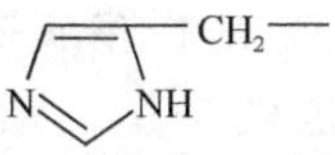	1.82	6.00	9.17	7.59

* 脯氨酸包括 αC

2）蛋白质的一级结构

蛋白质是氨基酸通过肽键（peptide bond）互相连接而形成的大分子，肽键中C—N具有约 40％双键性质（常见的反式构型肽键及其键长与键角，图 8-2），所以肽键 C—N 及其直接相连的 4 个原子差不多处于同一平面内，称为肽单元或肽平面。

两个相邻肽平面之间的角度（二面角）关系是决定蛋白质空间结构的重要因素。其中 C_2^α—N_1 单键旋转的角度用 Φ 表示；C_2^α—C_2 单键的旋转角度用 ψ 表示（图 8-3）。0°角为键两端肽链或相应基团处于反式构象的位置。

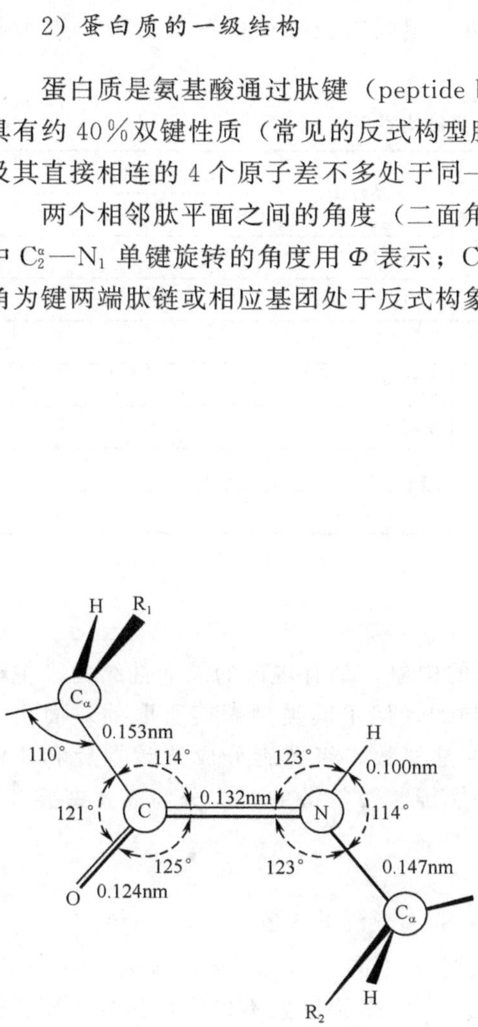

图 8-2　反式构型的肽键

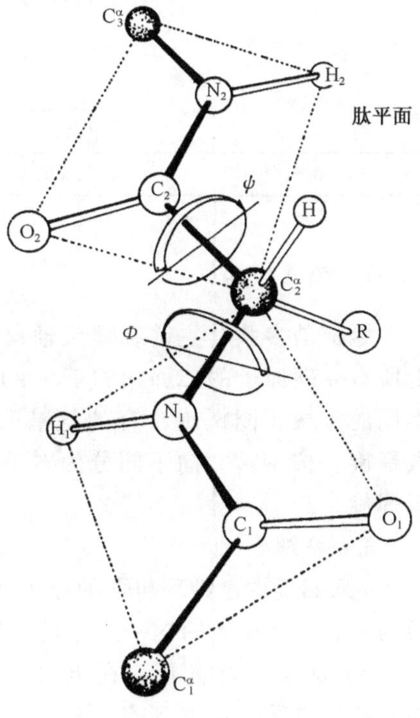

图 8-3　二面角

由肽键连接氨基酸所形成的化合物称为肽（peptide）。蛋白质则是一条或多条多肽链聚合而成的分子，所谓一级结构（primary structure）是指蛋白质分子中具有共价键主链的结构，尤其是氨基酸残基在主链中的排列顺序，也包括二硫键的位置。蛋白质的种类、空间结构及活性、功能都和肽链中氨基酸的种类及顺序有关。

8.1.2 肽链的三维结构

8.1.2.1 二级结构

蛋白质的二级结构（secondary structure）是指多肽链骨架上氨基酸的规则空间排列，而不涉及氨基酸侧链的类型和构象；也就是蛋白质主链原子在局部区段内所采取的规则构象。二级结构涉及至少 3 个氨基酸残基，多至 1 个分子的大部分甚至整个肽链。蛋白质的二级结构单元分类见表 8-2。这里把二级结构定义为只由一种结构组成的一段肽段，中间如果有其他二级结构把两段相同二级结构的肽段分开，则为超二级结构。

表 8-2 蛋白质的二级结构类型

<table>
<tr><td rowspan="8">规则构象</td><td rowspan="4">螺旋</td><td rowspan="2">α 系螺旋</td><td>α 螺旋（3. 0_{10} 螺旋）</td></tr>
<tr><td>π 螺旋</td></tr>
<tr><td colspan="2">γ 系螺旋</td></tr>
<tr><td colspan="2">右手胶原螺旋</td></tr>
<tr><td colspan="3">β 折叠股</td></tr>
<tr><td rowspan="2">转角</td><td colspan="2">β 转角</td></tr>
<tr><td colspan="2">γ 转角</td></tr>
<tr><td colspan="3">β 凸起（β bugle）</td></tr>
<tr><td>无规则构象</td><td colspan="3">无规则卷曲</td></tr>
</table>

1）螺旋构象

螺旋是多肽链主链绕螺旋轴盘绕延伸形成的构象，是有规律的周期性结构，主链上所有 α 碳原子的二面角（Φ，Ψ）是大致相同的，但不同类型螺旋所取的双面角是不同的。按每圈螺旋含有的氨基酸残基数是否是整数，将螺旋分成整数螺旋和非整数螺旋。按旋转方向不同分为右手螺旋和左手螺旋。按氢键的形成分为 α 系螺旋和 γ 系螺旋。

a. α 系螺旋

α 系螺旋中氢键环包含的原子数 $N=3n+4$。n 表示每个肽单元 C═O 的氧原子与其后的第 n 个肽单元的 N—H 上的氢原子形成氢键。n 不同，形成不同的螺旋（表 8-3），但 $n=1$ 及 $n>4$ 的螺旋，在蛋白质中没有发现。3. 0_{10} 螺旋构象不稳定，很少出现，仅在某些蛋白质中观察到有很短的 3. 0_{10} 螺旋，但这种螺旋往往出现于 α 螺旋的始端或末端。

表 8-3 α 系螺旋的种类

n 值	氢键环包含的原子数（N）	螺旋的 S_n 表达式*
1	7	2.2_7
2	10	3.0_{10}
3	13	3.6_{13}（α 螺旋）
4	16	4.4_{16}（π 螺旋）

* S 表示螺旋每圈包含的氨基酸残基数，n 表示每个氢键环包含的原子数

α 螺旋（α helix）是蛋白质中含量最多，也最稳定的二级结构单元。天然蛋白质中的左手 α 螺旋很稀少，只偶尔出现，绝大多数是右手螺旋（图 8-4）。右手 α 螺旋可表示为：

$$\overset{\displaystyle O\cdots\cdots\cdots\cdots\cdots\cdots\cdots\cdots\cdots\cdots H}{\overset{\|}{C}\text{—[-NH—}C_\alpha\text{HR—CO]}_n\text{-}\overset{|}{N}}$$

$n=3$，n 表示氢键之间的肽单位数。所有 α 螺旋的侧链都是暴露在螺旋的外侧。

π 螺旋中每圈含有 4.4 个氨基酸残基。π 螺旋是不稳定的，在蛋白质中极为罕见。

b. γ 系螺旋

γ 系螺旋中的所有螺旋的氢键形成方式如下：

$$\overset{\displaystyle H\cdots\cdots\cdots\cdots\cdots\cdots\cdots\cdots\cdots\cdots O}{\overset{|}{N}\text{—[-}C_\alpha\text{HR—CO—N-]}_n\text{-}C_\alpha\text{—}\overset{\|}{C}}$$

氢键环包括的原子数 $N=3n+5$。当 $n=4$ 时，形成螺旋的表达式是 5.1_{17}。γ 螺旋不稳定，蛋白质中极为罕见。

c. 右手胶原螺旋

这种螺旋中所有 α 碳原子的 $\Phi=-65°\pm10°$，$\psi=+145°\pm30°$，相邻残基间在螺旋轴方向的垂直距离是(0.3 ± 0.01)nm。

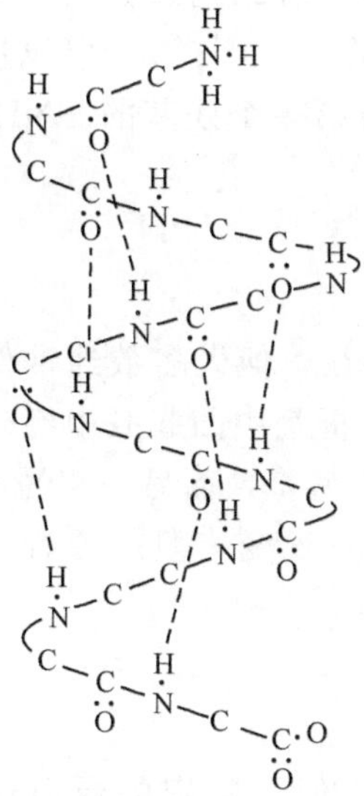

图 8-4 蛋白质的 α 螺旋结构

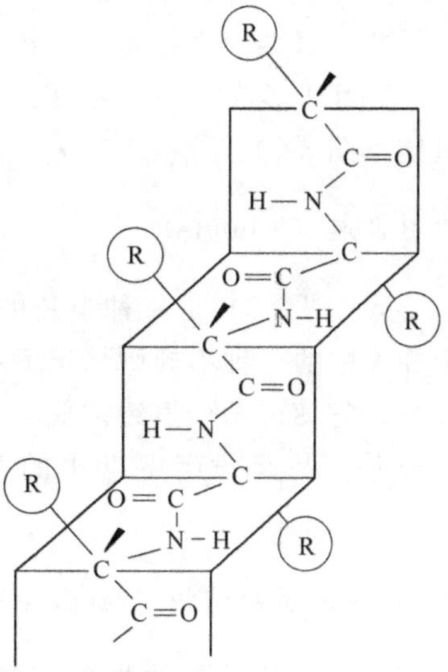

图 8-5 β 折叠股结构

2）β折叠股（β sheet strand）

β折叠股是指构成β折叠的一条肽段，是多肽主链中所有α碳原子二面角都采取$\phi=-120°\pm45°, \psi=+130°\pm30°$的结构。其特点是肽链基本伸展，但并不完全伸展，而略呈锯齿波状的折叠，两个残基成一个波动周期（图8-5）。不同于α螺旋处是肽链不做卷曲。在蛋白质中含量仅次于α螺旋。

3）回折（reverse turn）结构

蛋白质分子中的周期性二级结构通常由一些转弯180°的结构连接起来，这些结构就是回折（又称U形回折、β转角、发夹结构、回折结构等）。它是一种主要的非周期性二级结构单元，在球蛋白中大量出现，大多数由亲水氨基酸组成，存在于蛋白质的表面，使肽链改变方向。在球蛋白中通常有β回折和γ回折两种。

β回折由四个残基弯折而成，第一个残基主链肽基团的—CO氧原子与第四个残基主链肽基团的—NH氢原子之间形成氢键（图8-6）。根据转角处两个氨基酸α碳原子双面角所取的角度不同，又有很多类型。

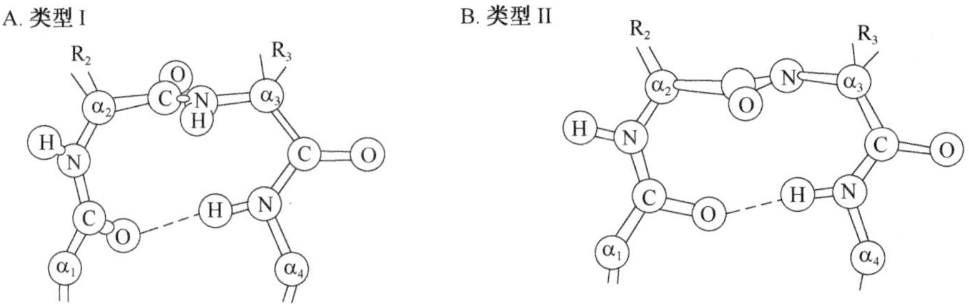

图8-6　β回折的结构（在类型Ⅱ中R_3残基一般是甘氨酸）

γ回折由三个残基弯折而成，能连接两条反向平行的β折叠结构。在三个氨基酸残基中，靠两个氢键使之稳定，即第一个残基主链肽基团上的—CO与第二个残基主链肽基团上的—NH形成第一个氢键；第三个残基的—CO又与第一个残基的—NH形成第二个氢键（图8-7）。

4）β凸起（β bugle）

β凸起（图8-8）是一种小片的非重复结构，能单独存在，但大多数经常作为反平行β折叠片中的一种不规则情况而存在。β凸起可认为是β折叠中凸起股中额外插入了一个残基，它使得两个氢键之间，在凸起的折叠股上是两个残基，而另一侧的正常股上是一个残基。凸起股产生微小的弯曲，引起多肽链方向的改变，但改变程度不如β转角。

5）无规则卷曲结构（random coil）

没有易于表征的规律性的一些构象就是无规则卷曲，但在特定的蛋白质中是确定的。

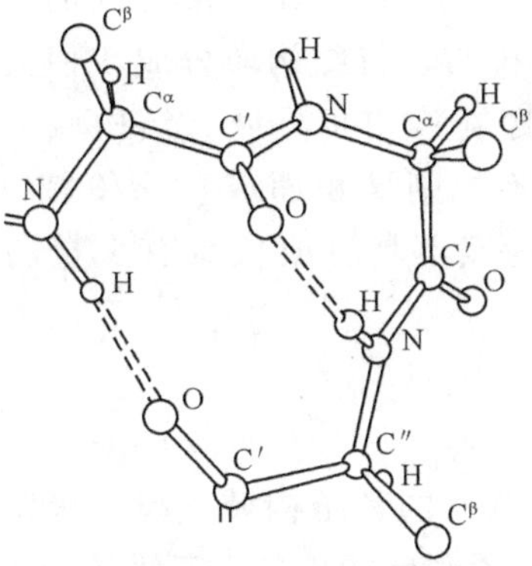

图 8-7　γ回折结构

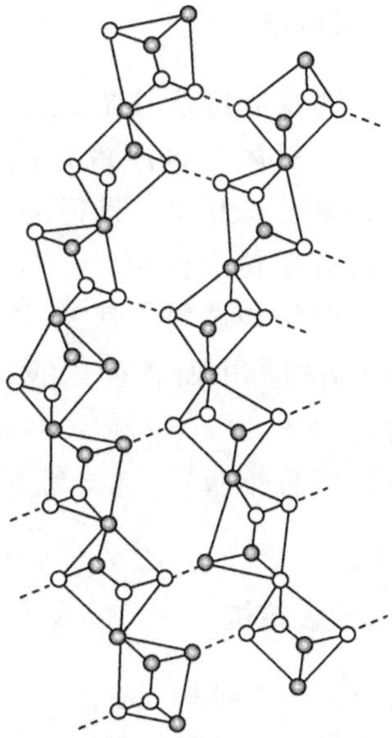

图 8-8　β凸起结构

8.1.2.2　超二级结构

相邻的二级结构单元组合在一起，彼此相互作用，排列形成规则的、在空间结构上能够辨认的二级结构组合体，称为超二级结构（super secondary structure）。它有三种基本类型。

（1）αα型是由两条以上α螺旋彼此之间沿一个轴以一定的几何规律互相缠绕形成的一个左手超螺旋结构，也称α卷曲螺旋。

（2）ββ型又称为β折叠片层（β pleated sheet）、β折叠片、β折叠结构及β片层结构等，一般由若干条肽链或一条肽链中的若干肽段以平行或反向平行两种方式排列，以其主链上的—CO和—NH在肽段之间形成氢键，整个结构成折叠层状，侧链基团交替地分布在折叠层的两侧，均与片层垂直。最简单的β折叠也是由一个转角与两段β折叠股组成。

也有人把由两条β折叠股组成的结构定为二级结构，而把由β折叠股组成的超二级结构分为β迂回（β meander）、β折叠桶（β sheet barrel，应该属于结构域的范围）。

（3）βαβ型是两条β链中间联结一个α螺旋形成的。Rossman折叠是常见的这种结构，通常由好几条β链形成平行的折叠层，而每二条β链之间的α螺旋则以反平行的方向位于β折叠层的一侧。ββ折叠层与α螺旋之间的界面是非极性侧链组成的一个平面。

需要指出的是组成这些超二级结构的较大型规律二级结构（α、β）之间或者是由转角连接（同一肽链），或者是断口（不同肽链），不存在纯的αβ或αα等。

对超二级结构的分类还有其他方法，如分为：复绕α螺旋（两个α螺旋相互缠绕形成左旋超螺旋），βxβ单元（x可以是α、β或转角），β迂回，β折叠桶和α螺旋β转角α螺旋结构。

8.1.2.3 结构域

球蛋白的多肽链往往形成几个紧密而又稳固、界限明显的团状构象，彼此以松散的肽链相连，此团状构象就是结构域（structural domain）。每个结构域通常由100～150个氨基酸残基组成，直径约2.5nm。结构域在蛋白质中起着独立的结构单位、功能单位与折叠单位的作用。如许多酶的活性中心往往位于两个结构域之间的缝隙。

一般根据结构域中二级结构的种类、数量以及排布，将结构域分成5种类型，即α螺旋域（结构域中所含的二级结构单元主要是α螺旋），β折叠域（结构域主要由反平行β折叠构成），α+β域（由α螺旋和β折叠股不规则堆积而成），α/β域（α螺旋与β折叠股交替排布），无α螺旋和β折叠域（结构域不具有或仅具有少量的α螺旋和β折叠）。

8.1.2.4 三级结构

蛋白质的三级结构（tertiary structure）就是多肽链的各结构域、超二级结构等低级结构单位盘旋、折叠，形成的借各种次级键维持的紧密球状构象。三级结构是一条肽链内所有原子的空间排布，但不包括亚基间或分子间的空间排列关系，所以三级结构也是一条肽链的三维结构。三级结构强调其低一级结构单位之间的关系，仅适用于球蛋白分子；三维结构包含了分子中所有原子的空间位置关系，不仅适用于球蛋白分子，也适用于纤维蛋白。

8.1.3 蛋白质的四级结构

有些大分子蛋白质由数条肽链组成。所谓四级结构（quaternary structure）是指亚基之间通过非共价键（包括氢键、疏水作用和盐键等）结合成为有序排列的特定空间结构，涉及亚基种类、数目、各亚基或原聚体在整个分子中的空间排布，以及亚基间的接触位点（结构互补）和作用力（主要是非共价相互作用）。亚基是蛋白质分子内共价连接的最大单位。有四级结构的蛋白质叫做寡聚蛋白（oligomer protein）。

由一条肽链折叠而成或虽有一条以上的肽链，但肽链之间由共价键（如二硫键）相连，很难用简单温和的物理化学方法分开的蛋白质（如胰岛素虽由A、B链组成，但链间以二硫键相连）不属于寡聚蛋白。我们称一个具有完整功能的单位为分子，如胰岛素可以通过次级键缔合成牢固的二聚体、六聚体，但不能把这些聚合体称为寡聚蛋白，因为胰岛素是以单体发挥作用的。

亚单位结合形成寡聚体的倾向与蛋白质中疏水氨基酸残基的含量有关。这些蛋白质含有大约30%以上的疏水氨基酸残基，它们不可能将这些残基全部包藏在由一条肽链折叠所形成的核心里，过剩的一些疏水氨基酸残基不得不暴露在亚单位表面，表面上的疏水侧链为了避开水相，只有迫使亚单位聚合，以实现把剩余的疏水侧链包藏在亚单位之间，如血红蛋白的α亚基和β亚基即为典型的例子。

上述四级结构的定义是狭义的，广义的四级结构还包括由相同或不同球蛋白分子通过次级键的相互作用高度有序地构成一个具有生物学功能的聚合体，如多酶复合物、病毒外壳蛋白和细菌鞭毛虫的微管等。有人还把由独立的生物大分子组成的聚合体称为五级结构，如蛋白质-蛋白质聚合体、蛋白质-核酸聚合体。

8.1.4 各级结构之间的关系

蛋白质既非一条直线，也非一个无规则的线团，对于特定的蛋白质，在特定的条件下是有特定结构的。一般认为，蛋白质的一级结构决定二级结构，二级结构决定三级结构。研究也发现，有些蛋白质含有一些特殊的序列，这些序列一般总是形成特定的空间结构。已经发现了很多类似的序列决定结构的例证，这说明蛋白质一级结构中隐含了在一定的环境条件下蛋白质折叠成一定三级结构的所有信息，如果完全掌握了蛋白质序列和结构之间的关系，就可以通过分析一级结构序列特征预测其三维空间结构。有人把寻找序列决定空间结构规律的工作称为破解第二密码子。

一级结构决定高级结构，理论上是有根据的。首先，一级结构是高级结构的基础，所有结构与功能都是建立在这个基础上的。

第二，氨基酸序列决定了蛋白质分子中任何一个氨基酸相邻的氨基酸，也就决定了对各个氨基酸影响最大的环境条件。氨基酸序列中，由 C_α 碳原子参与形成的两个单键的扭角，理论上可以接受从 0～180°范围内的任意值，但是由不同氨基酸侧链造成的空间位阻效应使扭角的取值有限，从而限制了蛋白质的构象的任意性，为从一级结构预见其高级结构提供了一条可遵循的途径。

第三，蛋白质的折叠类型与它们的氨基酸组成相关，氨基酸的属性是生物学的核心原理之一“序列决定构象”的基础。构成蛋白质的 20 种氨基酸残基由于化学构造上差别很大，这些残基本身就是酸性或者碱性的，或者带电或者不带电，亲水性各异，彼此之间又有相互作用，在蛋白质结构中每种残基对构成不同类型结构都存在偏向性。

在蛋白质的二级结构中，一级结构的决定作用更加明显，因为二级结构主要决定于蛋白质分子内部各邻近的数个残基之间的相互作用，尤其是分子内部氢键的作用。研究也表明，即使是变性的蛋白质，它也不是完全松散的直链，仍然有一定的折叠，这说明分子内部残基之间的相互作用对维持空间结构是很重要的，这也是二级结构预测的基础。

从一个具有一定序列结构的多肽链在一定条件下“自动”折叠成一定的三维结构的过程，主要涉及热力学、动力学作用，有些是在互助蛋白的作用下完成的。环境因素对空间结构也并不是没有作用，尤其是结构层次越高，环境的作用会越大。同时低一级结构单元的特性，如极性、亲水性、带电特征等对形成更高一级的结构具有很重要的决定作用，这不但决定了同一级结构之间的相互作用的形式，还决定了分子与环境的作用形式。对于生物分子来说，环境因素基本是固定的，所以高级结构主要决定于低级结构。因此，只要知道了各级结构之间的关系便可由一级结构预测蛋白质的空间结构。

理论上讲，蛋白质的一级结构决定其高级结构，这也是蛋白质结构预测的理论依据。可是实际上要做出这种预见，困难还是相当大的。例如，由 100 个残基组成的肽链，若每一残基可接受3种不同的扭角值，也即有形成3种不同的构象几率，那么该肽链就应有3^{100}～10^{43}种可供选择的构象，这实际上是一个无法处理的天文数字。总之，“一级结构决定高级结构”的研究是极其重要而又极端困难的，有待于理论和实验工作者的共同努力。

知道了基因密码，科学家们可以推演出组成某种蛋白质的氨基酸序列，却无法绘制蛋白质空间结构。因而，揭示每一种蛋白质的空间结构，已成为后基因组时代的制高点，这也是结构基因组学的基本任务。对于蛋白质空间结构的了解，将有助于对蛋白质功能的确定。同时，蛋白质是药物作用的靶标，联合运用基因密码知识和蛋白质结构信息，药物设计者可以设计出小分子化合物，抑制与疾病相关的蛋白质，进而达到治疗疾病的目的。

8.1.5 结构与功能之间的关系

研究蛋白质结构与功能关系是进行蛋白质功能预测及蛋白质设计的基础。

虽然蛋白质由氨基酸的线性序列组成，但是，它们只有处于特定的三维空间结构下，才能具有它特定的生物活性和相应的生物学功能。三维空间结构稍有破坏，就很可能会导致蛋白质生物活性的降低甚至丧失，例如，镰状贫血症患者的血红蛋白只是血红蛋白A链的谷氨酸Glu突变成缬氨酸Val，它便失去了正常功能。实验也已经给出了有力的证据，Anfinsen（1961）研究发现，变性的核糖核酸酶失去了其固有的空间结构，同时也失去了生物活性，待重新折叠后，又恢复了生物活性。蛋白质的空间结构是蛋白质行使其生物学功能所必需的，因为它们特定的结构允许它们结合特定的配体分子，如血红蛋白和肌红蛋白与氧的结合、酶和它的底物分子的结合、激素与受体的结合、抗体与抗原的结合等。

功能域是蛋白质分子中能独立存在的功能单位。一个蛋白质可以由一个或几个结构域组成，这些结构域可以位于一条多肽链上或者几条多肽链上。活性部位是酶的功能域，它往往位于结构域之间的交界处，可以由2个或2个以上的结构域所组成。例如，胰凝乳蛋白酶分子的活性部位存在于结构域1与结构域2之间的裂隙中，该活性部位的His57和Asp102位于结构域1而活性部位的Ser195位于结构域2，其底物结合部位位于结构域2，其裂隙能容纳底物分子的一部分。IgG分子的抗原结合部位是由VH和VI两个结构域所构成的裂隙，此裂隙有一定的大小、形状，能与抗原的抗原决定簇结合。

有些蛋白质分子含有不同的结构域，每个结构域都是独立的功能域，各自具有特殊的生物功能。执行相似功能的不同蛋白质含有结构类似的结构域。例如，甘油醛脱氢酶、乳酸脱氢酶、苹果酸脱氢酶以及醇脱氢酶是具有相似功能的不同蛋白质，都含有结构相似的辅酶结构域。

每个结构域本身都是紧密装配的，结构域之间是通过共价的、松散的肽链相联系的。由于这种牢固而又柔韧的连接方式，使得每一个结构域可以作为一个整体，做较大幅度的相对运动。当酶与底物结合时，两个结构域会发生相对运动，使裂隙关闭，使催化基团定向地包围着底物，辨认出合适的底物，并从活性部位上排出水分子。例如，已糖激酶的活性部位存在于由两个结构域所组成的铰链式结构之中。其辅酶（ATP）结合于一个结构域，而底物（糖分子）则结合于另一个结构域。当酶分子与底物分子结合时，两个结构域发生了相对运动，V字形的界面闭合起来。一方面提供了ATP与糖分子之间转磷酸化反应所需要的空间距离和特定的构象；另一方面，也排除了活性部位内水分子的干扰，防止ATP水解副反应的发生。

系统归纳蛋白质功能与结构及三维结构与氨基酸序列的关系，是当前生物信息学的一个重要任务，也是蛋白质结构与功能预测的基础。

8.2 蛋白质三维结构分类及蛋白质家族

自然界中蛋白质的种类纷繁多样，一般一个蛋白质含有100～300个氨基酸，按平均200个计算，则20种氨基酸可组成20^{200}种蛋白质，加之肽链中氨基酸总数可以有多有少，大蛋白质（如载脂蛋白）的氨基酸个数超过4500，可见20种氨基酸可以组成的多肽链总数是个天文数字。当然有些肽链在自然界并不存在，如目前在自然界中还没发现由数个半胱氨酸单独组成的肽链。每种生物体内都有各种各样的蛋白质执行着不同的功能，有时执行同一功能的蛋白质不止一种，而且执行同一功能的蛋白质在不同生物体中又有所不同，所以地球上的蛋白质种类非常多，有人估计总数在10^{10}～10^{12}数量级。

面对如此纷繁复杂的蛋白质，为研究和应用的方便，人类对其进行了分类。因目的不同，使用的分类依据不同，对蛋白质的分类有很多种，如按来源分为动物蛋白、植物蛋白；按功能分为酶、储藏蛋白、结构蛋白等。由于生物信息学目前的热点之一是研究蛋白质序列与结构、功能之间的关系，所以生物信息学中对蛋白质的分类主要采用按结构来分类，而且现行的分类主要是按一级结构，或按模体（motif）来把蛋白质分为家族、超家族和亚家族。

8.2.1 模体

利用序列模体（motif）和结构模体数据库查询确定蛋白质家族关系，从而推断该新序列的功能和结构，已经成了常用的方法。不同生物体内，起源于共同祖先的蛋白质在进化过程中，由于环境的不同，会发生变异，有些位置上的氨基酸发生了变化，而有些位置上的氨基酸不变，具有高度的保守性，这些具有高度保守性的氨基酸，对蛋白质的结构和功能极为重要，通过确定这些保守区域，有可能为蛋白质结构和功能的分析提供线索。

序列分析发现，即使当整个序列的相似性处于临界状态，即所谓的模糊范围内，两个序列有时也会存在由共有氨基酸形成的被称为模体的局部保守结构。如果某一蛋白质序列或结构中的一部分具有保守性，这种保守性或者与蛋白质的生物活性有关，一般是蛋白质分子的重要功能位点，往往是与其他分子相互作用的位点，或者与蛋白质的折叠方式有关。

序列模体（sequence motif）是指一段具有一定功能的特殊氨基酸序列，如锌指模体［CXX(XX)CXXXXXXXXXXXXHXXXH］存在于很多DNA结合蛋白中，该序列模体中保守的半胱氨酸和组氨酸是锌离子的配位基团，锌离子对维持三维结构至关重要。保守部分一般是一系列性质相似的氨基酸残基而非某个特殊残基，例如，在在锌指模体中由12个氨基酸组成的配位环中，有一个残基是疏水的，尤其是Leu或Phe。因此，序列模体是序列中高度保守的、具有特定结构或功能的一个或数个序列段的组合，它们或形成具有特殊功能的单位，或决定一个独立的折叠域。有些模体决定一个特殊的功能，称为功能模体（functional motif）；有的模体则决定一个特殊的空间结构。

折叠子是二级结构单元的某种组织方式，也叫做超二级结构或者结构模体（structural motif）。一些折叠子如α螺旋束、β三明治、β/α折叠桶或TIM折叠桶，表示的是整体的框架结构，可能反映了物化的限制。另一些折叠子表示的是特定的功能位点，如结合钙的螺旋-环-螺旋的EF手性结构，以及结合核苷酸的Rossman折叠。这些折叠子可在缺乏全局序列相似性但通常有局部相似序列模体的蛋白质序列中找到。图8-9显示作为DNA结合模体的螺旋-转角-螺旋、锌指及亮氨酸拉链结构，它们都是某种特定功能既与结构模体有关又与序列模体有关的例子。

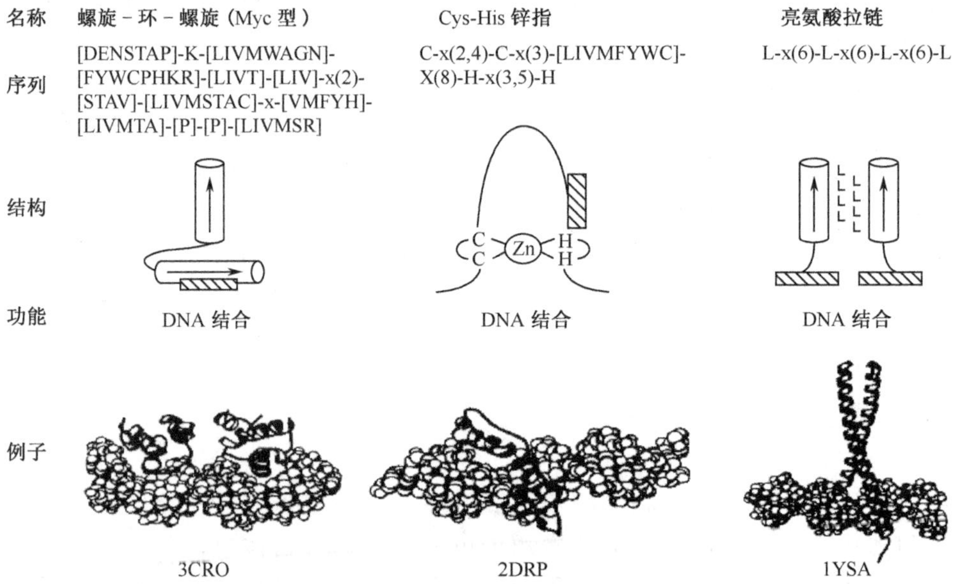

图 8-9　DNA结合蛋白的模体字典

图中显示了序列模体和结构模体与功能特性之间的关系

图8-10表明序列模体可以用不同的方法表示。一致序列模式最易理解，但在表现生物复杂性方面最无效。这个模式采用与UNIX正则表达式类似的方法处理替代氨基酸及间隔区的问题，它主要指明了保守氨基酸的顺序。

尽管一致序列模式的表示方法允许替代氨基酸的存在，但是它无法给出每个替代者允许出现频率的定量描述。特征谱是一致序列模式的自然延伸，它把某个氨基酸出现的频率并入到每个残基的位置中。进一步的延伸是隐马氏模型（见7.3.1.5），氨基酸插入和缺失的信息得以更好地表示。虽然这种更灵活的数据表示方法引起了视觉理解

一致序列模式

[AG]—X(4)—G—K—[ST]

（**ATP/GTP** 结合位点）

序列块

RASFNHFDRKKTGMMDCEDF
KACFSHFDKDNDNKLNRLEF
KDAFDMFDIDGDGQITSKEL
EKFIKQHDKDGDGQLNTDEL
EHIMEDLDTNADKQLSFEEF
REVFEIFDVDRNGKISAEEF
REAFMMFDKDGNGTISTKEL
REAFKVFDKDGNGYITVEEL
KEAFALFDKDNNGSISSSFL
REAFDLFDTDGSGTIDAKEL

（E F-手钙调蛋白结合点）

特征谱

A 3 2 2 6 6 7 4 4 5 0 …
C -2 -2 2 -2 -1 1 -1 4 0 -1 …
D 3 -2 -2 5 0 7 7 2 -1 1 …
E 4 -1 -2 6 1 5 7 2 -1 1 …
F 0 3 2 -5 -2 -6 -6 -4 3 -5 …
……
……
W -6 1 -9 -6 -5 -1 1 -6 -2 -5 7 …
Y -2 -1 -1 -4 -4 -7 -5 -4 -1 -5 …

（免疫球蛋白可变区）

判别函数

$$9.02H_{\phi}-14.27>0$$

H_{ϕ}：17 个残基片段的平均疏水性

（跨膜区）

图 8-10　序列模体的不同表示方法：一致序列模式、序列块、特征谱和判别函数

的困难，但是在模体的计算机搜索中，总体上提高了预测的精度。随着更多的序列数据的积累以及更先进的计算方法的发展，蛋白质家族的构建和序列模体的提取成为自动维护的有用资源。

显然，无论是序列模体识别，还是结构模体识别，都建立在已知序列和结构的基础上，这些已知序列和结构存放在各种数据库中。应该说，序列模体识别比较容易，其结果也比较可靠。相比之下，结构识别（即折叠模体识别）要困难得多，往往需要有专门研究人员参与。即使如此，其准确性也只能达到 40%左右。序列模体识别和折叠模体识别是目前研究的重点，其方法也在不断改进。

通过多序列比对及对单个蛋白质家族视觉检测的方法，已经把一些已知蛋白质的特征序列模体和特征结构模体鉴定出来，与它们隐含的功能一起搜集起来，构建成模体数据库，如 PROSITE。由于模体库好比是序列与功能关系的字典，对该库进行搜索，对解释新测定的序列可能具有的功能有一定用处，尤其是当搜索序列数据库，没能发现全局序列相似性的时候。这种特征模体也可以用来识别蛋白质家族中的新成员，即可以用来确定新测定的蛋白质序列中是否具有某种特征模体，从而确定该未知蛋白属于哪个蛋白质家族。

PROSITE 是功能性模体数据库。通过搜索，在数据库中找出查询序列存在的模体，进而判断序列所属的蛋白质家族。

ProDom（protein domain database）是在 SWISS-PROT、TrEMBL 数据库基础上，经过 DOMAINER 运算和自动编辑建立的蛋白质结构域数据库。ProDom 用 BLAST 方法搜索蛋白质同源结构域。

SEG 将序列分为低复杂性区段（即简单序列）和高复杂性区段。

PredictNLS 是预测核定位信号的程序。

表 8-4　几个蛋白质模体库地址

蛋白质模体库	网址
ProSite	http://www. expasy. ch/prosite/
ProDom	http://protein. toulouse. inra. fr/prodom. html
SEG	http://trex. musc. edu/manuals/unix/seg. html
PredictNLS	http://cubic. bioc. columbia. edu/predictNLS

8.2.2　蛋白质家族

蛋白质的氨基酸序列包含了丰富的关于蛋白质结构、功能和进化的信息。具有相似氨基酸序列的蛋白质，可能起源于共同的祖先，在不同的环境（不同的自然环境、不同的物种、不同的器官或组织）中进化而来，通常形成相似的三维结构，会具有共同的或近似的生物学功能，因此人们开始根据蛋白质氨基酸序列的近似程度来给蛋白质分类，并构建关于蛋白质家族的二次数据库。最初的尝试是 Dayhoff 和他的同事在 20 世纪 60 年代做出的，他们建立了超家族的概念，至今仍是 PIR 数据库工作的一部分。按照他们的定义，一个亚家族是一组几乎完全相同的序列，其中每一对匹配好的氨基酸序列含有 90%或更多的相同的氨基酸。一个蛋白质家族（family）是一组功能上非常相似的蛋白质，其中每一对蛋白质含有 50%以上相同的氨基酸。一个超家族是个广泛的分类，每一对蛋白质可能含有一定的痕迹显示它们存在显著的序列相似性，而量度这个相似性不是基于氨基酸的同一性，而是基于 PAM 突变矩阵。同一超家族的蛋白质可能是进化上相关的，但功能可能有些不同。

同一家族的某些成员之间具有很高的序列相似性，它们属同一家族是比较好断定。但是亲缘关系较远的家族成员之间序列的相似性很差，甚至彼此之间没有明显的相似性，对于这种远缘家族成员之间的亲缘关系的判断，或者通过高保守序列匹配的远缘比对，或者通过它们与同家族的其他成员之间的相似性间接判断。例如，A 与 B 是同一家族的远缘成员，彼此之间的序列相似性很低，但如果有另一个分子 C 与 A 及 B 都分别有高度的相似性，那么可以判断 A、B 和 C 属于同一家族。

相似性大于 50%的蛋白质很可能具有相同的三维结构，序列比对中相同位置上的原子，在空间结构模型的匹配中它们的距离也小于 10Å。因此，如果家族中某个成员的空间结构已知，就可以很准确地预测其他成员的空间结构，相似性越高，预测的可靠性越大。

一个模体代表一个折叠结构或活性位点，在一个蛋白质序列中往往有几个不同的模体分列于其中，这些模体是一些位于蛋白质结构核心部位的保守区，因此，如果在两个序列中具有相同的一些模体，就说明这两个序列具有相同的结构中心。随着研究的深入，人们发现很多蛋白质是由模度（module）组成的，这些模度是一些很短的氨基酸序列，由一至数个模体组成，在不同蛋白质中很相似，与特定的空间结构或功能相关，是决定结构或功能的基本单位，蛋白质可能具有几个模度对应于不同的功能单位。有些蛋白质即使它们的生物来源差别很大，它们也可能拥有数个共同的模度，但模度在分子中的排列顺序不一定相同。这些多样化的排列表明在进化过程中，通过基因倍增和重排，使一些具有重要生物学意义的模度被不同蛋白质反复采用了。因此，模度也被用于蛋白质分类的依据。具有相同的一组相似同源域（序列相似性范围的扩展）的蛋白质被分为同型蛋白质家族（homeomorphic protein family）。具有相同域且顺序一致，但也具有部分区域不同的蛋白质家族被定义为同型超家族（homeomorphoric superfamily）。

第二种蛋白质分类方法是建立在氨基酸范型（amino acid pattern）上，研究发现具有相同生物化学功能的蛋白质总是具有强保守的氨基酸范型出现在活性位点或具有重要的结构特征区域，Prosite catalog 便是著名的这类数据库。也有把蛋白质按共同的氨基酸范型——模体和在多序列比对时发现的有间隔或无间隔的保守序列段来分类。这些范型是在进行多序列比对过程中或用专门搜索未比对的氨基酸序列寻找共同序列的范型搜寻算法，或用几个统计方法搜寻未比对序列，从中发现提取的。这些范型在序列长度上、间隔出现的情况上以及取代的程度上都有所不同。这些算法包括范型发现方法、隐马科夫模型、期望最大化，以及吉布斯（Gibbs）取样法等。

聚类分析的方法也被用于蛋白质分类，它是根据序列的相似性聚类。

有的研究者或数据库（如 FSSP）把家族用于根据结构的分类，如果两个分子的空间结构在一定水平上具有显著的相似性，就认为它们是同一家族，而不需要两个序列具有显著的相似性。

8.2.3 蛋白质三维结构的分类

蛋白质结构分类可以包括不同层次，如折叠类型、拓扑结构、家族、超家族、结构域、二级结构、超二级结构等。大多数蛋白质属于球蛋白或膜蛋白。一些水溶性的球蛋白，以及数量虽有限但在不断增长的膜蛋白，它们的三维结构都已经被解析出来。添加了数值的数据库对于三维结构数据更为重要，因为初级数据库——蛋白质数据库，仅仅是所有已知结构的仓库；而且原子坐标数据远比序列数据复杂，需要从不同的角度分析。

二级结构单元 α 螺旋和 β 折叠很早就被认定是蛋白质结构的构件。根据二级结构单元的含量和组织方式，球蛋白可以分成 5 种类型：全 α 蛋白、全 β 蛋白、α/β 蛋白、α+β 蛋白和无规则蛋白。α/β 蛋白和 α+β 蛋白的区别在于 α 螺旋和 β 折叠是混杂的还是各自聚集。

蛋白质的 4 种主要折叠类型的分类标准分别是：

(1) 全 α 蛋白，α 螺旋含量大于 40%（$\alpha \geqslant 40\%$），β 折叠含量小于 5%（$\beta \leqslant 5\%$）；

(2) 全 β 蛋白，$\alpha \leqslant 5\%$，$\beta \geqslant 40\%$；

(3) α+β 蛋白，$\alpha \geqslant 15\%$，$\beta \geqslant 15\%$，并且多数（多于 60%）折叠链反平行排列（α 螺旋和 β 折叠分别连续出现）；

(4) α/β 蛋白，$\alpha \geqslant 15\%$，$\beta > 15\%$，并且多数（多于 60%）折叠链平行排列（α 螺

旋和β折叠交替出现）。

图8-11显示了全α、全β、α+β和α/β类别中的代表性蛋白质。这种出于直觉的三维结构的分类，已经从计算方法上精确化，并与基于序列相似性的分类方法相结合。这样得到的数据库提供了蛋白质结构的层次表示。例如，SCOP数据库在最顶层遵从此分类体系，然后再依次分为折叠子、超家族、家族等层次结构。一般来说，三维结构的相似性可以在没有显著序列相似性的蛋白质中观察到，比如在不同的超家族中。这可能是趋异进化的结果，同一来源的序列发生分歧但仍然保持了结构的相似性；或者是趋同进化的结果，不同来源的序列由于物理化学和（或）功能的限制趋同于一个共同的结构。折叠子反映了这个水平的结构相似性。

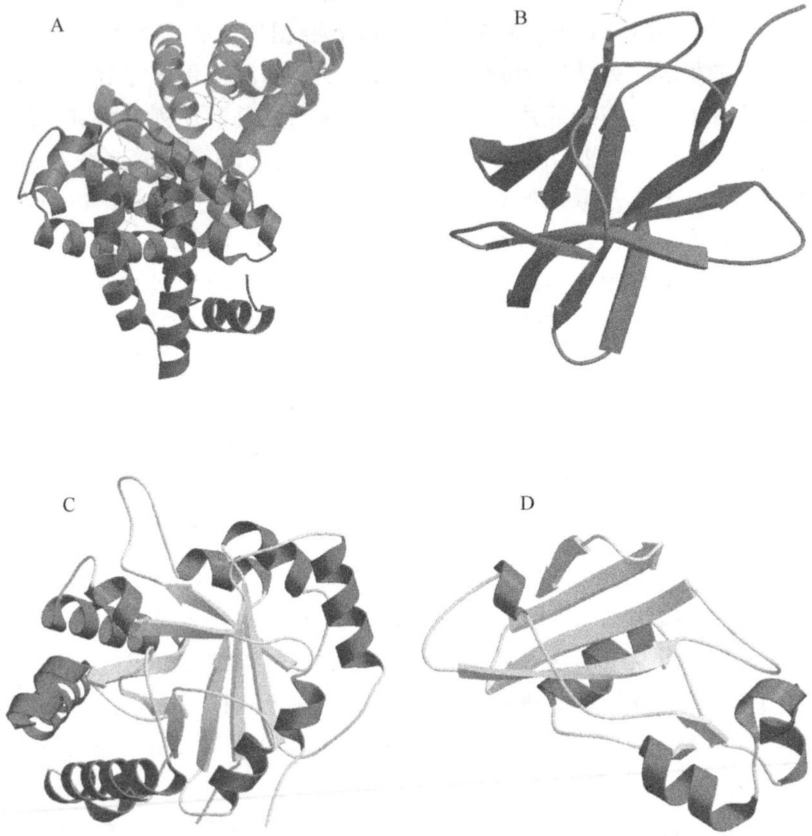

图8-11　球蛋白折叠子举例

A. 全α型蛋白，血红蛋白 Non－Vertebrate hemoglobin（PBD：1h97）；B. 全β型蛋白，Surface Glycoprotein（PBD：1cd8）；C. α/β型蛋白，Isomerase（Intramolecular Oxidoreductse；PBD：1tim）；D. α+β型蛋白，Endonuclease（PBD：1rnb）。

随着越来越多的蛋白质分子结构被测定，蛋白质结构分类的研究不断深入，出现了蛋白质家族、折叠模式、结构域、回环等数据库。因特网上的蛋白质分类数据库很多，此处简单介绍几个主要的蛋白质结构分类数据库。

SCOP是蛋白质结构分类（structural classification of protein）数据库的简称，是英国医学研究委员会分子生物学实验室和蛋白质工程中心开发的基于Web的蛋白质结构数据库分类、检索和分析系统。将 PDB 数据库中的蛋白质按传统分类方法分成 α 型、β 型、α/β 型、α+β 型，并将多结构域蛋白、膜蛋白和细胞表面蛋白、小蛋白单独分类，一共分成 7 种类型，并在此基础上，按折叠类型、超家族、家族三个层次逐级分类。例如，蜘蛛毒素（虎纹捕鸟蛛毒素 huwentoxin-I）在 SCOP 数据库中的分类为：小蛋白类、knottins 折叠类型、w-毒素类超家族、蜘蛛毒素家族。对于具有不同种属来源的同源蛋白家族，SCOP 数据库按种属名称将它们分成若干子类，一直到蛋白质分子的亚基。

CATH 是另一个著名的蛋白质分类数据库，其含义为类型（class）、构架（architecture）、拓扑结构（topology）和同源性（homology），由英国伦敦大学开发和维护。CATH 数据库的分类基础是蛋白质结构域。与 SCOP 不同的是，CATH 把蛋白质分为 4 类，即 α 为主类、β 为主类，α～β 类和低二级结构类。显然，它把 α/β 型和 α+β 型归为一类。低二级结构类则是指二级结构成分含量很低的蛋白质分子。CATH 数据库的第二个分类依据为由 α 螺旋和 β 折叠形成的超二级结构排列方式，而不考虑它们之间的连接关系。形象地说来，就是蛋白质分子的构架，如同建筑物的立柱、横梁等主要部件，这一层次的分类主要依靠人工方法。第三个层次为拓扑结构，即二级结构的形状和二级结构间的联系。第四个层次为结构的同源性，它是先通过序列比较然后再用结构比较来确定的。CATH 数据库的最后一个层次为序列层次，在这一层次上，只要结构域中的序列同源性大于 35%，就被认为具有高度的结构和功能的相似性。对于较大的结构域，则至少要有 60%与小的结构域相同。

FSSP（fold classification based in structure-structure alignment of protein）是建立在用 DALI 结构比对程序对 Brookhaven 结构库中的蛋白质进行成对结构比对的基础上的。从蛋白质库中找出有代表性的结构，鉴定出典型的域和折叠类型，再根据比对的相似程度归类。

MMDB（molecular modeling database）是用结构比对软件 VAST（vector alignment search tool）对 Brookhaven PDB 中的已知空间结构的蛋白质进行分类后建立的数据库。VAST 是通过寻找二级结构单元的排列方式来进行空间结构比对的。

SARF（spatial arrangement of backbone fragment）也是提供根据结构相似性的蛋白质分类数据库。

8.3 三维结构比对

了解蛋白质的空间结构不仅有利于认识蛋白质的功能，也有利于认识蛋白质是如何执行其功能的。蛋白质是由氨基酸单元组成的线性高分子，具有高度有序并能完成特定生物学功能的三维结构。目前，通过实验获取氨基酸是如何排列组成生物大分子序列的信息是相对容易的，蛋白质序列数据库的数据积累的速度非常快，许多蛋白质序列已被快速地测定出来。而在这些序列已知的蛋白质中，很多蛋白质的三维结构没有被实验方法测定出来，它们之间在数量上存在很大差距。随着 DNA 测序技术的发展，基因组已经或将要被完全测序，DNA 序列数量将会剧增，我们可以从 DNA 推导出大量的蛋白质序列，会有大量的蛋白质序列成为已知，而它们的空间结构与功能未知。尽管蛋白质结构测定技术有了较为显著的进展，实验测定蛋白质三维结构的速度大大加快了，精确测定的蛋白质三维结构的数量迅速增长，但是，通过实验方法确定蛋白质结构的过程仍然非常复杂，代价较高，因此，实验测定的蛋白质结构比已知的蛋白质序列要少得多，蛋白质结构数据的增长远远低于蛋白质序列数目的增长，蛋白质序列库中的已知序列数往往是同期已知结构数的几十倍。为了充分利用蛋白质的一级序列信息来研究结构与功能的关系，利用已知蛋白质的结构信息，研究生物大分子的规律和规则，对这些蛋白质的结构预测是十分必要的。

进行结构比对的目的有以下几点：①进行同源性分析。通过比较两个序列之间的相似区域和保守性位点，寻找二者可能的分子进化关系；②预测某一空间结构未知的序列的三维结构。序列比对（sequence alignment）的目的是通过将两个或多个蛋白质序列进行比对，并将其中相似的结构区域突显出来。通过比较未知序列与已知序列（尤其是功能和结构已知的序列）之间的同源性，往往可以很容易地预测未知序列的功能；③寻找序列模体。进一步的比对是将多个蛋白质或核酸同时进行比较，寻找这些有进化关系的序列之间共同的保守区域、位点和结构特征矩阵（profile），从而探索导致它们产生共同功能的序列模式；④还可以把蛋白质序列与核酸序列相比来探索核酸序列可能的表达框架；把蛋白质序列与具有三维结构信息的蛋白质相比，从而获得蛋白质折叠类型的信息；⑤比对还是数据库搜索算法的基础，将查询序列与整个数据库的所有序列进行比对，从数据库中获得与其最相似序列的已有的数据，能最快速地获得有关查询序列的大量有价值的参考信息，对于进一步分析其结构和功能都会有很大的帮助。近年来随着生物信息学数据大量积累和生物学知识的整理，通过比对方法可以有效地分析和预测一些新发现基因的功能。

基于知识的预测或模体搜索方法则是从一级数据库中获取序列功能关系的经验知识，以某种方式将已知样本抽象成代表序列—结构或序列—功能相关性的经验规则，这些规则以计算结果的形式储存（如模体库），同时，这些规则将应用在实际分析中或者被用来解释更为基本的原理。如果发现目标序列存在任何的模体，则每个模体代表目标序列的一个可能的功能位点。不幸的是，我们还没办法产生一个详尽的包含所有模体或其他有关各种功能性质的经验知识列表。因此，在实际应用中，同源搜索依然是最受欢迎的方法。

利用数据库搜索找出未知蛋白质的相似序列，是序列分析的基础。当相似程度高于50%时，比较容易确定未知序列和已知序列的同源性；序列间的相似程度越低，序列分析结果可靠性就越差，当相似性低于20%时，即两个序列之间只有20%以下的相同残基时，就难以确定或者根本无法确定这种相似性究竟是趋同还是分异进化的结果，即序列相似性的朦胧范围（twilight zone），所以通常把20%左右定为序列相似性界限。朦胧范围以下则是所谓的“暗范围”（midnight zone），在此范围内，序列比对的结果无法用来确定结构相似性。简单地说，当两个蛋白质序列间仅有0～20%的相同残基时，其比对结果很可能是由于随机因素造成的，并不具有统计意义。识别相似程度较低的序列，降低序列识别的相似性界限，是各种分析方法所追求的目标之一。常用的方法包括：利用序列比对所得的特征片段信息进行数据库搜索，利用氨基酸残基保守性、疏水性等。这些方法各有优劣，其适用范围各不相同。在尚无可靠的分析方法可用的情况下，最好对各种不同方法都进行尝试，并综合分析所得结果。应该说，在尚未找到折叠模式识别和结构预测的有效方法以前，序列分析不失为一种可用的工具。不过，对各种序列分析方法的局限性，应该有一个清楚的了解。

蛋白质的结构比序列更加保守，对于较远缘的同源蛋白，虽然序列上差异较大，但仍具有类似的空间拓扑结构。通过比较蛋白质的空间结构，可以发现蛋白质的结构共性，发现属于同一家族蛋白质的保守结构，发现与蛋白质功能密切相关的结构域，发现特定的空间结构模式，而这种模式在进行序列分析时无法发现。这些模式由多个不相邻的序列片段组成，经过蛋白质折叠以后，这些一维不相邻的元素在三维空间中结合到一起，形成特定的功能位点，如酶的活性部位、蛋白质结合部位等。同时，通过比较蛋白质的结构，可以对蛋白质进行结构分类。

序列比对是寻找序列间的相似性，同样结构比对是寻找结构上的相似性（不同结构具有相同的折叠）。不同的是序列相似性可以作为亲缘关系的指示，而相似的结构非常普遍，可以出现在完全没有亲缘关系的分子中，所以空间结构相似性不一定能作为进化中亲缘关系的指标，但详细分析像几个二级结构单位具有共同的排列方式和空隙这样的相似之处，也可以获得进一步的启示，此外，通过二级结构或环突序列中的一段序列可能具有非常显著的可比对性，以及两个蛋白质的原子之间在空间结构匹配中具有很好的重叠性，这种结构上的相近可能也是一种进化上的亲缘关系相近的痕迹。用灵敏性高的统计方法（Gibbs 取样法、最大期望值法和贝叶斯比对法）寻找远缘序列的相似性可能会提供进一步的证据。

比较蛋白质结构实际上是比较两个蛋白质中各个原子的空间位置。进行空间结构比对就是要对两个三维结构中的各个原子的位置上进行比较，用一个蛋白质空间结构模式的结构域与另一个蛋白质空间结构模式的结构域叠加，让两个蛋白质的相应原子尽可能接近，使它们之间的平均离差最小。基本的方法是首先考察蛋白质中各个二级结构（α 螺旋、β 折叠股等），检查它们出现的次数、类型及相对位置是否相似，即考察被比对的蛋白质的构造是否相似。如果有相似，再进一步详细检查 C_α 或 C_β 原子之间的距离，分析被比对结构之间的重叠程度。重叠的部分越多，则两个结构就越相似。如果大部分二级结构能够重叠在一起，并且具有相似的环区排布，那么这两个蛋白质就具有共同折叠模式。排列、连接和序列重合的越多，被比对的蛋白质分子之间的相似程度越高。

表示三维结构的方法是把分子放在一个直角坐标系中，键角及不同氨基酸的原子之间的距离可以表示成向量，二级结构也可以用一个始点在二级结构的开始，长度等于该二级结构，方向用该二级结构的向量来表示。在许多结构比较方法中，不同氨基酸的 C_α 之间或 C_β 之间的距离是一个重要的参数。更细致的结构比较需要考虑侧链的信息，如侧链暴露的面积等。结构中某个原子对其他原子的距离和键角可能也在比对之列。空间结构比较中用到的一些参数也可以用于评价每个氨基酸所处的环境，如处于分子内部疏水的 β 折叠股中的一个氨基酸。

三维结构比对比序列比对难度大，这是因为：第一，氨基酸 C_α 主链的不同折叠可以形成相似的空间结构，导致匹配区域的排列顺序不一定相同，所以两个分子的匹配区段往往被不匹配区段分开；第二，尽管两个分子大多数残基的局部环境可能很相似，但也可能存在局部差异，如两个蛋白质相应二级结构的中心部位配比非常接近，但末端则匹配的较差，因而，结构比对方法通常同时比对多个分子，取平均值，以消除随机影响。

与序列比对一样，蛋白质结构比对本质上也是一个优化问题，因此，可以通过动态规划算法进行求解。在序列比对时，目标是有尽可能多的对位和最少的空位插入或删除。比对空间结构时，每个氨基酸的周围的状况用原子之间的距离、键角、或者给每个R基团一个能代表或反映该氨基酸周围状况数值或向量；或者像序列比对那样编制一个打分矩阵。根据各氨基酸适配的情况，打分填入每一列，建立与序列比对相似的打分矩阵。以这些数值集为基础通过动态规划的比对法寻找最佳匹配。比对软件SSAP（secondary structure alignment program）就是用一种二重动态规划的方法来进行空间结构比对的。每个序列中的每个残基的局部空间结构状况都分别被确切地表示出来，给每个氨基酸定义周围的结构状况时，很重视二级结构类型及在疏水核中被包围的程度，然后通过比较这些结构状况来进行残基匹配。如同序列比对一样，比对结果得到一个得分矩阵，得分最高的区域便给出了两个蛋白质的最佳匹配。其中一种代表一个蛋白质几何特征的结构状况变量就是以某个氨基酸的 C_β 为始点到其他各氨基酸 C_β 的向量，如果这些几何向量相似，则空间结构便相似。所谓二重动态规划就是先以某一个氨基酸为始点，做向量、比对得记分矩阵；再以其邻近的另一个氨基酸为始点，再做一次比对，然后把两个矩阵加和，再从和矩阵中找出最佳匹配。

如果被比对的两个蛋白质在整个链内都采用相同的构象，则较易比对；如果两个链部分区段构象相似，而部分区段不同，则同样采用空位罚分的办法解决。

另一种针对结构问题特点的方法是距离矩阵方法，该方法借助于图形学技术找出三维结构中非常接近的原子，比较两个结构的几何关系。距离矩阵中每个元素代表 C_α 之间的距离。距离矩阵法利用类似点阵的作图法，来确定空间结构重叠后两个序列距离最近的原子。DALI（distance alignment tool）就是建立在此思想基础上的比对方法。

还有一种空间结构比对的方法是比较两个结构的α螺旋和β折叠股的类型、排列及连接的方式，如果这些二级结构单元在三维结构中排列相同，则两个结构就相似。由于二级结构单元比较少，所以该方法简单快速。

8.4 蛋白质基本性质预测

蛋白质序列的基本性质分析是蛋白质序列分析的基本方面，一般包括蛋白质的氨基酸组成、分子质量、等电点（pI）、亲水性和疏水性、信号肽、跨膜区及结构功能域的分析等。蛋白质的很多功能特征可直接由分析其序列而获得。

人们利用氨基酸的物理和化学性质开发了许多有用的计算工具用于确认未知蛋白质（或反过来分析已知蛋白质）。其中的大部分可通过在Geneva大学医院和Geneva大学的ExPASy服务来获得。ExPASy工具的应用有两个焦点：既可以分析和确认由二维凝胶电泳分离得到的未知蛋白质，也可以预测已知蛋白质的基本性质。这些工具利用了SWISS-PROT数据库中的有效注解来进行预测。既然这类计算对电泳分析有用，它们也能在其他实验领域中有所帮助，尤其是色谱和沉降分析。

8.4.1 根据组成辨识蛋白质

有研究表明，氨基酸组成在物种之间是十分保守的，因此 AACompIdent（ExPASy）工具利用未知蛋白质的氨基酸组成来确认蛋白质，把其定为具有相同组成的已知蛋白质。对于输入部分，该程序需要蛋白质的氨基酸组成、等电点（pI）、分子质量（如果知道）、正确的物种分类及特别的关键词。此外，用户还需在 6 种氨基酸“组合”中做出选择，例如，某种“组合”会把残基 Asp/Asn（D/N）和 Gln/Glu（Q/E）组合成 Asx（B）和 Glx（Z），或者某种残基会在分析中被完全除去。AACompIdent 的一个变体——AACompSim 提供类似的分析，但与前者不同，它不是以实验所得的氨基酸组成为依据进行搜索，而是使用 SWISS-PROT 中的序列为依据，这个程序可以用于发现蛋白质之间较弱的相似关系。利用 Compute pI/MW 所得的各种数值可以计算出理论等电点和分子质量，通过分析氨基酸组成，能从低于 25%序列相似性的蛋白质之间发现弱相似性。因此，在“传统的”数据库搜索基础上辅以组成分析，能为蛋白质之间关系提供更多见解。PROPSEARCH 与 AACompSim 一样，也利用蛋白质的氨基酸组成来检测蛋白质之间的微弱联系。据该软件开发者称这一技术能很容易发现同一蛋白质家族的成员。

分子质量搜索（molecular weight search，MOWSE）算法能处理通过质谱（MS）技术获得的信息。利用完整蛋白质的分子质量及其被特定蛋白酶酶解后产物的分子质量，能准确无误地确认一种未知蛋白质，给出由若干实验才能决定的结果。由于未知蛋白质无需再全部或部分测序，这一方法显著地减少了实验时间。

8.4.2 根据序列分析蛋白质性质

因为每种氨基酸都有特定的理化性质，而整个蛋白质的性质则往往是其组成氨基酸性质的加和，如蛋白质的分子质量就是各个氨基酸残基质量进行加和再加一个水的分子质量就得到整个蛋白质的分子质量。蛋白质的许多特性可直接从序列上分析获得，如疏水性，它可以用于预测序列是否含有跨膜螺旋（transmem brane helix）或前导序列（leader sequence）。Compute pI/MW 是计算输入序列等电点和分子质量的工具。其中关于蛋白质的氨基酸组成、分子质量、等电点等方面的分析均可使用可下载的软件（如 MacVector、OMIGA、DNAMAN、BioEdit 等）进行。ExPASy 的 PeptideMass 还可以预测胰蛋白酶（trypsin）、糜蛋白酶（chymotrypsin）、LysC、溴化氰、ArgC、AspC、AspC、AspN 和 GluC（双羧酯或磷酸酯）等酶或化学试剂作用于某蛋白质所得到的产物。

1）疏水性分析

ExPASy 的 ProtScale 程序（http://www.expasy,org/cgi-bin/protscale.pl）可被用来计算蛋白质的疏水性图谱。该网站允许用户计算蛋白质的 50 余种不同属性，并为每一种氨基酸输出相应的分值。输入的数据可为蛋白质序列或者 SWISS-PROT 数据库的序列接受号。需要调整的只是计算窗口的大小（n）。该参数用于估计每种氨基酸残基的平均显示尺度。例如，如果参数 n 为 9，则显示从 5（$=n-4$）到 13（$=n+4$）位之间其疏水性的平均值。该参数有助于对数据进行平滑，也可使亲水性和疏水性的区域更加突出。典型的默认值为 9。进行蛋白质的亲/疏水性分析时，也可使用一些 Windows 下的软件资源，如 BioEdit、DNAMAN 等。

疏水性图谱可用来预测跨膜螺旋。同时，也有很多短片段被细胞用来将目的蛋白质向特定细胞器进行转移的靶标（其中最典型的例子是在羧基端含有 KDEL 序列特征的蛋白质将被引向内质网）。Web 中有很多此类资源用于帮助预测蛋白质的功能。

2）跨膜区分析

全 α 螺旋膜蛋白超家族包含有这样一些蛋白质，它们是通过一系列 α 螺旋来回折叠穿膜数次，这些螺旋富含疏水氨基酸。这些螺旋的典型长度为 20～30 个氨基酸，具有很强的疏水性，这为寻找可能的跨膜序列提供了一种简单的方法。

有多种预测跨膜螺旋的方法，最简单的是直接观察长度为 19 个氨基酸残基的肽段疏水性。但是疏水区也可能是位于蛋白质的内核区，所以很多较复杂的预测疏水区的算法是建立在已知跨膜区数据库基础上，并增加了一定的权重，能够更加精确的预测跨膜螺旋的具体位置和它们的膜向性。Tmbase 是源自 SWISS-PROT 的跨膜螺旋数据库，它还包含了每个序列的一些附加信息：跨膜区的数量、位置及其侧翼的情况，可通过匿名 FTP 获得（http://www. isrec. isb-sib. ch/ftp-server/tmbase/）。一些预测跨膜区的网络资源参见表 8-5，这些程序使用了不同的统计模型，总体上，预测准确率达 80%～95%。跨膜螺旋是可以根据序列数据能比较准确预测的蛋白质特性之一。

表 8-5　蛋白质跨膜区域分析的网络资源

蛋白质模体	网址
TMpred	http://www. ch. embnet,org/software/TMpred _ form. html
PHDhtm	http://www. embl-heidelberg. de/Services/sander/predictprotein/predictprotein. html
MEMSAT	http:/ftp. biochem. ucl. ac. uk

蛋白质序列含有跨膜区提示它可能作为膜受体起作用，也可能是定位于膜的锚定蛋白或者离子通道蛋白等，从而，含有跨膜区的蛋白质往往和细胞膜的功能状态密切相关。

3）前导肽和蛋白质定位

关于蛋白质如何被转运及定位的，也是生物信息学所关注的问题。蛋白质定位的信息存在于蛋白质的信号序列（signal sequence）中。蛋白质信号序列一般是前体蛋白质 N 端的一段序列，也称为前导肽或引肽（leader peptide），它引导蛋白质前体向细胞特定区域移动，如前导肽和面向特定细胞器的靶向肽。当前体蛋白进入目的区跨膜时，前导肽被一种或两种多肽酶所水解，转变成为成熟蛋白质，同时失去继续跨膜能力。前导肽一般具有如下性质：①带正电荷的碱性氨基酸（特别是精氨酸）含量较为丰富，它们分散于不带电荷的氨基酸序列之间；②缺少带负电荷的酸性氨基酸；③羟基氨基酸（特别是丝氨酸）含量较高；④有形成两亲 α 螺旋结构的能力。联网到 http://genome.cbs.dtu.dk/services/signalP/可进行蛋白质序列的信号肽分析，其第二版网址为 http://genome.cbs.dtu.dk/services/SignalP-2.0。Reinhardt 等用神经网络算法构建的蛋白质亚细胞定位数据库（http://predict.sanger,ac.uk/nnpsl/nnpsl_mult.cgi）可用于对蛋白质序列进行亚细胞定位分析。含有信号肽的蛋白质一般能够被分泌到细胞外，可能作为重要的细胞因子起作用，从而具有潜在的应用价值。

还有不少小的模体是细胞用于特定细胞区室（cell compartment）蛋白质的定向。网上有大量数据资源帮助我们利用这些特性预测蛋白质功能。

4）卷曲螺旋分析

另外一个能够直接从序列中预测的功能模体是 α 螺旋的卷曲螺旋（coiled-coils）排列方式。在这种结构中，两个螺旋通过其疏水性界面相互缠绕在一起形成一个十分稳定的结构。卷曲螺旋在很多蛋白质，如转录因子的亮氨酸拉链结构中以及肌球蛋白等中存在。有关的 Web 资源如表 8-6。

表 8-6　蛋白质卷曲螺旋分析的生物信息学资源

蛋白质模体	网址
Coiled-coil	http://www.york.ac.uk/depts/biol/units/coils/coilcoil.html
COILS	http://www.ch.embnet,org/softwaredCOILS_form.html
EpitopeInfo	http://epitope-informatics.com/Links.htm

8.5　蛋白质二级结构预测

蛋白质的二级结构预测开始于 20 世纪 60 年代中期，迄今为止，已经提出几十种预测方法，但它们的预测准确率都不超过 70%左右。然而，虽然二级结构预测的准确性有待提高，其预测结果仍然能提供许多结构信息，并为蛋白质结构和功能关系的研究提供参考。二级结构预测是蛋白质高级结构预测的基础，它能很好地反映局部序列片段的结构倾向性。因此，二级结构预测在今天的结构分子生物学研究中具有重要作用，并成为后基因组时代的一项重要任务。另外，在进行全新蛋白质设计时，也常常应用二级结构预测方法，来设计二级结构单元。

8.5.1　蛋白质的二级结构的判定

我们直接能获得的关于蛋白质二级结构的信息来自于 PDB 数据库，这是蛋白质晶体结构作者给出的定义。为了判定一段蛋白质肽链是哪一种二级结构，人们建立了多种自动指认方法。目前普遍采用 Kabsch 和 Sander 于 1983 在 Biopolymer 杂志上发表的论文中所提出的方法。从 PDB 蛋白结构数据库中可获得精度较高的结构数据，再运用该方法指认出二级结构。这一方法已经计算机程序化，成为商业软件。

8.5.2 二级结构的预测方法

蛋白质二级结构的预测是结构预测的基础，它也是蛋白质结构和功能关系研究的基础。蛋白质二级结构预测的方法有很多，但基本上基于以下三种策略：①由已知结构统计各种氨基酸残基形成二级结构的构象趋势，从而依据已有各种氨基酸的趋势，预测其他蛋白的二级结构，其中最常用的是 Chou-Fasman 法；②以氨基酸的物理化学性质为基础的预测，包括堆积性（compactness）、疏水性（hydrophobicity）、电荷性、氢键形成能力等；常用的方法被称作“立体化学法”；③通过一定的算法（algorithm），由已知三维结构的同源蛋白推断未知蛋白的二级结构。常用的方法有：最邻近方法（nearest neighboring method），模式识别方法等。

值得注意的是，各种方法预测的准确率随蛋白质类型的不同而变化。在实际应用中究竟使用哪一种方法，还需根据具体的情况；也可以尝试通过对多种方法预测结果的综合分析，来提高预测的准确度。

下面简单介绍两种预测方法，以便读者更好地理解二级结构预测的基本思路，具体请参考相关书籍和文献。

8.5.2.1 Chou-Fasman 方法

该预测方法提出最早，是相对比较简单，应用较广的统计分析方法。Chou 和 Fasman 20 世纪 70 年代对应用 X 衍射得到的 29 个蛋白质数据进行了统计，从而得到各种氨基酸残基在蛋白质中形成 α 螺旋、β 折叠构象的倾向性因子。

残基构象倾向因子定义为

$$P_{ij} = f_{ij} f_j$$

其中 f_j 是所有被统计氨基酸残基处于第 j 种构象态的分数；f_{ij} 是第 i 个氨基酸残基的对应分数。它们分别由下式计算

$$f_{ij} = n_{ij} / N_i$$

$$f_j = N_j / N_t$$

式中下标，j 表示构象态（α-螺旋；β-折叠；无规卷曲）；i 表示 20 个氨基酸残基中的某一个残基（i 从 1 到 20）；N_t 表示在统计的样本中残基的总数；N_j 表示在统计的样本中某一个构象态中残基的总数；N_i 表示某一个残基在统计的样本中的总数；n_{ij} 表示某一个残基在统计的样本的某一个构象态中出现的总次数。

显然，P_{ij} 大于 1.0 表示该残基倾向于形成 j 种构象，小于 1.0 表示倾向于形成其他构象。根据 P_{ij} 推断：最易形成 α 螺旋的残基是谷氨酸、蛋氨酸、丙氨酸和亮氨酸；脯氨酸和甘氨酸是破坏 α 螺旋的残基。谷氨酸是最易破坏 β 折叠的残基。5 个带电荷的残基都不利于 β 折叠的形成。

虽然 P_α 和 P_β 表明了在蛋白质中形成 α 螺旋和 β 折叠的相对可能性，但并没有指出这些残基在它们各自结构区域中位置的择优。通过构象边界分析，可以知道哪一个残基经常出现在 α 螺旋和 β 折叠的 N 端和 C 端。一般负电荷残基 Glu 和 Asp 在螺旋 N 末端占优势，而正电荷残基 Lys、His 和 Arg 在螺旋 C 末端占优势。Pro 从不出现在螺旋 C

端，而常出现在螺旋N端。带电残基不常出现在β折叠的边界区域，除Lys以外，所有其他带电残基出现在β折叠末端的比率均小于1.0。Glu、Asp和His出现在β折叠N末端的比率值最小。Ile、Val、Gln和Phe易出现在β折叠的N端，而Tyr、Val和Phe等易出现在β折叠的C端。分析β转角的第一到第四个残基的频率表明，出现在i位置频率最大的有Asn、Cys、Asp；出现在$i+1$位置上频率最大的是Pro、Ser、Lys；在$i+2$位置频率最大的为Asn、Gly和Asp；而在$i+3$位置的是Tyr、Gly和Cys。某些残基在β转角中有戏剧性的位置择优，如Pro出现在第二位置而不出现在第三位置，Tyr出现在第四位置而不在第二位置上，His出现在第一位置，但不出现在第二或第四位置上；Lys出现在第二而不在第一位置上等。在4个位置上都有高的β转角构象势的有：Asn、Gly、Pro、Ser。疏水性最大的残基表现出β转角的构象势最低。

Chou和Fasman在统计数据的基础上，提出了二级结构预测的经验规则。

(1) 螺旋规则，沿着蛋白质序列寻找α螺旋核，相邻6个残基中至少有4个残基倾向于形成α螺旋，则认为是螺旋核。然后螺旋核向两端延伸，直至四肽片段的α螺旋倾向性因子的平均值$P_\alpha<1.0$为止。最后，将螺旋两端各去掉3个残基，剩余部分若长于6个残基，而且$P_\alpha>1.03$，则预测为α螺旋。

(2) β折叠规律，相邻5个残基中若有3个倾向于形成β折叠，则认为是β折叠核，折叠向两端延伸直至4个残基的平均折叠倾向性因子$P_\beta<1.0$，若延伸后的片段$P_\beta>1.05$，则预测为β折叠。

(3) 转角规则，四肽片段，若位置专一性转角形成几率$f_i \cdot f_{i+1} \cdot f_{i+2} . f_{i+3}>7.5\times 10^{-5}$，$P_t>1.0$，且大于$P_\alpha$和$P_\beta$，则预测为转角。

(4) 重叠规则，螺旋和折叠的重叠区域，按P_α和P_β的相对大小进行预测，如若$P_\alpha>P_\beta$，则预测为螺旋；反之，预测为折叠。

在Chou和Fasman关于二级结构的预测开创性工作之后，许多生物学家对氨基酸残基形成α螺旋、β折叠的无规卷曲的倾向性开展了广泛的研究，并相继提出了几种建立于氨基酸构象倾向性的二级结构预测方法。它们的预测精度在65%～70%。

运用二级结构倾向性因子的计算公式分别计算α蛋白、β蛋白、α/β蛋白、α+β蛋白中20个氨基酸各自形成α螺旋的倾向性因子P_α，β折叠链的倾向性因子P_β，以及无规卷曲的倾向性因子P_{coil}。结果表明每一个氨基酸残基在不同的蛋白质类型中有不同的二级结构倾向性。每一个折叠类型中，20个氨基酸的二级结构的倾向性大小排列次序存在显著差别。

1) α螺旋倾向性P_α

按照Chou-Fasman的分类方法，如果一个氨基酸的$P_\alpha<0.9$，那么该氨基酸倾向于中断α螺旋；如果$0.9<P_\alpha<1.1$，该氨基酸对螺旋不敏感；如果$P_\alpha>1.1$那么该氨基酸倾向于形成α螺旋。这样的分类同样适用于P_β和P_{coil}。

对于α蛋白，Met、Glu、Cys、Ala、Ile和Leu倾向于形成α螺旋；Val、Lys、Gln、Arg、Trp、His、Phe、Asn、Tyr是α螺旋弱形成者；Asp、Thr、Gly和Pro是螺旋的中断者。对于α/β蛋白、α+β蛋白，也有它们各自的相应的α螺旋强形成者、弱形成者和中断者。这些与α蛋白的情况不大相同。统计分析表明，在不同折叠类型中，疏水残基（G、A、V、L、I、P）和一些极性残基（T、C、M、Q）变化较大，而芳香烃残基（F、Y、W）和其余残基的二级结构倾向性在不同的折叠类型变化较小。在不同的折叠类型中，变化最大的是Ile、Cys、Met和Gln。Ile在α蛋白中是螺旋的强形成者，在α/β蛋白、α+β蛋白中则是螺旋弱形成者；Cys在α蛋白中是螺旋的强形成者，在α/β蛋白、α+β蛋白中则是螺旋中断者；Met在α蛋白中是螺旋弱形成者，在α/β蛋白中则是螺旋弱形成者；Gln在α蛋白中是螺旋弱形成者，在α/β蛋白、α+β蛋白中则是螺旋强形成者。折叠类型对螺旋倾向性存在明显的影响。

2）β折叠倾向性

在不同的折叠类型中β折叠倾向性大小排列顺序完全不同。Met、Tyr、Val、Ile、Cys和Phe在几种类型蛋白中都倾向于形成β折叠；而Thr和Trp只在α+β蛋白中是β折叠形成者，Glu、Leu和Gly分别在β蛋白、α/β蛋白、α+β蛋白中是β折叠的形成者。Gln、Ser、Ala、Asp、Asn和Pro在几种折叠类型蛋白中都是β折叠中断者，对α/β蛋白倾向于中断折叠的还有His，Arg和Lys。除了Ala、Leu、Ser和His之外，其余残基的β折叠倾向性在不同类的蛋白中差别比较大。3个疏水残基（V、I、P）在α/β和α+β蛋白中比在β蛋白中β折叠的倾向性更强，这可能在一定程度上反映了β折叠链在α/β和α+β蛋白中比在β蛋白中的疏水环境更强。Cys在α/β蛋白中有特别高的β折叠倾向性，可能是由于α/β蛋白的β折叠桶中存在较多的二硫桥的缘故。Met在β蛋白中有较高的折叠链倾向性。带电残基Lys、Arg、His、Asp和Glu在β蛋白中比在α+β和α/β蛋白中有较高的折叠倾向性，这是因为β蛋白中的β折叠链相对更暴露。

3）无规卷曲倾向性

无规卷曲的倾向因子P_{coil}的比较说明折叠类型对P_{coil}的影响。Pro和Gly是两个最倾向于形成无规卷曲的残基，在所有类型的蛋白质中都如此。Asp、Asn、Ser在所有类型蛋白中都倾向于形成无规卷曲，而Tyr只是在α蛋白，Ala、Lys只在α+β蛋白中倾向无规卷曲。Phe和Trp在α蛋白中是无规卷曲的弱形成者，Glu和Gln在α+β蛋白中，Lys在β蛋白中是无规卷曲的弱形成者。Val、Leu、Ile和Met在所有折叠类型蛋白中都是无规卷曲的中断者。

Chou-Fasman方法原理简单明了，但它是理解蛋白质结构预测和分子设计的基础。现在进一步研究发现各个氨基酸残基的二级结构倾向性与折叠类型相关，其对提高预测准确性具有重要意义。

8.5.2.2 GOR方法

GOR（Garnier-Osguthorpe-Robson）方法也是建立在统计的基础上的。与Chou-Fasman方法假设单个氨基酸在一段序列中单独决定二级结构不同，GOR方法假设两侧氨基酸会影响一个氨基酸所形成的二级结构的形式，同时该方法还用信息学的方法导出预测方法。首先定义参数S_i，代表肽链上第i位置上残基的状态（α螺旋，伸展，链状态，转角，卷曲），统计肽链上i位置两侧各8个残基对第i位置的影响。

事实上统计全部残基的影响是不实际的，是一种理想化的提法。在对有限的蛋白结构样本进行统计分析时，要作一些近似简化，减少对第i个位置影响的残基数目。

GOR方法计算过程较为复杂，应用此方法预测蛋白质的二级结构为螺旋、折叠或者转角的准确率大约为65%。

8.5.2.3 其他方法

蛋白质二级结构预测除了上面的 2 种方法以外，经常使用到的二级结构预测方法还有：Cohen 方法、Gamier 方法、神经网络方法、模式识别方法等。

科研实践中的经验让人们认识到，同时使用多个软件进行预测的综合方法是切实可行的策略，即通过分析各个软件的特点以及各个软件的预测结果，最终形成二级结构一致性的预测结果。另外需要注意的是，相关数据的综合也至关重要；例如，结构实验结果、序列比对结果、蛋白质结构分类预测结果等方面信息的综合。

8.6 蛋白质高级结构预测

尽管蛋白质的空间结构测定存在着困难，但是人类也已经测定了上万种蛋白质的空间结构，知道了这些蛋白质的序列与结构之间的关系。这为我们分析预测已知序列的空间结构奠定了基础。

总体上看，蛋白质空间结构预测方法主要有两大类。一类是理论分析方法或从头预测方法（ab initio prediction method），通过理论计算（如分子力学、分子动力学计算）进行结构预测，该类方法假设折叠后的蛋白质取能量最低的构象。原则上说，我们可以根据物理、化学原理，通过计算来进行结构预测。但是在实际中，这种方法往往遇到很大困难。主要有以下几个原因：一是自然的蛋白质结构和未折叠的蛋白质结构，两者之间的能量差非常小（1kcal/mol 数量级）；二是蛋白质可能的构象空间庞大，针对蛋白质折叠的计算量非常大；另外，计算模型中力场参数的不准确性也是一个问题。另一类是统计方法，该类方法对已知结构的蛋白质进行统计分析，建立序列到结构的映射模型，进而根据映射模型对未知结构的蛋白质直接从氨基酸序列预测结构。映射模型可以是定性的，也可以是定量的，是根据大量的已知的蛋白质三维结构来预测序列已知而结构未知蛋白质的结构，此类方法又被称为基于知识的蛋白质结构预测（knowledge-based protein structure prediction）。虽然蛋白质的序列繁多，但通过对已知三维结构的蛋白质统计分析研究表明，按其三维拓扑结构加以区分，可归属于一些不同的折叠类型，以及不同的蛋白质同源家族。研究发现，在 PDB 的 12 500 多种蛋白质中，一般的折叠类型只有 500 多种。在整个自然界，包括那些尚未测定的蛋白质在内，有些生物学家估计有 500～700 个折叠子类型，因此，很多蛋白质具有相同的或相似的空间结构，这为空间结构预测奠定了基础。这是进行蛋白质结构预测较为成功的一类方法，这一类方法包括经验性方法、结构规律提取方法、同源建模方法等。

所谓经验性方法就是根据一定序列形成一定结构的倾向进行结构预测，例如，根据不同氨基酸形成特定二级结构的倾向进行结构预测。通过对已知结构的蛋白质（如蛋白质结构数据库 PDB、蛋白质二级结构数据库 DSSP 中的蛋白质）进行统计分析，可以发现各种氨基酸形成不同二级结构的倾向，从而形成一系列关于二级结构预测的规则。

与经验性方法相似的另一种办法是结构规律提取方法，这是更一般的方法。该方法从蛋白质结构数据库中提取关于蛋白质结构形成的一般性规则，指导建立未知结构的蛋白质的模型。有许多提取结构规律的方法，如通过视觉观察的方法，基于统计分析和序列多重比对的方法，利用人工神经网络提取规律的方法。

如果既没有找到一般的同源蛋白质，又没有找到远程同源蛋白质，那么如何进行结构预测呢？一种可行的办法就是充分利用现有数据库中的信息，包括二级结构和空间结构的信息，首先从蛋白质序列预测其二级结构，然后再从二级结构出发，预测蛋白质的空间结构；或者采用从头算方法进行结构预测。

8.6.1 比较建模法

比较建模法（comparative modeling method）是通过同源序列分析或者范型匹配来预测蛋白质的空间结构或者结构单元（如锌指结构、螺旋-转角-螺旋结构、DNA 结合区域等）。其原理基于下述事实：每一种自然蛋白质具有一个特定的结构，但具有相似序列的蛋白质倾向于折叠成相似的空间结构。一对自然进化的蛋白质，如果它们的序列具有25%～30%的等同部分或者更多，则可以假设这两个蛋白质折叠成相似的空间结构。这样，如果一个未知结构的蛋白质与一个已知结构的蛋白质具有足够的序列相似性，那么可以根据相似性原理给未知结构的蛋白质构造一个近似的三维模型。蛋白质的同源性比较往往是借助于序列比对而进行的，通过序列比对可以发现序列保守模式或突变模式，这些序列模式中包含着非常有用的三维结构信息，如果目标蛋白质序列的某一部分与已知结构的蛋白质的某一结构域区域相似，则可以认为目标蛋白质具有相同的结构域或者功能域。

这一方法主要是指同源结构预测。它是在未知蛋白质中有同源结构可以参考的情况下应用的一种技术，可以根据同源结构中保守的部分搭建出未知蛋白质的结构骨架，是现在最为成熟、可靠的预测方法，并已有商业化软件可以使用，如 Biosym/MSI 公司的 Homology 和 Protein Design 等。

若未知空间结构蛋白质的序列与模板序列经比对（alignment）后的序列相似性（sequence identity）在 40%（也有讲 35%）以上，则它们的结构属于同一家族，可能是由同一祖先演化而来的同源蛋白（homology）；它们具有相似的空间结构、相同或相近的功能。若知道了同源蛋白家族中某些蛋白质的结构，就可以预测其他一些序列已知而结构未知的同源蛋白质的结构，用同源模型构建的方法预测蛋白质的三维结构。自从 20 世纪 80 年代中后期 Blundell 教授等提出同源蛋白质结构预测以来，已有许多在各种同源性制约下的结构预测报道，被普遍认为是目前三维结构预测的可行途径。当序列同源性大于 70%时，结构预测的可靠性很高，当序列同源性低于 30%时，各种方法预测的结果较差。Mosimann 等（1995）提出了一些对此类预测结构的可靠性的检测办法。这使得同源结构预测成为一种可以评估，从而具有可信度的方法。

同源蛋白模型构建的步骤如下。

（1）目标蛋白序列与模板序列的匹配。构建同源蛋白模型，首先把目标序列与序列库或结构库匹配、排比，从库中按序列同源性挑选出一些同源性比较高的序列，然后把挑选出的序列与目标序列进行多重匹配。多重匹配结果，得到模板结构等价位点套的初始集合。常用的序列库有 PIR、SWISS-PROT、GenBank 等。搜寻软件主要有 FASTA 和 BLAST 等。

（2）根据模板结构构建目标蛋白结构模型。在已确定的模板结构等价位点套的初始集合的基础上，旋转每一个模板的结构，使它们相互间的位置尽可能多地重叠在一起。不同两个模板在空间中若符合一定的重叠距离标准，那么它们相互之间的关系就是等价位点。许多这样的等价位点构成了等价位点套。叠合结束后，即得到了同源蛋白的结构保守区（SCR），以及相应的基架结构（framework）。模板结构匹配后，一般还要再用得到的同源体的 SCR 的第一条序列与目标序列匹配，挑选出目标序列上的高相似区，定义为目标蛋白的 SCR。分别对 SCR 结构变异区及各氨基酸侧链建模。

（3）对模型结构进行优化和评估。同源结构建模（预测）得到的蛋白质结构模型，通常含有一些不合理的原子间接触，需要对模型进行分子力学和分子动力学优化，消除模型中不合理的接触。另外，模型中有些键长、键角和二面角也有可能不合理，也需要检查评估。现已有专门的软件完成这类工作，如 PROCHECK、PROSA Ⅱ 等。

8.6.2 蛋白质的逆折叠技术

利用同源建模方法可以预测 10%～30%蛋白质的结构。然而，许多未知空间结构的蛋白质在数据库中找不到已知空间结构的同源序列，即在数据库中找不到一个与待预测序列的相似性超过 25%已知空间结构的序列，这些蛋白质的空间结构不能用同源建模的方法来预测，为处理这类问题人们发明了一项称为逆折叠法的技术（inverse folding or threading）。

蛋白质逆折叠法亦称为蛋白质反向折叠法、穿线法。它可以应用到没有同源结构的情况中，且不需要预测二级结构，即直接从一级结构预测三级结构，从而可以绕过现阶段二级结构预测准确率较低的限制。蛋白质逆折叠法是指已经知道一个蛋白质的立体结构，把未知空间结构的序列，折叠成这个立体结构。逆折叠法又称为穿线法，是因为它相当于把未知空间结构的序列看作一条线，把这条线穿入各种已知空间结构模式中，如果线上连接的各个残基都满足各种力学、能学及几何学条件，则这一模式就可以作为该序列的预测结构。

它的主要原理是把未知结构蛋白质的顺序和已知的蛋白质结构进行匹配，找出一种或几种匹配最好的结构作为未知蛋白质的预测结构。逆折叠法需要解决两大问题：一是非重复的折叠模式库的建立，即提取结构模式，给定一个结构，在数据库中寻找能折叠成这一结构的所有序列，即逆折叠；另一是未知结构的序列穿入哪一种结构最适合，即穿线，亦称为镶嵌。它的实现过程是总结出已知的独立的蛋白质结构模式作为未知结构进行匹配的模板，然后用经过对现有的数据库的学习总结出的可以区分正误结构的平均势函数（mean force field）作为判别标准来选择出最佳的匹配方式。

目前用于判别蛋白质逆折叠技术结果有两大类方法。

（1）基于经验势函数的方法。这类方法的主要特点在于势函数（potentieal function）的选取不同，都希望通过对已知蛋白质进行结构分析，建立形式各异的势函数，从而用折叠构象的能量最低标准来指导目标蛋白质的序列镶嵌，看它能与哪一个已知的结构模板相匹配。在此，以 Bryant 的势函数为例对这类方法加以说明。

Bryant 的方法分为 3 步：①从 PDB 库中挑选出一些分辨率比较高的结构，然后测量每一种不同的氨基酸对（如 A—A，G—F 等）之间的距离，并分类，然后用四元组

（氨基酸 1、氨基酸 2、距离、频率）方式记录频率数据；②把记录的数据转化成势函数，把原四元组的记录转化成新的四元组（氨基酸 1、氨基酸 2、距离、势能）记录形式。假如把库中的每一个蛋白质的序列随机化，则每一个四元组的频率记录都有一个数学期望，根据这个期望频率，把每一个记录频率转化的相对几率，再根据几率的 Boltzman 分布，把相对几率换算成势函数；③把目标序列与每一种蛋白质的折叠模体（folding motif）进行匹配，根据第二步建立的势函数计算构象的能量，并以能量为标准，寻找序列与模体的最佳匹配方式。

这里所得到的势函数事实上是一种平均场势函数（potential of mean force）。目前，基于知识的平均场势函数方法已日趋成熟，成为蛋白质结构研究中的一个重要工具，利用这个工具可进行蛋白质的从头设计和蛋白质结构的从头预测。Kocher 已对各种基于知识的势函数的结构预测能力及其影响作过评价。

现在，该方法又有进一步发展，有人利用蛋白质主链的极性分数及主链的二面角为参数，构建了一种基于蛋白质结构数据的势函数，把这一势函数用于蛋白质的逆折叠研究中，发现该函数可成功地将蛋白质分子的天然构象从构象库中识别出来。

（2）基于特征矩阵分析的方法——3D Profile。3D Profile 方法由 Bowie 等提出，并已发展成为商品化软件 3D Profile。这种方法根据溶剂可及性首先把残基分 3 类：暴露类（E）、部分埋藏类（P）和埋藏类（B），然后按照侧链面积中极性原子的暴露百分数，把 P 又分为 P1 和 P2，B 分为 B1、B2、B3，再加上考虑到两种规则二级结构 α 螺旋和 β 折叠，这样把残基的环境分成了 18 类。对已知结构蛋白质进行统计分析，计算 20 个残基在各类环境中出现的几率，建立 18×20 的矩阵（18 指 18 种环境类，20 代表 20 种氨基酸）。矩阵元素 $S_{ij}=\ln(P(i,j)/P_i)$，其中 $P(i,j)$ 为残基 j 在环境 i 中出现的概率；P_i 是在任何环境中出现 i 的概率，这样，便建立了每种氨基酸在不同环境类中的得分表。

当给定一个蛋白质三维结构时，通过输入它的原子坐标，可以计算出各残基的局部环境类，根据得分表，把三维结构转化成一个 $N\times 20$ 的矩阵（N 为蛋白肽链的长度），从而把整个结构库转化成一个 3D 矩阵库。若已知一个序列，利用动态规划，把新序列与库中的第一个矩阵比较，可寻找最佳匹配，对模建序列空间结构进行预测。

还有几种描述蛋白质残基的局部环境，得到矩阵库的方法。如 Quzounis 等的接触矢量法，Abagyan 等运用溶剂化能发展了一种不依赖于数据库的统计信息来建立矩阵的方法等。

穿线方法的局限性在于它假设蛋白质折叠类型是有限的，所以只有未知蛋白质和已知蛋白质结构相像的时候，才有可能预测出未知的蛋白质结构。如未知蛋白质结构是现在还没有出现的结构类型，这种方法将不能被应用。所以这个方法更适合于能在数据库中找到远缘分子空间结构的某个未知结构序列的空间结构的预测。

由于目前从理论上预测蛋白质结构还比较难，因此更需要重视基于知识的蛋白质结构预测技术和方法的研究、发展，扩大这些方法的应用范围，进一步提高结构预测的准确度和可信度，更好地为深入研究蛋白质结构和功能的关系，以及基于结构的药物分子设计服务。

8.6.3 从头预测方法

从头预测方法（de nove prediction）的基本思想是将基于知识的方法与计算化学以及统计物理学的方法相结合，采用简化的蛋白质的模型和根据已知结构的蛋白质所导出的平均势场，从理论上计算出蛋白质的结构。这些方法不仅在蛋白质的结构预测方面显示很强的生命力，而且可以在计算机上模拟蛋白质分子折叠的全过程。这里还要特别提及的是蛋白质工程的兴起给了我们一个极其有力的手段。目前，尽管能以蛋白质工程技术得到序列完全正确的片段，但往往不能正确折叠成天然状态的空间结构，也就没有相应的生物学功能，但蛋白质工程原则上允许人们逐个仔细考察不同氨基酸人工突变对折叠过程的影响。可以相信，人类掌握“一级结构决定高级结构”的规律将为期不远。

这一方法从理论上讲是最理想的方法。它要求方法本身可以只根据蛋白质的氨基酸序列来预测蛋白质的二级结构和高级结构，但现在所有的方法还不能完全达到这个要求。从头计算方法目前主要有下列几种。

（1）二级结构片段堆积计算。首先从一级序列预测出二级结构，然后再把二级结构堆积成最后的三维结构。但由于目前的二级结构无法很好地考虑蛋白质中远程相互作用，所以预测准确率一直限制在65%以下。因此从一级结构经二级结构到三维结构的方法进展很慢。

Barton 和 Sander 等发现在一个蛋白质序列中总有约40%序列的预测可以有很好的可信度，而这些序列的实际预测的准确率都在80%以上。经研究后发现这些区域都是一些二级结构周期性较强，序列比较保守的地方。这些结果给如何将现有的二级结构预测结果应用到三维结构预测提供了有益的启示。

（2）简化模型的计算。例如，假设每个氨基酸都是一个圆球，利用晶格模型进行计算。

（3）完全根据蛋白质的物理模型进行分子动力学模拟。

（4）从头计算与基于知识的结构预测的结合。首先对序列片段与已知结构肽段的相似性预测结构，然后将这些片段组装，并以一定的能量函数进行判断，最后再进行筛选。

从头预测还包括基于知识的从序列预测各级结构和结构类型。

三维结构预测指预测出某蛋白质的未知空间结构，这是蛋白质结构预测的最终目标。目前还没有一种预测方法能得到比较满意的结果，不过发展十分令人鼓舞。预测三维结构现在有两个大的方向。一个方向是根据二级结构预测的结果，以及蛋白质结构类型和折叠类型预测的结果，考虑到结构间的立体化学性质、亲疏水性质、氢键以及静电相互作用，把可信度较高的二级结构进一步组装，搭建出最后的蛋白质结构。这种方法虽然可构建出一些蛋白质结构，不过因为它依赖于前面的预测结果，所以受到的限制太多。另一个方向是不依赖于二级结构预测的结果，直接预测三维结构的方法。在这个方向中最原始的方法是借用成功的应用于小分子构象研究的分子动力学和分子力学方法。对蛋白质整个构象空间进行搜索，然后找出能量最低的构象作为最后的预测构象。由于这种方法的计算量非常大，所以这种方法已经不再应用到蛋白质结构的从头预测问题。不过这种方法的基本框架却被继承下来。随着对蛋白质结构规律和折叠规律的进一步认识，蛋白质三维结构预测已转变为如何有效地搜索构象空间和如何区分出天然结构和错误结构的问题。

超二级结构预测是比二级结构的结构层次更高的结构预测，它实际上已经是局部的空间结构预测问题。20 世纪 90 年代以来，一些研究组应用人工神经网络方法和向量投影方法等多种方法，进行了超二级结构预测的研究。从蛋白质的氨基酸序列出发，直接预测蛋白质的超二级结构。判断某一段氨基酸序列是否能形成某一种模式的超二级结构，某准确率超过了二级结构预测的准确率（其中人工神经网络方法预测的准确率在 75％～82％；向量投影方法预测的准确率达到 85％以上）。

蛋白质结构类型（protein structure class）的预测是指预测未知蛋白质的结构是属于全 α 类蛋白质、全 β 类蛋白质，还是 α/β 类或 α＋β 类等结构类。结构类型预测除本身可以让人们了解大概的蛋白质结构折叠情况外，对二级结构的预测也很有帮助。现在结构类型预测方法主要有根据光谱数据预测、神经网络预测和 Chou and Fasman 用氨基酸组成的 Mahalanobis 距离预测方法。

8.6.4 正误构象的判断

蛋白质结构预测是否正确？实验测定、结构解析得到的空间结构数据是否准确？需要作出判断。在正误构象的判断方面，主要是发展预测中所用的能量函数，这种能量函数共有 3 类。

第一类为分子力场，即根据经典的物理模型如谐振子模型等，结合一些光谱实验数据，发展一种适合计算蛋白质构象的参数和相应的势能函数形式。这是一类比较经典的方法。现在的主要力场有 CharMm 力场、Discover 力场、Amber 力场、Sybyl 力场等。这类方法虽然研究时间长，但多年来在蛋白质从头预测研究方面的应用一直进展不大，而且很难应用到判断蛋白质整体结构的正误上。现在这些力场主要应用在结构优化和蛋白质动态性质的研究上。

第二类为平均势函数。它是一种对现有蛋白质的各种性质进行统计得出各种性质的分布，然后根据能量按 Boltzman 分布的原理，反推出一个所谓的能量函数，即平均势函数，然后再以这个函数算出的能量作为正误判断的标准。现在用平均势函数判断所测的晶体结构是否合理方面结果很好，它可以找出原来 PDB 库中结构数据测得不太准确的蛋白质，特别是加入和溶剂有关的能量项后，该方法非常灵敏。

第三类为根据蛋白质结构的特点总结出的简单的评估函数。如 Ensenberg 等把蛋白质结构环境分为 18 类，然后统计 20 种氨基酸在这 18 种环境中出现的概率，最后总结出判断有关氨基酸对某种环境的喜好程度的评估矩阵。在判断结构好坏时只需计算这种函数值的高低。这种方法也叫 3D-Profile 方法。除了这种方法外，还有一些更简单的评估方法，如考虑到蛋白质折叠主要靠疏水相互作用，所以在判断时如果两个疏水残基相互接近时就使总能量值降低一定的数量，而其他的相互作用就对蛋白质的结构能量没有影响。此外，还可以利用氢键和静电相互作用建立相应的简单的评估函数，最后也按函数值的高低判断结构的好坏。这种势函数的好处是计算量小，同时由于它只考虑主要的因素，参数较少，对研究蛋白质结构的本质问题十分有利。

由上面的讨论可以知道，蛋白质预测方法主要由3个因素构成：蛋白质结构模型、蛋白质构象搜索方法，以及蛋白质构象好坏的判断或称势能函数（评估函数）。各种预测无非是这3个因素在各个层次上的组合。

在以前计算经典力场的方法中，精确氨基酸模型和Monte Carlo模拟、模拟退火等方法结合的比较多，但预测结果一直没有很大提高。近来发展了一些简单模型和简单评估函数的方法，这些方法的预测结果比以前有了很大的提高，而且因为模型比较简单，因素也比较少，对搞清楚影响蛋白质结构预测和蛋白质折叠的原理方面非常有利。这方面的预测方法是一个很有发展前途的方向。有关简单评估函数做得比较好的小组有Dill K A小组、George Rose小组、Sorin Ilsreal小组等。

蛋白质三级结构（tertiary structure）预测，特别是基于二级结构预测的三级结构预测，尽管已经有个别成功的例子，总的说来，还远远没有成熟。随着对蛋白质折叠过程复杂性认识的逐步深入，我们不得不承认，实现从蛋白质一级结构序列直接预测其三维空间结构这一目标，还需要艰苦的努力。

8.6.5 蛋白质功能的预测

蛋白质的比对及空间结构预测的目的都是为研究蛋白质的功能打基础，目前预测蛋白质功能的手段主要是进行序列、结构和模体比对。序列比对及空间结构分析是功能预测的基础，可以通过结构预测来间接进行功能预测；许多功能可直接从蛋白质序列预测出来，前面在蛋白质基本性质预测方面已经谈到了一些直接进行功能分析的方法，如跨膜区预测、导肽预测等，都可作为功能预测的手段。下面再简单叙述两种直接进行功能预测的方法。

1）通过比对数据库相似序列确定功能

根据序列预测蛋白质功能的唯一方法是通过数据库搜寻，比较该蛋白是否与已知功能的蛋白质相似。有两条主要途径可以进行功能的比较分析：

（1）比较未知蛋白质序列与已知蛋白质序列的相似性；

（2）查找未知蛋白质中是否包含与特定蛋白质家族或功能域有关的亚序列或保守区段。

一般来说，数据库相似性搜索获得的结果最为可靠，而来自PROSITE的结果相对不可靠。具有相似序列的蛋白质具有相似的功能。因此，最可靠的确定蛋白质功能的方法是进行数据库的相似性搜索。但应记住，一个显著的匹配应至少有25%的相同序列和超过80个氨基酸的区段。

2）通过序列模体确定功能

一般相似序列往往具有相似的功能，但有时这一假设并不完全可靠；有时也会出现这样的情况，通过比对，未知蛋白质序列与数据库内已知功能的序列均相差较大，找不到可靠的匹配结果，或与某一不知功能的序列相匹配。因此为可靠起见还要进行一些功能方面的分析。

主要是通过功能模体搜索，来确证功能。在进行序列比对初步确定功能后，再用相似序列蛋白质的功能模体，与目标序列比对，寻找目标序列是否有具有相似模体存在，如果有则可进一步确定其可能的功能。对于比对结果在模糊范围内或根本找不到相似序列的目标蛋白质，也可以用模体搜索的方法来预测蛋白质的功能。

最知名的模体数据库是 PROSITE。其记录的典型形式（以酪蛋白激酶Ⅱ磷酸化位点的一致序列为例）为[ST]—x(2)—[DE]，即一个丝氨酸（S）或酪氨酸（Y）紧跟任意 2 个残基，然后再是一个 D 或 E。另外记录中包含了位点其他一些重要信息，如位点的作用、在何处被发现等。特征矩阵（profile）数据库主要有 BLOCKS（http://www.blocks.fhcrc.org/blocks/）、PRINTS（http://www.biochem.ucl.ac.uk/bsm/dbbrowers/PRINTS/）和 ProDom（http://protein.toulouse.inra.fr/prodom/prodom.html）。正如其他生物信息学资源一样，这些数据库总是在规模和质量之间寻求平衡。对于分布型数据库的质量来说，还包括多序列比对产生的分布型。记录数最多的数据库是依赖于自动比对程序，得到的结果有时并非是最佳结果；而记录数少的数据库一般花很多时间用于分析，人工核对比对结果，力求产生高质量的结果。一般地，分析时应搜索所有的相关数据库，以保证没有任何的遗漏。BLOCKS 数据库是利用 PROSIT 正数据库模体经无空位多序列比对构建而成，PRINTS 数据库（最小的数据库）的记录来自保守序列的多序列比对，而 ProDom 数据库（version33）数据则来自 9600 个蛋白质功能区模体（domain motif）的比对结果。

主要有两种方法可用于序列模体的查找。一种方法是查找匹配的一致（consensus）序列或模体。该技术的优点是快捷，缺点是有时不灵敏，因为只有与一致序列或模体完全匹配才会被列出，而近乎匹配的都将被忽略。这将使你进行更复杂的分析时受到严重限制。另一种方法是用序列特征矩阵法。原则上，特征矩阵搜索的是保守序列（不只是一致序列），这样可以更灵敏地找出那些相关性较远的序列。但是特征矩阵和特征矩阵数据库的创建并非易事，它需要大量的计算和人力，因此，特征矩阵数据库的记录数并没有模体数据库多。在实际分析时，应同时对这两种类型的数据库都进行搜索，其中在一个数据库中被完全错过可能在另一个数据库中显著的匹配，反之亦然。

已有不少种类的数据库搜索工具，它们或者搜索速度慢，但灵敏；或者快速，但不灵敏。快速搜索工具（如 BLASTP）很容易发现匹配良好的序列，所以没有必要再运行更花时的工具（如 FASTA、BLITZ），只有在诸如 BLASTP 不能发现显著的匹配序列时，这些工具才被使用。所以，一般的策略是首先进行 BLAST 检索，如果不能提供相关结果，运行 FASTA；如果 FASTA 也不能得到有关蛋白质功能的线索，最后可选用完全根据 Smith Waterman 算法设计的搜索程序，如 BLITZ，BLITZ 不做近似估计（BLAST 和 FASTA 根据 Smith Waterman 算法做近似估计），所以很耗时，但非常灵敏。通常诸如 BLITZ 的程序能够发现超过几百个残基但序列相同比率低于 20%～25% 的匹配，这些匹配可能达到显著，但会被那些应用近似估计的程序错过。

还应注意根据具体情况选用不同的计分矩阵。首先，选用的矩阵必须与匹配水平相一致。例如，PAM250 应用于远距离匹配（<25%外相同比率），PAM40 应用于不很相近的蛋白质序列，而 BLOSUM62 是一个通用矩阵；第二，使用不同矩阵，可以发现始终出现的匹配序列，这是一条减少误差的办法。同样可以考虑选用不同的数据库，通

常可以使用的数据库是无冗余蛋白质序列数据库 SWISS-PROT 和 PDB。

8.7 蛋白质互作分析

几乎所有的生命活动都有蛋白质的参与。蛋白质之间及其与其他分子之间的关系与相互作用研究，以及蛋白质相互作用与相互关系网络的建立，不但可以说明蛋白质的功能，而且可以在分子水平建立细胞、组织以至整个生物体的活动模型。

蛋白质之间相互作用研究是蛋白质结构功能研究的深入和扩展，蛋白质分子内部各基团之间的关系与相互作用是蛋白质分子空间结构的基础，而蛋白质与其他分子的关系及相互作用是蛋白质行使功能的必要条件。过去对蛋白质的功能认识主要集中在单个分子上，如某个蛋白质是催化作用的酶、某个蛋白质是结构蛋白。但这些功能在分子单独存在时并不表现出来，而只有蛋白质与其他分子发生相互作用时才得以表现。在生物体中，任何一个分子都会通过某些途径与其他一系列分子发生作用和产生联系，这些途径之间的相互联系，形成了生命活动的网络，因此，任何一个分子都是生命活动网络中的一个节点，这个网络可能是代谢途径，可能是信息传递与调控网，也可能是能量传输通路。所以应该把蛋白质放在网络中用系统的观点考察其功能。

8.7.1 蛋白质互作

蛋白质分子之间的相互作用主要包括：分子的聚合与杂交、分子的识别、分子的自我装配、多分子复合体、能量或电荷的传递等。这些作用都具有重要的生物学意义。这些相互作用都是通过分子表面的疏水键、电荷等进行分子之间相互作用的，所以对这些相互作用的预测除应用数据库中的已有相互作用数据外，也可以通过计算分子表面电荷及疏水基团暴露的多少来预测。

关于蛋白质相互作用除了包括物理接触相互作用（physical interaction）外，还包括功能意义上的相互作用（functional interaction），即相互作用的两个蛋白质之间没有直接的物理上的接触，但它们在功能上存在密切的联系。或者说蛋白质之间的相互作用是指蛋白质分子之间以及蛋白质与其他分子之间的直接接触的相互作用，和分子之间在生命活动中所建立的联系或彼此的关系，如参与同一条代谢通路、构成同一个大分子机器等。依据不同的标准可以将蛋白质相互作用分为很多类，如依据相互作用的蛋白是否相同可以分为相同（homo-）蛋白质的相互作用和不同（hetero-）蛋白质的相互作用，依据相互作用的牢固程度可以分为永久（permanent）相互作用和暂时（transient）相互作用，依据相互作用的必需程度可以分为专性（obligate）的相互作用和非专性（non-obligate）的相互作用，依据相互作用的生物学意义的大小又可以分为特异的（specific）相互作用和非特异的（non-specific）的相互作用等。

生物信息学已经在蛋白质相互作用研究方面做出了很多贡献，取得了累累硕果，包括预测蛋白质相互作用的方法的研究、高质量蛋白质相互作用数据库的建立、预测蛋白质相互作用的软件和网络服务的开发等。在蛋白质相互作用的基础上还广泛开展了蛋白质相互作用网络的研究、蛋白质功能的预测、新药研发等相关研究，同样取得了丰富的研究成果。

研究蛋白质之间的相互作用的最终目的是建立细胞乃至整个生命活动的蛋白质互作组（interactome）的模型。互作组是细胞中所有蛋白质互作关系的总和，这是一个非常复杂且庞大的数据集，要把这样庞杂的数据在一个界面友好的清晰格式中表达出来是非常困难的。最简单的格式是蛋白质互作图，在图中，我们将蛋白质放在节点上，用连线来描述互作关系。对于少量蛋白质，互作图谱很有用，然而如果有大量的蛋白质就会得出非常复杂的图表。整个细胞上万种蛋白质，它们之间的相互作用图将是一个非常复杂网络图。为了直观起见，可以把功能类似的蛋白质组合成功能组，如DNA复制、转录、膜转运等，可以得到一张简化的互作图——功能互作图谱，在图上一些基本的细胞功能互相连成网络。这张图可以示出某些功能类型蛋白质的彼此相互作用。

8.7.2 分子途径的描绘

通过对基因和蛋白质的研究已获得了大量的关于基因及其产物的附加（通常是功能方面的）信息，但是一般它们只给出了静态下单个分子的序列与功能之间的关系，而这些分子只是一个生物系统的单个元件，这个系统还处于不断运动与变化中，要获得这些原件功能的全貌，就必须把其放入系统中进行整体研究，为此有必要把这些信息整合进高阶模型中。高阶模型包括了途径、网络、细胞、组织、器官和整个生物体。

分子途径是指一组连续起作用以达到共同目标的蛋白质。例如，代谢途径通过一系列的中间产物得到最终产物，信号途径把信号通过一系列载体传播到靶向物，调控途径则表示控制的层次。表示分子途径的最简单的方法就是作图，图中使用连线把各实体连接起来，表明各实体（用节点表示）之间的关系。此处实体是分子，连线则表示某种生理或者功能关系。分子网络是一个高级系统，它可能包含了几个或者很多途径以及它们之间的相互作用。生物信息学在途径和网络的绘制和建模及在数据库资源的创立方面起到了重要的作用。

在代谢途径中，节点表明代谢底物、中间产物和最终产物，而连线表示这些分子是如何互相转化的，连线可能都标上了用来催化每一步反应的酶。在信号产生的级联体系中，节点代表了级联体系中的元件，如信号本身、受体、细胞质信号转导蛋白和下游靶向物，连线表明了信号转导路线，并且大致上推断了途径中实际相互作用的邻近元件。但这对催化代谢途径中连续步骤的酶来说不一定是这样，因为代谢中间产物会分散于不同的酶之间或被转运于不同的酶之间。在调控途径中，节点则表示调控分子，如转录因子，而连线代表了一些控制层次。

分子途径和网络的图可以很简单，也可以非常复杂，它们可能包含了多个分支盘绕的连接和回路。此外，它们通常也显示出节点间关系的方向，如表示出代谢通量或信号转导的方向。调控途径和网络的图也应该说明相互作用是正的还是负的，正的相互作用（促进或者活化作用）常常用箭头表示，而负的交互效应（抑制或者失活作用）常常用T形棒表示。

分子途径图可以用各种直接或者间接的方法来绘制，最直接的方法就是用标记代谢中间物做喂养实验，途径的最终产物如果被标记了，就证明了引入的化合物是途经的代谢中间体。酶的分离和体外的酶检实验是另一种可能得出有用信息的途径。最近，功能基因组学和生物信息学提供了许多工具，极大地方便了途径的绘制。基因表达数据可以用来分析和构建基于共表达阵列的途径和网络模型，而蛋白质互作数据可以提供支持的证据。突变分析也是有用的，如果几个基因有相似的突变表型，这就暗示这些蛋白质可能存在于相同的途径中。途径中基因活动的顺序可以利用遗传分析来建立。

如果能有合适的信息，那么就有可能从数学模型中得出生化反应的数学模型，该模型可以预测不同时间反应物和产物的水平。一个简单的模型可能包括从底物 S 形成产物 P 的过程。产物水平上的变化速率依赖于 S 的浓度 $[S]$，并可以用以下方程式来描述，其中 V_{max} 指最高速率，K_M 为 Michaelis 常数：

$$\frac{dP}{dt}=\frac{V_{max}[S]}{[S]+K_M}$$

可以用一系列的微分方程来模拟整个代谢途径，并且这个模型可以被不断修正，以配合复杂的因素，如分支点、细胞器和自发反应（即非催化）间往返的中间产物。

建立在模拟微分方程上的模型不是理想的模型，因为它们对系统的状态做了绝对的假设，另一种方法使用的是 Gillespie 算法，该算法不是建立在浓度的基础上的，而是建立在根据反应概率而随机反应的粒子基础上，该反应概率是从已知的速率常数得来的。这就有了化学反应动力学的随机模拟。

分子途径和网络仅仅代表了高阶模型的第一层次，在这一层次中，基因和蛋白质被看成是功能和互作群体，而不是单个实体。更高的一个层次是细胞，在最简单的意义上，它可以被认为是相互联系和相互隔离的分子途径的集合体，这些分子途径包括那些在空间上由膜隔开的，但负责与环境交换信息的过程。可是，给细胞下定义并不是简单地计算和组织由生物体基因组编码的分子途径。细胞是一个动态系统，根据环境条件的需要，有些途径是活动的，而有些是沉默的。在多细胞生物体内，细胞进行了分化和专门化，所以，任何一种类型的细胞只利用基因组编码的一部分潜在途径。因此，对细胞建模来说，系统地尝试把代谢、信号发生、调控途径和蛋白质互作网络编成目录还是不够的。

组织与器官描述了比细胞更高层次的系统。组织是一种或多种类型细胞的有组织的集合体。器官是体内用于履行某一个专门功能的结构。任何建模手段都应考虑到组织与器官中的细胞是通过各种途径相互作用（如释放近程扩散性分子或者依赖接触机制）和相互依赖的。通常，一个细胞的功能可能依赖于另一个细胞的功能，所以细胞不再被认为是单独的功能实体而是系统的元件。组织与器官的另一个特点是，它们正常的生化或生理过程碰到任何干扰都会倾向于保持动态平衡。从某种程度上讲细胞也是这样的，但细胞会通过正在进行的分化对环境改变做出反应。在网上可以找到组织和器官模拟的应用实例。

整个生物体（多细胞）的建模存在与组织和器官建模相似的一些问题，那就是对不同细胞类型间的交流、合作和相互依赖的理解。但是，在生物体层次上的一个特别例子就是对发育的建模，有时称做发育程序，它被写入了基因组，并包含了把受精卵这样一个单细胞转化为一个复杂的功能生物体所需的信息，在该生物体内，有许多不同类型的细胞以特定的方式来装配成明确的结构（组织与器官）。

8.7.3 预测蛋白质相互作用的方法

如何用计算的方法预测蛋白质之间是否存在相互作用是摆在生物信息学家面前的重要课题，目前已经取得了重要成果。两个蛋白质之间存在相互作用可以有多种表现，它会在基因组座、序列特征、进化过程、表达时相、亚细胞定位、表达量、结构等诸多方面表现出相邻、相似、相关的性状。通过考察这些相邻、相似、相关性状就可以来预测蛋白质之间是否存在相互作用了。

8.7.3.1 基于基因组序列组织关系的方法

基因在基因组中的排列不是随机的，而是有规律的，功能相近、相关的基因倾向于靠近排列，以接受相同的转录调控。因此，通过考察编码蛋白质基因在基因组中的排列行为可以预测蛋白质的相互作用，包括考察系统发育谱［phylogenetic profile，一个基因在一组基因组中存在或不存在的模式（pattern）被称为系统发育谱］的相似性、基因邻接关系（gene neighborhood）、基因融合事件（generusion event）等。一对基因在一组基因组中的系统发育谱相似预示着这对基因之间存在某种功能联系，可以据此来预测这两个蛋白质之间存在相互作用。在原核生物基因组中，功能相关的基因承受着相同的选择压力，倾向于在基因组中连在一起，构成一个操纵子，或者是多个基因位于同一条 DNA 分子链上并且基因间隔小于 300 个碱基对，接受相同的转录调节。这种基因的邻接关系对于两个基因之间的联系给出了某种暗示，但是用来预测这两个基因之间存在相互作用还是信号太弱，如果这种邻接关系在多基因组中保守就可以用来预测相互作用了。基于基因融合事件的方法又被称为 Rosetta Stone 方法，它认为在基因的进化过程中发生融合的基因必然存在功能上的联系，这种方法的预测依据相对来说最为充分，但是由于基因融合事件发生的频率比较低，限制了这种方法的广泛应用。

8.7.3.2 基于蛋白质序列的系统发生过程的方法

这类方法有两种，一种是比较两个蛋白质的系统发生树的相似性来预测蛋白质相互作用，被称为镜像树（mirror tree）法；另一种方法是通过计算这两个蛋白质中氨基酸位点的系统发生的相关性来预测蛋白质相互作用，被称为关联突变（correlated mutation）法。与基于基因组在遗传物质结构上的前后关系的方法相比，这两种方法不需要基因组序列，只要能得到这两个基因的直系同源基因簇就可以进行预测，可广泛应用于各种蛋白质的相互作用预测。关联突变法不仅可以预测两个蛋白质的相互作用，还可以预测蛋白质内部的相互作用，可以为预测蛋白质结构的各种方法提供氨基酸残基位置信息。这种从蛋白质的一级序列来预测蛋白质相互作用的方法的优点是显而易见的，但是还有很多问题没有解决，如系统发生树的拓扑结构比较的问题等。现在评价两个蛋白质的系统发生树是否相似，是通过计算用来构建系统发生树的距离矩阵的相关系数来进行的。显然这是一种很粗糙的方法，更加细致优秀的比较方法还有待进一步研究。

8.7.3.3 基于蛋白质表达的方法

蛋白质之间要发生相互作用，就必然要满足时间、空间的同一性条件，而且相互作用的蛋白质的量要符合一定的化学计量数。因此，通过考察蛋白质的表达时相、亚细胞定位、表达量之间的关系也可以预测蛋白质相互作用。这样就有两种选择：其一，分析实验得到的关于蛋白质的亚细胞定位、表达水平的数据，看要考察的两个蛋白质的亚细胞定位是否相同，表达水平是否存在明显的相关性，由此推断它们之间是否存在相互作用；其二，采用预测的方法，先预测两个蛋白质的亚细胞定位、表达，然后再预测相互作用。Fraser 等用 CAI（codon adaptation index）来估计基因的表达水平，研究了 4 种亲缘关系很近的酵母中基因表达水平的进化行为，计算了基因对之间表达水平的相关性。他们的研究结果表明，进化过程中体现出来的基因表达水平之间的相关性可以很好地预测蛋白质之间的相互作用。

8.7.3.4 基于蛋白质结构的方法

蛋白质之间要发生相互作用必须要有相应的结构基础，包括接触面（interface）的互补性、结合的特异性和亲和力等。运用蛋白质结构数据和结构预测方法来预测蛋白质相互作用，可以给出比其他方法更加细致可靠的信息。根据结构信息预测蛋白质相互作用的方法主要有同源建模（modeling of protein-protein interaction by homology）、多体串线（multimeric threading）和计算机模拟分子对接（computational protein-protein docking）等。同源建模的方法是将已知三维结构的蛋白质复合体的相互作用信息外推到与该复合体组成蛋白序列同源的蛋白质之间。研究表明，当序列有 30%～40%或更高的氨基酸残基相同时，蛋白质相互作用的同源建模非常成功。当相似性低于某个值时，就超出了同源建模方法的适用范围，这时可以使用多体串线的方法来预测。对于两条肽链来说，多体串线的方法要先对每条肽链做串线（threading），得到 Z 值高于某个阈值的两组模板；如果这两组模板可以形成二聚体，那么就对每一条肽链在另一条肽链存在的情况下再做一次串线，选出具有最高 Z 值或最低界面能（interfacial energy）的模板对。如果两条肽链都没有具有更高 Z 值的单体结构，并且相互作用的能量低于某个阈值，复合体的 Z 值高于 5.0，那么这两条肽链就被认为是形成了一个二聚体。分子对接是在已知组成蛋白质三维结构的基础上预测它们构成的复合体的三维构象。由于现在蛋白质空间结构的数据还非常有限，人们对于蛋白质空间构象的形成规律还知之甚少，从而限制了这种基于结构预测蛋白质相互作用方法的广泛应用，但是这种方法相对其他方法的优越性也是显而易见的。

8.7.3.5 从已知数据归纳相互作用规律的方法

目前已经积累了一定量的蛋白质相互作用的结构数据，高通量的酵母双杂交技术、质谱技术和蛋白质芯片技术产生了大量的两两相互作用（binary interaction）数据，从这些数据中归纳蛋白质相互作用的规律，可以返回来预测新的蛋白质相互作用。Avtuna 等从 PDB 数据库中的复合体结构中归纳蛋白质接触面结构特征的数据，将相似的接触面聚类，形成接触面的模板（interface template），然后通过比较要预测的蛋白质的序列和模板接触面来预测相互作用，取得了很好的预测效果。

蛋白质发生相互作用并不需要蛋白质的全序列参与，而是由局部模块来实现，因此从蛋白质相互作用数据归纳得到 Domain-Domain 相互作用、Domain-Motif 相互作用的规律也可以预测蛋白质相互作用。对这种方法已经进行了比较深入的相关研究，先后发展了 AM（association method）、MLE（maximum likelihood estimation）等算法，为从 Domain-Domain 相互作用和 Domain-Motif 相互作用准确地预测蛋白质相互作用奠定了基础。但这几种方法用到的 Domain 和 Motif 都是数据库中现有的，不能发现新的 Domain 和 Motif。

8.7.3.6 综合蛋白质相互作用的多种特征，综合多种方法来预测蛋白质相互作用

决定蛋白质相互作用的因素多种多样，反映蛋白质相互作用的现象也多种多样，单独根据一种因素或一种现象来预测蛋白质相互作用会出现严重的偏差甚至错误，所以综合蛋白质相互作用的各种特征、因素、方法来预测蛋白质相互作用十分必要，也有利于深化对蛋白质相互作用实质的认识。Bock 等利用支持向量机学习（support vector machine learning）方法综合了蛋白质序列中每个残基的电荷、疏水性、表面张力等性质，从一级序列预测蛋白质的相互作用，准确率达 80%。Ronald 等用贝叶斯网络综合了多种和相互作用相关的方法与数据，如基因共表达、蛋白质亚细胞共定位等来预测蛋白质相互作用，并把这种方法用于酵母，得到了很好的效果。

此外，还有根据蛋白质相互作用的保守性（interolog）、蛋白质相互作用网络的拓扑性质、网络 Motif 等来预测蛋白质相互作用的方法。由于蛋白质相互作用网络的拓扑性质现在还在争论之中，网络 Motif 的研究也还没有比较成型的结论，这里就不再赘述。应用计算的方法挖掘以各种形式分散在文献中的蛋白质相互作用数据，虽然不能预测新的蛋白质相互作用，但也可认为是蛋白质相互作用信息的重新发现，对于实验和理论研究都具有重要意义。

8.7.4 蛋白质相互作用网络资源

随着研究蛋白质相互作用实验技术的发展，特别是大规模高通量的实验技术如酵母双杂交技术、质谱技术、蛋白质芯片等的发展和应用，产生了大量的蛋白质相互作用数据。科学家们应用最新的信息技术和网络技术收集整理这些宝贵的数据，把它们建立成库，并和其他的基因组信息、蛋白质信息、注释信息整合，为广大的实验生物学家提供了十分方便的服务。关于蛋白质相互作用的优秀数据库很多。以下介绍 3 个比较重要的蛋白质相互作用数据库。

（1）BIND 数据库。BIND 数据库（http://bind.ca/）全称为 The Biomolecular Interaction Network Database（BIND）。顾名思义，凡是“生物分子”之间相互联系的数据都要收录在内。这些“生物分子”可以是蛋白质、DNA、RNA、配基、复合体、基因，甚至光子（photon），还保存一些未分类的生物实体。BIND 将生物分子之间的相互联系分成了 3 类：第一类为相互作用（interaction）；第二类为复合体（complex）；第三类为通路（pathway）。不论是从数据的综合程度、数据的可信度，还是查询方法

的多样化程度、查询的便捷度等方面考虑，BIND都是研究生物分子相互作用的首选数据库。

(2) DIP数据库。与BIND数据库不同，DIP数据库(http://dip.doe-mbi.ucla.edu/)专门存放实验确定的蛋白质之间相互作用的数据，既包括经典实验手段确定的蛋白质相互作用，也包括高通量实验手段确定的蛋白质相互作用数据。

(3) STRING数据库。与BIND、DIP数据库不同，STRING数据库(http://string.embl.de)不仅存储实验确定的蛋白质相互作用数据，它还存放预测得到的蛋白质相互作用数据，并对各种预测方法得到的结果的准确性给出了相应的权重，对于采用经典实验方法研究蛋白质的功能、生物学意义具有非常重大的意义。它的数据来源有4种：一是高通量实验技术产生的蛋白质相互作用数据；二是由保守的共表达数据推导出的蛋白质功能联系；三是文献搜索得到的蛋白质相互作用数据；四是采用预测蛋白质相互作用的方法，根据基因组中基因的上下文关系(genomic context)预测得到的蛋白质相互作用数据。

8.7.5 蛋白质与其他分子之间的作用

8.7.5.1 蛋白质与核酸的相互作用

蛋白质与核酸的相互作用是生物生长、繁殖、运动、遗传和代谢等生命现象的基础，研究它们之间的相互作用是揭开生命奥秘的关键。蛋白质与核酸的相互作用主要包括：蛋白质与核酸结合组装成染色体或核糖体，蛋白质对核酸功能的调控，以及蛋白质中的核酸酶与核酸的作用等。目前已识别出很多与核酸作用的功能位点。

蛋白质-核酸识别数据库(http://gibk26.bse.kyutech.ac.jp/jouhou/3dinsight/recognition.html)，利用该数据库能帮助研究者了解核酸被蛋白质识别的机制。该数据库包括以下几个组成部分：蛋白质-核酸复合物数据库，这些数据根据蛋白质的识别序列和复合物中DNA形式进行分类。使用者可以通过关键词、识别序列、DNA形式等进行搜索，并且搜索结果可以直接链接到3DinSight数据库(在此处，可以通过三维结构浏览器，如RasMol或者VRML查看含有序列位点和突变位点的三维结构图)。该数据库也能让使用者检测依赖于序列的构象参数和DNA的柔韧性，并以图表形式显示结果。核苷酸-氨基酸相互作用数据库，核苷酸-氨基酸相互作用数据库搜集核苷酸和氨基酸间4Å大小内的成对原子，能让使用者找到成对的核苷酸和氨基酸。使用者可以指定残基名称(核苷酸或氨基酸)、原子类型和侧链/骨干。搜索后，带有距离值的所有原子对将被显示。搜索可直接链接到3DinSight数据库，以RasMol图片形式自动地突出展示复合物结构中所有原子对。使用者可以检测到每个结构中核苷酸和氨基酸的特别相互作用。蛋白质-核酸相互作用的热力学数据库(ProNIT)，蛋白质-核酸相互作用的热力学数据库包含有序列、结构和一些热力学参量(如分裂常数、结合常数、吉布斯自由能的转换、焓和热容量、活性)等信息。该数据库允许使用者用不同条件(多种分类和显示选项)搜索数据。此外，ProNIT超链接于其他重要的数据库，如PDB、核酸数据库NDB、酶代码EC、蛋白质信息资源PIR和ProTherm等。当前，在分子生物学和信息科学快速发展的影响下，生物信息学已经成为生物领域的指导科学，利用生物信息学方法研究蛋白质/核酸相互作用可以大大缩短研究工作的时间，达到事半功倍的效果。但受限于当前计算科学和算法领域的发展情况，生物信息学得到的结果与实际的结果还存在一定的偏差，仍需开展进一步的实验工作来进行验证。

8.7.5.2 蛋白质与脂类、糖类及其他小分子离子的相互作用

脂类与蛋白质的作用目前主要发现有两个方面：一方面是膜蛋白与膜脂的相互作用，这不但对膜的生物学功能具有决定作用，而且还对蛋白质的空间结构具有稳定作用；另一方面是脂类与蛋白质结合成脂蛋白。糖类与蛋白质相互作用目前知道的主要是糖与蛋白质以共价键结合成糖蛋白或蛋白多糖，糖与蛋白质之间的详细作用研究的较少。蛋白质本质的酶催化着生物体内所有糖类、脂类及一些小分子化合物的反应。蛋白质还通过一些弱键、共价键或离子键与一些小分子或离子结合，作为蛋白质结构或功能的决定因素。所以蛋白质与这些分子或离子的相互作用也是研究蛋白质结构、功能，以及分子网络所关注的内容。

研究蛋白质结构、功能及相互作用的最终目的还是要说明蛋白质有些什么功能，为什么会有这些功能，它是如何完成这些功能的，人类能否改造这些功能或创造新功能。

8.8 药物发现与设计

药物是通过与体内蛋白质等靶物质相互作用而产生生理效应的分子。在分子水平上，蛋白质是生命活动主要执行者，几乎所有的生理或病理过程都有蛋白质的参与，这些蛋白质的功能，以及它们之间的相互作用，为寻找药物设计的新靶点提供了基础。传统上新药的寻找，是通过药效试验从大量的天然或人工合成的化合物中进行筛选，目的性不强，专一性差，大多难以避免副作用，且耗时费力，耗资巨大。现代生物学的发展为有目的地寻找新药提供了理论基础，生物信息学为此提供了有效手段。目前人类基因组计划的全部测序工作已经完成，一些动植物及微生物的基因组的测序工作已经完成，很多生命过程的分子机制也已经被人类所掌握。近年来随着结构生物学的发展，相当数量的蛋白质以及一些核酸、多糖的三维结构获得精确测定，基于生物大分子结构知识的药物设计成为当前的热点。生物信息学的研究不仅可提供生物大分子空间结构的信息，还能提供电子结构的信息，如能级、表面电荷分布、分子轨道相互作用等以及动力学行为的信息，如生物化学反应中的能量变化、电荷转移、构象变化等。理论模拟还可研究包括生物分子及其周围环境的复杂体系和生物分子的量子效应。

药物设计方式，是选定对疾病防治起决定作用的靶标生物大分子，利用分子水平的高通量筛选方法，快速地确定能够调节靶标生物大分子功能的小分子化合物。基于分子靶标的筛选方法能筛选出对靶标生物大分子具有高活性的抑制剂或激活剂，并且这样得到的化合物具有明确的作用机制。生物大分子结构模拟和药物设计，包括 RNA（核糖核酸）的结构模拟和反义 RNA 的分子设计；蛋白质空间结构模拟和分子设计；具有不同功能域的复合蛋白质以及连接肽的设计；生物活性分子的电子结构计算和设计；纳米生物材料的模拟与设计；基于酶和功能蛋白质结构、细胞表面受体结构的药物设计；基于 DNA 结构的药物设计等。

生物信息学主要在以下几个方面为药物设计提供帮助：①确定与疾病相关的靶标；②验证靶标的有效性；③预测靶标生物大分子的三维结构；④确证药物的作用机制；⑤预测药物的毒性。

8.8.1 药物作用靶标的寻找

寻找药物作用靶标的方法主要包括表达序列标签（expressed sequence tag，EST）数据库搜寻、综合分子特征方法及结构生物学方法。

1）EST 数据库搜寻

高通量测序工作的中心是确定人类基因组中每一条表达基因并进行标记，在某些情况下，这些标签能够揭示新基因的功能、与疾病的相关性。从 EST 数据库中搜寻靶标的方法主要有同源搜寻和组织表达差异搜寻两种。

同源搜寻是在数据库中搜寻那些与新序列具有相同结构的已知基因或蛋白质，从而可以预测新基因的功能并判断它是否适合作为药物作用靶标。该方法发现的蛋白质中调节细胞凋亡和炎症反应的蛋白质特别多。例如，与肿瘤坏死因子（tumor necrosis factor，TNF）有关的细胞素及与它们相结合的受体等。

组织差异表达搜寻是建立在 EST 数据库中基因在不同组织的表达差异信息基础之上的。随着 EST 数据库的增大，其中将包含各种各样的组织类型。通过比较，可以发现不同组织的基因表达的差异，有时某些基因可能只出现在特定的病变组织中。这样的具有组织特异性的基因有可能成为副作用小的特异性靶标。

2）综合分子特征方法

EST 数据库对分析无明显结构相关性的基因功能则无能为力。在这样情况下，可以通过细胞的蛋白质、mRNA 的成分特征确定新的靶标。细胞及组织的综合分子特征有助于了解疾病的分子机制、确认疾病相关靶标以及了解药物的作用机制。这种方法的优点是能够将基于细胞的筛选与基于靶标分子的药物设计结合起来，对药物及其毒性的研究工作非常有益。

基因微阵列能够用于疾病组织的转录表达的整体分析，一般是通过固定在玻璃片上的克隆 DNA 或合成的寡聚核苷酸序列与特定细胞或病变细胞的全部 cDNA 杂交，以确定细胞中所有基因的序列。通过比较病变组织与正常组织的基因组信息，可以确定疾病相关的靶标。

另一种很有希望用于寻找靶标及先导化合物的方法是蛋白质组学。蛋白质组学的目的是从整体上研究正常细胞的蛋白质以及病变组织细胞的蛋白质的差异。蛋白质组学利用二维凝胶分离病变组织以及正常组织的蛋白质，测定分离的蛋白质，并对两种组织的蛋白质图进行定性和定量的比较。因此，蛋白质组信息既是定性的（能够确定哪些蛋白质是不同的），又是定量的（可以确定同种蛋白质的表达量的差异）。

3）结构生物学方法

由于近几年在蛋白质工程、结晶学和光谱学方面的进展，测定蛋白质结构的速度越来越快。在已知的结构中发现与新测定的生物大分子相似结构的概率也增加了；另外，在无序列相似性的情况下，新发展的算法可以将蛋白质与所有已知结构进行结构比较。序列数据库搜寻和结构数据库搜寻是生物学家研究生物大分子功能的重要手段。

8.8.2 计算机辅助药物设计

随着计算机技术及计算化学、分子生物学和药物化学的发展，药物设计进入了理性阶段，其中药物分子设计是目前新药发展的主要方向。它是依据生物化学、酶学、分子生物学以及遗传学等生命科学的研究成果，针对这些基础研究中所揭示的包括酶、受体、离子通道及核酸等潜在的药物设计靶点，并参考其他类源性配体或天然产物的化学结构特征，设计出合理的药物分子。计算机辅助药物设计方法是药物分子设计的基础。从20世纪60年代构效关系方法（QSAR）提出以后，经过40多年的努力和探索，尤其是20世纪90年代以后，随着多种新的方法的出现，CADD方法已经发展成为一门完善和新兴的研究领域，它大大提高了药物开发的效率，为人们攻克一些顽症提供了崭新的思路和成功的希望。

计算机辅助药物设计方法（CADD）大体可以分为三类。

（1）基于小分子的药物分子设计方法。这类方法一般是针对受体结构未知的药物分子，主要包括定量构效方法和药效团模型方法。

（2）基于受体结构的药物分子设计方法。随着分子生物学和结构生物学的发展，越来越多的生物大分子结构被解析。因此对于一些未知三维结构的受体大分子，它们的结构常常也可以通过同源蛋白质建模的方法得到。在这种情况下，就可以采用基于受体结构的药物分子设计方法来寻找新的先导化合物。基于受体结构的药物分子设计方法的思路是通过研究受体结构的特征以及受体和药物分子之间的相互作用方式来进行药物设计。常用的方法是分子对接方法和从头设计方法。

（3）计算组合方法。主要包括两部分的内容，一方面是采用计算机技术设计合成组合库的构造块，通过计算机生成包含足够分子多样性的虚拟组合库；另一方面则是把得到的虚拟组合库和其他分子设计方法结合起来进行药物分子设计。当然上面介绍的这些方法之间也并不是完全独立的，对于某个体系常常会采用多种药物设计方法进行先导化合物的设计。如果知道了蛋白质和药物分子相互结合的复合物结构时，可以从蛋白质结构出发，用建立于分子对接数据库搜索的方法进行先导化合物的寻找；也可以从复合物的相互作用信息，得到药效团模型，然后从药效团模型出发进行药物设计；同时还可以从蛋白质结构出发，用片段生长的方法进行全新药物分子的设计（也就是从头设计方法）。

计算机辅助药物设计方法（CADD）中目前还有几个难题：①受体和配体之间自由能的评估。因为分子活性的大小常常是由受体和药物分子之间的结合自由能来决定的，所以体系自由能的计算非常重要。虽然目前已有很多方法，如线性相互作用能方法等，但总的来看结合自由能的评估还需要做大量的工作；②大分子的构象问题。确定构象的方法有两种：实验方法和理论计算方法。用实验方法解析的大分子结构的数目有限，而常用的构象分析方法，如系统搜索方法、距离几何方法、蒙特卡洛模拟方法、遗传算法和分子动力学方法等，对于大分子还很难确定出其优势构象，所以发展新的蛋白质结构预测方法是计算化学的一个重要课题；③溶剂效应的考察。如何处理溶剂问题是计算机辅助药物分子设计中一个难题。我们所关心的大量生命过程都是在溶剂条件下进行的，在溶剂和真空中，分子的构象可能会存在较大的区别，所以发展快速而准确的溶剂效应计算方法是计算机辅助药物分子设计的一个重大挑战。随着计算机技术、大分子计算方法和生物信息学的发展，有理由相信计算机辅助药物设计方法会进入一个新的发展时期，人类古老的梦想——理论设计好所需物质然后再进行合成的时代正在成为现实!

经过 40 年的不断探索和努力，现代药物设计的策略和方法已经大为丰富，基本可以分成两大类：间接药物设计和直接药物设计。

8.8.2.1 间接药物设计

这类方法是从一组（如几十个）小分子化合物的结构和生物活性数据出发，研究其结构——活性关系的规律，在此基础上预测新化合物的生物活性（药效）和进行高活性分子的结构设计。在药物设计研究的早期（20 世纪 60～80 年代），人们对于药物作用的靶标分子大多缺乏了解，只能从药物小分子化合物的结构和活性出发，去归纳和认识药物分子的构效关系，因此间接药物设计成为这一时期药物设计研究的主要方法。

定量构效关系（quantitative structure—activity relationship，QSAR）是一种重要的间接药物设计方法。最早的 QSAR 方法由 Hansch 于 1962 年提出。它对一组小分子化合物的理化参数和生物活性数据进行线性回归，拟合各项系数，得到反映化合物构效关系的方程，可用于预测新化合物的生物活性，设计具有更高活性的药物分子。稍后出现的此类方法还有 Free Wilson 分析方法（1964）等。Hansch 和 Free Wilson 模型，都没有考虑化合物的空间结构，因此被称为 2D-QSAR 方法。从 20 世纪 70 年代末期至 90 年代前半期，各种在化合物三维结构基础上进行 QSAR 研究的方法，即 3D-QSAR 方法逐步发展起来，较重要的方法有：距离几何（distance geometry）、比较分子力场分析（CoMFA）、比较分子相似性指数分析等。其中，CoMFA 方法应用较广，它采用化合物周围的静电场、范德华力场、氢键场和疏水场等的空间分布作为化合物结构描述变量，通过数学方法建立化合物的生物活性与化合物周围上述各力场空间分布之间关系的模型。根据这一模型和相应的计算机处理，显示出应如何进行结构的改造，以提高化合物的生物活性。

除了 2D 和 3D-QSAR 方法之外，药效基团模型方法也是一种重要的间接药物设计方法。药效基团通常是指那些可以与受体结合位点形成氢键相互作用、静电相互作用、范德华相互作用和疏水相互作用的原子或官能团以及它们之间特定的空间排列方式。对一组具有生物活性的化合物进行化学结构的分析和比较，找出其共同的特征结构，即可建立药效基团的模型。得到药效基团模型后，即可以此为提问结构的模板，搜寻现有的小分子数据库，"筛选"出符合药效基团要求的其他分子，进行药理测试。

8.8.2.2 直接药物设计

这类方法以药物作用的对象——靶标生物大分子的三维结构为基础，研究小分子与受体的相互作用，设计出从空间形状和化学性质两方面都能很好地与靶标分子“结合口袋”相匹配的药物分子。这种方法就像根据“锁”的形状来配“钥匙”一样，因此被称为直接药物设计方法。随着细胞生物学、分子生物学和结构生物学的发展，越来越多的药物作用靶标分子（蛋白质、核酸、酶、离子通道等）被分离、鉴定，其三维结构被阐明，为直接药物设计方法的应用提供了有利的条件。进入 20 世纪 90 年代以来，直接药物设计已逐渐成为药物设计研究的主要方法。可以分为如下两类。

1）全新药物设计（*de novo* drug design）

这类方法是根据靶标分子与药物分子相结合的活性部位（“结合口袋”）的几何形状和化学特征，设计出与其相匹配的具有新颖结构的药物分子。实现全新药物设计的方法，目前主要有两种。一种方法称为碎片连接法，该方法首先根据靶标分子活性部位的特征，在其“结合口袋”空腔中的相应位点上放置若干与靶标分子相匹配的基团或原子，然后用合适的连接片段（linker）将其连接成一个完整的分子。另一种方法称为碎片生长法，该方法首先从靶标分子的结合空腔的一端开始，逐渐“延伸”药物分子的结构。在“延伸”过程中，每一步都要对其延伸的片段（基团或原子）的种类及其方位进行计算比较，选择最优的结果，再向下一步延伸，直至完成。

2）数据库搜寻

这类方法首先要建立大量化合物（如几十至上百万个化合物）的三维结构数据库，然后将库中的分子逐一与靶标分子进行“对接”（docking），通过不断优化小分子化合物的位置（取向）及分子内部柔性键的二面角（构象），寻找小分子化合物与靶标大分子作用的最佳构象，计算其相互作用及结合能。在库中所有分子均完成了对接计算之后，即可从中找出与靶标分子结合的最佳分子（前 50 名或前 100 名）。这类方法虽然计算量较大，但库中分子一般均是现成的已知化合物，可以方便地购得，至少其合成方法已知，因而可以较快地进行后续的药理测试，实际上这种方法就是在计算机上对几十万、上百万化合物通过分子对接的理论计算进行一次模拟“筛选”。只要库中的化合物具有足够大的分子多样性，从中搜寻出理想的分子结构就是可能的。自 1982 年加利福尼亚大学旧金山分校的 Kuntz 发展了第一个 Dock 程序后，这一方法已得到广泛应用，并取得了很大的成功。

随着药物设计的方法逐步建立、发展和完善，药物设计研究的深度和广度都有了空前的发展。目前已有一些应用理论方法设计而获得成功的药物上市或进入临床研究阶段，这标志着药物设计的研究已开始向实用化方向迈进。

习　题

1. 分析氨基酸侧链结构对蛋白质空间结构的影响，指出在由序列预测空间结构时应考虑的因素。
2. 分析蛋白质二级结构的差别及其对二级结构预测的影响。

3. 讨论蛋白质分类的现状、存在的问题，分析生物信息学的作用。
4. 分析下列蛋白质的基本性质。
   MNAPARAAAKTAADALAAAKKTAADAAAAAAAA
5. 比较各种分类软件对上述蛋白质分类结果。
6. 预测上述蛋白质的空间结构，与蛋白质数据库中的P04367（ANP3_MYOSC）结构进行比较。
7. 比较同源建模法与穿线法的异同，分析其各自优缺点。
8. 归纳蛋白质功能预测的方法。
9. 分析分子及基团之间的相互作用的研究在生物学中的意义。
10. 分析蛋白质结构域的成因。
11. 折叠子指蛋白质在空间的规律性排列，有些折叠子在蛋白质中非常丰富，但这些蛋白质并非是属于某一个同源家族，分析其中的原因。
12. 简述同源建模方法应用的条件。
13. 简述穿线法应用的条件。

主要参考文献

陶慰孙，李惟，姜涌明．2005．蛋白质分子生物学．北京：高等教育出版社

张成岗，贺福初．2002．生物信息学．北京：科学出版社

赵国屏等．2004．生物信息学．北京：科学出版社

赵南明，周海梦．2000．生物物理学．北京：高等教育出版社

Andreas D，Baxevanis B F，Francis Outellette．2001．Bioformatics. john wiley & sons，inc

Anne-Claude Gavin，Patrick Aloy，Paola Grandi *et al*．2006．Proteome survey reveals modularity of the yeast cell machinery．Vol 440，30

Minoru Kanehisa. 2001. Post-Genome Informatics. Oxford：Oxford University Press

Nevan J Krogan，Gerard Cagney，Haiyuan Yu *et al*．2006．Global landscape of protein complexes in the yeast *Saccharomyces cerevisiae*. Nature，400（7084）：637～643

Westhead D R，Parish J H，Twyman R M. 2003．Bioformatics．北京：科学出版社

（陈有君　编）

9 转录组与蛋白质组分析

9.1 转录组与基因芯片简介

9.1.1 转录组简介

9.1.1.1 转录组提出背景和含义

随着人类基因组计划研究目标的全部实现，生命科学发生了革命性的变化，研究重心由关注遗传信息的揭示，转变为从整体水平上对功能的研究，由此功能基因组学应运而生，即从基因组整体水平上对基因表达进行阐述，于是转录组和蛋白质组的研究成为目前研究的热点。

1996 年 10 月，《科学》公布了模式生物酵母的全基因组序列（Goffeau et al.，1996），1997 年 1 月，Victor E. Velculescu 等在《细胞》上发表了针对酵母全基因组尺度，转录水平表达模式的研究成果，其中首次提出“转录组”（transcriptome）这一名词，将其描绘为联系生物基因组和生物自身生理特性的桥梁，希望通过对“转录组”的分析能够鉴定已表达的基因及获得表达水平的信息（Velculescu，1997）。结合相关研究的现状，具体来说，转录组应指有机体中合成的所有 RNA，包括编码蛋白质的和非编码蛋白质的。例如，有意义的、反义的、选择性剪切的、选择性转化为寡聚腺苷酸的、选择性起始的和 RNA 编辑转录本等。

与基因组相比，转录组最大的特点是它受到内外多种因素的调节，因而是动态可变的；这同时也决定了它最大的魅力在于揭示不同物种、不同个体、不同细胞、不同发育阶段及不同生理病理状态下的基因差异表达信息，转录组研究在探索生命现象（如细胞分化）和疾病诊断治疗（如研究肿瘤发生发展）等许多重要的生物学领域均有不俗的表现。

转录组的研究方法可以分为封闭式研究法（closed method）和开放式研究法（open method）（Scheel，2002）。所谓的封闭式研究法指的是所分析的序列是预先已知，故不能用此法获得新基因，这种方法主要指基因芯片；而开放式研究法则指的是不需要已有的信息，直接加以测序等手段得到，因此这类方法可以鉴定未知基因，这类方法包括：限制片段差异显示聚合酶链反应（restriction fragment differential display-polymerase chain reaction）、标签测序（tag sequencing）、差减杂交（subtractive/competitive hybridization）等。

9.1.1.2 转录组研究领域

转录组的研究可以概括为三个方面。

1）鉴定基因的表达及获取表达丰度信息

人类基因组测序的主要目的之一就是鉴定人的所有基因，而目前获取新基因的方法主要有两种：第一种是EST测序及全长cDNA测序；第二种是通过基因组序列的计算、预测的方法。EST测序的方法因为基因的表达水平的差异而有明显的偏性，也即对于表达水平较高或组成型表达的基因比较容易检测出来，而对于某些特定时段表达的或表达水平较低的基因则很难检测到；对基因组数据的计算预测仅依赖于基因组属性，与基因的表达水平无关，能较有效鉴定低表达基因，但必须用实验验证（Burge，2001）。

转录组开放式研究法中，常用的标签测序包括：EST测序，基因表达系列分析（serial analysis of gene expression，SAGE）和大规模平行信号测序系统（massively parallel signature sequencing，MPSS）。这些方法都已经在酵母、果蝇、小鼠和人的基因表达分析中得到很好的应用。

2）推断未知基因的功能，探索生命机制

转录组分析可以提供特定条件（生理、病理、诱导刺激等）下基因表达的信息，所以可据此推断相应未知基因的功能，揭示特定调节基因的作用机制。例如，Neil Hall等通过对转录组和蛋白质组的分析，发现某一时期与三羧酸循环、氧化磷酸化等相关的线粒体蛋白质表达量上调，从而推断这一时期线粒体活性较强，并利用转录组的数据来阐释了转录后沉默现象（Hall et al.，2005）。

3）大规模基因表达谱分析

表达谱是生物体（或部分组织器官）在某一状态下基因表达的整体状况，表达谱的概念并不是仅仅局限于基因芯片，从研究生物整体性基因表达差异的实验技术得到的结果都可以称为这个生物的表达谱。长期以来，基因功能的研究通常采用基因的差异表达方法，一次对一个或几个基因进行研究，效率低，无法满足功能基因组研究的需要，利用基因表达谱（expression profile）芯片技术，可以同时监控成千上万个基因在不同状态（如病理、发育时期、诱导刺激等）下的表达变化，从而推断基因间的相互作用，揭示基因与疾病发生、发展的内在关系。

例如，对于阿尔茨海默症（Alzheimer's diseases，AD）（旧称老年性痴呆）的诊断，就可以基于患者大脑神经细胞与正常神经细胞基因表达谱的差异。又如对自闭症的诊断，目前要靠长达十多个小时的临床评估才能做出判断。基础研究证实自闭症不是由单一基因引起，而很可能是由一组不稳定的基因造成的一种多基因病变，通过比对正常人群和患者的转录组差异，筛选出与疾病相关的具有诊断意义的特异性表达差异，一旦这种特异的差异表达谱被建立，就可以用于自闭症的诊断，以便能更早、甚至可以在出现自闭症临床表现之前就对疾病进行诊断，并及早开始干预治疗。也有研究者通过基因芯片的方法比较肺癌细胞和正常组织细胞中转录组的差异，结合蛋白相互作用网络，寻找与网络核心蛋白具有相似拓扑结构的高连接度基因，探索癌症诊断与治疗中靶基因确定的方法（Wachi et al.，2005）。

虽然转录组分析受选择性拼接的影响，并受到有限的人目标组织数量限制，但由于肿瘤研究中的转录组样品收集较容易，所以转录组分析仍然在肿瘤学研究中扮演重要角色（Hall et al.，2005；van de Vijver et al.，2002；Yeoh et al.，2002），如用于成功鉴定癌症化学疗法的有反应人群（Xu et al.，2001）；另外，将 RNA 和蛋白质的检测相结合，寻找生物标记（biomarker），以及将转录组研究与生物信息学序列分析工具相结合，通过鉴别信号肽剪切位点和细胞表面跨膜结构域来推定分泌蛋白，这种以转录组为目标（transcriptomic-directed）的方法，还适于研究丰度较低、寿命较长的分泌蛋白和细胞表面蛋白（Hegde et al.，2003），转录组分析已成为寻找疾病早期诊断和治疗的有效手段之一（Zhou，1998；Mok et al.，2001；Kim et al.，2002；Tanwar et al.，2002；Burke et al.，2003；Shvartsman et al.，2003；Welsh et al.，2003）。

另外，目前基因组学水平的研究方兴未艾，在基因组注释和蛋白质组学研究中转录组学的研究也是必不可少的方法手段。一项有关血小板的研究体现了转录组分析在蛋白质组学中的不俗表现：血小板是由最大的血细胞——骨髓成熟巨核细胞胞浆发育而来的无核细胞，其细胞内没有转录过程发生，翻译的过程也受到极大控制。将血小板的转录组分别与三组不同来源的血小板蛋白质组相比较，从得到的可观的交叠部分（overlap）来确定蛋白质数据集的可靠性，并发现了 Rho GDP-分裂抑制因子 2 等几个重要的分泌蛋白；另外，将血小板转录组数据与其他组织的转录组数据比较，揭示了对于血栓病和其他相关炎症中，转录组在巨核细胞发挥功能及血小板产生时的转录过程与其在血小板功能发挥中作为翻译的遗传信息具有同样重要的意义。因而，预计转录组分析与蛋白质表达谱相互比较会在血小板相关疾病的研究中提供新的见解（Mc Redmond et al.，2004）。

除了针对 mRNA 的转录组研究外，对转录组其他成员的关注，也是生命科学中有趣的话题，例如，近几年异军突起的非编码 RNA（non-protein-coding RNA，ncRNA），在各种基本的生物过程中发挥重要作用，如 DNA 复制、染色体状态维持、转录调控、RNA“处理”（processing）（RNA 的断裂和重新接合、RNA 的修饰和编辑）、翻译和 mRNA 的稳定性，甚至是蛋白质的稳定性和转运定位（Hütte nhofer et al.，2006）。①rRNA（核酶）催化肽键的形成；②tRNA 的氨基酸转运与密码子偏爱性关系，以及由此产生的对基因异源表达的研究（Gustafsson et al.，2004）；③microRNA：一类小的非编码 RNA，具有转录后调控功能，近期研究表明其与进化保守性相关，可能在发育时间选择、细胞增殖、程序性死亡、新陈代谢、细胞分化和形态发生等方面发挥作用（Stark et al.，2005）；④起调控作用的 RNA：Xist RNA 结合在 X 染色体上，从而关闭整个 X 染色体基因的表达；一些不编码蛋白的反义 RNA（lin-4 RNA、let-7 RNA）调控生命过程的时序性（线虫生长过程）；⑤具有运动功能的 RNA（噬菌体装配时形成分子马达）；⑥RNA 通过各种剪接、编辑和再编码方式，调控基因表达的方向，调控遗传信息。包括开放和关闭基因，增加或减少遗传信息，使一种基因合成出多种蛋白质。从而调控生物的不同发育分化等；⑦RNA 核苷酸的修饰所导致 RNA 结构复杂性的增加与 RNA 功能多样性的关系（rRNA 中核苷酸的甲基化修饰和假脲嘧啶的生物合成，以及其加工和细胞定位转运，均有一类小分子 rRNA 参与）；⑧一些 RNA 突变后，造成蛋白质合成障碍或蛋白质合成错误率的增加。因此，一种 RNA 突变，常可因其发生部位（如组织细胞）的不同，影响到不同的蛋白质，而引起不同的疾病（金由辛，2000）。

综上所述，转录组学研究的重要意义可见一斑，探索生命科学奥秘的征程上，转录组学研究必然是一个重要而有特色的兵种，会与蛋白质组学和代谢组学研究形影相随，并肩作战。

9.1.2 基因芯片简介

9.1.2.1 基因芯片概念

后基因组时代（post genome era）的到来，使生命科学的研究人员面临更大的挑战，传统的以杂交或电泳为基础的基因表达、测序、突变检测和多态性分析等研究方法已经显得效率太低，无法应对爆炸性增长的基因组测序数据所带来的挑战。在这一背景下产生了基因芯片技术，它能够大规模、高通量地检测众多基因在各种生理状态下的表达全貌。

基因芯片是指把核酸密集有序地排列固定在硅片、玻片、聚丙烯或尼龙膜等固相平面载体预先设置的区域内，所形成的微型检测器件。利用核酸配对原理，将待测样本标记后同芯片进行杂交，样本中的标记分子与芯片上的配对探针分子特异性结合，通过激光共聚焦荧光扫描仪或其他检测手段获取信息，经电脑系统处理、分析得到信号值，信号值代表了结合在探针上的待测样本中特定大分子的信息，从而检测对应片段是否存在以及存在量的多少。

目前应用较广泛的基因芯片通常称为DNA微阵列（DNA microarray），主要包括cDNA微阵列和寡核苷酸微阵列。微阵列（microarray）这一名词来源于希腊文字mikro（small，小）和法国文字arayer（arranged，安排）。

9.1.2.2 基因芯片的应用

1998年底美国科学促进会将基因芯片技术列为1998年度自然科学领域十大进展之一，现今，基因芯片技术已被应用到生物科学众多的领域之中，主要包括以下几点。

1）基因表达和发育调控

基因表达图谱的绘制是目前基因芯片应用最广泛的领域，它提供了从整体上分析细胞基因表达状况的信息，而且为了解与某些特殊生命现象相关的基因表达提供了有力的工具。例如，在开展基因组学水平研究工作时，由基因芯片所获得的转录组数据是大规模基因组注释的必要手段之一。

高等真核生物在发育过程中的组织分化和基因差异表达是目前比较活跃的研究领域，基因芯片技术对于基因调控以及基因相互作用机制的探讨有重要作用。例如，微矩阵芯片和染色质免疫沉淀（chromatin immunoprecipitation，ChIP）技术相结合(ChIP-to-chip)，可以有助于了解转录因子结合位点的分布，从而揭示转录因子如何介导基因表达，以进一步分析细胞生长、细胞周期调节、胚胎发育、细胞凋亡和各种对外界环境压力的反应等细胞进程。也有人提出将DNA芯片技术和RNAi技术相结合，从而更系统、深入地了解整个基因相互作用网络的完整的“全景图”。

2）疾病诊断与治疗

疾病的产生是遗传、饮食、环境和感染等多种因素综合作用的结果，疾病与基因表达调控异常有密切关系，不同疾病会导致不同的基因表达异常。可以通过表达谱芯片的研究，找到基因表达变化与病理特征的对应关系，分析发病机制，筛选疾病的诊断靶标和药物靶标。随着技术的不断完善，直接利用表达谱芯片进行疾病诊断将指日可待。

目前利用基因芯片的研究较多集中于癌症，如肿瘤的分级、分类，可以避免传统的形态学划分的缺点。微生物的鉴定和分型、耐药性比较等方面的研究，可以揭示其致病机制，从而有助于感染性疾病的诊断、治疗和疫苗研制。

3）基因多态位点及基因突变的检测

基因多态性（polymorphism）和突变（mutation）都是指基因碱基的改变，它们的区别在于基因多态性在人群中的发生率高。多态性是指处于随机婚配的群体中，同一基因位点可存在 2 种以上的基因型。在人群中，个体间基因的核苷酸序列存在着差异性称为基因（DNA）的多态性（gene polymorphism）。这种多态性可以分为两类，即 DNA 位点多态性（site polymorphism）和长度多态性（length polymorphism）。在人类基因组内，最常见的基因多态性是单核苷酸多态性（single nucleotide polymorphism，SNP）。

大量实例说明，基因组多样性的研究对阐明不同人群和个体在疾病的易感性和抵抗性方面表现出的差异具有重要意义，一旦对基因组的编码序列进行系统筛查，就有可能找出与疾病易感性有关的大量基因变异，人们把导致疾病易感性（susceptibility）的基因称为易感基因。易感基因的鉴定和分析对于基因疾病的预防和个性化用药治疗有重要意义。例如，Affymetrix 公司已将 *p53* 基因的全长序列和已知突变的序列制成探针集成在芯片上，可对与 *p53* 基因突变相关的癌症进行早期诊断；该公司开发的高通量 SNP 检测芯片 GeneChip Mapping 10k Array 只需一对引物就可以检测 10 000 多个 SNP，准确性据称可以达到 99.6%。

4）测序

基因芯片利用固定探针与样品进行分子杂交产生的杂交图谱排列出待测样品的序列，这种测定方法快速而具有十分诱人的前景。20 世纪 90 年代就有两个经典的实例：一个是 Mark chee 等用含 135 000 个寡核苷酸探针的阵列测定了全长为 16.6kb 的人线粒体基因组序列，准确率达 99%（Chee，1996）。还有 Hacia 等人用含有 48 000 个寡核苷酸的高密度微阵列分析了黑猩猩和人 *BRCA1* 基因序列差异，结果发现在外显子 11 约 3.4kb 长度范围内的核酸序列同源性为 83.5%～98.2%，提示了二者在进化上的高度相似性（Hacia et al.，1998）。

基因芯片是高通量、微量化研究技术的典范，在此基础上近年来又逐渐产生了蛋白质芯片、组织芯片、微球体芯片（microspheres）和芯片实验室（lab-on-a-chip）等先进的研究手段，统称为生物芯片。

尽管基因芯片技术已经取得了长足的发展，受到世人的瞩目，但仍然存在着许多难以解决的问题，如技术成本昂贵、复杂、检测灵敏度较低、重复性差、分析范围较狭窄等。这些问题主要表现在样品的制备、探针合成与固定、分子的标记、数据的读取与分析等几个方面。

9.1.2.3 基因芯片分类

为了更好地认识基因芯片，可以按照不同的分类依据将基因芯片简单归类如下。

按照制备方式可分为原位合成芯片和直接点样芯片。原位合成法是美国 Affymetrix 公司开发的专利，是在固相介质表面特定区域逐个碱基地合成已知序列的寡聚核苷酸探针。直接点样法又称合成后点样法，由斯坦福大学的研究人员发明，由于该方法简单易行所以应用广泛。这种点样法有两种不同的点样方式：接触式点样和非接触式点样。前者通过刚性的点样针接触基片表面形成样点，应用较多；后者由微量液体分配系统喷出一定体积的液体形成样点，点样针不接触基片表面。按照芯片的介质可分为玻璃芯片、膜芯片、塑料芯片等，目前研究中多以玻璃芯片为主。按照探针类型可分为寡聚核苷酸芯片、cDNA 芯片等。另外还可以按不同的用途进行分类，如表达谱芯片、SNP 分型芯片、甲基化芯片等。

9.2 基因芯片数据采集与分析

9.2.1 基因芯片数据采集

9.2.1.1 基因芯片图像的采集及图像处理（李瑶，2006）

获取芯片数据首先要进行图像采集，就是当基因芯片和样品探针杂交完毕后，通过检测芯片上所使用的标记物含量得到基因芯片中的信号。常用的标记物有放射性同位素、生物素、荧光染料等。一般膜芯片的杂交都用同位素 ^{32}P、^{33}P 作标记，其信号的检测需通过传统的磷光成像系统来完成。而对于用荧光标记的玻璃芯片杂交后的检测，则需要用专门的荧光芯片扫描仪。

1）磷感屏成像系统（cyclone storage phosphor system）

其工作原理为：同位素标记的杂交结果在由磷光体晶粒铺就而成的磷屏上曝光，曝光过程中 ^{32}P 等核素发生核衰变同时发射 β 射线，首先激发磷屏分子，使磷屏吸收能量分子发生氧化反应，以高能氧化态形式储存在磷屏分子中。激光扫描磷屏，诱发激发态高能氧化态磷屏分子发生还原反应，即从激发态回到基态，此时多余的能量以光子形式释放，从而在 PMT（photomultiplier tube，光电倍增管）捕获进行光电转换，磷屏分子回到还原态。计算机接受电信号，经处理形成屏幕图像，并进一步分析和定量。一般化学发光物质如荧光染料标记样品成像过程与放射性类似。它具有灵敏度高、曝光时间短、线性范围宽、结果的判读客观、图像便于保存等诸多优点。

2）荧光芯片扫描仪

目前基因芯片最普遍采用的标记物是荧光染料，当荧光染料被激光激发后，便会产生荧光分子，荧光的强弱代表了荧光化合物的含量，严格配对的杂交分子，其热力学稳定性较高，荧光强；不完全杂交的双键分子热力学稳定性低，荧光信号弱（不到前者的1/35～1/5），不杂交的无荧光。专用于荧光扫描的扫描仪根据原理不同大致分为两类：一是激光共聚焦显微镜的原理，是基于PMT（photomultiplier tube，光电倍增管）的检测系统；另一种是CCD（charge-coupled devices，电荷偶合装置）摄像原理检测光子。

激光共聚焦扫描仪的原理是：光源发出的激发光经物镜聚焦在生物芯片上，标记有荧光染料的靶分子在激光的激发下产生荧光，通过同一物镜收集荧光信号后，经窄带干涉滤光片滤除发射荧光以外的光，再由透镜聚焦于小孔光阑。光阑的光孔设计得很小，使芯片上的灰尘或杂光不能通过光孔聚焦在光阑上，以此阻挡大部分激发光焦平面以外的荧光信号。通过小孔光阑的光信号由光探测器检测变成电信号，经放大、滤波、A/D转换等处理后送入计算机，由计算机储存，可储存为TIFF、GIF、JPEG等多种图形文件格式。激光扫描仪由计算机控制二维移动平台，就可实现对整个芯片的扫读。对于多种颜色标记的芯片，可自动更换光源再次进行读取。

其优点是检测灵敏度高、动态范围宽、信噪比好、测量精度高；缺点是以PMT为基础的荧光扫描仪是以单束固定波长的激光来扫描的，因此需要激光头或者目的芯片的机械运动来使激光扫到整个面积，这样就需要耗费较多的时间来扫描，另外长时间使用导致光源老化，会降低灵敏度。

CCD扫描仪的设计原理与数码相机相似，CCD电荷耦合装置是一种金属-氧化物-半导体结构的新型器件，基本结构是一种密排的MOS电容器，能够储存由入射光在CCD像敏单元激发出的光信息电荷，并能在适当相序的时钟脉冲驱动下，把储存的电荷以电荷包的形式定向传输转移，实现自扫描，完成从光信号到电信号的转换。这种电信号可以复原成物体的可见光像，也可以将信号储存在磁带机内或输入计算机，进行图像增强、识别、储存等处理。在CCD扫描仪中，单色光经激发窄带干涉、滤光片滤光后激发荧光标记的生物芯片，产生的荧光信号经发射窄带干涉滤光片由CCD摄像头捕获成像在CCD芯片上，而图像信号由CCD摄像头直接传送到插在计算机PCI插槽中的DSP图像采集卡上，图像采集卡（主要部件为A/D转换器）将图像信号转变成数字信号，由计算机储存，即完成了对一点的测量。对于多种颜色标记的芯片，可自动更换激发干涉滤光片和发射干涉滤光片，再次进行读取。

这种扫描仪的优点是：CCD一次可成像很大面积的区域，而且仪器结构简单、体积小、检测速度快、成本低。缺点是：样品点受到的激发光可能不够均匀一致，从而引入测量误差；另外灵敏度不及光电倍增管，而且CCD探测器不能与共聚焦系统相兼容。

目前芯片图像的采集和检测使用较多的是激光共聚焦扫描仪。但应注意，衡量扫描仪的品质，应主要考察信噪比、灵敏度、动态检测范围、像素和分辨率等主要技术指标。

基因芯片实验结束后，所有的原始信息都储存在由扫描仪获取的芯片图像中，现在并不存在一种普遍适用的从芯片图像中提取信息的方法，一般来说，芯片的图像处理包括四个步骤。

1）划格（gridding）

芯片图像处理首先是确定样点的位置。通常的做法是根据芯片阵列的行和列的数目，由计算机自动生成一个网格，使每个格对应一个样点或者网格行和列的交叉点对应一个样点，这个网格为每个点提供了一个相对位置的坐标。然后还要对网格以及网格中行线和列线进行定位，确定网格在图像上的位置。

网格生成后就要对样点进行识别，人们开发了许多芯片图像分析软件可以完成这一任务，虽然工作原理和步骤不尽相同，但一般的做法是设计一个圆并使其套住一个样点，按照一定的规则不断调节圆的位置和大小，找出最适合的圆的位置和大小，使之正好和样点一样大。让这一过程（划格和定位）完全由计算机来完成是人们进行图像处理所追求的一个目标，这样不仅速度快，还能避免引入额外误差。

2）分割（segmentation）

在信号点定位之后，点和点周围的一部分区域内的像素就用来计算背景和信号强度。分割的过程就是确定哪些像素是信号点像素，哪些是背景像素，也就是在背景中识别出信号。这个步骤是芯片图像处理的关键环节，因为数据是在这一步产生的。

通常的方法是利用信号点定位结果的空间信息来分开属于信号的像素和属于背景的像素。信号点定位完成后，点的位置和大小已经确定，在样点相应位置上建立一个框架，例如圆，将信号和背景分开。圆内的像素是信号，而圆外则是背景。不过这只是一种理想的情况，而许多时候样点的几何形状并不是圆，所以分析软件通常采用不同的分割算法，目前常使用的是可调形状分割法，这种方法有两种算法比较常用：watershed 和核心像素生长法（SRG）。其实，在“分割”这一步，图像处理软件更注重怎样计算背景。芯片图像中各样点的信号值包括了样品的真正信号和背景值，在提取样点信号前必须先扣除背景。虽然不同的软件采用不同的方法来计算背景值，但基本的依据都是像素的空间位置和像素强度的分布，或者将两者相结合。具体请参考相关书籍和使用手册。

3）信息提取（intensity extraction）

这个步骤是将芯片图像中的各种数值量化，例如信号值、背景值等。如今的芯片数据的后续分析，如聚类分析等，都是基于量化后的数值进行分析的。例如，最常用的是背景校正后的比率值。计算了背景强度值之后，可以用信号值减去背景值来校正信号值。这是因为点的强度并不只是由探针与靶基因杂交所引起的，还有其他方面的因素，例如非同源杂交和玻片上一些其他物质也可能散射出荧光，另外，在 cDNA 芯片中，由于两种染料的标记效率差异及其他一些系统误差，在其他类型的芯片中，也会由于各种系统误差的存在，导致比率值除了背景扣除外，还需要进一步校正。在背景校正过程中，比较棘手的问题是对于弱信号点的处理（经背景校正后强度甚至可能出现负值），研究人员们希望通过努力得到一种信号强度与计算背景无关的方法。

以 cDNA 芯片（图 9-1）为例，数据获取的主要步骤可以归纳为：①计算信号强度值；②计算背景强度值；③计算背景扣除后的信号强度值；④计算所有样点的背景扣除后的比率值；⑤利用全部基因或者一些参照基因计算比率校正因子；⑥利用校正因子计算每个样点对应的校正后的比率值。

4）质量评估（quality evaluation）

由于质量差的数据可能会导致错误的结论，所以检验图像处理后得到的数据的可靠性也非常重要。数据的质量包括两个部分。

（1）整张芯片数据的质量。由于信号分子的纯度、点样过程中的差异、组织样品的质量、杂交的成功与否和扫描效果的不同等多种原因都会导致芯片质量的不同。一个质量好的芯片应当要有一个相对较低的整体背景以及较高的信噪比。通常会通过看整个芯片的信噪比或者比率值随强度的分布情况来检验芯片的质量。

（2）每个点的质量。影响信号点质量的因素也很多，通常会从信号点的大小以及形状规则程度、信号点的信噪比、信号点的背景强度、信号点背景的差异程度、信号点的饱和程度五个方面来考虑。弱信号点是芯片中一个常见的现象，有些弱信号点所对应的基因在生命活动过程中表达量低，但是却有着非常重要的作用，而由于这些弱信号点强度低，往往会被看成是质量低的点，甚至被滤除掉，这一直是芯片数据处理的一个难题。

首先分离和纯化样品中的RNA，然后反转录并进行标记，定制的芯片通常使用荧光标记物Cy3和Cy5，这种双色杂交策略可以保证在同一芯片上同时分析两个样品（图9-1）；高密度商业化芯片经常使用生物素标记，并用荧光抗生物素蛋白来着色。标记探针片段化后与芯片杂交，经洗脱着色用于信号扫描，信号强度与结合探针的量成正比（Kurella et al.，2001）。

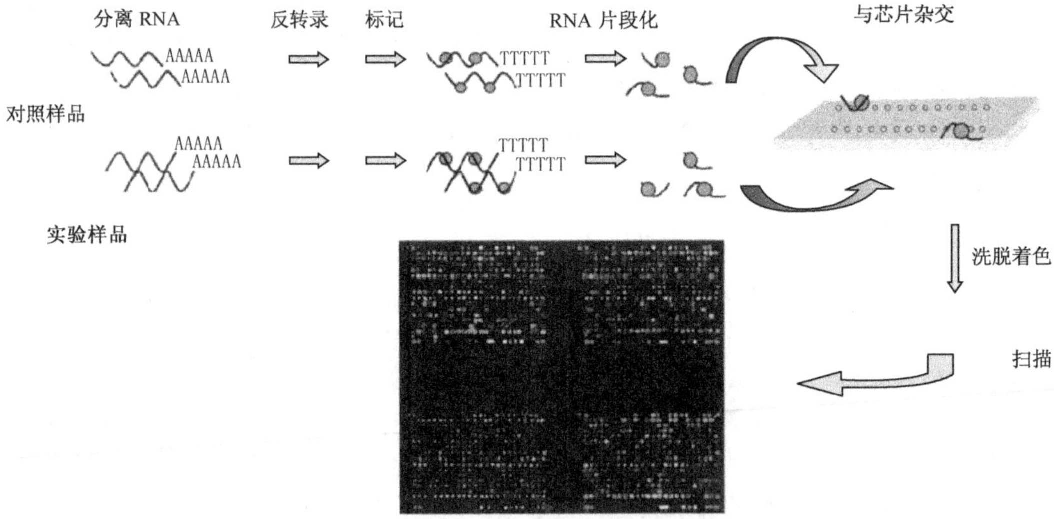

图9-1　cDNA芯片实验流程

9.2.1.2　主要芯片分析软件和网络资源

随着芯片技术的发展，芯片分析软件也不断的进步，生物信息学研究人员开发了许多优秀的分析软件，而且基因芯片实验数据也飞速增长，一些存储大量芯片数据的公共数据库，为研究人员提供了丰富的数据资源，现将常用的主要分析软件（表9-1）和主要芯片数据网络资源（表9-2）做简要介绍。

表 9-1　常用芯片分析软件

软件类别	名称	开发者	特　点
芯片图像分析软件	GenePix Pro	Axon Instruments 公司	提供多种荧光强度测量方法；其提供的比例影像值包括中位数比值（ratio of medians）、平均数比值（ratio of means）、比例的百分位数（quantities derived from pixed-by-pixel ratios）、比例的中位数（median of ratios）、比例的平均数（mean of ratios）及回归比例（regression ratio）
软件包（整套 Affymetrix 高密度基因芯片软硬件的总和）	Affymetrix GCOS 系统	Affymetrix 公司	实现完全的仪器控制、准确的数据分析和完整的数据管理功能，但与其他来源的软件和硬件不兼容
芯片图像分析软件	ScanAlyze	斯坦福大学	进行微阵列荧光图像分析，包括半自动定义格栅与像素点分析。输出为分隔的文本格式，可很容易地转化为任何数据库
基因芯片设备配套的软件	ArrayMaker	斯坦福大学	基因芯片研究全套设备相配套的软件，对非盈利组织和教育单位免费
基因芯片聚类程序	Cluster	斯坦福大学	对大量微阵列数据组进行各种聚类（Cluster）分析与其他各种处理的软件包括分层聚类、k 均值聚类、自组织映射图谱、主成分分析等
聚类结果视觉辅助工具	Tree View	斯坦福大学	用图形来显示 Cluster 软件分析的结果
微阵列的置信度分析软件	SAM	斯坦福大学	可从一组微阵列实验中寻找差异表达基因，以 PC/Windows 版的 Microsoft Excel 附加软件（addins）形式安装的
微阵列的预测分析软件	PAM	斯坦福大学	可根据基因表达值来判断输入样品的分类归属，以 PC/Windows 版的 Microsoft Excel 附加软件（addins）形式安装的
微阵列图形显示及分析软件	GeneSpring	Spotfire 公司	能处理多种商业芯片，可进行基因表达谱显示，有强大的统计功能
基因芯片数据库软件	SpotFire DecisionSuite	Spotfire 公司	能进行数据的快速存取，快速制图
MATLAB2.0 版新增分析工具包	MATLAB 生物信息工具箱	MathWorks 公司	引入了许多微阵列常用的数据输入和分析方法，具有图形图像显示功能；加上原有的其他工具箱可进行多种常用的统计学分析，作差异表达基因的选择等
微阵列数据库软件	AMAD	加州大学 San Francisco 分校	专门设计用于微阵列的数据库，在支持 Perl 语言的 Web 服务器上使用
微矩阵分析软件	J-Express pro	挪威 Bergen 大学	是一个用 JAVA 语言写的应用程序，用来分析微阵列（microarray）实验获得的基因表达数据
微阵列数据库数据采集软件	MAExplorer	美国国家癌症研究所	基于 JAVA 程序，用来帮助发现和癌症、疾病相关的调节基因，可进行各种微阵列数据分析工作，直接链接到网上的各种基因组数据库

表 9-2　芯片数据网络资源

数据库名称	网　址	开发维护单位	特　点
GEO (Gene Expression Omnibus)	http://www.ncbi.nih.gov/geo	美国国家生物技术信息中心(NCBI)	提供了大量的基因表达和其他定量分析的数据，也提供了一个开放的数据储存中心和一些简单的数据分析工具
ArrayExpress	http://www.ebi.ac.uk/arrayexpress/	欧洲生物信息研究所(EBI)	基因表达谱数据存储中心
SMD	http://smd.stanford.edu/	斯坦福大学	历史最久的数据库，拥有很多原始数据，提供数据获取、分析和可视化的界面
YMD (Yale Microarray Database)	http://info.med.yale.edu/microarray/	耶鲁大学	大量芯片数据，提供图像和分析工具
BODYMAP	http://bodymap.ims.u-tokyoac.jp/	日本大阪大学和东京大学	在不同组织或细胞类型和不同时间的人和鼠基因表达数据银行
ExpressDB	http://twod.med.harvard.edu/ExpressDB/	美国哈佛大学	是关系型数据库，包含酵母和大肠杆菌 RNA 表达数据，2000 年10 月，包含 20 万条来自众多出版物和内部研究的信息
GXD (The Gene Expression Database)	http://www.informatics.jax.org/mgihome/GXD/aboutGXD.shtml	美国健康研究院	鼠的基因表达数据

9.2.2　基因芯片数据分析

9.2.2.1　数据预处理

从基因芯片扫描仪获取的图像，经过图形分析软件处理后，得到的数据还要经过一系列的预处理才能用于后续的差异表达基因的鉴别和基因表达模式的分析。主要包括以下几点。

1）背景的校正

预处理的第一步就是背景校正，主要是为了消除非特异性杂交的影响。序列上点的荧光强度是由背景荧光和标记 DNA 产生的荧光共同作用的结果，减去背景荧光后的校正荧光强度才真正反映了基因真实的转录水平。实现这一步骤的方法主要有：①局部背景校正（local background correction）；②亚栅格背景校正（subgrid background correction）；③分组背景校正（group background correction）；④空白点背景校正（blank background correction）；⑤对照点背景校正（control background correction）。

2）弱信号的处理

弱信号点并不都是低质量点，应该滤除掉的是由噪声引起的弱信号，但有些弱信号点却是重要的信息点，如一些位于通路起点的启动基因，只需要很少的表达量就可以激发和促进通路下游基因的表达，虽然信号较弱但仍是基因实际表达水平的反映。这些弱信号应该保留下来参与后续的数据分析。

目前判断弱信号的方法很多，如确定信号强度阈值法、计算信噪比等，各自有不同的优缺点，但仍然没有很理想的方法既能够保留较多有研究价值的弱信号点同时又能够降低假阳性率。

3）数据的对数转换

图像分析软件提取的是荧光强度值，而在后续的分析中通常使用荧光强度的对数值。这主要是为了从生物学角度上更易于理解和解释。对数变换减弱了方差和平均值，使得表达的变化独立于其产生的强度位置，使低强度值处的倍数改变与高强度值处发生的倍数改变具有可比性。另外对数变换后，能够使数据的分布呈现出较好的对称性和正态性，满足常用统计分析方法（如 t 检验、F 检验、相关分析和回归分析等）的需要，给数据分析和解释带来很大方便。

4）重复数据的合并

重复对于基因芯片分析是很必要的，例如，cDNA 微阵列在基因水平上具有较大的变异，要想判定基因在两个样品中的表达是否有差异，并保证这种判定具有较小的假阳性率，就要进行重复。重复可以是单张芯片上点的重复，也可以是不同芯片的重复；后者又可分为技术重复（指使用来自相同提取物的 RNA 的多次杂交）和生物学重复（指使用不同来源的生物学样本的 RNA 提取物进行多次杂交）。重复测量可用于估计实验中的噪声，比较不同处理组间和处理组内的变异；然而在特定的条件下把所有的重复值合并成一个数值（如均数、中位数或众数），用它来代表给定基因（或条件）会更方便研究。

重复测量数据的合并必然会造成信息的损失，为尽量减少这种损失可以采用两种办法：一种是储存原始数据分布的多个参数，包括变量值的个数、标准差等，这些参数能为集中趋势指标提供可信性。另一种是通过去除奇异值对数据进行清理，可以通过计算原始数据的均数和标准差，去除位于给定区间外的数据（如均数加减 3 个标准差外的数据）。剩余的数据重新计算均数和标准差，并消除给定区间外的数据。重复此过程，直到奇异值被全部去除。最后，取剩余值的均数作为该组数据的代表。

5）缺失数据的处理

低质量数据点的删除或是实验操作过程中的失误都有可能造成数据的缺失，而如果后续的统计分析中要求数据满足完整性（如特征基因提取的奇异值分解、某些基因的聚类分析方法等），那么就需要对含有缺失值的数据进行处理。一种方法是删除含有缺失值的整条记录或整个观测（如某个基因在某个样品上的测量值缺失，在不影响结果的前提下，可删除此基因或是删除此样品，视具体情况而定）。这种方法虽操作简单，但可能丢失大量有价值的信息；并且如果缺失点较多，所有含缺失值的记录都被删除将可能导致因剩余观测例数过少而无法满足统计分析的需要。另一种方法是对缺失数据进行填充，这种方法可以减少信息的丢失，并最大限度地提取含缺失值的观测中所包含的信息，因而经常被采用。比较常用的填充方法有：①使用重复数据点对缺失数据进行填充；②利用基因间的相关性进行填充。

6）数据的归一化

在基因芯片实验中，荧光强度或强度比会因为许多因素而使测量值发生变异，主要包括随机变异和系统变异。随机变异由随机因素引起，是无法控制的因素。引起系统变异的因素包括样品的生物学差异和系统误差，而研究人员的研究目的就在于了解样品的生物学差异，因此需要把系统变异中的系统误差部分消除掉。引起系统误差的因素有很多，包括荧光标记物在标记效率上的差异、不同点样头间的差异、芯片空间位置的不同等，这些因素都使得测量得到的荧光强度或强度比不能真实反映样品的生物学差异，也使得同一芯片和不同芯片间基因表达水平的直接比较无法实现，解决这一问题的常用方法就是芯片数据的归一化。

归一化的方法有多种：①“持家基因（housekeeping genes)”法，该法是选择一个通用基因或 DNA 片段作为对照基因固定在芯片上，杂交时将一定量的与之互补的荧光标记探针混合到杂交液中，这样可以将对照点信号与各样点信号比较，其比值便可消除各实验室的差异，从而达到归一化的目的；②将各点光密度值或比值除以所有点的平均值；③附带一些参数如平均值等作为该芯片的内部对照。

但至今为止仍无真正意义的理想的归一化方法，特别是对于不同实验室间的芯片数据的比较。除了上述归一化方法外，为比较多个芯片表达的数据，还应严格控制每次实验的条件。例如，目标 DNA 标记的程度、荧光激发和发射的效率、测定的条件等，使实验在相同的环境和条件下进行。

9.2.2.2 可靠性分析

经过预处理后的芯片数据成为后续分析的“原材料”，数据的准确性会直接影响到后续的分析结果，关系整个实验的成败与否，而基因表达谱的数据会受到很多因素干扰（Lee et al.，2000)，因此，表达谱芯片数据的可靠性分析是非常重要的。检验芯片结果的可靠性有多种方法（Thomas et al.，2001；Tseng et al，2001；Yue et al.，2001；Yang et al.，2002；Yang et al.，2002)，可以从不同角度分析芯片数据的准确性和重复性。目前主要利用重复实验的数据进行评价，大致可以分为两类。

1）评价差异表达基因的可靠性

常采用称作“自身比较实验”（self-comparison experiment，SCE）的方法，用 Cy3 和 Cy5 标记同一样本，进行自身比较分析。理论上，自身比较实验中所有基因的 Cy5 和 Cy3 比值为 1，但由于实验体系的系统误差，一部分基因的比值偏离 1，国际上通用的差异基因筛选阈值（cutoff）为 2/0.5（也可根据实验目的不同、数据质量好坏和重复实验次数来变换阈值），自身比较实验中比值小于 0.5 或大于 2 的基因即为假阳性基因，假阳性基因数占基因总数的百分率即为假阳性率。我们可以用假阳性率 FPR (false positive rate) 来作为一个芯片平台的重要质量指标。

2）评价整个系统的重复性

重复性的评价可以采用常规的统计方法，主要统计指标有：相关系数（correlation coefficient，r）和变异系数（coefficient of variation，CV）。

相关系数计算方式主要有皮尔森相关系数（Pearson correlation coefficient）和一致性相关系数（concordance correlation coefficient）（具体公式请参阅统计学教材）。例如，在 cDNA 芯片中，可以用相关系数的方法比较双通道荧光信号的相关性，如采用自身比较实验，通过计算 Cy3 和 Cy5 信号值之间的相关系数，作为衡量同一张芯片中两种荧光信号的重复性的参数，当相关系数接近 1（通常大于 0.95）时，表明双色荧光系统可靠性较高。另外，如果在两次重复实验中，得到两组 Cy5/Cy3 值，计算两组比值间的相关系数，也可作为判断重复性的标准。但此时需要注意，如果两个样本的真实差异基因少，用相关系数评估是不恰当的，因为容易错误地得出重复性不好的结论，所以比值的相关系数只能适用于评价表达差异大的芯片实验。

皮尔森相关系数：

$$r_p = \frac{\sum_i (x_i - \overline{x})(y_i - \overline{y})}{\sqrt{\sum_i (x_i - \overline{x})^2 \sum_i (y_i - \overline{y})^2}}$$

一致性相关系数：

$$r_c = r_p \times \frac{2s_1 s_2}{s_1^2 + s_2^2 + (\mu_1 - \mu_1)^2}$$

当芯片数据重复较多时，可以用比值的变异系数（标准差除以均值）来判断数据的重复性，它的好处在于屏蔽了样本的量纲和均数大小的影响，所以适合衡量多组芯片的重复性。CV 值越小，表示重复性越好。一般成功的芯片实验 CV 值平均在 15%左右。

9.2.2.3 芯片数据的统计学分析

经大量的生物学实验发现，功能相关的基因在相关的一组条件下有非常相似的表达谱，例如，被共同的转录因子共调控的基因、产物构成同一个蛋白复合体的基因，或者参与相同的调控路径的基因。因此，在基因芯片的数据分析中可以利用统计学中类别分析的方法将具有相似表达谱的基因进行聚类，从而指派未知基因的功能，或者发现和解释重要的生命现象。

对于基因表达谱数据的类别分析主要分为无监督方法（unsupervised methods）和有监督方法（supervised methods）两类。

无监督方法主要是指聚类分析（cluster analysis)，它是模式识别和数据挖掘中普遍使用的一种方法，是基于数据的知识发现的有效方法，特别适用于模式分类数不知道的情况。聚类分析是不需要任何先验领域知识，它根据数学特征提取分类标准，对数据进行分类，这种数学特征的例子有统计平均值、相关系数、协方差矩阵的本征值及本征向量等。由于聚类分析不需要任何有关基因功能类别的先验信息，所以适用于探索完全未知的基因表达谱数据特征。根据其聚类指标或计算方法分成许多种。在基因芯片表达数据分析中，应用最为广泛的是系统聚类分析（hierarchical clustering），此外还有Bayesian聚类分析、逐步聚类分析（k-means clustering）、自组图分析（self-organizing map，SOM）、二向聚类分析（two-way clustering）、主成分分析（principal component analysis）等许多统计分析手段。

聚类分析有两个显著的局限性：①如果数据间分离的不好，也就是类与类之间是扩散且相互渗透的，那么不同的聚类算法将导致不同的聚类结果，要解释这些不同的结果不仅凭借经验和可信度分析，还要通过进一步的序列比对来帮助和选取不同的聚类结果。所以明确的聚类结果需要建立在分离良好的数据基础上；②现在常用的聚类方法分析的仅仅是基因间简单的一对一的关系。虽然通过成对的线性比较大大降低了发现基因表达向量之间关系的计算量，但却忽视了生物系统中多因素和非线性的特点。

有监督的方法是指分类问题，是有效地利用先验知识（如将精确实验测得的基因功能类别与基因相联系）来指导基因分类，该方法是利用一个训练集，其中包含属于某功能类的和不属于该功能类的若干基因样本，以此来训练模型，帮助识别哪些样本应该划分为一类。由于利用了先验特征，在建模时有监督的分析往往比无监督的分析更为有效，并且在越来越多的基因分析领域中发挥出更大的作用。常用的分类方法有：线性判别分析（linear discriminant analysis，LDA）、最近邻分类法（nearest neighbor classification）、决策树（decision tree）、神经网络（neural network，NN）、支持向量机（support vector machine，SVM）等。

9.2.2.4 基因芯片数据的基因注释和功能分析

芯片数据的统计学分析虽然提供了大量的提示信息，但并不是芯片研究的最终目的，人们还需要对数据的生物学意义进行解释，以探索生命的奥秘。例如，在表达谱分析中，对于不同实验条件下发生差异表达的成百上千的基因要进行生物学意义的解读。那么这一工作的前提是要获取这些基因充足的注释信息，而目前并没有一种专门的分析工具来高效的完成这一任务。目前，芯片基因的注释信息有两个来源。

1）基因芯片公司提供的注释信息

大部分销售基因芯片的商业公司不仅提供给使用者基因的序列，而且还会将公司特有的基因名链接到公共数据库中的公用ID，这样比我们自己通过序列相似性比对获得基因ID的方法更加有效。而一些著名的公司在这方面的工作做得更加完善。例如，Affymetrix公司在其网站（http://www.affymetrix.com/index.affx）上提供丰富的基因注释和其他技术信息的资源。

2）公共数据库中的注释信息及相关工具

公共数据库有很多，而且各有特色，可根据各自特点加以选择。例如，进行单一基因的注释，可以选择Ensembl数据库、LocusLink数据库、RefSeq数据库等；获取疾病相关的差异表达基因注释可以选择孟德尔遗传信息数据库（OMIM）；获取蛋白家族信息可以选择 InterPro 数据库；获取转录因子相关信息可以选择 Transfac 数据库。另外，Gene Ontology（GO）数据库把基因与本体论联系起来，进行有效的基因功能注释和信息提取。KEGG（Kyoto encyclopedia of genes and genomes）数据库、BioCarta 数据库、Transpath 数据库以及 GenMAPP（gene microarray pathway profiler）数据库提供了较丰富的生物学通路方面的资源。而目前一批科学家们所追求的新境界是研究基因在生物学相互作用网络中的定位和功能，如 CytoScape 软件包的开发。随着生物信息研究的不断深入，相信不久便会开发出整合完善的更高效的基因注释工具，而这也是组学深入研究的需要。

9.2.2.5 MIAME 规则

基因芯片产生至今，各种数据库中已经储存了大量的芯片数据信息，如何让这些数据在研究人员之间更好地共享已经成为人们普遍关注的一个问题。微阵列基因表达数据协会（microarray gene expression data society，MGED）是由学术界和商界共同组成的一个非盈利性组织，其成员包括芯片的制造人员和芯片技术的使用人员。该组织于 2001 年提出了关于芯片实验的最低限度信息 MIAME（minimum information about a microarray experiment）标准。MIAME 的目的是描述一个开放的芯片实验所能提供的信息（如实验条件的注释、芯片平台的形式、芯片上探针序列的组成等），从而使数据完整而且独立的分析和验证能够进行。这一规则本身并不是一套详细的基因芯片说明书，而是针对基因芯片提出的一套指导方案，可以指导研究人员使用基因芯片进行科学研究，获取完整的信息，同时也可以指导微阵列数据库和数据管理软件的开发。具体内容请参考相关文献和手册。

目前一些比较著名的基因芯片数据库系统，如斯坦福大学的基因芯片数据库（stanford microarray database，SMD）、欧洲生物信息研究所（european bioinformatics institute，EBI）的 Array Express 系统、NCBI 的 GEO 系统等都遵循 MIAME 规则。另外，在 MGED 的努力下，多家杂志已经建议或要求研究人员在提交基因芯片相关文章时，所提交的数据须符合 MIAME 规则。在这一规则基础上，人们还开发了相关工具软件，如 MIAME 表单（checklist）使基因注释、数据分析和共享更方便快捷。

9.3 蛋白质组简介

9.3.1 蛋白质组概念提出背景、含义和特点

生物体遗传信息的传递，经历了“中心法则”所描述的从 DNA 到 mRNA，最终至具有生物功能的蛋白质这一渐进过程。DNA（脱氧核糖核酸）是遗传信息的载体，现代遗传学认为，基因是 DNA 分子上具有遗传效应的特定核苷酸序列的总称，是具有遗传效应的 DNA 分子片段。国际人类基因组计划于 1990 年正式启动，这一计划在全世界范围内把基因的研究推向高潮，其目的是找出所有人类基因并搞清其在 DNA 分子上的位置，绘制出完整的人类基因组图谱，破译出人类全部遗传信息。科学家认为，通过

对每一个基因的测定，人们将能找到新的方法来治疗和预防多种疾病，关于人类生长、发育、衰老、遗传病变的很多秘密也将随之揭开。人类基因组序列草图绘制完成后，生命科学研究跨入了“后基因组时代”，人们清醒地认识到基因仅是遗传信息的载体，而生命活动的执行者是基因的表达产物——蛋白质，它是生命现象复杂性和多变性的直接体现者。《自然》和《科学》杂志在2001年2月公布人类基因组草图的同时，分别发表了“And now for the proteome”和“Proteomics in genomeland”的评述和展望，将蛋白质组学的地位提到前所未有的高度，认为蛋白质组学将成为新世纪最大战略资源——人类基因争夺战的战略制高点之一，从此蛋白质组学的研究受到了广泛的关注。

蛋白质组一词是澳大利亚学者Wilkins最先提出并见诸于1995年7月的*Electrophoresis*杂志上。它是指一个细胞或一个组织的基因组所表达的全部蛋白质，也可以说是一个基因组表达的所有相应的蛋白质。蛋白质组学是研究细胞内全部蛋白质的组成及其规律的学科。

由于基因剪切、蛋白质翻译后修饰等原因，基因和蛋白质不是一一对应的关系，一个基因可以产生多种蛋白质而且形式各异，所以蛋白质数量比基因更大，相互作用更复杂。基因组是静态的，一个有机体从它的发生发展到衰老死亡，不同细胞组织和器官的基因组是基本稳定不变的；而蛋白质组是一个在时间和空间上动态变化着的整体，其复杂性远远超过基因组。蛋白质有其自身特有的活动规律，如蛋白质的修饰加工、转运定位、结构形成、代谢等，这些信息均无法从基因组水平上的研究获知。因而，蛋白质组学的研究将对揭示生命活动规律，探讨重大疾病机制、疾病诊断和防治、新药的开发提供重要的理论基础。

9.3.2 蛋白质组计划和蛋白质组学研究

9.3.2.1 蛋白质组计划

为了促进国家与地区性的蛋白质组学的发展、合作与交流，2001年成立了国际人类蛋白质组组织（human proteome organization ，HUPO，http://www.hupo.org），在法国召开了首届国际蛋白质组大会，并迅即在北美、欧洲、韩国、日本成立了相应的分支机构，随之提出了“人类蛋白质组计划”（human proteome project，HPP）。HPP是继HGP（human genome project）之后最大规模的国际性科技工程，也是21世纪第一个重大国际合作项目。

人类蛋白质组计划共开展7个项目：美国牵头的人类血浆蛋白质组计划、中国牵头的人类肝脏蛋白质组计划、德国牵头的人类脑蛋白质组计划、瑞士牵头的大规模抗体计划、英国牵头的蛋白质组标准计划、加拿大牵头的模式动物蛋白质组计划以及日本牵头的糖蛋白质组计划。其首批行动计划包括由美国牵头的“人类血浆蛋白质组计划”和由我国牵头的“人类肝脏蛋白质组计划”（human liver proteome project，HLPP，http://www.bprc.ac.cn）。HLPP是第一个人类组织/器官蛋白质组计划，也是我国第一次领导的重大国际协作项目。

9.3.2.2 蛋白质组学主要研究技术手段

蛋白质组的极端复杂性决定了它所应用的技术更加复杂和综合，蛋白质组学研究集生物技术手段、分析技术、信息技术和材料技术之精华，采用了大规模、高通量、高速度的技术手段，通过研究全部基因所表达的所有蛋白质在不同时间与空间的表达谱和功能谱，全景式地揭示生命活动的本质，特别是人体健康与疾病的机制。

目前主要研究手段有色谱分离技术、双向凝胶电泳（2DE）、质谱（mass spectrometry，MS）技术（包括 ESI-MS 和 MALDI-TOF-MS）、酵母双杂交系统、表面等离子共振技术（SPR）等。出色的研究成果依赖于这些技术手段的相互配合和技术路线的优化改进，另外，先进高效的研究手段也正在不断地被开发和应用在这一领域，例如，蛋白质芯片是生物芯片技术在蛋白质组学研究中的应用，它具有高通量、微型化以及自动化等优点，在蛋白质的生物活性以及大分子与蛋白质之间相互作用等方面展示了独有的魅力。现今比较常用的蛋白质组研究手段主要是通过高通量 2DE 进行蛋白质分离，再用专业计算机软件（如 Melanie 3、Image Master 2D）进行图像分析，然后通过质谱技术及蛋白质信息处理技术对凝胶上的蛋白质定性分析与鉴定。

9.3.2.3 蛋白质组应用及展望

目前的蛋白质组学研究大致分为三个方向。

1）组成性蛋白质组学研究

研究的基本目的是确定特定的条件下，样品（组织、细胞或亚细胞器）中表达的蛋白质有哪些，功能是什么，这些表达的蛋白质之间的关系是怎么样的，分布在哪些位置。如建立蛋白表达谱或修饰谱、建立蛋白相互作用连锁图等；另外在此基础上可以开展一系列的相关的研究，如新蛋白质挖掘、代谢通路分析、亚细胞定位、结构域、蛋白质的高级结构等。

2）比较蛋白质组学研究

以重要的生命过程或人类重大疾病为对象，进行重要生理病理条件下蛋白表达差异的研究。研究重点在于寻找引起细胞或组织样品间蛋白质组差异的原因，揭示细胞或机体对环境刺激的反应及细胞调控的机制，同时可以对某些标志性蛋白进行定性和功能分析。在重要的基础性生命科学课题中，如细胞信号转导、翻译调控、增殖分化等，比较蛋白质组学研究是有效的手段之一。另外，其在疾病早期诊断、病情和疗效检测、寻找药物靶标等方面也有出色表现，如肿瘤标志物（biomarker）发现等。

3）蛋白质组学支撑技术平台和生物信息学研究

技术平台方面主要是结合组学研究的特点，发展高通量、高灵敏度、高准确性的研究技术平台，这是现在乃至相当一段时间内蛋白质组学研究中的主要任务之一。主要目标就是在改进传统蛋白质分离及分析方法的基础上，不断探索新的方法和技术路线，如二维色谱（2D-LC）、二维毛细管电泳（2D-CE）、液相色谱-毛细管电泳（LC-CE）等新型分离技术。以质谱技术为核心，开发质谱鸟枪法（shot-gun）、毛细管电泳-质谱联用（CE-MS）等新策略直接鉴定全蛋白质组混合酶解产物。最近，发展高通量和高精度的蛋白质相互作用检测技术也被科学家所关注。此外，蛋白质芯片的发展也十分迅速，并已经在临床诊断中得到应用。

生物信息学作为新兴边缘学科，近年来发展迅速，其在蛋白质组学相关的研究中不仅大展身手，而且也在这一领域得到了不断的磨炼，并日益显示出其重要性，在质谱相关的生物信息学、蛋白质相互作用、蛋白质定位、蛋白质结构和功能预测、翻译调控等许多领域取得的重要进展，尤其是基因组学、蛋白质组学和生物信息学相互交叉所呈现的系统生物学（system biology）研究模式更是引人注目。

近几年来，蛋白质组学得到了国际生物学界的高度重视，许多国家的政府和研究机构投入大量经费支持蛋白质组学研究。相信随着蛋白质组学研究技术的深入发展，蛋白质组学不仅在生命科学基础研究方面有所作为，而且在应用研究方面也会有广阔的发展前景，将成为未来生命科学最令人激动的新前沿。

9.4 双向凝胶电泳数据分析

9.4.1 方法简介

双向凝胶电泳技术，又称二维电泳，由 Farrell 等于 1975 年发明，当时成功地分离约 1000 个大肠杆菌蛋白质。其原理是在相互垂直的两个方向上，分别基于蛋白质不同的等电点和分子质量，运用等电聚焦（isoelectricfocusing，IEF）和十二烷基硫酸钠-聚丙烯酰胺凝胶电泳（SDS-PAGE），把复杂的蛋白质混合物中的蛋白质在二维平面上分离展开。该技术主要用于分离细胞或组织蛋白质粗提物，构建特定组织或细胞的蛋白质“二维参考图谱”，分析特定时间与生理状态下蛋白质的表达情况，进行蛋白质组差异比较。

完整的双向凝胶电泳分析，包括样品制备、等电聚焦、平衡转移、SDS-PAGE、斑点染色、图像捕捉和图谱分析等步骤。下面是使用手册的步骤目录。

双向电泳实验流程：（Bio-Rad 蛋白质组双向电泳实验操作手册）

（1）样品制备（sample preparation）。

（2）固相预制胶条的水化（IPG strip rehydration）。

（3）第一向等电聚焦（IEF）。

（4）胶条的平衡（IPG strip equilibration）。

（5）第二向 SDS-PAGE 电泳（SDS-PAGE electrophresis）。

（6）凝胶的染色及检测（detection/staining）。

（7）PDQuest 软件分析（software analysis）。

（8）质谱鉴定（protein identification）。

9.4.2 双向凝胶电泳应用

双向电泳（two-dimensional electrophoresis，2DE）技术在蛋白质组学与医学研究

中发挥着重要作用。被称为蛋白质组研究的三大关键核心技术之一（另两种是质谱技术和蛋白质组信息学）。在许多重大的基础研究和应用研究课题中都可见双向电泳技术的身影。例如，它可用于蛋白质转录及转录后修饰研究、蛋白质组的比较和蛋白质间的相互作用研究、细胞分化凋亡研究、致病机制及耐药机制的研究、疗效监测、新药开发、癌症研究、蛋白纯度检查、小量蛋白纯化、新替代疫苗的研制等许多方面。双向电泳已成为分析复杂蛋白质混合物的基本工具。

双向电泳技术有三种分离蛋白质的方法。

（1）ISO-DALT（isoelectric focus）。以 O'Farrell's 技术为基础，第一向应用载体为两性电解质（carrier ampholyte，CA），在管胶内建立 pH 梯度。但随着聚焦时间的延长，pH 梯度不稳，易产生阴极漂移。

（2）NEPHGE（non-equilibrium pH gradient electrophoresis）。用于分离碱性蛋白质（pH>7.0）。如果聚焦达到平衡状态，碱性蛋白质会离开凝胶基质而丢失。因此，在等电区域的迁移须在平衡状态之前完成，但很难控制。

（3）IPG-DALT。发展于 20 世纪 80 年代早期。由于固相 pH 梯度（immobilized pH gradient，IPG）的出现解决了 pH 梯度不稳的问题。IPG 通过 immobiline 共价偶联于丙烯酰胺产生固定的 pH 梯度，克服了 IEF 的缺点，从而达到高度的重复性。目前可以精确制作线性、渐进性和 S 型曲线，范围或宽或窄的 pH 梯度。新的酸性 pH 3～5 或碱性 pH 6～11 的 IPG 凝胶梯度联合商品化的 pH 4～7 的梯度可对蛋白质形成蛋白质组重叠群（proteomic contigs）从而有效分离。

双向电泳技术从产生至今一直面临着高分辨率和重复性困扰，具有高分辨率才能确保蛋白质最大程度的分离，而高重复性涉及更好地进行凝胶间配比（match）。随着样品制备方案的完善、固定化 pH 梯度技术（immobilizedphgradient，IPG-2DE）的应用、染色方法改进与分析软件性能的提高，2DE 技术已经日趋进步，基本具备了分辨率高、可重复性好、结果直观、实验成本相对较低等特点。

但双向凝胶电泳技术当前仍然面临着一些的难以回避的挑战，主要包括：①低拷贝蛋白质的鉴定；②极酸或极碱蛋白质的分离；③极大（>200 000）或极小（<10 000）蛋白质的分离；④难溶蛋白质的检测，这类蛋白质中包括一些重要的膜蛋白；⑤操作过程的自动化。

9.4.3 双向电泳图像分析软件简介及一般分析步骤

双向电泳图像分析是蛋白质组学研究中非常重要的一个环节，起到“承上启下”的作用。电泳实验结果经扫描仪转化为图像形式，常用的扫描仪有 ImageScanner、STORM Scanner 和 Model GS-710 Imaging Densitometer 等。图像经专业图像分析软件处理，将电泳结果数字化并作出质量评价；并挖掘其中隐藏的大量相关信息作为进一步分析的基础，例如，在比较蛋白质组学研究中图像分析软件通过比较正常和异常细胞、组织的图谱，来找出差异表达的蛋白质点（哪些是消失的、哪些是新出现的，哪些是相同的），并可进行定量比较。后续就可以将感兴趣的蛋白质点切下，进行进一步分析，如氨基酸组成分析、N 端测序和质谱分析等。

常用的图像分析软件主要有：ImageMaster、Melanie、PDQuest、Phoretix（http://expasy.ch/melanie；http://www.amershambiosciences.com；http://www.phoretix.com；http://www.biorad.com）（贾宇峰等，2000）。这些软件系统提供了非常美观而且灵活方便的操作界面，功能强大的统计和数据库工具。虽然软件算法在不断优化，仪器设备也在不断改进，但目前还无法实现凝胶图像蛋白质点的检测、鉴定，以及比较的全自动化；相信经过实验人员、工程技术人员和生物信息学研究者的共同努力，这个目标终会实现。

现以 ImageMaster 为例简要介绍一下图像分析过程。

1）强度校正

为了使以任意单位测得的强度值与实际的光密度或散射密度相匹配，进行强度校正是很必要的，它可以解决图像扫描设备非线性应答问题（即图像中的像素值和实际光密度间无线性关系）。但如果扫描设备可以直接提供校正后的数据（具有光密度仪），则可以不用再进行强度校正。

2）点检测

首先是自动检测，检测时的灵敏度和算子大小等相关设置可以调节，以求尽可能多地获取蛋白质点的信息。然后对于一些未被识别的点，和被识别出的“假点”，以及由于距离过近而被识别成一个点的多个蛋白质点，要进行进一步的手工添加、删除和分割。

3）背景消除

扫描后的图像一般都有不同程度的背景，从而影响蛋白质点的精确检测，消减背景一般有五种方式：手工消减、边界最低强度消减、边界平均像素值消减、非点模式消减，后三种均是完全自动的，如果上述四种方式均不能满足要求，也可以直接编辑某个点的背景水平。

4）匹配

这是一个交互式的过程，匹配时首先要创建参考凝胶，参考凝胶可以是要分析比较的一组凝胶中的一张，也可以是几张凝胶合并而成的平均胶。用户可以通过改变向量框（vector box）和搜索框（search box）的大小来操纵匹配，由于电泳过程中的一些影响因素的作用，即使是同一样品两次电泳图像之间也存在移位或扭曲，在这种情况下，可以调整上述两个参数得到较好的匹配效果。

5）结果报告

图像分析的过程中产生的大量数据要进行存储和输出；在整个分析过程中，无论是图像窗口还是测量窗口的内容变化，随时都可以拷贝后粘贴到其他文件中，其中数据列表还可拷贝到 Excel 文档。检测结果还可生成凝胶报告或蛋白质点报告，包括图像和列表，并可存储为 rtf 格式文件。另外，软件还可将分析数据自动创建成网页，点击参考胶任何一个蛋白质点就可以访问相关数据。

6）分子质量和等电点校准

可通过已知分子质量的标准蛋白和等电聚焦标准蛋白（一系列分子质量相同而等电点不同的蛋白质）来确定凝胶上蛋白质点的大致的分子质量和等电点。

7）数据分析和数据库查询

在因特网上有许多蛋白质数据库和 2DE 数据库，这些数据库中存储着不同来源和不同形式的蛋白质信息，分析软件基于分析所产生的蛋白质点数据，再通过数据库中的查询，可以做出更全面的分析，并给蛋白质点设置可以直接指向数据库信息的超级链接。

9.4.4 双向凝胶电泳数据库资源

为了有效地实现信息资源的交换和共享，很多国际知名的实验室和研究机构均建立了各种蛋白质相关数据库。目前互联网上的蛋白质 2DE 图谱数据库有很多，各有特点，为方便读者根据各自的研究目的进行搜索查询，现将数据库和搜索引擎整理如表 9-3 所示。

表 9-3　双向凝胶电泳数据库资源

数据库名称	网址	开发维护单位	数据库特点
综合性蛋白质 2DE 数据库			
SWISS-2DPAGE	http://tw.expasy.org/ch2d/	由日内瓦大学医院的临床化学实验中心和瑞士生物信息学研究所共同维护	该数据库主要收集经 2D-PAGE 和 SDS-PAGE 鉴别的蛋白质，记录为文本格式数据，内容包括制图步骤、生理和病理学信息、实验数据及参考文献等。还有 2D-PAGE 和 SDS-PAGE 参考图；该数据库网站还为用户提供了 2D-PAGE 分析软件包 Melanie3 和用户自建 2D-PAGE 数据库软件包 Make2ddb package。由 EBI 研制的 SRS 检索系统也可用于该数据库的检索
Argonne2D-PAGE	http://www.anl.gov/BIO/PMG/text.html	由美国芝加哥大学的 Argonne 国家实验室的 PMG（Protein Mapping Group）研制	他们利用 2D-PAGE 研究正常蛋白质表达及其受病理因素或受环境刺激引起的蛋白质表达改变。目前该数据库有鼠肝脏蛋白质、人类乳房细胞蛋白质和激烈热球菌（*Pyrococcus furiosus*）三部分内容
MPIIB 的蛋白质 2D-PAGE 数据库	http://www.mpiib-berlin.mpg.de/2D-PAGE/	MaxPlanck 感染生物学研究所（MPIIB）创建	主要包含欧洲细菌蛋白质计划（EBP）、其他微生物和其他生物体三部分。EBP 有肺炎衣原体（CP）、幽门螺杆菌（HP）和肺结核分支杆菌（Mtb）三个数据库，其他微生物有疏螺旋体属（*Borrelia*）、弗郎西丝氏菌属（*Francesella*）、支原体属（*Mycoplasma*）三个数据库，其他生物体则有 Jurkat T-cells，Mouse Mammary Gland 两个数据库

续表

数据库名称	网址	开发维护单位	数据库特点
SIENA-2DPAGE	http://www.bio-mol.unisi.it/2d/2d.html	由意大利 Siena 大学的分子生物系创建	该数据库目前有人类乳房导管癌、乳房正常组织和羊水，及沙眼衣原体（*chlamydia trachomatis*）、线虫（*Caenorhabditis elegans*）的蛋白质 2DE 参考图数据
PMMA-2DPAGE	http://www.pmma.pmfhk.cz/（位于 PMMA 网站的 ProteinDatabase 链接点）	由捷克军事医学科学院（Purkyne Military Medical Academy，PMMA）创建	PMMA-2DPAGE 目前有 51 条记录，来自 4 个蛋白质 2D-PAGE 参考图，它们分别是结直肠癌、野兔病（野兔热弗郎西丝氏菌病）、鼠纤维母细胞细胞系（murine fibroblast cell line）
SIBS2D-PAGE	http://www.sibs.ac.cn/	由上海生物科学研究所蛋白质组研究中心和生物信息中心、中科院组建	收集了不同组织、器官和细胞的蛋白质组 2D-PAGE 图谱，提供与正常生理状态和病理状态相关的蛋白质信息
		哺乳类 2DE 数据库	
丹麦 Aarhus 大学的 2D-PAGE 数据库	http://proteomics.cancer.dk/	丹麦 Aarhus 大学的人类基因组研究中心创建	收录了大量来自不同凝胶参考图、经鉴定的蛋白质数据，其目的是开展健康与疾病状态下的功能基因组分析研究。该网站的特色之处在于它还提供了图片和视频文件说明 2D-PAGE 的操作实施步骤，以及细胞、组织、体液的 2D 凝胶图片库和 2D 凝胶免疫印迹图片库
英国心脏科学中心 Harefield 医院的 2D 凝胶蛋白质数据库（HSC-2DPAGE）	http://www.harefield.nthames.nhs.uk/nhli/protein/	英国心脏科学中心 Harefield 医院（Heart Science Centre，Harefield Hospital）的蛋白质生化研究小组负责维护	该数据库主要收集蛋白质生化研究小组的研究成果，内容包括人类、鼠及狗的心脏（心室）内皮细胞的 2D-PAGE 蛋白质数据
德国柏林心脏研究所的人类心肌 2D-PAGE 蛋白质数据库	http://userpage.chemie.fu-berlin.de/～pleiss/dhzb.html	由 Wittman 生物分子技术分析研究所 P.Jungblut 和 Free 大学生化研究所的 ChristophWeise 提供	提供有关心室和心房的蛋白质鉴定图。同时，该站点还列有根据 PDQUEST4.1 软件分析得到有关心肌肥大的蛋白质表达的标准图
有关鼠类心脏 2D-PAGE 蛋白质数据库	http://www.mpiib-berlin.mpg.de/2D-PAGE/RAT-HEART/2d/	德国柏林心脏研究所	像有关鼠类心脏 2D-PAGE 蛋白质数据库

续表

数据库名称	网址	开发维护单位	数据库特点
美国国立癌症研究中心 2DE 蛋白质表达数据库	http://www3. cancer. gov/intra/lmp/jnw/Prot. htm	美国国立癌症研究中心（NationalCancer-Institute，简称 NCI）	60 种来自不同器官的癌症细胞系 2DE 蛋白质表达数据库
澳大利亚 JPSL 网站 (JointProteomic SLaboratory)	http://www. ludwig. edu. au/jpsl/Data-bases. asp	由 Ludwig 癌症研究所与 Walter 和 El-izaHall 医学研究所共同组建	主要研究分析生物化学，以及蛋白质分离、蛋白质描述和蛋白质组学技术。该网站有人乳腺癌细胞系 MDA-MB231、人胎盘溶酶体和鼠结肠室室三个 2DE 蛋白质数据库，已鉴定蛋白质的序列数据已被 Ex-PASY 收录，每种已鉴定蛋白质直接与 Ex-PASY 数据库中相应记录链接
英国 Durham 大学 2DE 凝胶数据库	http://www. dur. ac. uk/nicholas. hole/2DPAGE/	英国 Durham 大学造血干细胞研究小组	英国 Durham 大学造血干细胞研究小组研究了视黄酸和 DMSO 对胚胎干细胞中的造血干细胞分化的调节作用。其通过 13 张 2DE 凝胶参考图记录了不使用与使用视黄酸、DMSO 的情况下，0～8 天时间里造血干细胞分化情况，最后将这些数据资料收集成一张标准分化参考图
法国 paris13 大学的 2DE 数据库	http://www. univ-paris13. fr/biochem-istry/biochimie/bio-chi-mie. htm	法国 paris13 大学的生物化学蛋白质技术实验室创建和维护	收录了经 APH、EPO、EPO/GM 处理的红白血病细胞系 TF1、K562 细胞系和白血病细胞系 KGla 分化，以及 TF1、Kgla、Bur-kittEBV(+)DG、淋巴母细胞系 PRI 指数生物期和 HL60 早幼粒细胞系的蛋白质 2DE 参考图及相关数据。共 19 种蛋白质得到鉴定，在图谱上采用 SWISS－PROT 和 SWISS-2DPAGE 登录号标记
日本东京首都老年医学研究小组的年龄相关蛋白质组数据库（TMIG2 DPAGE）	http://proteome. tmig. or. jp/2D/	日本东京首都老年医学研究小组	收录了人纤维母细胞 TIG-3 细胞系的蛋白质 2DE 图谱库，用于研究细胞衰老的分子机制；以及人 Werner's 综合征皮肤纤维母细胞蛋白质组 2DE 图谱库，该库为 Werner's 综合征患者与年龄匹配组正常个体的纤维母细胞蛋白质的比较分析结果。图片上红色标记斑点为 Werner's 综合征患者与正常皮肤纤维母细胞比较存在显著差异的蛋白质
美国华盛顿大学内耳蛋白质数据库 (WashU. InnerEar PDB) 和磷酸化蛋白质数据库（PPDB）	http://oto. wustl. edu/thc/inne-rear2d. htm http://www-lecb. ncifcrf. gov/phosphoDB/	由 Ici 和 RuediThal-mann 创建	收录的数据来源于其历年的实验研究结果。目前已有 45 条已鉴定蛋白质的记录，分别来自 11 张豚鼠、小鼠、牛和人耳组织的 2DE 参考凝胶图，部分图片上的凝胶斑点建有参考链接。磷酸化蛋白质数据库（PP-DB）是一个研究细胞内蛋白质磷酸化的数据库，收录有小鼠 B 淋巴细胞（WEHI-231）的 2DE 蛋白质数据

续表

数据库名称	网址	开发维护单位	数据库特点
植物类 2DE 数据库			
澳大利亚国立大学的 ANU－2DPAGE 数据库	http://semele.anu.edu.au/2d/2d.html	澳大利亚国立大学的生物科学研究院的基因相互作用研究组维护	共有稻谷的花粉囊、囊基底部、苜蓿根三个数据库，总记录数为 161 条，苜蓿的叶子和种子蛋白质组 2DPAGE 数据库正在建设中
法国的 INRACestas 森林遗传学和树木改良实验室 2DE 数据库。	http://www.pierroton.inra.fr/genetics/2D/	法国的 INRACestas 森林遗传学和树木改良实验室	共有海岸松、橡树根、桉树三种。其中海岸松有蛋白质遗传、序列信息和蛋白质变异 2D 凝胶参考图，以及来自海岸松不同组织部位的 2D 凝胶参考图
比利时 Gent 大学的植物浆膜数据库（PPMdb）	http://sphinx.rug.ac.be:8080/ppmdb/	比利时 Gent 大学	2DE 凝胶参考图所列的数据信息为其研究的部分数据，普通用户无法在该数据库中检索到其保留蛋白质数据
德国 Hannover 大学拟南芥菜属线粒体蛋白质组 2DE 数据库	http://www.gartenbau.uni-hannover.de/genetik/ AMPP	德国 Hannover 大学	德国 Hannover 大学开展的拟南芥菜属线粒体蛋白质组计划广泛研究植物的线粒体功能，首期利用 2DE 和质谱分析法开展了植物悬浮培养细胞的线粒体蛋白质组研究，目前已有 109 种蛋白质得到确认。每种蛋白质通过登录号与 Munich 蛋白质序列信息中心（Munich Information Center for Protein Sequences，MIPS）数据库的相应记录链接。有关番茄的线粒体蛋白质组研究目前已有 32 种蛋白质得到鉴定

数据库名称	网址	数据库特点	微生物名称
微生物类、真菌类 2DE 蛋白质数据库			
SWICZ（Swiss Czech）	http://proteom.biomed.cas.cz/	2002 年更新，检索入口多：蛋白质斑点号、MW 和 pI 范围、蛋白质功能、关键词、细胞环状表达 cluster、ORF 等	新月柄杆菌（*Caulobacter crescentus*）、天蓝色链霉菌（*Streptomyces coelicolor*）
Streptomyces coelicolor References Gel（UK）	http://qbab.aber.ac.uk/scoeli/referencegel/refgel.html	数据少，无描述	天蓝色链霉菌（*Streptomyces coelicolor*）
Cyano2Dbase（Japan）	http://www.abdn.ac.uk/～mmb023/2dhome.htm	HI-64443 参考链和 Rd 链	粘囊菌（*Synechocy stis* sp. *PCC*6803）

续表

数据库名称	网址	数据库特点	微生物名称
2-DPAGEAberdeen (Scotland)	http://proteome. ibi. unicamp. br/databases/index. htm	816个蛋白质斑点已确认，须账号、密码	流感嗜血杆菌（*Haemophilus influenzae*）
Proteome of Xylella fastidiosa (Brazil)	http://www. kazusa. or. jp/cyano/Synechocystis/cyano2D/	2DE凝胶参考图为GIF格式，234种蛋白质已与ORF连接，JAVA格式可动态显示某斑点蛋白质的位置。记录的数据描述信息详细	苛养木杆菌（*Xylella fastidiosa*）
Parasite proteome maps (UK)	http://www. aber. ac. uk/～mpgwww/Proteome/ProtMaps. html	仅提供了五种寄生虫的2DE凝胶参考图的JPG格式扫描图，未对图片上的斑点提供相关数据链接	线虫（*Caenorhabditis elegans*）、肝片吸虫（*Fasciola hepatica*）、长膜壳绦虫（*Hymenolepis diminuta*）、莫尼茨绦虫（*Monezia expansa*）、美洲板口线虫（*Necator americanus*）
Toxoplasma gondii-2Dmap	http://www-public. rz. uni-duesseldorf. de/～hfischer/	已有25个斑点蛋白质得到鉴定，每个已鉴定斑点与NCBI的蛋白质序列数据库直接链接	刚地弓形虫（*Toxoplasma gondii*）
COMPLUYEAST-2DPAGE	http://babbage. csc. ucm. es/2d/2d. html	50条记录，关键词，ID号，AC号，作者，凝胶参考图；IDACDEIMRN RPRARL2D DR (S-WISSPROT)	白色念珠菌（*Candida albicans*）、酿酒酵母（*Saccharomyces cerevisiae*）
YPM-Yeast Protein Map	http://www. ibgc. u-bordeaux2. fr/YPM/	YPM提供了与282种基因相对应的已鉴定蛋白质斑点410个，蛋白质的注释内容比较详细，凝胶参考图分四区显示	酿酒酵母（*Saccharomyce scerevisiae*）
2-DEdatabaseofSaccharomycescerevisiae (IPG6-12)	http://www. weihenstephan. de/blm/deg/2ddb/	112个已鉴定蛋白斑点，以SWISS-PROT的登录号(AN)标记，点击相应的斑点后直接与SWISS－PROT蛋白质序列数据库链接	酿酒酵母（*Saccharomyces cerevisiae*）*Germany*

续表

搜索引擎名称	网址	开发维护单位	数据库特点
		2DE 专业搜索引擎	
2DWGImageMeta-Database	http://www-lmmb. ncifcrf. gov/2dwgDB/2DWG. html	美国国立癌症研究所癌症研究中心的图片处理部的 PeterF. Lemkin 创立	2DWG 是一个用于搜索互联网上发布的有关蛋白质 2DE 图片的元数据库，其收录的数据大部分通过 dbEngine 在网上搜索而来，也有一些资料由研究人员向 2DWG 提交。2DWG 的特点是收录的数据描述字段较多，如组织/器官名、种属名、细胞系/家族、图片 URL、数据库 URL、同位素家族（isotope strainab）、CA/IPG、IEF/NEPHGE、pH 范围、Mr 范围、实验室/组织/公司名、2DWG 号等。网上提交的资料也有一定的格式要求和转换方式，因此从该数据库检索到的数据都有较统一的格式。另外，该数据库除了关键词检索之外，还有一种分子解剖检索途径。分子解剖途径可通过点击人体图像上的组织器官名称来检索相应组织或器官的蛋白质 2DE 研究结果，也可通过选择体液/组织名称来检索相应的体液/组织的蛋白质 2DE 研究结果，该途径形象地表达了当前人类各脏器/组织 2DE 蛋白质研究的进展程度
2D-Hunt	http://cn. expasy. org/ch2d/2DHunt/		ExPASY 服务器上的一个 2DE 专业搜索引擎，是 Hunt 计划的研究成果之一，通过 MARVIN2DE 网站搜索机器人自动生成。用户可通过自由词检索，多个自由词之间可用布尔逻辑符“and”、“or”、“Adj”（两检索词紧密连接）运算；用户还可限制检出数据的地域范围。在高级检索状态，检索词可连接截词符“*”和去除符“－”。2D-Hunt 根据用户输入的检索词返回的检索结果按相关程度排序，每条检索记录都有相关程度分值。由于 2D-Hunt 是 MARVIN 软件自动搜索生成的数据库，其收录的数据信息冗余度相对较高，检索结果中常常会出现与检索要求不相符的信息

9.5 蛋白质质谱数据分析

9.5.1 质谱原理和常用生物质谱简介

质谱分析技术自1906年发明以来，一直受到学术界的广泛关注，至今与质谱有关的诺贝尔奖已经有6项*。起初质谱只是作为无机化学研究中同位素的分析工具，20世纪40年代后，该技术被广泛应用于有机化合物，发展成为有机质谱。随着生命科学及生物技术的迅速发展，对生命中具有生物活性物质的分析问题成为研究的主流，生物质谱应运而生，特别是组学研究所促进的“大科学”时代的到来，使生物质谱所具有的快速、准确、灵敏、高通量等特征得以充分体现，于是生物质谱相关研究成为目前最活跃的领域之一。

质谱仪一般由真空系统、进样系统、离子源、质量分析器、检测器和计算机控制与数据处理系统（工作站）等部分组成。

质谱法的基本原理是使化学试样中的各种组分在离子源中发生电离，生成不同质荷比的带正电荷的离子，经过加速电场的作用，形成了离子束，进入质量分析器。在质量分析器中，再利用电场和磁场的作用，使其按不同质荷比分离开并进行检测，从而确定其质量得到质谱图。而质量是分子的一种特质，因此可以用于分子的鉴定或确认。

现今，生物质谱在基因组学和蛋白组学中得到广泛的应用。生物质谱的发展主要是由电离技术的进步和质量分析器的改进而决定的，20世纪80年代产生了采用软电离方式的质谱：电喷雾电离质谱（ electrospray ionization-mass spectrometry , ESI -MS）和基质辅助激光解吸电离质谱（matrix-assisted laser desorption ionization-mass spectrometry , MALDI -MS）等，才使得生物质谱能用于分析高极性、难挥发和具有热不稳定性的生物大分子，也正是满足了对蛋白质和核酸的分析要求。

电喷雾离子化（ESI）和基质辅助激光解吸离子化（MALDI）是蛋白质组研究中最为常用的两种离子化方式。

电喷雾离子化（ESI）是在液滴变成蒸汽产生离子发射过程中形成的，也称为“离子蒸发”。待测分子溶解在溶剂中，以液相方式通过毛细管到达喷口，在喷口高电压作

---

* Sir Joseph John Thomson，1906年诺贝尔物理奖；主要贡献：气态下离子导电的理论和实验探索。

Frederick Soddy，1921年诺贝尔化学奖；主要贡献：使我们对放射活性物质的认识大大提高，另外他对同位素的起源和性质也作了出色工作。

Francis William Aston，1922年诺贝尔化学奖；主要贡献：使用质谱方法大规模的研究非放射性元素的同位素；提出整数规则。

Hans G. Dehmelt，Wolfgang Paul，1989年同获诺贝尔物理奖；主要贡献：开发了离子阱质谱技术。

Robert F Curl Jr，Sir Harold W Kroto，Richard E. Smalley，1996年分享诺贝尔化学奖；主要贡献：使用质谱发现富洛伦尼斯（C_{60}-C_{80}，足球烯）。

John Fenn，Koichi Tanaka，Kurt Wuthrich，2002年分享诺贝尔化学奖；主要贡献：发展了可用于分析生物大分子的软电离方法。

用下形成带电荷的微滴，随着液滴中挥发性溶剂蒸发，微滴表面的电荷体密度随半径减少而增加，到达某一临界点时，样品将以离子方式从液滴表面蒸发，进入气相，即实现样品的离子化，由于没有直接的外界能量作用于分子，因此对分子结构破坏较少，是一种典型的“软电离”方式。

基质辅助激光解吸离子化（MALDI）是首先将分析的生物大分子与合适的基质（一种小分子有机酸）形成共结晶，当激光照射到晶体上时，基质分子吸收能量，并转换成固体的激发能，从而导致固相转移，形成气相分子，此时待分析大分子与基质分子一起被释放出来。在此过程中生物大分子与基质分子同时发生质子转移，生物大分子便得到离子化。用 MALDI 分析生物大分子的过程中，选择合适的基质很重要，一般认为基质具备 3 种功能：①能吸收能量；②能使生物大分子彼此分离；③能使被分析的生物大分子离子化。

ESI 常与液相分离工具相连，将被分析物从溶液中离子化；而 MALDI 利用激光脉冲从干燥结晶的基质中气化被分析物并使之带电。MALDI-MS 常用于分析较简单的肽段混合物，如二维凝胶电泳蛋白质点或单一 SDS-PAGE 分离蛋白质的酶切提取肽混合物，进而获得肽质量指纹谱（PMF）信息，是目前蛋白质组研究中最常用的胶上蛋白质鉴定技术。ESI-MS（LC-MS）同时具有分离和鉴定功能，常用于鉴定复杂肽混合物（如混合蛋白质溶液酶切产物，或 SDS-PAGE 胶上混合蛋白质条带鉴定）；常具有串联质谱功能，可能获得肽段序列信息，因此得到的鉴定结果更为可靠（图 9-2）。

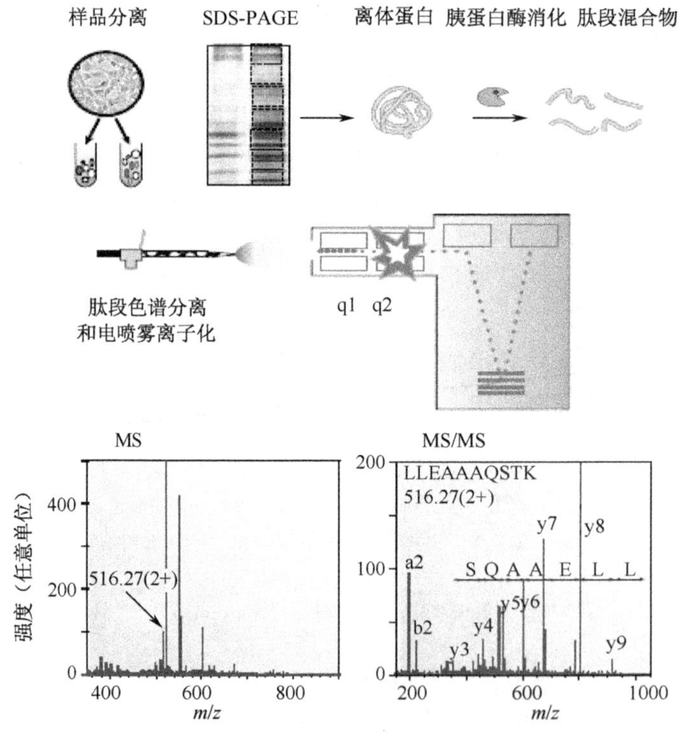

图 9-2　ESI-MS 鉴定蛋白质示意图

质量分析器是质谱的核心元件，决定着生物质谱的灵敏度、分辨率、质量准确度和生成含大量信息的碎片离子谱图的能力（串联质谱）。目前在蛋白质组研究中有四种基本的质量分析器：飞行时间（TOF）、四极杆（Q）、离子肼（IT）和较新应用的傅里叶变换离子回旋共振（FTICR），它们的设计和性能不尽相同，各有其优点和劣势。这些分析器可以独立使用（一级质谱，可以获取肽段质量信息），也可以串联起来使用（串联质谱，可以获取关于结构和修饰信息，如氨基酸序列组成）以充分发挥各自的优点；如常见的液相色谱-电喷雾-四极杆-飞行时间串联质谱仪（LC-Qq-TOF-MS）。

为了充分利用各种分析器的优点，提高生物质谱对蛋白质或多肽的鉴定能力，人们不断探索新的连接方式，目前常用的连接方式有：MALDI -TOF、ESI-Q-TOF、MALDI -Qq-TOF、MALDI-TOF-TOF 等，另外为了追求更高的灵敏度、分辨率和质量准确度，在许多实验室中开始倾向于使用线性离子肼（LIT）和 FTICR-MS。在表 9-4 中展示了几种常用生物质谱的特性比较（Domon et al.，2006），具体请参见相关的使用手册和文献。

表 9-4 常用质谱类型特性比较

	IT-LIT	Q-Q-ToF	ToF-ToF	FT-ICR	Q-Q-Q	QQ-LIT
质量准确度	低	良好	良好	极好	中等	中等
解析能力	低	良好	高	非常高	低	低
灵敏度	良好		高	中等	高	高
动态范围	低	中等	中等	中等	高	高
电喷雾电离（ESI）	√	√		√	√	√
基质辅助激光解吸离子化（MALDI）	（√）	（√）	√			
能否串联	√	√	√	√	√	√
附加功能	连续分析			母离子	中性缺失	多重反应监测
鉴定能力	++	++	++	+++	+	+
定量能力	+	+++	++	++	+++	+++
通量大小	+++	++	+++	++	++	++
蛋白修饰检测能力	+	+	+	+		+++

√：表示具有（或“可以”）；（√）：可选；+：“可能”或“中等”，++：“好”或“高”，+++：“极好”或“非常高”。（引自 Domon B and Aebersold R，2006）

9.5.2 生物质谱应用领域

随着生物质谱技术的不断发展，既能对存在于生命复杂体系中的微量或痕量小分子生物活性物质进行定性或定量分析，也可以获取生物大分子，如蛋白质、核苷酸和糖类等的分子质量和序列信息，在许多前沿的生命科学研究领域发挥着重要作用。

9.5.2.1 生物质谱在基因组学中的应用

1）在单核苷酸多态性（SNP）分型中的应用

单核苷酸多态性（single nucleotide polymorphism，SNP）是指在基因组 DNA 某

个位置处存在有单个碱基的差异，其在人群中发生的概率超过1%，人类基因组DNA序列90%多态性是由SNP造成的。由于这项研究需要对成千上万个样本进行分析，工作量非常巨大，而生物质谱技术高通量、低成本的优点恰好满足需求。而且准确性方面也很优秀，由于它检测的是寡核苷酸本身的物理性质（分子质量），而不像其他检测方法是通过间接的方式（如荧光的强度、荧光的极化、寡核苷酸的迁移率等）来检测。此外，由于它检测寡核苷酸片段分子质量，所以不需要对这些片段进行特殊修饰；还可以同时对多个SNP位点进行分析，这项研究多采用MALDI-TOF-MS。

2）生物质谱对短串联重复序列的分析

短串联重复序列（short tandem repeat，STR）是由几个碱基对作为核心单位，串联重复形成的一类DNA序列，由于核心重复单位数目的变化构成STR基因座的遗传多态性。人类基因中，平均每15kb就有一个STR基因座，提供了丰富的遗传标记来源，可以应用于法医学、基因作图和疾病治疗等方面的研究。在STR的基因分型研究中傅里叶转换离子回旋共振质谱（FTICR）是高分辨率和高精确度的分析手段。

3）生物质谱对寡聚核苷酸片段的序列分析

质谱寡核苷酸的序列分析通常有3种方法：①用质谱代替凝胶电泳，分析双脱氧法合成的混合寡核苷酸段；②分别用外切酶3′或5′端进行部分降解切割寡核苷酸片段，在不同时间内分别取样进行质谱分析，获得寡核苷酸部分降解的分子离子峰信号，通过对相邻两个碎片分子质量进行比较，可以计算出被切割的核苷酸单体分子质量，将其与4个脱氧核苷酸的标准分子质量进行对照，就可以读出寡核苷酸的序列；③运用串联质谱直接分析寡核苷酸的序列。第一级质量分析器获得所有组分的分子离子峰（母离子），经质量过滤器挑出需要进一步分析母离子，此母离子在碰撞室内经高流速惰性气体碰撞诱导离解产生碎片分子（子离子），子离子进入第二级质量分析器获得母离子的碎片峰。通过研究母离子和子离子的裂解关系，可以获得寡核苷酸的序列信息。

9.5.2.2 生物质谱在蛋白质组学中的应用

1）蛋白质鉴定和定量

蛋白质鉴定目前有两条常用路线：一种是二维凝胶电泳（2DE）和生物质谱相结合；另一种是多维液相色谱分离和串联质谱相连的方法，这种方法使用较多。蛋白质定量现在主要采用同位素编码亲和标签技术（isotope-coded affinity tag，ICAT）。

2）蛋白质表达谱构建

构建大规模的蛋白质组表达谱，是人类蛋白质组技术的目标之一。通过蛋白质表达谱分析，不仅可以确定蛋白质序列，而且结合基因芯片分析等其他技术手段，还可以阐明在基因组水平所不能解释的翻译后加工（如研究蛋白质折叠过程）和修饰信息、测定蛋白质降解产物、进行新蛋白质的挖掘和生物标志物发现等。

3）蛋白质修饰研究

大多数真核生物所表达的蛋白质，需经过一系列的翻译后加工和修饰才能形成最终复杂的功能执行体。蛋白质翻译后修饰如磷酸化和糖基化决定着蛋白质的定位、活性和功能，同时又在控制细胞功能执行过程中扮演主要角色。由于特定类型的修饰会产生与理论质量数相差特定数值的肽段，如磷酸化会产生一个比理论分子质量数增加 80Da 的肽段，通过解析质谱测得肽段的质量数，或碎片离子谱图，便可识别蛋白质翻译后修饰信息。也经常采用亲和技术提取修饰肽段，并用串联质谱鉴定修饰肽段，这种方式常用于研究蛋白质磷酸化或糖基化。

4）蛋白质相互作用研究

大部分蛋白质的功能执行是通过蛋白质-蛋白质相互作用来实现的，因此也使蛋白质相互作用成为蛋白质组学研究的一个重要组成部分。用质谱技术研究此类问题主要有两种策略：其一是分离获得结合蛋白，再用 SDS-PAGE 分离，并进行胶内酶切与串联质谱分析；另一种是将混合蛋白质直接酶解，用多维色谱串联质谱进行鉴定。

5）蛋白质结构和形状的探测

2006 年 2 月在《自然-方法学》杂志发表的一篇文章让结构生物学家颇为兴奋，研究者通过实验证明质谱可用于蛋白质结构和形状的探测，通过离子化设备改进，这一以质谱为基础的方法将帮助研究者对四级寡聚肽进行逐个检测。

9.5.2.3 生物质谱在代谢组学中的应用

代谢物组学（metabonomics）的定义是由英国伦敦大学帝国理工学院 Nicholson 博士于 1999 年首次提出，指的是通过分析生物的体液、组织中的内源性代谢产物谱（metabonome，代谢组或代谢物图谱）的变化来研究整体的生物学状况和基因功能调节的现代生物医学分支学科。代谢组学的核心技术是核磁共振技术（NMR），但质谱（MS）、气质联用技术（GC-MS）、高效液相色谱（HPLC）和其他光谱分析技术都已经应用于代谢物组学研究，生物质谱已成为代谢组学研究中必不可少的辅助手段之一。

9.5.3 以质谱为核心的蛋白质分析策略

随着质谱仪性能的提高和功能的改进，以质谱为核心的蛋白质分析策略已经逐渐取代 Edman 降解法，成为蛋白质分析的主流方法。尤其是蛋白质组学研究的兴起，使大规模、高通量的研究策略成为大势所趋。

一般来说，基于质谱的蛋白质组学研究流程大体分 3 个阶段：①蛋白质样品的获取、蛋白酶消化获取肽段及肽段的分离；②肽段经质谱仪进行定性和定量分析；③专用工具软件处理从质谱仪获取的大量数据集，包括数据库的搜索和后续对于搜库结果的统计学分析，从而得到高可信度的分析结果。这是非常关键的一步，也是蛋白质组生物信息学研究人员正在努力钻研的领域之一。

针对不同的分析对象和研究目的，现今以质谱为核心的蛋白质组分析策略主要有 4 种。

9.5.3.1 纯化蛋白质的质谱分析

蛋白质的纯化分离可以使用传统的双向凝胶电泳，而近年来多使用连续电泳和色谱技术达到分离目的，然后目标蛋白质经蛋白质酶消化后进行质谱分析，达到鉴定蛋白质的目的。这一策略使用了被称为肽质量指纹图谱（peptide mass fingerprint，PMF）技术，是由 Henzel 等于 1993 年提出。其基本原理是：蛋白质直接从双向电泳凝胶上切下或印迹到 PVDF 膜上并切下，经过原位酶解（最常用的是胰蛋白酶）得到酶解肽段，这些肽段的精确的分子质量通过质谱（MALDI-TOF-MS 或 ESI-MS）来测量，可精确到 0.1 个分子质量单位，即获得了肽质量指纹谱。然后将得到的指纹谱与理论指纹谱进行比较，也就是所有的肽质量最后与数据库中理论肽质量相配比（理论肽是根据实验所用的酶，通过计算机软件理论上来“断裂”数据库中的蛋白质所产生的）。配比的结果是按照数据库中肽片段与未知蛋白质共有的肽片段数目作一个蛋白质排行榜，“冠军”蛋白质可能就是要鉴定的未知蛋白质（不同的软件会给出通过概率计算得到的分值，以表示其可信度）。这种策略也可以通过比较在不同样品中同一蛋白质的质谱信号强度来进行相对定量分析（图 9-3）。

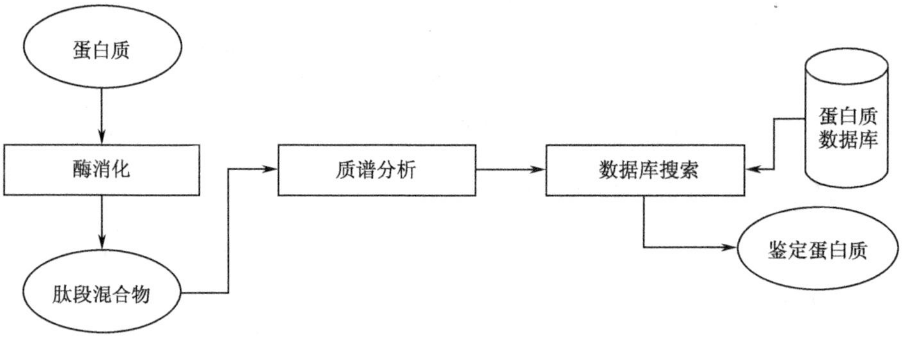

图 9-3 纯化蛋白质的质谱分析

9.5.3.2 复杂肽段混合物分析

这就是目前所谓的鸟枪蛋白质组学（shotgun proteomics）策略，蛋白质组样品获取（细胞裂解、组织提取或亚细胞器分离等）后进行酶切，所得肽段混合物经色谱分离，并进行串联质谱分析。例如，采用稳定性同位素标记方法，可以进行样品间的相对定量，而且加入标准物（稳定同位素标记的）可进行绝对定量，但这一策略不适合大量多重修饰蛋白质的鉴别。

这一策略对于复杂的蛋白质混合物非常适用，而且分析算法也比前面的纯化蛋白质分析要复杂得多，尤其是在串联质谱中，采用的是肽段序列标签技术（peptide sequence tag，PST）。蛋白质是由 20 种氨基酸组成的，对于蛋白质组而言，从概率的角度计算，一个短的肽片段（5 或 6 个氨基酸）是具有很高的特异性的；可以把它们作为鉴定某个蛋白质时的“标签”。

首先进行肽质量指纹鉴定，然后一些肽片段在质谱仪中被选作“母离子”，进入串联的二级质谱，应用源后衰变（post-source decay，PSD）或碰撞诱导解离（collisioninduced dissociation，CID）原理，降解为“子离子”，目的是产生包含有仅异于一个氨基酸残基质量的一系列肽峰的质谱，继而可以推断肽片段序列，也就是得到母离子的序列信息。这样，联合肽片段母离子的分子质量和肽片段序列信息就可以鉴定蛋白质，生物信息学研究人员不断改进算法，并利用各种统计学手段，以求在特定蛋白质组分析中，追求被鉴定蛋白质数目的同时，能获取高可信度的蛋白质列表。

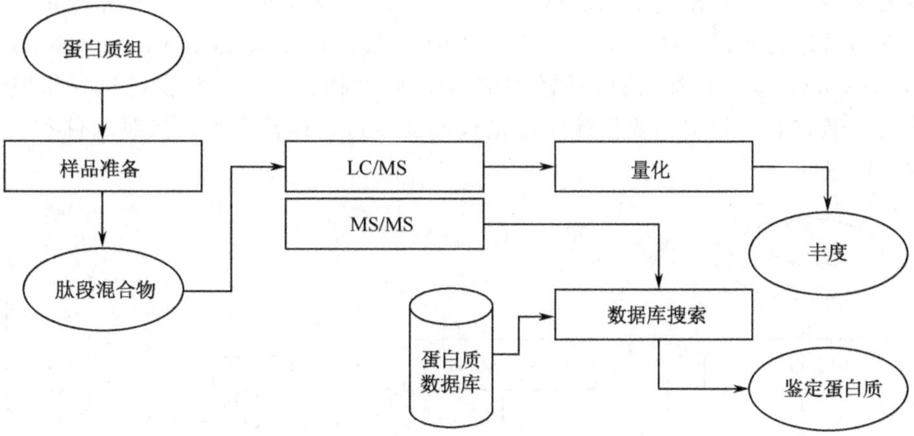

图 9-4　复杂肽段混合物分析
（Domon and Aebersold，2006）

9.5.3.3　比较模式分析

这一策略主要是针对比较蛋白质组学分析，两个蛋白质组样本分别经酶解成肽段混合物，然后经色谱分离和质谱分析，得到所有肽段量化的特性指标：质荷比、带电状态、色谱洗脱时间和离子峰强度等，从而找到两个样本中有差异的肽段列表，然后专门对差异肽段进行质谱鉴定。

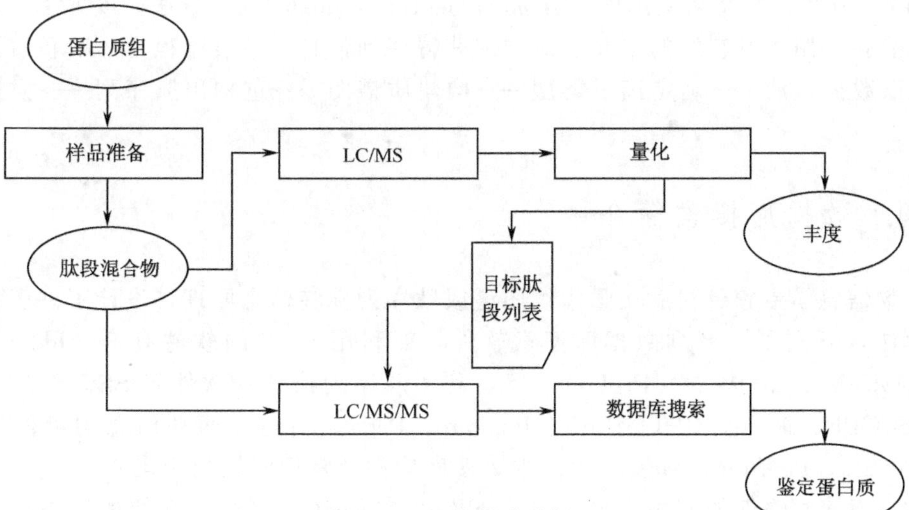

图 9-5　比较模式分析
（Domon and Aebersold，2006）

9.5.3.4 假想驱动策略

这一策略与前三种相比较，是一种思维模式的转变。其基本思想是为了避免出现蛋白质组分析中大量的重复测定工作，而是期望能够让先前的试验结果指导现在将要进行的试验操作。例如，在一项研究中，根据相关生物学假设可以得到一个需要鉴定和定量的蛋白质列表，然后根据这个列表得到一个能检验所提出生物学假设的最小的理论肽段列表，继而再进行质谱分析，如 Q-Q-LIT 的多重反应监测（the multiple reaction monitoring，MRM）。也可以加入稳定同位素标记的标准物进行绝对定量。这一策略的优点显而易见，但它的顺利实施要依赖于质谱仪器的改进，以及质谱仪控制软件和质谱数据分析软件的进步。

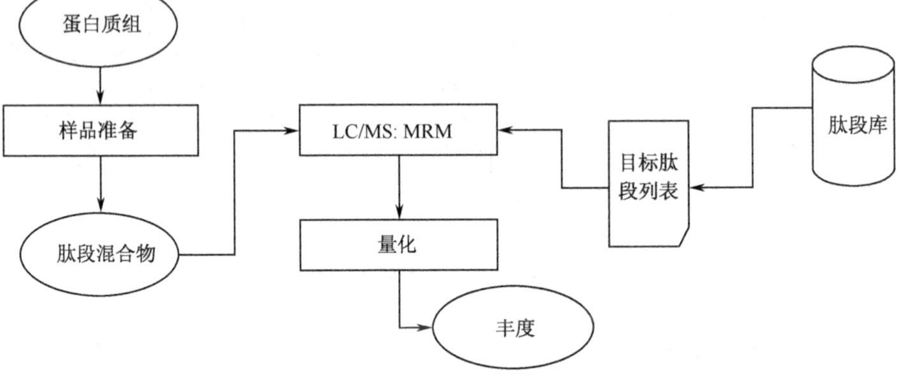

图 9-6 假想驱动策略

（Domon and Aebersold，2006）

除了以上 4 种分析策略外，针对数据库里没有的新蛋白质或发生翻译后修饰等情况的蛋白质，还可以采用从头测序（*de novo* peptide sequencing）方法，该方法不依赖数据库而直接利用质量较好的串联质谱推理获得序列信息。一般流程为：串联质谱分析⟶质谱数据过滤⟶确定离子类型⟶构建质谱图⟶重构出肽序列⟶候选肽段打分。

9.5.4 数据库搜索简介

生物信息学专家针对肽质量指纹图谱或肽序列标签信息原理，设计了许多各具特色的算法，开发了一系列数据库搜索软件，如利用 PMF 的软件有 PeptIdent/MultiIdent、MS-Fit、MOWSE、ProFound 等，利用肽序列信息的软件有 SEQUEST、ProbID、SCOPE、Sonar、CHOMPER、Popitam、Pepsearch 等，两种信息均可使用的软件有 PepSea、PepFrag、Mascot 等。主要搜库软件及常用网址列于表 9-5。

数据库搜索软件的使用大同小异，下面以 Mascot 为例简要介绍如何进行数据库搜索。

表 9-5　常用质谱鉴定软件及网址

软件名称	网　址
SEQUEST	http://fields.scripps.edu/sequest
Mascot	http://www.matrixscience.com
PeptIdent/MultiIdent	http://us.expasy.org/tools/peptident.html
MS-Fit	http://us.expasy.org/tools/multiident
MOWSE	http://srs.hgmp.mrc.ac.uk/cgi-bin/mowse
ProFound	http://prowl.rockefeller.edu/cgi-bin/ProFound
PepSea	http://www.protana.com/solutions/software/default.asp
PepFrag	http://prowl.rockefeller.edu/PROWL/pepfragch.html
ProbID	http://www.systembiology.org/research/probid
PepSearch	http://compbio.sibsnet.org/projects/pepsearch

（1）首先打开 Internet 浏览器（如 IE），输入 Mascot 网址 http://www.matrixscience.com/search_form_select.html，进入搜索界面（图 9-7），Mascot 提供 3 种搜索方式。①肽质量指纹（peptide mass fingerprint）：也就是通常所说的 PMF 图谱查询，需要提供实验得到的肽质量值列表；② 序列查询（sequence query）：需要提供一个或多个具有部分序列标签或氨基酸组成信息的肽段质量值；③串联质谱离子查询（MS/MS Ion Search）：需要提供从串联质谱得到的一个或多个肽段的原始数据文件进行查询。

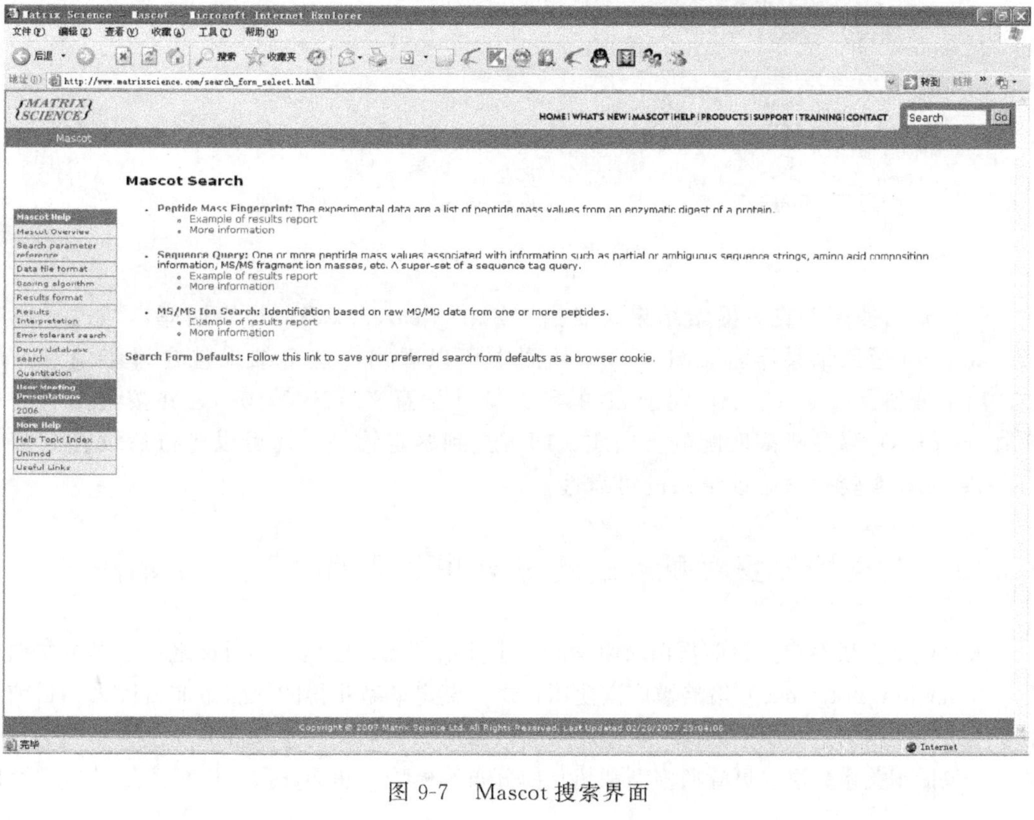

图 9-7　Mascot 搜索界面

(2) 我们以第三种方式为例简要介绍搜索过程。点击“MS/MS Ion Search”进入串联质谱离子搜索的参数设定界面（图 9-8）。依次在相应位置填入或选择各项参数及相关信息，包括姓名、电子邮件、搜索题目、选择的数据库、所选物种、酶、允许漏切数目、固定修饰、可变修饰、是否定量、肽质量允许误差、串联质谱允许误差、肽段离子带电量、峰值选择（单一同位素峰或各同位素峰平均值）、数据文件输入、数据文件格式、母离子质荷比、仪器选择、误差允许、诱骗搜索、搜索结果最大显示数目等。

其中，“数据文件输入选择”要注意所提供的文件类型。Mascot 支持的文件格式有 Finnigan (.ASC)、Micromass (.PKL)、Sequest (.DTA)、PerSeptive (.PKS)、Sciex API III Bruker (.XML) 和 mzData (.XML)。“诱骗搜索”(Decoy) 是新增选项，是指将原数据库序列反转或随机打乱序列形成新的数据库并进行搜库，以评估假阳性率的方法 (Elias et al., 2005)。

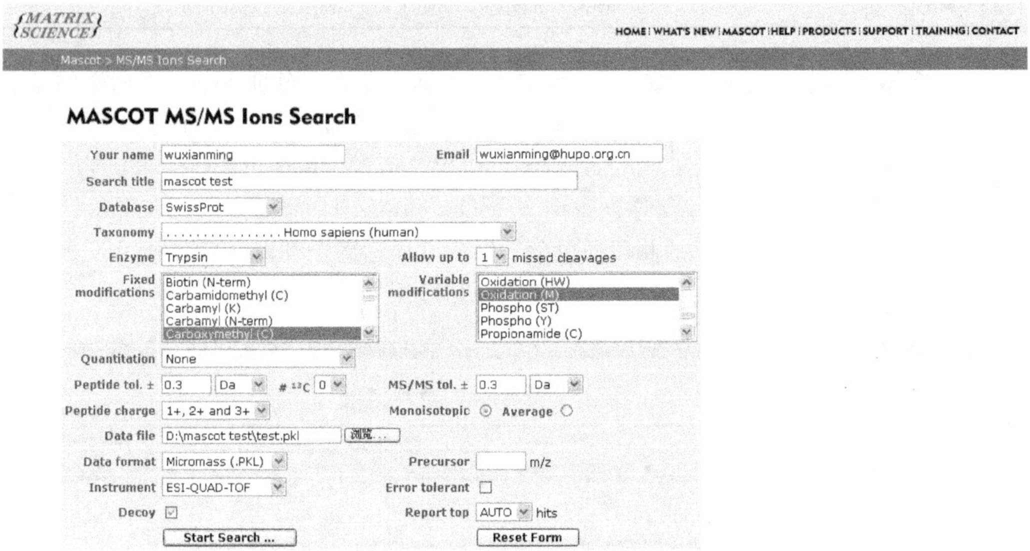

图 9-8 串联质谱离子搜索的参数设定界面

(3) 开始搜库并查看搜索结果。点击“Start Search...”，开始搜库，经过一段时间后 Mascot 返回结果界面（图 9-9），从图中可以看出，这个结果包含许多信息。例如，离子分值 (ions scores) 大于 29 的具有统计学意义 ($P<0.05$)，并按蛋白质的总分值 (scores) 降序排列匹配的蛋白质，即可找到鉴定结果。还可以进行后续补充实验（如 Western 实验）来验证结果的可靠性。

9.5.5 大规模的蛋白质表达谱分析中的蛋白质鉴定可靠性问题

大规模蛋白质鉴定是目前蛋白质组学的一个前沿领域，也是重要目标之一。鸟枪蛋白质组学 (shotgun proteomics) 策略被广泛使用，这一鉴定策略获得的数据量非常巨大。目前有很多搜索软件用于这些质谱数据的数据库搜索（参见 9.5.4），这些软件的算法有不同的打分算法，包括相关系数法、贝叶斯模型和超几何分布等模型。然而，数据库搜索后的鉴定肽段

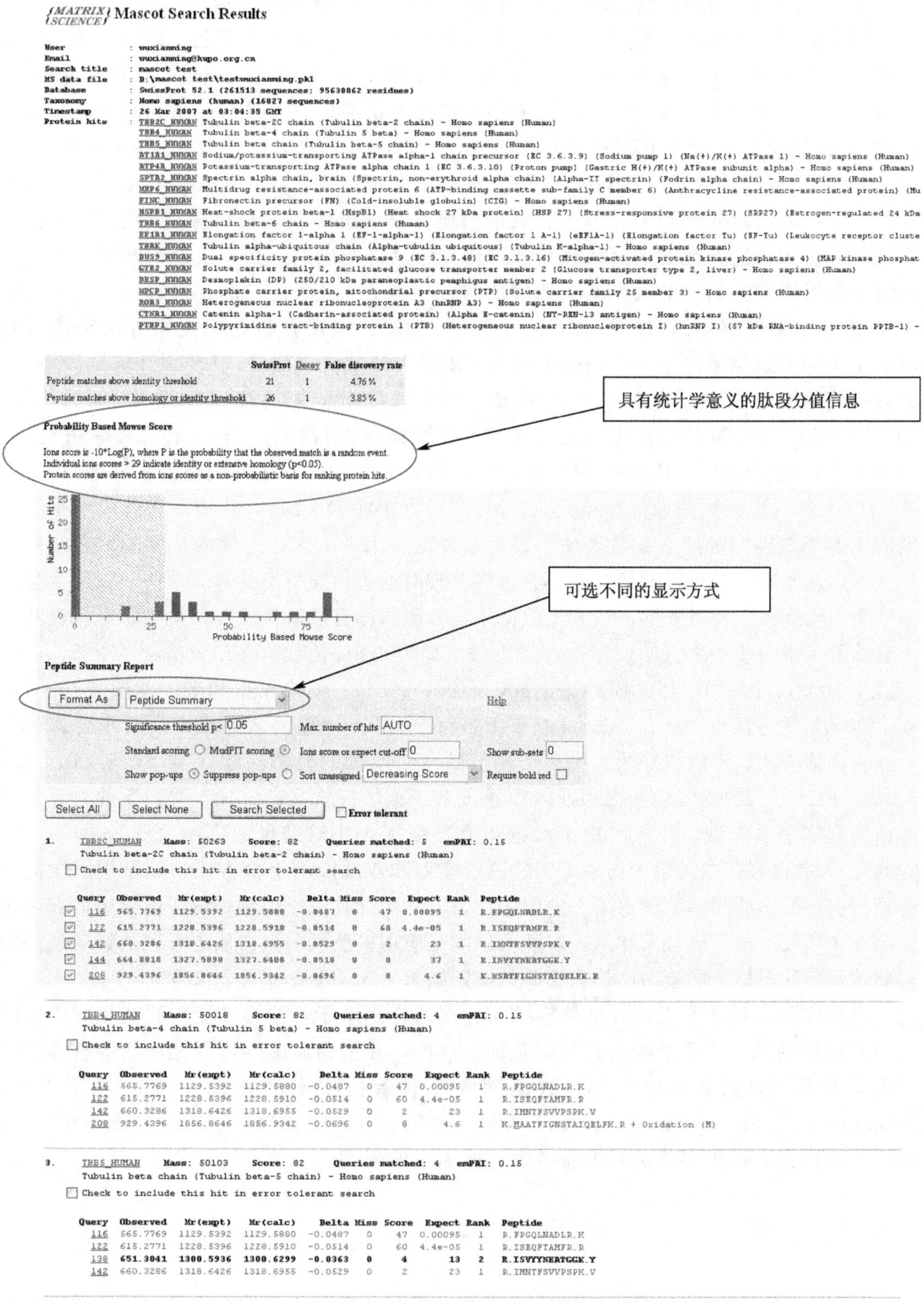

图 9-9　Mascot 搜库结果

并不是完全准确的，往往会有假阳性结果存在，所以可靠性问题备受科学家们关注。

对于鉴定结果可靠性问题的研究一直以来主要集中在肽段水平上。最初，为剔除或尽量减少假阳性结果，常用手工校对来确定肽段的匹配结果（Andrew et al.，1999）。随后，生物信息学研究人员在应用经验阈值过滤鉴定结果方面进行一系列研究，开发了许多过滤软件，如 SEQUEST-SUMMARY（Oames，2001）、DTASelect（Tabb et al.，2002）、INTERACT（Han et al.，2002）和 CHOMPER（Moritz et al.，2002）等，然后再通过过滤得到的肽段组装成蛋白质，以期最终获取高可信度的蛋白质列表。但这些方法中阈值参数的选择依赖于数据库搜索软件给出的参数，由经验获得，在这些阈值中数据库和数据集的大小对参数阈值的影响也是凭经验决定的。最近，又有应用统计模型（Perkins et al.，1999；Keller et al.，2002）或反转数据库搜索方法来进行肽段水平上的鉴定结果评估。PeptideProphet 用最大期望值（EM）算法来计算肽段概率，参数阈值的设置则是通过对一批标准蛋白质数据搜索结果的统计获得（Qian et al.，2005）；PEP_PROBE 则是用超几何分布对匹配结果进行打分。在反转库搜索方法中，通过搜索正向蛋白质数据库和随机的（Moore et al.，2002）或非同源的数据库（Yu et al.，2004）或混合数据库（Peng et al.，2003）（正向和反向），从而获得肽段水平的一定假阳性率范围内的搜索参数阈值，最后获得肽段水平上的一定置信范围的鉴定结果。

蛋白质水平上的可靠性研究并不是很多。现有的蛋白质概率计算方法一般只用少量的标准蛋白质或手工校对数据，在大量数据中是否能同样有效依然没有相关的研究。近几年也有肽段到蛋白质水平上的假阳性评估方法的研究出现，如 ProteinProphet（Ne Svizhskii et al.，2003）、PROT_PROBE（Sadygov et al.，2004）、泊松模型和卡多肽段（Zhang et al.，2000）等方法。ProteinProphet 基于 PeptideProphet 计算的肽段概率，所用公式是一个经验评估方法，不能很好的解决多个相似肽段时肽段的概率问题（Ne Svizhskii et al.，2003）。PROT_PROBE 应用二项及多项分布来计算蛋白质鉴定打分，蛋白质的打分值和可信度直接来自模型，并且考虑了数据集和数据库大小对结果的影响（Sadygov et al.，2004）。人类血浆蛋白质组计划中所用的泊松模型和双肽段的卡值方法，则是用肽段的高低阈值获得蛋白质的单肽段水平上的假阳性率，从而计算泊松模型中的 λ 值，进而获得蛋白质在多肽段上的总体假阳性率。双肽段法则是应用多肽段的蛋白质更可信的经验说法取双肽段及双肽段以上的蛋白质作为正确的鉴定结果（Adamski et al.，2005）。

这些在蛋白质水平上的评估鉴定结果方法通常是基于一些标准蛋白质或相对简单的蛋白质组样品及一些手工校对的数据验证，然而，在蛋白质鉴定可靠性评估中有许多因素需要考虑，如数据集的大小、数据库大小和蛋白质丰度分布（Li et al.，2005；Echan et al.，2005；Huang et al.，2005；Misek et al.，2005；Zolotarjova et al.，2005）等因素，而很多方法并没有考虑这些因素的影响。

9.5.6 展望

从现有的研究水平来看，生物质谱技术已经在蛋白质组研究中取得了可喜的成果，但随着研究的深入展开，科研人员也在关注和着手解决由于技术手段的不足带来的棘手问题。例如，低丰度蛋白质的检出能力、质谱数据的软件分析等方面。但随着仪器硬件设备和计算机分析软件的不断改进和升级，许多难题定会得以圆满解决。例如，发表在2006年10月15日的《科学》上的一篇文章指出，一种新的电离方式将使质谱的应用发生革命性变化，可能使质谱从此走出实验室进行户外的快速检测。相信在不远的将来在生物质谱的利用方面一定会有更多令人兴奋的新功能和高性能出现，一系列重大的生命科学奥秘也将依次被发现。

习　题

1. 请简述什么是转录组，在转录组研究中有哪些主要的研究方法，谈谈你对这一领域研究现状和前景的看法。
2. 请问基因芯片数据采集的主要方法有哪些？并描述处理基因芯片数据的主要步骤。
3. 请问什么是蛋白质组学研究？这一领域中有哪些主要的技术手段，并简述其特点。
4. 请简述双向电泳的原理及主要实验流程。
5. 请问利用质谱鉴定蛋白质的原理，并简述这一分析方法的主要步骤。
6. 请评价质谱在蛋白质组学领域所涉及的大规模鉴定和分析中的作用和不足。

主要参考文献

贾宇峰，郭尧君. 2000. 双向电泳图像分析软件. 现代科学仪器，20～23

金由辛. 2000. 面向21世纪的RNA研究. 自然科学进展，10

李瑶. 2006. 基因芯片数据分析与处理. 北京：化学工业出版社

Adamski M, Blackwell T, Menon R et al. Data management and preliminary data analysis in the pilot phase of the HUPO Plasma Proteome Project. Proteomics, 5: 3246～3261

Andrew J Link, Jimmy Eng, david M SchieltZ et al. 1999. Direct analysis of protein complexes using mass spectrometry. Nature Biotechnology 17: 676～682

Burge C B. 2001. Chipping away at the transcriptome. Nature Genetics, 27: 232～234

Burke J, Butler E B, Teh B S et al. 2003. Antibody microarray profiling of human prostate cancer sera: Antibody screening and identification of potential biomarkers. Proteomics, 3: 56～63

Chee M. 1996. Accessing Genetic Information with High-Density DNA Arrays. Science, 274: 610～614

Domon B, Aebersold R. 2006. Mass spectrometry and protein analysis. Science, 312: 212～217

Echan L A, Tang H Y, Ali-Khan N et al. 2005. Depletion of multiple high-abundance proteins improves protein profiling capacities of human serum and plasma. Proteomics, 5: 3292～303

Elias J E, Haas W, Faherty B K et al. 2005. Comparative evaluation of mass spectrometry platforms used in large-scale proteomics investigations. Nat Methods, 2: 667～675

Goffeau A et al. 1996. Life with 6000 Genes. Science, 274: 546～567

Gustafsson C, Govindarajan S, Minshull J. 2004. Codon bias and heterologous protein expression. Trends in Biotechnology, 22: 346～353

Hacia J G et al. 1998. Evolutionary sequence comparisons using high-density oligonucleotide arrays. Nature Genetics, 18: 155～158

Hall N et al. 2005. A Comprehensive Survey of the Plasmodium Life Cycle by Genomic, Transcriptomic, and Proteomic Analyses. Science, 307: 82～86

Han D K, Eng J, Zhou et al. 2001. Quantitative profiling of differentiation-induced microsomal proteins using isotope-coded affinity tags and mass spectrometry. Nature Biotechnology, 19: 946～951

Hegde P S, White I R, Debouck C. 2003. Interplay of transcriptomics and proteomics. Curr Opin. Biotechnol, 14: 647～651

Huang L et al. 2005. Immunoaffinity separation of plasma proteins by IgY microbeads: meeting the needs of proteomic sample preparation and analysis. Proteomics, 5: 3314～3328

Hüttenhofer A, Vogel J, Journals O. 2006. Experimental approaches to identify non-coding RNAs. Nucleic Acids Research, 34: 635～646

James P. 2001. Proteome Research: Mass Spectrometry (Springer-Verlag GmbH)

Keller A , Nesvizhskii A I, Kolker E et al. 2002. Empirical statistical model to estimate the accuracy of peptide identifications made by MS/MS and database search. Anal Chem, 74: 5383～5392

Kurella M et al. 2001. DNA Microarray Analysis of Complex Biologic Processes. Journal of the American Society of Nephrology, 12: 1072

Lee M L T, Kuo F C, Whitmore G A et al. J. 2002. Importance of replication in microarray gene expression studies: Statistical methods and evidence from repetitive cDNA hybridizations. Proc Natl Acad Sci USA, 97: 9834～9839

Li X et al. 2005. Comparison of alternative analytical techniques for the characterisation of the human serum proteome in HUPO Plasma Proteome Project. Proteomics, 5: 3423～3441

McRedmond J P et al. 2004. Integration of Proteomics and Genomics in PlateletsA PROFILE OF PLATELET PROTEINS AND PLATELET-SPECIFIC GENES * S. Molecular. & Cellular. Proteomics, 3: 133～144

Misek D E et al. 2005. A wide range of protein isoforms in serum and plasma uncovered by a quantitative intact protein analysis system. Proteomics, 5: 3343～3352

Mok S C et al. 2001. Prostasin, a Potential Serum Marker for Ovarian Cancer: Identification Through Microarray Technology. JNCI Cancer Spectrum, 93: 1458～1464

Moore R E, Young M K, Lee T D. Qscore: an algorithm for evaluating SEQUEST database search results. J Am Soc Mass Spectrom, 13: 378～386 (2002)

Moritz R L, Simpson R J. 2002. CHOMPER: A bioinformatic tool for rapid validation of tandem mass spectrometry search results associated with hgh-throughput proteomic strategies. Proteomics, 2: 1097～1103

Nesvizhskii, A I, Keller A, Kolker E et al. 2003. A statistical model for identifying proteins by tandem mass spectrometry. Anal Chem, 75: 4646～4658

Peng J, Elias J E, Thoreen C C et al. 2003. Evaluation of multidimensional chromatography coupled with tandem mass spectrometry (LC/LC-MS/MS) for large-scale protein analysis: the yeast proteome. J Proteome Res, 2: 43～50

Perkins D N, Pappin D J, Creasy D M et al. 1999. Probability-based protein identification by searching sequence databases using mass spectrometry data. Electrophoresis, 20: 3551～3567

Qian W J et al. 2005. Probability-based evaluation of peptide and protein identifications from tandem mass spectrometry and SEQUEST analysis: the human proteome. J Proteome Res, 4: 53～62

Sadygov R G, Liu H, Yates J R. 2004. Statistical models for protein validation using tandem mass spectral data and protein amino acid sequence databases. Anal Chem, 76: 1664～1671

Scheel J. 2002. Yellow pages to the transcriptome. Pharmacogenomics, 3: 791～807

Shvartsman H S et al. 2003. Overexpression of kallikrein 10 in epithelial ovarian carcinomas. Gynecol Oncol, 90: 44～50

Stark A, Brennecke J, Bushati N et al. 2005. Animal MicroRNAs Confer Robustness to Gene Expression and Have a Significant Impact on 3′ UTR Evolution. Cell, 123: 1133～1146

Tabb D L, McDonald W H, Yates Iii J R. 2002. DTASelect and Contrast: tools for assembling and comparing protein identifications from shotgun proteomics. J Proteome Res, 1: 21～26

Tanwar M K, Gilbert M R, Holland E C. 2002 . Gene expression microarray analysis reveals YKL-40 to be a potential serum market for malignant character in human glioma. Cancer Res, 62 (15): 4364～4368

Thomas J G, Olson J M, Tapscott S J et al. 2001. An Efficient and Robust Statistical Modeling Approach to Discover Differentially Expressed Genes Using Genomic Expression Profiles. Genome Res, 11: 1227～1236

Tseng G C, Oh M K, Rohlin L et al. 2001. Issues in cDNA microarray analysis: quality filtering, channel normalization, models of variations and assessment of gene effects. Nucleic Acids Research, 29: 2549～2557

Van De Vijver M J et al. 2002. A gene-expression signature as a predictor of survival in breast cancer. The New England journal of medicine, 347: 1999～2009

Velculescu V E et al. 1997. Characterization of the yeast transcriptome. Cell, 88: 243～251

Wachi S, Yoneda K, Wu R et al. 2005. Interactome-transcriptome analysis reveals the high centrality of genes differentially expressed in lung cancer tissues. Bioinformatics, 21: 4205～4208

Welsh J B et al. 2003. Large-scale delineation of secreted protein biomarkers overexpressed in cancer tissue and serum. Proceedings. of the. National. Academy. of Sciences, 100: 3410～3415

Xu L et al. 2001. Expression profiling suggested a regulatory role of liver-enriched transcription factors in human hepatocellular carcinoma. Cancer Res, 61: 3176～3181

Yang I V et al. 2002. Within the fold: assessing differential expression measures and reproducibility in microarray assays. Genome Biol, 3: 1～0062. 12

Yang Y H et al. 2002. Normalization for cDNA microarray data: a robust composite method addressing single and multiple slide systematic variation. Nucleic Acids Research, 30: e15

Yeoh E J et al. 2002. Classification, subtype discovery, and prediction of outcome in pediatric acute lymphoblastic leukemia by gene expression profiling. Cancer Cell, 1: 133～143

Yu L R et al. 2004. Global Analysis of the Cortical Neuron Proteome. Molecular & Cellula Proteomics, 3: 896～907

Yue H et al. 2001. An evaluation of the performance of cDNA microarrays for detecting changes in global mRNA expression. Nucleic Acids Research, 29: e41

Zhang W, Chait B T. 2000. ProFound: an expert system for protein identification using mass spectrometric peptide mapping information. Anal Chem, 72: 2482～2489

Zhou W. 1998. Identifying markers for pancreatic cancer by gene expression analysis. Cancer Epidemiology Biomarkers & Prevention, 7: 109～112

Zolotarjova N et al. 2005. Differences among techniques for high-abundant protein depletion. Proteomics, 5: 3304～3313

（吴宪明　王振东　编）

10　Perl 语言在生物信息学中的应用

生物学工作者经常利用国际互联网上的生物信息学资源对核酸、蛋白质、代谢途径等进行分析。对于一般的分析要求，这些内容已经能够满足需要。但是，如果对分析有更高或特殊要求，则需要搭建或独立开发新的生物信息学分析平台。这是因为真正开展研究工作时，任何成套供应的软件都不可能恰到好处地满足需要。例如，用户基于自行测序数据库，可能需要构建一个独立的序列分析系统；又或者基于定制的基因芯片数据，从差异表达的基因数据中发现参与某类生理活动的特定代谢途径。此时，就需要把网上服务、下载软件和自编程序进行集成，创造一个生物信息学的工作环境。目前有多种计算机程序设计语言可供用户选择，如 C/C＋＋、Python、Java、Perl、Basic、Delphi 等等。Perl（Practical Extraction and Report Language）是一门功能强大、易于使用、容易移植的跨平台程序设计语言，是 Linux/Unix 环境下的常用编程语言，并且是 Internet 编程最常用的语言之一。近年来，随着 Perl 在 Windows 平台发布，使得其应用更加广泛。Perl 具有高级语言（如 C）的强大能力和灵活性。事实上，你将看到，它的许多特性是从 C 语言中借用来的。与脚本语言一样，Perl 不需要编译器和链接器来运行代码，你要做的只是写出程序并告诉 Perl 来运行而已。这意味着 Perl 无论对于小的编程问题的快速解决方案或针对大型事件创建原型来测试潜在的解决方案都是十分理想的。在生物信息学研究中，常常需要编写从海量数据中提取出有用信息的程序，而 Perl 具有检测数据模式的强大功能，尤其是字符串文本数据，因此在生物信息学研究中尤其占有举足轻重的地位。根据生物信息学相关学科领域及其与各种编程语言的关系（图 10-1），结合 Perl 语言的特性，笔者在本章向读者推荐 Perl 并介绍 Perl 语言在生物信息学中的应用。

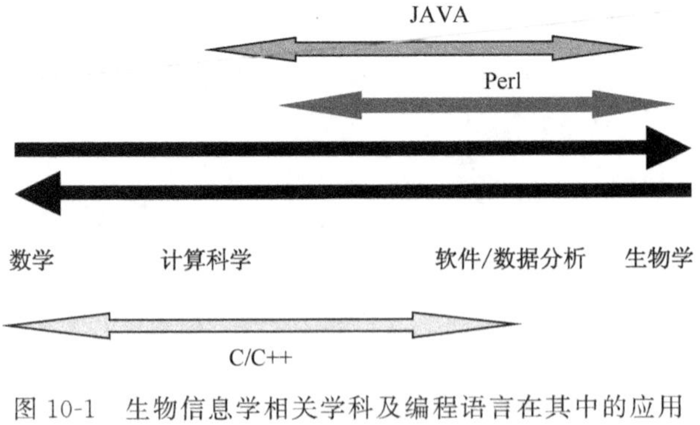

图 10-1　生物信息学相关学科及编程语言在其中的应用

本章的任务是使学生掌握 Perl 的基本编程技术，并可以在今后的生物信息学研究中，应用 Perl 语言快速编写一些简单的实用软件。课程内容包括 Perl 编程与调试环境、数据结构与程序控制、BioPerl 模块及应用等几部分内容。课程的重点是 Perl 语法和 BioPerl 模块。

10.1 Perl 简介

10.1.1 什么是 Perl

Perl 是由 Larry Wall 设计的，并由他不断更新和维护，最初只是 Unix 系统管理员的一个工具，此后，它逐步发展成为一种全功能的程序设计语言，特别是在各种计算平台上，它被用作 Web 编程、数据库处理、XML 处理以及系统管理——它能够完成所有这些工作，同时仍然是处理小的日常工作的完美工具。

Perl 是一门自由且功能强大的编程语言。自 1987 年初次登台亮相以来，它的用户数一直急剧膨胀。从最初被当作一种在跨平台环境中书写可移植工具的高级语言开始，Perl 就已经被广泛地认为是一种工业级的强大工具，可以在任何地方用来完成你的工作。Perl 特别适合系统管理和 Web 编程。Perl 实际上已经被所有 Unix（包括 Linux）捆绑在一起作为标准部件发布，而且也被广泛用于 Microsoft Windows 和几乎所有其他操作系统。很多人使用 Perl 来替代命令解释程序（shell）来完成操作系统才能完成的复杂操作，很多人使用 Perl 来避免编写繁琐的 C、C++ 或 Java 程序……几乎可以使用 Perl 来解决所有问题。著名网站：amazon.com、bbc.com、slashdot.org、imdb.com、macromedia.com 使用 Perl 做通用网关接口（CGI）实现动态信息网页。生物工程科学也都在很大程度上使用 Perl，Perl 让他们的工作更容易，更有效。

事实上，你并不需要对 Perl 完全了解就可以解决大部分的问题。而且，Perl 很多时候是一个即时编译（解释型）的语言。你可以很容易，迅速地测试、调试写出的程序而不用考虑再编译。Perl 就像一门自然语言，这会让学习 Perl 的过程变得更简单。同时，Perl 博大精深，很多人完全被 Perl 所吸引。Larry Wall 发明了 Perl，成千上万的开发者成就了今天的 Perl。当然，把自己的知识只局限为 Perl 不是一个明智的选择，往往是那些懂得几种技术，并可以结合使用的人最容易完成特定的任务。很多时候 Perl 被用作黏合工具，沟通不同程序、语言。编程是有趣的事情。就像艺术家一样，编程也需要灵感和创造力。Perl 给了程序员最大的自由来表达自己，读者会在这里体会到：编程真正变成了有趣的事情。

10.1.2 Windows 平台下 Perl 的安装及配置

1）软件下载

从 http://www.activestate.com 下载 ActivePerl 的 msi 安装文件到本地计算机。

2）软件安装

（1）通过“控制面板”的“添加/删除 Windows 组件”中的“Internet 信息服务”完成 IIS 的安装与合理配置。

(2) 双击 ActivePerl 的 msi 安装文件（如 ActivePerl-5.8.6.811-MSWin32-x86-122208.msi）进行安装，采用缺省配置［注意选择安装选项列出的四条可选项，如果 IIS 未成功安装（步骤 1），后两条选项为空。这种情况下，基于 Web 访问的脚本将无法工作］。

(3) 安装成功后，在“程序”中自动增加 ActivePerl 菜单（PPM 用于模块安装，后面讨论）。可以使用 SET 命令查看 Perl 的环境变量的设置，使用 Perl-V 查看已经安装的 Perl 的完整信息。

(4) 打开 Internet 服务管理器，选择默认 Web 站点，查看属性，在主目录页，按配置，会发现在应用程序映射中多了下面两条：

```
.pl C:\Perl\bin\Perl.exe %s %s PUT,DELETE
.plx C:\Perl\bin\Perlis.dll PUT,DELETE
```

(5) 在 IIS 中增加了一个虚拟目录，别名为 Perl，实际路径为 D:\MyPerl，有读取、脚本、执行和目录浏览权限。在 D:\MyPerl 中创建了一个文件 test.pl，内容如下：

```
print"Content-Type: text/html\n\n";
print"Perl is Ok!";
```

然后在浏览器上输入 http://localhost/perl/test.pl，运行成功。

同样在 D:\MyPerl 中创建了一个文件 test.plx，内容如下：

```
print "Content-Type: text/html\n\n";
print "Perl is Ok!";
```

然后在浏览器上输入 http://localhost/perl/test.plx，运行成功。

(6) 完成 Perl 安装与配置，使用 Perl 编辑和调试工具（如记事本、Word、Win Perl 等）编写程序。

10.1.3 生物信息学中的 Perl

生物信息学将计算和分析方法应用于生物学问题，是一个迅速发展的科学领域。基因组测序工作一直在产生来自许多不同有机体的大量生物学数据，这些数据被更多地存储于公共数据库。没有基于计算机的辅助工具，即便是最热心的研究者在此领域工作也是不可能的。生物信息学就是要构建此类工具。本书前面已经介绍并解释用于生物信息学研究的数据库和软件工具，还包括背景理论，以帮助理解怎样充分运用这些数据库与软件，如果通过 Perl 实现对以前学过的程序的集成就可以实现数据处理和数据分析过程自动化、数据库组建、数据提取和数据可视化。

生物资料大部分是文字文件：物种名称、种属关系、基因或序列的注解、评注、目录查阅，甚至 DNA 序列也是类文字的。不同的应用程序在存储处理结果时往往采用不兼容的文件格式，而且很多信息处理工作需要多个不同的应用程序来完成，这对于并不熟悉在应用程序之间如何交换信息的用户来说是一个很头疼的问题。Perl 强大的正则表达式（regular expression）比对以及字符串操作使这个工作变得简单而没有其他语言能相比，Perl 的这个方面的优点，可以在这一方面解决不少问题。生物资料通常是不完全的，错误或者说误差从数据的产生时候可能就产生了。能够用 Perl 写成正则表达式取出并且更正一般错误。还有，Perl 是组件导向的。Perl 鼓励人们将他们的软件写成小模组，外部程序能够轻易地被整合进 Perl 程序。例如，Perl 广泛用于人类基因组计划中的数据交换，许多 Ensembl 应用程序是用 Perl 编写的，GMOD-Generic Model Organism Database 也主要由 Java 和 Perl 写成。

生物信息学的研究仍然依赖于商业软件，但是一些关于生物信息学的开源项目如 BioPython、BioPerl 和 BioJava，可为解决生物信息学的实际问题提供一些多功能的工具包。BioPerl 是一组 Perl 模块，该开发项目正式开始于 1995 年，使用 Perl 语言开发，由 OBF（Open Bioinformatics Foundation）所支持，其徽标如图 10-2。BioPerl 作为 Perl 的扩充的专门用于生物信息的工具与函数集，自然也继承了 Perl 的众多优点。它主要目的在于利用 Perl 解决生物学研究中的一些问题，主要是生物信息学中的各种实际问题，如获取分子生物学数据、分析序列文件、序列间比对、大批量 BLAST、数据挖掘等等。它主要的用途不在于直接提供可以使用的程序，而是提供大量可扩展的模块，使得生物学家可以利用它们很方便的写出满足自己需要的 Perl 脚本，以完成多种多样的任务。

图 10-2　BioPerl 的徽标

BioPerl 为生物信息学而设计，服务于研究生物学问题的生物学家或计算机专家。perl. com 上有 James D. Tisdall 写的几篇关于生物信息学的文章，O'Reilly 也已经出版了两本关于 Perl 和生物信息学的书。通过这些扩展阅读，可以进一步加深对 Perl 的理解和提升 BioPerl 的应用水平，对于进一步开发、集成新的生物信息学平台很有必要。

Beginning Bioinformatics

http://www.perl.com/pub/a/2002/01/02/bioinf.html

Parsing Protein Domains with Perl

http://www.perl.com/pub/a/2001/11/16/perlbio2.html

A Chromosome at a Time with Perl, Part 1

http://www.perl.com/pub/a/2003/09/10/bioinformatics.html

A Chromosome at a Time with Perl, Part 2

http://www.perl.com/pub/a/2003/10/15/bioinformatics.html

Beginning Perl for Bioinformatics

http://www.oreilly.com/catalog/begperlbio/

Mastering Perl for Bioinformatics

http://www.oreilly.com/catalog/mperlbio/

10.2　数据结构和程序控制

实际上，一个计算机程序只不过是一个文本文件（或者是一个文本文件的集合），其中包含了完成一个特定任务的指令。写计算机程序很像是写实验室的流程——第一步是规划到底需要做什么。总的来说，写一个 Perl 程序包括下面两个步骤：首先，把一系列指令写成一个文本文件；其次，运行解释器来执行脚本和调试程序直到满足规划需要。正确使用数据结构和程序控制指令是编写效率高、容易阅读的代码的关键所在。本书并不是作为一个完备的 Perl 语言参考手册，而是以 Perl 语言中的范例介绍其功能与应用，读者要善于举一反三，体会 Perl 的妙处。

10.2.1 数据类型与基本运算

1）简单变量

基本上，简单变量就是一个数据单元，以字符“S”起始，这个单元可以是数字或字符串。

数字变量，如 $x = 12345；$var1 = 047；（等于十进制的 39）$var2 = 0x1f；（等于十进制的 31）$value = 9.021 等。

```
#!/usr/local/bin/perl
$value = 9.01e+21 + 0.01 - 9.01e+21;
print ("first value is ", $value, "\n");
$value = 9.01e+21 - 9.01e+21 + 0.01;
print ("second value is ", $value, "\n");
```

以上语句的输出结果为：

```
first value is 0
second value is 0.01
```

字符串变量，双引号内的字符串中支持简单变量替换和转义字符。单引号字符串与双引号字符串有两个区别，一是没有变量替换功能，二是反斜线不支持转义字符，而只在包含单引号和反斜线时起作用。单引号另一个特性是可以跨多行。例如：

```
$res = "A quote \" and A backslash \";
$result = 14;
print ("The value of \$result is $result.\n")的结果为：The value of $result is 14.
$text ='This is two
lines of text '；与$text = "This is two\nlines of text\n";等效。
$string = "43";
$number = 28;
$result = $string + $number; # $result = 71
```

在 Perl 中，所有的简单变量都有缺省初始值:""，即空字符。但是建议给所有变量赋初值，否则当程序变得大而复杂后，很容易出现不可预料且很难调试的错误。

2）操作符

算术操作符 ：＋加、－减、＊乘、/除、＊＊乘幂、%取余、－单目负。

整数比较操作符：＜小于、＞大于、＝＝等于、＜＝小于等于、＞＝大于等于、！＝不等于、＜＝＞比较。

字符串比较操作符：lt 小于、gt 大于、eq 等于、le 小于等于、ge 大于等于、ne 不等于、cmp 比较。

逻辑操作符：逻辑或 $a || $b 或 $a or $b、逻辑与：$a && $b 或 $a and $b、逻辑非：! $a 或 not $a、逻辑异或：$a xor $b。

位操作符：位与 &、位或 |、位非～、位异或^、左移 $x <<1、右移 $x>>2。

赋值操作符：=、+=、-=、*=、/=、%=、**=、&=、|=、^=。

自增自减操作符：++、--（与 C++中的用法相同）。

字符串联结和重复操作符：联结.、重复 x、联结且赋值 .=。

逗号操作符：其前面的表达式先进行运算，如 $var1 += 1，$var2 = $var1；等价于 $var1 += 1；$var2 = $var1；使用此操作符的唯一理由是提高程序的可读性，将关系密切的两个表达式结合在一起。

条件操作符：条件？值 1：值 2，当条件为真时取值 1，为假时取值 2。

建议：不确定某操作符是否先执行时，一定要用括号来明确。

10.2.2 数据结构

数据结构是指能存储一个以上值的变量。

1）列表和数组变量

列表是包含在括号里的一个序列的值，可以为任何数值，也可为空，如（1，5.3，"hello"，2）。列表存储于数组变量中，与简单变量不同，数组变量以字符"@"打头，如 @array =（1，2，3）；$scalar = @array；# $scalar = 3，即@array 的长度。子数组@subarray = @array [0，1]；# @subarray =（1，2）。（在 Perl 中，“#”表示注释信息。）常用到的有关数组的库函数包括 sort--按字符顺序排序、reverse--反转数组、chop--数组去尾、join/split--连接/拆分。

```
@array = ("this", "is", "a","test");
@array2 = sort(@array); # @array2 = ("a","is", "test", "this")
@array = (70, 100, 8);
@array = sort(@array); # @array = (100, 70, 8) now
@array2 = reverse(@array);
@array2 = reverse sort (@array);
@list = ("rabbit", "12345","quartz");
chop (@list); # @list = ("rabbi", "1234","quart") now
$string = join(" ", "this", "is","a", "string"); # 结果为"this is a string"
@list = ("words","and");
$string = join("::", @list, "colons"); #结果为"words::and::colons"
@array = split(/::/, $string); # @array = ("words","and", "colons") now
```

2）关联数组/哈希表

数组有一个显著缺陷，即很难记住哪个元素存储的是什么内容。假如我们来写一个程序计算某文件中首字母大写的单词出现的次数，用数组来实现就比较困难，程序代码如下：

```
1 : #! /usr/local/bin/perl
2 :
3 : while ($inputline = <STDIN>) {
4 :     while ($inputline =~ /\b[A-Z]\S+/g) {
5 :       $word = $&;
6 :       $word =~ s/[;.,:-]$//; # remove punctuation
7 :       for ($count = 1; $count <= @wordlist;
8 :            $count++) {
9 :          $found = 0;
10:          if ($wordlist[$count-1] eq $word) {
11:            $found = 1;
12:            $wordcount[$count-1] += 1;
13:            last;
14:          }
15:        }
16:        if ($found == 0) {
17:            $oldlength = @wordlist;
18:           $wordlist[$oldlength] = $word;
19:           $wordcount[$oldlength] = 1;
20:          }
21:        }
22: }
23: print ("Capitalized words and number of occurrences:\n");
24: for ($count = 1; $count <= @wordlist; $count++) {
25:   print ("$wordlist[$count-1]: $wordcount[$count-1]\n");
26: }
```

运行结果如下：

```
Here is a line of Input.
This Input contains some Capitalized words.
^D
Capitalized words and number of occurrences:
Here: 1
Input: 2
This: 1
Capitalized: 1
```

这个程序每次从标准输入文件读一行文字，第 4 行起的循环匹配每行中首字母大写的单词，每找到一个循环一次，赋给简单变量 $ word。在第 6 行中去掉标点后，查看该单词是否曾出现过，7～15 行中在@wordlist 中挨个元素做此检查，如果某个元素与 $ word 相等，@wordcount 中相应的元素就增加一个数。如果没有出现过，即@wordlist 中没有元素与 $ word 相等，16～20 行给@wordlist 和@wordcount 增加一个新元素。

正如运行结果所示，使用数组元素产生了一些问题（Bug）。首先，@wordlist 中哪个元素对应着哪个单词并不明显，更糟的是，每读进一个新单词，程序必须检查整个列表才能知道该单词是否曾经出现过，当列表变得较大时，这是很耗费时间的。这些问题产生的原因是数组元素通过数字下标访问，为了解决这类问题，Perl 定义了另一种数组，可以用任意简单变量值来访问其元素，这种数组叫做关联数组，也叫哈希表（Hash），Perl 使用%作为其首字符。可以用单个赋值语句创建关联数组，如%fruit = ("apples"17,"bananas",9,"oranges","none")；用列表给关联数组赋值时，Perl5 允许使用"=>"或","来分隔下标与值，用"=>"可读性更好些，上面语句等效于：%fruit = ("apples"=>17,"bananas"=>9,"oranges"=>"none")；

下面我们用关联数组改写上面的首字母大写单词计数程序，注意实现同样的功能此程序简化了许多。

```
1 : #! /usr/local/bin/perl
2 :
3 : while ($inputline = <SIDIN>) {
4 :     while ($inputline =~ /\b[A-Z]\S+/g) {
5 :        $word = $&;
6 :        $word =~ s/[;.,:-]$//; # remove punctuation
7 :        $wordlist{$word} += 1;
8 :     }
9 :}
10: print ("Capitalized words and number of occurrences:\n");
11: foreach $capword (keys(%wordlist)) {
12:   print ("$capword: $wordlist{$capword}\n");
13: }
```

运行结果如下：

```
Here is a line of Input.
This Input contains some Capitalized words.
^D
Capitalized words and number of occurrences:
This: 1
Input: 2
Here: 1
Capitalized: 1
```

本程序用关联数组%wordlist 跟踪首字母大写的单词，下标就用单词本身，元素值为该单词出现的次数。第 11 行使用了内嵌函数 keys ()。这个函数返回关联数组的下标列表，foreach 语句就用此列表循环。这个程序反映了哈希表的基本应用，读者在掌握之后可以仿照编写密码子使用频率统计程序，以及改写后面的核酸序列翻译程序，不断提高编程水平，逐步将学到的内容与生物信息学应用联系在一起。特别是用关联数组可以模拟在其他高级语言中常见的多种数据结构，如链表、结构、树和数据库等，而这些数据结构在生物信息学研究中应用面很广。

10.2.3 程序控制

1）条件判断

```
if ( <expression>) {
  <statement_block_1>
```

```
}
elsif ( <expression> ) {
  <statement_block_2>
}
...
else{
  <statement_block_3>
}
```

单行条件判断在 Perl 程序中也很常见，其语法为 statement keyword condexpr。其中 keyword 可为 if、unless、while 或 until，如 print ("This is zero. \n") if ($var == 0)；虽然条件判断写在后面，但却是先执行的。

2）循环

```
1) while ( <expression> ) {
  <statement_block>
}
(2)until ( <expression> ) {
  <statement_block>
}
(3)for ($count = 1; $count <= 5; $count++) {
  # statements inside the loop go here
}
(4)foreach localvar (listexpr) {
  statement_block;
}
(5)do {
statement_block
} while_or_until (condexpr);
```

退出循环为 last，与 C 中的 break 作用相同；执行下一个循环为 next，与 C 中的 continue 作用相同；Perl 特有的一个命令是 redo，其含义是重复此次循环，即循环变量不变，回到循环起始点，但要注意，redo 命令在 do 循环中不起作用。此外，传统的 goto label 语句也是控制循环的重要语句。

10.2.4 模块化编程

当开始编写长而复杂的程序时，编写出容易阅读和理解的程序变得越来越重要。要养成一些能够帮助编制容易阅读的代码的习惯：结构化编程中的缩进一致性，程序块或语句注释（注释的方法为在语句的开头用字符 #），变量命名时遵循见名知意原则等。综合运用以上各原则把程序模块化是编写大的应用程序的必由之路。

1）子程序和函数

子程序即执行一个特殊任务的一段分离的代码，它可以减少重复代码且使程序易读。Perl 里子程序和函数之间没有多大的差别，只是函数用 return 语句返回一个值给调用它的程序，所以函数被称为有返回值的子程序。Perl 中，子程序可以出现在程序的任何地方。定义方法为：

```
sub subroutine{
  statements;
}
```

子程序的调用方法有四种，即用 & 调用（&subname）、先定义后调用（可以省略 & 符号）、前向引用（先定义子程序名，后面再定义子程序体）、用 do 调用。

子程序中最后一个语句的值将用作返回值。语句 return (retval)；也可以退出子程序并返回值 retval，retval 可以为列表。子程序中局部变量的定义有两种方法：my 和 local。其区别是：my 定义的变量只在该子程序中存在，而 local 定义的变量不存在于主程序中，但存在于该子程序和该子程序调用的子程序中（在 Perl4 中没有 my）。定义时可以给其赋值，如 my($scalar) = 43；local(@array) = (1，2，3)等。

子程序参数传递形式为：

```
&sub1 ( $ number1, $ number2, $ nubmer3);
...
sub sub1 {
  my ( $ number1, $ number2, $ number3) = @ _ ;
  ...
}
```

例如：

```
  &addlist (@mylist);
  &addlist ("14", "6", "11");
  &addlist ( $ value1, @sublist, $ value2);
  ...
  sub addlist {
    my (@list) = @ _ ;
  ...
}
```

又如：

```
  @myarray = (1, 2, 3, 4, 5);
  &my _ sub ( * myarray);
  sub my _ sub {
    my ( * subarray) = @ _ ;
}
```

Perl 中，子程序可以互相调用，其调用方法与上述相同，当调用该子程序本身时，即成了递归子程序。递归子程序有两个条件：除了不被子程序改变的变量外，所有的变量必须是局部的；该子程序要含有停止调用本身的代码。

2）文件读写

Perl 是一个应用于生物信息学的热门语言，其原因之一是可以方便地对文本文件进行操作。很多的生物信息学工具都要读进包含序列、序列比对或蛋白质结构的文本文件，将它们作为输入，然后生成不同格式的文本文件作为输出。文件读写方便了编程者进行转换数据、系统分析、归纳结果等，也可用于提高程序可读性和模块化的基本指令集合。

打开、关闭文件的语法为 open (filevar, filename)，其中 filevar 为文件句柄，或者说是程序中用来代表某文件的代号，filename 为文件名，其路径可为相对路径，亦可为绝对路径。

```
open (FILE1,"file1");
open (FILE1, "\u\jqpublic\file1");
```

打开文件时必须决定访问模式，在 Perl 中有三种访问模式：读、写和添加。后两种模式的区别在于写模式将原文件覆盖，原有内容丢失，形式为 open (outfile,">outfile")；而添加模式则在原文件的末尾处继续添加内容，形式为 open (appendfile, ">>appendfile")。要注意的是，不能对文件同时进行读和写/添加操作。

open 的返回值用来确定打开文件的操作是否成功，当其成功时返回非零值，失败时返回零，因此可以如下判断：

```
if (open(MYFILE, "myfile")) {
# here's what to do if the file opened successfully
}
```

当文件打开失败时结束程序：

```
unless (open (MYFILE, "file1")) {
die ("cannot open input file file1\n");
}
```

亦可用逻辑或操作符表示为 open (MYFILE,"file1") || die ("Could not open file");

```
unless (open(INFILE, "infile")) {
die ("Input file infile cannot be opened. \n");
}
if ( - e "outfile") {
die ("Output file outfile already exists. \n");
}
unless (open(OUTFILE, ">outfile")) {
die ("Output file outfile cannot be opened. \n");
}
```

等价于

```
open(INFILE, "infile") && !( - e "outfile") &&
open(OUTFILE, ">outfile") || die("Cannot open files\n");
```

当文件操作完毕后，用 close (MYFILE)；关闭文件。

读文件时，可用语句 $line = <MYFILE>；从文件中读取一行数据存储到简单变量 $line 中并把文件指针向后移动一行。<STDIN>为标准输入文件，通常为键盘输入，不需要打开。语句@array = <MYFILE>；把文件的全部内容读入数组@array，文件的每一行（含回车符）为@array 的一个元素。

写文件形式为：

```
open(OUTFILE,">outfile");
print OUTFILE ("Here is an output line.\n");
```

STDOUT、STDERR 为标准输出和标准错误文件，通常为屏幕，且不需要打开。

像 C 一样，Perl 也有存储命令行参数的数组@ARGV，可以用来分别处理各个命令行参数。与 C 不同的是，SARGV [0] 是第一个参数。而不是程序名本身。如$var = $ARGV[0]; # 第一个参数; $ numargs = @ARGV; # 参数的个数。Perl 中，< >操作符实际上是对数组@ARGV 的隐含的引用，当 Perl 解释器第一次看到<>时，打开以 $ ARGV[0]为文件名的文件；执行动作 shift（@ARGV），即把数组@ARGV 的元素向前移动一个，其元素数量即减少了一个；<>操作符读取在第一步打开的文件中的所有行；读完后，解释器回到第一步重复。例如，下面的程序将把文件 myfile1 和 myfile2 的内容打印出来。

```
@ARGV = ("myfile1","myfile2"); #实际上由命令行参数赋值
while ($line = <>) {
print ( $ line);
}
```

用程序的形式也可以像命令行一样打开和使用管道（ex: ls > tempfile）。如语句 open (MYPIPE,"| cat >hello")；打开一个管道，发送到 MYPIPE 的输出成为命令"cat >hello"的输入。由于 cat 命令将显示输入文件的内容，故该语句等价于 open (MYPIPE,">hello")；用管道发送邮件如下：

```
open (MESSAGE,"| mail dave");
print MESSAGE ("Hi, Dave! Your Perl program sent this!\n");
```

类似这样的管道程序在生物信息学平台的集成开发中使用得相当广泛。

3）模块

用 require 函数可以把程序分割成多个文件并创建函数库。例如，在 myfile. pl 中有定义好的 Perl 函数，可用语句 require（“myfile. pl”）；在程序中包含进来。当 Perl 解释器看到这一语句，就在内置数组变量@INC 指定的目录中寻找文件 myfile. pl。如果找到了，该文件中的语句就被执行，否则程序终止并输出错误信息：Can't find myfile. pl in @INC，作为子程序调用参数，文件中最后一个表达式的值成为返回值，require 函数查看其是否为零，若为零则终止。用 require 函数可以创建可用于所有 Perl 程序的子程序库，步骤如下：

（1）确定存储子程序库的目录。

（2）将子程序抽取放到单独的文件中，将文件放到子程序库目录。

（3）每个文件末尾加一句非零值的语句，最简单的办法是语句 1。

（4）在主程序中用 require 包含一个或多个所需的文件。

（5）运行主程序时，用 -I 选项指定子程序库目录，或者在调用 require 前将该目录添加到@INC 数组中。

例如，假设目录 \ u \ perldir 中存有 Perl 子程序库，子程序 mysub 存储在文件 mysub. pl 中。现在来包含上该文件：

```
unshift (@INC,"\u\perldir");
```

```
require ("mysub.pl");
```

Perl 程序把变量和子程序的名称存储到符号表中，Perl 的符号表中名字的集合就称为包（package）。在一个程序中可以定义多个包，每个包有一个单独的符号表，定义语法为：

```
package mypack;
```

此语句定义一个名为 mypack 的包，从此以后定义的所有变量和子程序的名字都存储在该包关联的符号表中，直到遇到另一个 package 语句为止。每个符号表有其自己的一组变量、子程序名，各组名字是不相关的，因此可以在不同的包中使用相同的变量名，而代表的是不同的变量。如 $ var = 14；package mypack；$ var = 6；第一个语句创建变量 $ var 并存储在 main 符号表中，第三个语句创建另一个同名变量 $ var 并存储在 mypack 包的符号表中。在程序里可以随时在包间来回切换，如：

```
1: #! /usr/local/bin/perl
2:
3: package pack1;
4: $ var = 26;
5: package pack2;
6: $ var = 34;
7: package pack1;
8: print ("$ var\n");
```

运行结果如下：

```
26
```

第三行定义了包 pack1，第四行创建变量 $ var，存储在包 pack1 的符号表中，第五行定义新包 pack2，第六行创建另一个变量 $ var，存储在包 pack2 的符号表中。这样就有两个独立的 $ var，分别存储在不同的包中。第七行又指定 pack1 为当前包，因为包 pack1 已经定义，这样，所有变量和子程序的定义和调用都为该包的符号表中存贮的名字。因此第八行对 $ var 的调用为 pack1 包中的 $ var，其值为 26。

存储变量和子程序的名字的缺省符号表是与名为 main 的包相关联的。如果在程序里定义了其他的包，当你想切换回去使用缺省的符号表，可以重新指定 main 包：

```
package main;
```

这样，接下来的程序就好像从没定义过包一样，变量和子程序的名字像通常那样存储。

在一个包中可以引用其他包中的变量或子程序，方法是在变量名前面加上包名和一个单引号，如：

```
package mypack;
$ var = 26;
package main;
print ("$mypack'var\n");
```

这里，$ mypack'var 为 mypack 包中的变量 $ var。

在 Perl 5 中，包名和变量名用双冒号隔开，即 $ mypack::var。单引号引用的方式仍然支持，但将来的版本中未必支持。

包最通常的用途是用在含有子程序和子程序所使用的全局变量的文件中，为子程序定义这样的包，可以保证子程序使用的全局变量不可在其他地方使用，这样的数据即为私有数据。更进一步，可以保证包名不可在其他地方使用。例如，

```
1 : package privpack;
2 : $ valtoprint = 46;
3 :
4 : package main;
5 : # This function is the link to the outside world.
6 : sub printval {
7 : &privpack'printval();
8 : }
9 :?
10: package privpack;
11: sub printval {
12: print (" $ valtoprint\n");
13: }?
14:?
15: package main;
16: 1; # return value for require
```

此子程序只有在调用 printval 后才能产生输出。该文件分为两个部分：与外界联系的部分和私有部分。前者为缺省的 main 包，后者为包 privpack。第 6～8 行定义的子程序 printval 可被其他程序或子程序调用。printval 输出变量 $ valtoprint 的值，此变量仅在包 privpack 中定义和使用。第 15、16 行确保其被其他程序用 require 语句包含后工作正常，15 行将当前包设置回缺省包 main，16 行返回非零值使 require 不报错。

多数大型程序都分割成多个部件，每一部件通常含有一个或多个子程序及相关的变量，执行特定的一个或多个任务。集合了变量和子程序的部件称为程序模块。Perl 5 中用包来创建模块，方法是创建包并将之存在同名的文件中。例如，名为 Mymodult 的包存储在文件 Mymodult. pm 中（扩展名 . pm 表示 Perl Module）。下列的模块 Mymodult 含有子程序 myfunc1 和 myfunc2 及变量 $ myvar1 和 $ myvar2。

```
1 : #! /usr/local/bin/perl
2 :
3 : package Mymodule;
4 : require Exporter;
5 : @I$A = qw(Exporter);
6 : @EXPORT = qw(myfunc1 myfunc2);
7 : @EXPORT_OK = qw($myvar1 $myvar2);
8 :?
9 : sub myfunc1 {
10: $myvar1 + = 1;
11: }?
12:?
13: sub myfunc2 {
14: $ myvar2 + = 2;
15: }
```

第 3～7 行是标准的 Perl 模块定义方式。第 3 行定义包，第 4 行包含内置 Perl 模块 Exporter，6、7 行进行子程序和变量的输出以与外界联系。第 6 行创建名为@EX-

PORT 的特殊数组，该数组中的子程序可以被其他程序调用，这里，myfunc1 和 myfunc2 可以被访问。其他任何在模块中定义但没有赋给数组@EXPORT 的子程序都是私有的，只能在模块内部调用。第 7 行创建另一个名为@EXPORT_OK 的特殊数组，其中含有可被外部程序访问的变量，这里含有 $myvar1 和 $myvar2。

将模块导入你的 Perl 程序中使用 use 语句，如下句导入了 Mymodule 模块：

```
use Mymodule;
```

这样，模块 Mymodule 中的子程序和变量就可以使用了。

取消导入模块使用 no 语句，如下句取消了 Mymodule 模块的导入：

```
no Mymodule;
```

世界各地的 Perl 用户写了许多有用的模块，BioPerl 就是其中的重要组成部分，极大地方便了 Perl 在生物学中的应用，也在很大程度上减少了生物学家和软件程序员的劳动，具有极其重要的意义。CPAN（Comprehensive Perl Archive Network）的 Perl 文档有 Perl 模块完整的列表。关于 CPAN 的更多信息见其网址：http://www.perl.com/perl/CPAN/README.html。

10.3 编写生物信息学应用程序

根据自己掌握的 Perl 基础知识和生物学及生物信息学知识，读者可以尝试编写一些生物信息学应用程序。一般说来，在培养编程能力的过程中，既可以自己规划设计程序，也可以参考优秀的程序员编写的成熟程序，只有把二者有机结合起来，才是最佳的学习方式。

10.3.1 核酸序列翻译

```
#! /usr/bin/perl
# Translate DNA into protein

use strict;
use warnings;

# Initialize variables
my $dna = 'CGACGTCTTCGTACGGGACTAGCTCGTGTCGGTCGC';
my $protein = '';
my $codon;

# Translate each three-base codon into an amino acid, and append to a protein
for(my $i=0; $i < (length($dna) - 2) ; $i += 3) {
 $codon = substr($dna, $i,3);
  $protein .= codon2aa($codon);
}

print "I translated the DNA\n\n$dna\n\n into the protein\n\n$protein\n\n";
```

```
exit;

# codon2aa
#
# A subroutine to translate a DNA 3 - character codon to an amino acid

sub codon2aa {
  my($codon) = @_;

  if ( $codon =~ /TCA/i )  { return'S' }  # Serine
elsif ( $codon =~ /TCC/i )  { return 'S' }  # Serine
elsif ( $codon =~ /TCG/i )  { return 'S' }  # Serine
elsif ( $codon =~ /TCT/i )  { return 'S' }  # Serine
elsif ( $codon =~ /TTC/i )  { return 'F' }  # Phenylalanine
elsif ( $codon =~ /TTT/i )  { return 'F' }  # Phenylalanine
elsif ( $codon =~ /TTA/i )  { return 'L' }  # Leucine
elsif ( $codon =~ /TTG/i )  { return 'L' }  # Leucine
elsif ( $codon =~ /TAC/i )  { return 'Y' }  # Tyrosine
elsif ( $codon =~ /TAT/i )  { return 'Y' }  # Tyrosine
elsif ( $codon =~ /TAA/i )  { return '_' }  # Stop
elsif ( $codon =~ /TAG/i )  { return '_' }  # Stop
elsif ( $codon =~ /TGC/i )  { return 'C' }  # Cysteine
elsif ( $codon =~ /TGT/i )  { return 'C' }  # Cysteine
elsif ( $codon =~ /TGA/i )  { return '_' }  # Stop
elsif ( $codon =~ /TGG/i )  { return 'W' }  # Tryptophan
elsif ( $codon =~ /CTA/i )  { return 'L' }  # Leucine
elsif ( $codon =~ /CTC/i )  { return 'L' }  # Leucine
elsif ( $codon =~ /CTG/i )  { return 'L' }  # Leucine
elsif ( $codon =~ /CTT/i )  { return 'L' }  # Leucine
elsif ( $codon =~ /CCA/i )  { return 'P' }  # Proline
elsif ( $codon =~ /CCC/i )  { return 'P' }  # Proline
elsif ( $codon =~ /CCG/i )  { return 'P' }  # Proline
elsif ( $codon =~ /CCT/i )  { return 'P' }  # Proline
elsif ( $codon =~ /CAC/i )  { return 'H' }  # Histidine
elsif ( $codon =~ /CAT/i )  { return 'H' }  # Histidine
elsif ( $codon =~ /CAA/i )  { return 'Q' }  # Glutamine
elsif ( $codon =~ /CAG/i )  { return 'Q' }  # Glutamine
elsif ( $codon =~ /CGA/i )  { return 'R' }  # Arginine
elsif ( $codon =~ /CGC/i )  { return 'R' }  # Arginine
elsif ( $codon =~ /CGG/i )  { return 'R' }  # Arginine
elsif ( $codon =~ /CGT/i )  { return 'R' }  # Arginine
elsif ( $codon =~ /ATA/i )  { return 'I'}  # Isoleucine
elsif ( $codon =~ /ATC/i )  { return 'I'}  # Isoleucine
elsif ( $codon =~ /ATT/i )  { return 'I'}  # Isoleucine
elsif ( $codon =~ /ATG/i )  { return 'M' }  # Methionine
```

```
elsif ( $codon =~ /ACA/i )  { return 'T'}  # Threonine
elsif ( $codon =~ /ACC/i )  { return 'T'}  # Threonine
elsif ( $codon =~ /ACG/i )  { return 'T'}  # Threonine
elsif ( $codon =~ /ACT/i )  { return 'T'}  # Threonine
elsif ( $codon =~ /AAC/i )  { return 'N'}  # Asparagine
elsif ( $codon =~ /AAT/i )  { return 'N'}  # Asparagine
elsif ( $codon =~ /AAA/i )  { return 'K' }  # Lysine
elsif ( $codon =~ /AAG/i )  { return 'K' }  # Lysine
elsif ( $codon =~ /AGC/i )  { return 'S' }  # Serine
elsif ( $codon =~ /AGT/i )  { return 'S' }  # Serine
elsif ( $codon =~ /AGA/i )  { return 'R' }  # Arginine
elsif ( $codon =~ /AGG/i )  { return 'R' }  # Arginine
elsif ( $codon =~ /GTA/i )  { return 'V' }  # Valine
elsif ( $codon =~ /GTC/i )  { return 'V' }  # Valine
elsif ( $codon =~ /GTG/i )  { return 'V' }  # Valine
elsif ( $codon =~ /GTT/i )  { return 'V' }  # Valine
elsif ( $codon =~ /GCA/i )  { return 'A' }  # Alanine
elsif ( $codon =~ /GCC/i )  { return 'A' }  # Alanine
elsif ( $codon =~ /GCG/i )  { return 'A' }  # Alanine
elsif ( $codon =~ /GCT/i )  { return 'A' }  # Alanine
elsif ( $codon =~ /GAC/i )  { return 'D' }  # Aspartic Acid
elsif ( $codon =~ /GAT/i )  { return 'D' }  # Aspartic Acid
elsif ( $codon =~ /GAA/i )  { return 'E' }  # Glutamic Acid
elsif ( $codon =~ /GAG/i )  { return 'E' }  # Glutamic Acid
elsif ( $codon =~ /GGA/i )  { return 'G' }  # Glycine
elsif ( $codon =~ /GGC/i )  { return 'G' }  # Glycine
elsif ( $codon =~ /GGG/i )  { return 'G' }  # Glycine
elsif ( $codon =~ /GGT/i )  { return 'G' }  # Glycine
else {
    print STDERR "Bad codon \"$codon\"!! \n";
    exit;
     }
}
```

10.3.2 正则表达式

在 Perl 语言中因为有正则表达式（regular expression）这个功能，所以对于字符串的处理能力是强有力的。正则表达式可视为用来处理字符串的一种模式（pattern）。在 Perl 语言的程序设计中，经常可以看得到类似语法的应用，只要能够善用这种文字处理模式的话，要处理任何难的字符串皆可迎刃而解。PROSITE（http://us.expasy.org/prosite/）是第一个蛋白质家族数据库，其中关于模体（Motif）的描述就是基于正则表达式方式。

模式指在字符串中寻找的特定序列的字符，由斜线包含：/def/即模式 def。其用法如结合函数 split 将字符串用某模式分成多个单词：@array = split(/ /, $line)；=~检验匹配是否成功：$result = $var =~ /abc/；若在该字符串中找到了该模式，则返回非零值，即 true，不匹配则返回 0，即 false。! ~则相反。

Perl 在模式中支持一些特殊字符，可以起到一些特殊的作用。+意味着一个或多个相同的字符，如/de+f/指 def、deef、deeeeef 等。[] 意味着匹配一组字符中的一个，如/a [0123456789] c/将匹配 a 加数字加 c 的字符串。与+联合使用例：/d[eE]+f/匹配 def、dEf、deef、dEdf、dEEEeeeEef 等。^表示除其之外的所有字符，如/d[^deE]f/匹配 d 加非 e 字符加 f 的字符串。字符 * 和？与+类似，区别在于 * 匹配 0 个、1 个或多个相同字符，? 匹配 0 个或 1 个该字符。如/de * f/匹配 df、def、deeeef 等；/de? f/匹配 df 或 def。

如果想在模式中包含通常被看作特殊意义的字符，须在其前加反斜线"\"。如/\\ * +中 \ * 即表示字符 *，而不是上面提到的一个或多个字符的含义。反斜线的表示为\\ \/。在 Perl5 中可用字符对 \ Q 和 \ E 来转义。上面提到模式/a[0123456789]c/匹配字母 a 加任意数字加 c 的字符串，另一种表示方法为/a[0-9]c/，类似的，[a-z]表示任意小写字母，[A-Z] 表示任意大写字母。任意大小写字母、数字的表示方法为/[0-9a-zA-Z]/。字符对 {} 指定所匹配字符的出现次数。如/de {1, 3} f/匹配 def，deef 和 deeef；/de {3} f/匹配 deeef；/de {3,} f/匹配不少于 3 个 e 在 d 和 f 之间；/de {0, 3} f/匹配不多于 3 个 e 在 d 和 f 之间。字符"|"指定两个或多个选择来匹配模式。如：/def | ghi/匹配 def 或 ghi。

模式匹配选项 g 匹配所有可能的模式：

```
@matches = "balata" =~ /.a/g; # now @matches = ("ba", "la", "ta")。
```

忽略大小写（i 选项）：/de/i 匹配 de，dE，De 和 DE。

将字符串看作多行（m 选项），在此情况下，^符号匹配字符串的起始或新的一行的起始；$ 符号匹配任意行的末尾。

替换操作符语法为 s/pattern/replacement/，其效果为将字符串中与 pattern 匹配的部分换成 replacement。如 $ string ="abc123def"; $ string =~ s/123/456/; # now $ string ="abc456def"。

另一种替换方式是翻译操作符，语法如 tr/string1/string2/。同样，string2 为替换部分，但其效果是把 string1 中的第一个字符替换为 string2 中的第一个字符，把 string1 中的第二个字符替换为 string2 中的第二个字符，依此类推。如 $ string ="abcdefghicba"; $ string =~ tr/abc/def/; # now string ="defdefghifed"。

Perl 支持 Perl4 和标准 UNIX 模式匹配操作所没有的一些模式匹配能力。其语法为（? <c>pattern)，其中 c 是一个字符，pattern 是起作用的模式或子模式，如/(?:a | b | c)(d | e)f \ 1/中的 \ 1 表示已匹配的 d 或 e，而不是 a 或 b 或 c。通常模式选项置于其后，有四个选项：i、m、s、x 可以内嵌使用，语法为/(?option) pattern/，等价于/pattern/option。肯定的预见匹配语法为/pattern(?=string)/，其意义为匹配后面为 string 的模式，相反的，(?! string) 意义为匹配后面非 string 的模式，如：

```
$ string = "25abc8";
$ string =~ /abc(? =[0-9])/;
$ matched = $ &; # $ & 为已匹配的模式,此处为 abc,而不是 abc8
```

Perl5 中可以在模式中用？＃来加注释。例如：

```
if ( $ string = ~ /(? i)[a - z]{2,3}(? # match two or three alphabetic characters)/ {
...
}
```

学过正则表达式后，上面的 codon2aa 子程序可以编写得更简练。

```
# codon2aa
#
# A subroutine to translate a DNA 3 - character codon to an amino acid
#   Version 2

sub codon2aa {
  my( $ codon) = @_;

     if ( $ codon = ~ /GC. /i)      { return 'A' }  # Alanine
  elsif ( $ codon = ~ /TG[TC]/i)    { return 'C' }  # Cysteine
  elsif ( $ codon = ~ /GA[TC]/i)    { return 'D' }  # Aspartic Acid
  elsif ( $ codon = ~ /GA[AG]/i)    { return 'E' }  # Glutamic Acid
  elsif ( $ codon = ~ /TT[TC]/i)    { return 'F' }  # Phenylalanine
  elsif ( $ codon = ~ /GG. /i)      { return 'G' }  # Glycine
  elsif ( $ codon = ~ /CA[TC]/i)    { return 'H' }  # Histidine
  elsif ( $ codon = ~ /AT[TCA]/i)   { return 'I' }  # Isoleucine
  elsif ( $ codon = ~ /AA[AG]/i)    { return 'K' }  # Lysine
  elsif ( $ codon = ~ /TT[AG]|CT. /i)   { return 'L' }  # Leucine
  elsif ( $ codon = ~ /ATG/i)       { return 'M' }  # Methionine
  elsif ( $ codon = ~ /AA[TC]/i)    { return 'N' }  # Asparagine
  elsif ( $ codon = ~ /CC. /i)      { return 'P' }  # Proline
  elsif ( $ codon = ~ /CA[AG]/i)    { return 'Q' }  # Glutamine
  elsif ( $ codon = ~ /CG. |AG[AG]/i)   { return 'R' }  # Arginine
  elsif ( $ codon = ~ /TC. |AG[TC]/i)   { return 'S' }  # $ erine
  elsif ( $ codon = ~ /AC. /i)      { return 'T' }  # Threonine
  elsif ( $ codon = ~ /GT. /i)      { return 'V' }  # Valine
  elsif ( $ codon = ~ /TGG/i)       { return 'W' }  # Tryptophan
  elsif ( $ codon = ~ /TA[TC]/i)    { return 'Y' }  # Tyrosine
  elsif ( $ codon = ~ /TA[AG]|TGA/i)    { return '_' }  # Stop
  else {
    print STDERR "Bad codon \" $ codon\"!! \n";
    exit;
  }
}
```

10.3.3 本地化 BLAST

```
#! /usr/bin/perl

# $ Id: web_blast. pl,v 1. 3 2004/12/10 18:05:08 coulouri Exp $
#            National Center for Biotechnology Information
```

```
# This code is for example purposes only.
# Please refer to http://www.ncbi.nlm.nih.gov/blast/Doc/urlapi.html
# for a complete list of allowed parameters.
#
# return codes:
#     0 - success
#     1 - invalid arguments
#     2 - no hits found
#     3 - rid expired
#     4 - search failed
#     5 - unknown error

use URI::Escape;
use LWP::UserAgent;
use HTTP::Request::Common qw(POST);

$ua = LWP::UserAgent->new;

$argc = $#ARGV + 1;

if ($argc<3)

    {
    print "usage: web_blast.pl program database query [query]...\n";
     print "where program = megablast, blastn, blastp, rpsblast, blastx, tblastn,
     tblastx\n\n";
    print "example: web_blast.pl blastp nr protein.fasta\n";
        print "example: web_blast.pl rpsblast cdd protein.fasta\n";
    print "example: web_blast.pl megablast nt dna1.fasta dna2.fasta\n";

exit 1;
}

$program = shift;
$database = shift;

if (($program ne "megablast") && ($argc > 3))
    {
    print "$program does not yet support multiple queries.\n";
    exit 1;
    }

if ($program eq "megablast")
    {
     $program = "blastn&MEGABLAST=on";
    }

if ($program eq "rpsblast")
```

```
    {
    $ program = "blastp& $ ERVICE = rpsblast";
    }

# read and encode the queries
foreach $ query (@ARGV)
    {
    open(QUERY, $ query);
    while(<QUERY>)
        {
        $ encoded_query = $ encoded_query. uri_escape(S_);
        }
    }

# build the request
$ args = "CMD = Put&PROGRAM = $ program&DATABA $ E = $ database&QUERY = " . $ encoded_
query;

$ req = new HTTP: :Request POST = > 'http://www. ncbi. nlm. nih. gov/blast/Blast. cgi';
$ req - >content_type('application/x - www - form - urlencoded');
$ req - >content( $ args);

# get the response
$ response = $ ua - >request( $ req);

# parse out the request id
$ response - >content = ~ /^RID = (. * $ )/m;
$ rid= $ 1;

# parse out the estimated time to completion
$ response - >content = ~ /^ RTOE = (. * $ )/m;
$ rtoe = $ 1;

# wait for search to complete
sleep $ rtoe;

# poll for results
while (true)
    {
    sleep 5;

      $ req = new HTTP: : Request GET = > " http://www. ncbi. nlm. nih. gov/blast/
Blast. cgi? CMD = Get&FORMAT_OBJECT = $ earchInfo&RID = $ rid";
    $ response = $ ua - >request( $ req);

    if ( $ response - >content = ~ /\t $ tatus = WAITING/m)
    {
    # print $ TDERR " $ earching…\n";
```

```
    next;
    }

    if ( $ response - >content  = ~  /\t $ tatus = FAILED/m)
    {
     print  $ TDERR  " $ earch  $ rid  failed;  please  report  to  blast  -  help \ @ nc-
bi. nlm. nih. gov. \n";
    exit 4;
    }

    if ( $ response - >content  = ~  /\t $ tatus = UNKNOWN/m)
    {
    print $ TDERR " $ earch  $ rid expired. \n";
    exit 3;
    }

    if ( $ response - >content  = ~  /\t $ tatus = READY/m)
    {
    if ( $ response - >content  = ~  /\tThereAreHits = yes/m)
        {
        # print  $ TDERR " $ earch complete, retrieving results…\n";
        last;
        }
    else
        {
        print  $ TDERR "No hits found. \n";
        exit 2;
        }
    }

    # if we get here, something unexpected happened.
    exit 5;
    } # end poll loop

# retrieve and display results
$ req  =  new HTTP::Request GET  = > "http://www.ncbi.nlm.nih.gov/blast/Blast.cgi? CMD
= Get&FORMAT_TYPE = Text&RID =  $ rid";
$ response  =   $ ua - >request( $ req);

print  $ response - >content;
exit 0;
```

10.4 BioPerl 应用

10.4.1 BioPerl 的安装

安装 BioPerl 需要以下两个步骤，即在程序菜单中选择 ActivePerl>Perl Package

Manager，执行 ppm>search BioPerl，程序完成后返回 BioPerl 的相关程序包和版本信息，再执行 ppm> install<number>，其中<number> 是相关程序包的编号。直至出现系统提示符 ppm>就完成了对 BioPerl 的安装。

10.4.2 BioPerl 模块

BioPerl 是一个巨大的工具包，目前已经有超过 1000 个模块，主要有这些类别：序列分析（sequences，features，annotations、pairwise alignment reports、multiple sequence alignments）、文献挖掘（bibliographic data）、图形可视化（graphical rendering of sequence tracks）、生物学数据库（database for features and sequences）、基因预测（gene prediction parsers）、系统发生与分子进化（trees，parsing phylogenetic and molecular、evolution software output）、群体遗传与统计（population genetic data and summary、statistics）、分类学（taxonomy）、大分子结构（protein structure）等，涵盖了生物学中很多的研究领域。安装 BioPerl 后会在 Perl 的 Lib 文件夹下增加以下文件夹：Align、AlignIO、Annotation、Assembly、Biblio、Cluster、ClusterIO、Coordinate、Das、DB、Event、Expression、Factory、Graphics、Index、LiveSeq、Location、Map、MapIO、Matrix、Ontology、OntologyIO、Phenotype、Root、Search、SearchIO、Seq、SeqFeature、SeqIO、Structure、Symbol、Taxonomy、Tk、Tools、Tree、TreeIO、Variation 等，细心的读者能够根据模块的名称了解其功能。

在生物信息学分析中，BioPerl 的最常用模块主要有以下几种，这些模块是提高开发效率的必需品。

Bio::SeqIO：序列输入与输出模块，检索序列记录并写文件、序列格式转换等；

Bio::Seq：序列处理模块，获取子序列、序列长度、互补序列、序列翻译等；

Bio::Annotation：序列注释模块，连接与整个序列相关的文献等；

Bio::SeqFeature：序列属性模块，描述序列的特征区域如 5′ UTR，3′ UTR，CDS，SNP 等等；

Bio::DB::GenBank，GenPept，EMBL 和 Swissprot：远程数据库访问模块，访问这些数据库并检索序列；

Bio::SearchIO：分析序列检索结果，如分析 BLAST、HMMer、FASTA、SIM4、WABA 的结果并定制报告；

Bio::Tools::Run::StandAloneBLAST：独立 BLAST 模块，通过 Perl 实现 BLAST 并定制输出结果；

Bio::Graphics：生物学名称绘图模块，如绘制基因、外显子、序列对位排列图等。

BioPerl 模块（module）就是 Perl 包（pachage）。Perl 一直是一个面向对象的语言，Perl 中的对象基于对包中数据项的引用。在进行面向对象编程时，先声明一个类，然后创建该类的对象（实例），特定类所有对象的行为方式是相同的，由类方法确定，可以通过定义新类或从现存类继承来创建类。下面三个定义对理解对象、类和方法在 Perl 中如何工作至关重要：类是一个 Perl 包，其中含提供对象方法的类；方法是一个 Perl 子程序，类名是其第一个参数；对象是对类中数据项的引用。当你看到 Perl 文档中提到“类”时，把它看作“包”就行了。Perl5 的语法可以创建类，如果你已熟悉 C++，那么大部分语法你已经掌握了。与 Perl4 不同的概念是用双冒号（::）来标识基本类和继承类（子类）。与包的引用结合，可以用单引号（'）操作符来定位类中的变量，类中成员的定位形式如 Sclass'Smember。在 Perl5 中，可用双冒号替代单引号来获得引用，如 Sclass'Smember 与 Sclass::Smember 相同。

面向对象的一个重要特性是继承。Perl 中的继承特性与其他面向对象语言不完全一样，它只继承方法，你必须用自己的机制来实现数据的继承。因为每个类是一个包，所以它有自己的名字空间及自己的符号名关联数组，每个类因而可以使用自己的独立符号名集。BioPerl 中定义了许多对象（图 10-3），能否应用 BioPerl 编写高端的生物信息学应用程序取决于程序员对这些对象的理解。

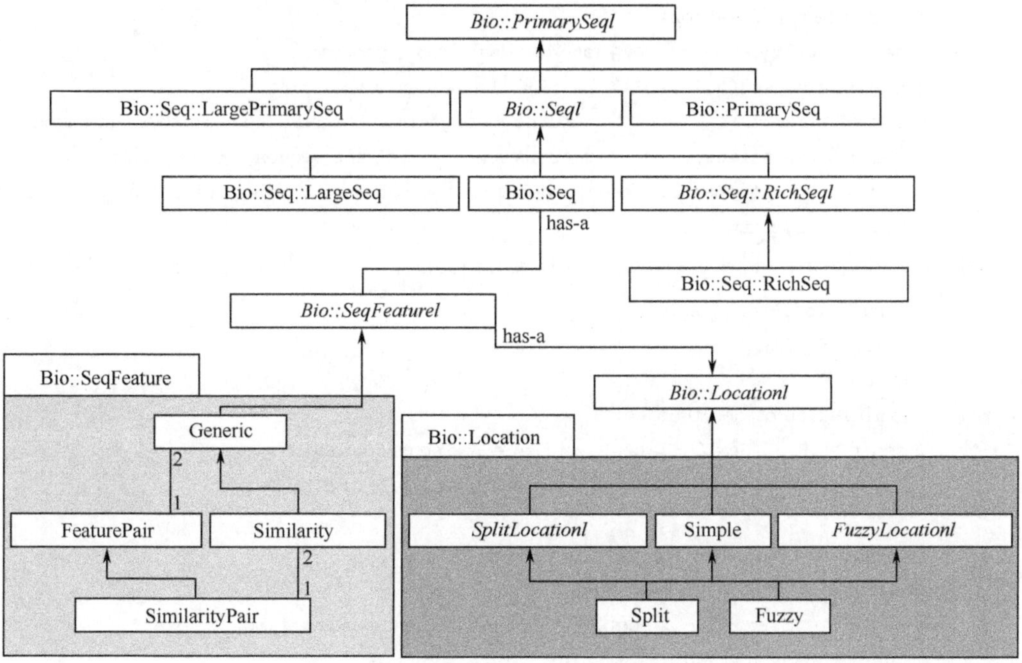

图 10-3　BioPerl 中与序列相关的对象模块及其接口示意图

篇幅所限，这里不可能详细的讲解太多模块的使用，所以主要通过一些例子来演示 BioPerl 的一些重要功能，读者要在体会示例的基础上逐步提高应用 BioPerl 的能力和水平。

10.4.3　BioPerl 示例

1）用 BioPerl 读取序列

Seq 和 PrimarySeq 是 BioPerl 中的重要对象成员，PrimarySeq 主要包含序列及其名称，Seq 则包含额外的属性。当我们使用 SeqIO 从文件中读取序列时，Seq 对象会自动创建。Seq 和 PrimarySeq 对象提供了序列分析的基本条件。下面举例说明 Bio::Seq、

Bio::PrimarySeq 和 Bio::SeqIO 模块的应用。

例 1：MySeq1. pl，a program which creates Seq object and manipulates it：

```
#! /usr/local/bin/perl
use Bio::Seq;

# initiation of Seq object
$seq = Bio::Seq->new('-seq'=>'CGGCGTCTGGAACTCTATTTTAAGAACCTCTCAAAACGAAACAAGC',
                     '-desc' => 'An example',
                     '-display_id' => 'NM_005476',
                     '-accession_number' => '6382074',
                     '-moltype' => 'dna');

# sequence manipulations
$seq->moltype();          # one of 'dna','rna','protein'
$seq -> subseq(5,10);     # part of the sequence as string
$seq -> revcom;           # returns an object of the reverse complemented sequence
$seq -> translate;        # returns an object of the sequence translation
    $seq -> translate(undef,undef,1);  # returns an object of the sequence trans-
lation (using frame 1).
```

例 2：MySeq2. pl：the program reads a sequence from a file and manipulates it：

```
#! /usr/local/bin/perl
use Bio::SeqIO;

# initiation of SeqIO object
$seqin = Bio::SeqIO->new('-file'=>'inputfilename',
                         '-format' => 'Fasta');

# reads in a sequence and pass it to Seq object.
$seqobj1 = Sseqin->next_seq();
$seq     = Sseqobj1->seq(); # actual sequence as a string
print "First sequence is: $seq\"n;
```

例 3：MySeq3. pl：A program for sequence format conversion

```
#! /usr/local/bin/perl
use Bio::$eqIO;

# Create IO object for input
my($in) = new Bio::$eqIO(-file  => $inputfile,
                         -format =>'Fasta');

# A second object for output
my($out) = new Bio::$eqIO(-format => 'EMBL');

while (my($seq) = $in ->next_seq()){

        print $out->write_seq($seq);
}
```

```
###  To create IO object to write out

my( $ out) = newBio:: $ eqIO( - file   => "> $ outputfile",
                  - format => 'EMBL');
```

例 4：读取序列并分析序列长度

```
#! /usr/bin/perl
use Bio:: $ eqIO;
$ in = Bio:: $ eqIO - >new( - file = >SARGV[0], - format = >'Fasta');
while(my $ seq =  $ in - >next_seq())
{
        print $ seq - >id,"\t", $ seq - >length,"\n";
}
```

例 5：读取 genbank 格式文件，并把它转换成 fasta 格式

```
#! /usr/bin/perl
use Bio:: $ eqIO;
$ in = Bio:: $ eqIO - >new( - file => "inputfilename",
                            - format => 'Genbank');
$ out = Bio::SeqIO - >new( - file => ">outputfilename",
                            - format => 'Fasta');
while ( my Sseq = Sin - >next_seq() ) {Sout - >write_seq(Sseq); }
```

或者打印到 stdout

```
#! /usr/bin/perl
use Bio::SeqIO;
$ in = Bio::SeqIO - >new( - file => "inputfilename",
                           - format => 'Genbank');
$ out = Bio::SeqIO - >newFh( - format => 'Fasta');
while ( my Sseq = Sin - >next_seq() ) {print Sout Sseq;}
```

2）使用和解析 BLAST

在生物信息学中最流行的数据库搜索程序就是 BLAST 了，一般有两种方法使用 BLAST：在 NCBI 等站点上运行它并得到返回结果，或者下载到本地运行。现在我们假设你已经有了本地的 BLAST 程序，并且已经使用 formatdb 程序为本地序列数据库 db. fa 建立好了 index。现在我们来看 BioPerl 如何做 BLAST，它使用 Bio:: Tools:: Run:: Stand Alone Blast 模块：

```
use Bio::Seq;
use Bio::Tools::Run::StandAloneBlast;

@params = (program => 'blastn',
      database => 'db. fa' );
$ blast_obj = Bio::Tools::Run::StandAloneBlast - >new(@params);
```

```
$ seq_obj = Bio::Seq->new( -id =>"test_query",
          -seq => "TTTAAATATATTTTGAAGTATAGATTATATGTT");

$ report_obj = Sblast_obj->blastall(Sseq_obj);
$ result_obj = Sreport_obj->next_result;
print Sresult_obj->num_hits;
```

上面的例子中@params 储存了运行 blast 程序需要的参数，然后利用它建立了 Sblast _ obj 对象，以调用 blastall 方法。Sblast _ obj 对象储存了用来做 BLAST 搜索的序列，Sresult _ obj 储存了 BLAST 的每一个返回结果，最后用 num _ hits 方法 print 出了 BLAST 得到的结果数。

完成调用 BLAST 程序后，现在来看如何解析 BLAST 的结果。

```
use Bio::SearchIO;
my $cutoff = '0.001';     #BlAST 搜索的域值
my $file = 'BOSS_Ce.BLASTP',     #结果文件
my $in = new Bio::SearchIO( -format => 'blast',
                            -file => $file);
while( my $r = $in->next_result ) { #读取每一个 result
  print "Query is: ", $r->query_name, " ",
$r->query_description," ", $r->query_length," aa\n";
print " Matrix was ", $r->get_parameter('matrix'), "\n";
while( my $h = $r->next_hit ) { #每个 result 中有多个 hit
  last if $h->significance > $cutoff;
  print "Hit is ", $h->name, "\n";
  while( my $hsp = $h->next_hsp ) { #每个 hit 有它自己的属性
    print " HSP Len is ", $hsp->length('total'), " ",
    " E-value is ", Shsp->evalue, " Bit score ",
     $hsp->score, " \n",
    " Query loc: ", $hsp->query->start, " ",
     $hsp->query->end," ",
    " $bject loc: ", $hsp->hit->start, " ",
     $hsp->hit->end,"\n";
   }
  }
}
```

它打印的结果是像下面这个样子，注意理解每一项的意思。

```
Query is: BOSS_DROME Bride of sevenless protein
precursor. 896 aa
Matrix was BLOSUM62
Hit is F35H10.10
HSP Len is 315 E-value is 4.9e-11 Bit score 182
Query loc: 511 813 Sbject loc: 1006 1298
HSP Len is 28 E-value is 1.4e-09 Bit score 39
Query loc: 508 535 Sbject loc: 427 454
```

可以看到 Bio:: Search IO 有很丰富的方法和对象可以处理 BLAST 的结果文件，

同样它还可以解析 FASTA，HMMER，UCSC 等许多格式的文件。

3）序列属性提取

```
#! perl-w
use strict;
# Author Jason Stajich <jason@bioperl.org>

=head1 NAME

extract_feature_seq-extract the corresponding sequence for a specified feature type

=head1 SYNOPSIS

extract_feature_seq.PLS-i file--format genbank--feature=CDS -o output.fa

=head1 DESCRIPTION

This script will extract the sequence for all the features you specify.

=head1 FEEDBACK

=head2 Mailing Lists

User feedback is an integral part of the evolution of this and other
Bioperl modules. Send your comments and suggestions preferably to
the Bioperl mailing list. Your participation is much appreciated.

bioperl-l@bioperl.org            - General discussion
http://bioperl.org/MailList.shtml- About the mailing lists

=head2 Reporting Bugs

Report bugs to the Bioperl bug tracking system to help us keep track
of the bugs and their resolution. Bug reports can be submitted via
email or the web:

http://bugzilla.bioperl.org/

=head1 AUTHOR

Jason Stajich E<lt>jason-at-bioperl-dot-orgE<gt>
=cut

use Bio::SeqIO;
use Getopt::Long;

my (Sinput,Sformat,Sfeaturetype,Soutput);
```

```
Sfeaturetype = 'CDS';
GetOptions(
          'i|input:s' = >\Sinput,
          'format:s' = >\Sformat,
          'feature:s' = >\Sfeaturetype,
          'o|output:s' = > \Soutput);

Sinput || shift if @ARGV;

my Sin = new Bio::SeqIO( - file = > Sinput,

                          -format = > Sformat);
my Sout;
if (Soutput ) {
    Sout = new Bio::SeqIO( - file = > ">Soutput");
} else {
    Sout = new Bio::SeqIO(); # use STDOUT for output
}

my Scount = 1;
while( my Sseq = Sin - >next_seq ) {
    foreach my Sf ( grep { S_ - >primary_tag = ~ /Sfeaturetype/i }
                       Sseq - >get_SeqFeatures ) {
      my Ss = Sf - >spliced_seq;
    if( Sfeaturetype = ~ /gene|CDS/ ) {
      Ss - >display_id(Sf - >has_tag('gene') ? join(',',sort Sf - >each_tag_value('gene')) :
                       Sf - >has_tag('label') ? join(',',Sf - >each_tag_value('label')):
                       Ss - >display_id);
    } else {
        Ss - >display_id(sprintf("%s_%s_%d",
                                   Sseq - >display_id,
                                   Sf - >primary_tag,
                                   Scount + + ));
        }
        Sout - >write_seq(Ss);
    }
}

__END__
```

4）GO-BLAST

生物学家每天通过实验不断获取新的序列，这些序列的意义何在？急需生物信息学手段解疑释惑。从生物信息学的角度来讲，随着越来越多基因组测序的完成，人们可以获得大量的序列信息，如何利用这些信息对未知基因的功能进行预测是一个非常重要的问题。根据我们在本书中所学到的，大家知道 Blast 是基本的预测新基因功能的工具，但是仅通过 Blast 的原始搜索结果，尚无法获得相关基因本体论（gene ontology，GO）

注释信息。目前，用户为了获得新基因的GO注释信息，首先需要进行Blast搜索，然后用Blast搜索的结果到GO网站去查询相关的GO注释信息。这浪费了大量的时间，尤其是当Blast的结果数据量很大时更是如此。面向应用的生物信息学工作者一定要紧密结合生物学家的工作需要开发适用的程序来满足这种迫切的需要，这也给广大的生物信息学工作者无限的拓展空间。例如，基于GO分类系统，整合BLAST的结果信息，结合BioPerl模块，使用Perl语言开发了GO-BLAST软件很有必要。通过该系统，对于新的基因序列，研究人员只须“1”次分析运算，就可以同时获得BLAST搜索结果和GO注释信息，从而有效地提高了基因功能注释的可信度，加速功能基因组学的研究。再考虑到应用的广泛性，如果GO-BLAST采用WEB模式B/S（Browser/Server）架构，用户客户端只要使用浏览器就可以通过国际互联网使用你的GO-BLAST系统。

凡此种种，举不胜举。这也许就是我们学习Perl在生物信息学中应用的主要目的。现在你已经具备了相当的基础和广阔的视野，可以进一步学习和使用常用的生物信息学编程语言。作为一种面向需求、特别的生物信息学语言，Perl具有足够的能力完成相应的工作。掌握了总体编程思想的读者一定能用Perl编写出功能强大的生物信息学软件。

习　题

1. 学习bioperl编程，关键在于实践，要在不断出错中完善自己的编程思想和编程技巧。试一下通过编程远程获取genbank的序列。
2. 熟悉NCBI上的bl2seq并调用Bio::AlignIO::bl2seq模块编程实现两条序列的比对。
3. 什么是哈希表？它在生物信息学中的应用有哪些？
4. 浏览转录因子数据库，用Perl实现查找转录因子E-BOX的程序。
5. Ensembl提供的Perl模块有哪些？尝试安装这些模块并思考利用它们解决你的问题。
6. 什么是基因本体？如何实现基因及其GOID的获取。
7. 什么是PIPELINE？

主要参考文献

ftp://ftp.ncbi.nih.gov/toolbox/ncbi_tools/; NCBI toolkit

http://bioweb.pasteur.fr; L'Institut Pasteur Bioweb (Pasteur Institute)

http://b-src.cbrc.jp/; Bioinformatics

http://doc.bioperl.org; Bioperl code documentation page

http://forkhead.cgr.ki.se/TFBS/; TFBS Project

http://industry.ebi.ac.uk/novella/; EBI Novella project Institute

http://industry.ebi.ac.uk/openBQS/; BQS - Bibliographic Query Service

http://lsr.ebi.ac.uk; Management Group's Life Science Research group

http://obda.open-bio.org; Open Bioinformatics Database Access

http://opensource.org/docs/definition.html; Open-Source
Initiative-Open-Source definition

http://pdoc.sourceforge.net; Pdoc home page

http://www.biocorba.org; BioCORBA Project

http://www.biojava.org; Biojava Project

http://www.bioperl.org; Bioperl Project

http://www.biopython.org; Biopython Project

http://www.bioxml.org/dtds/index.html; GAME - Genome Annotation Markup Elements

http://www.bsml.org; BSML-Bioinformatic Sequence Markup Language

http://www.ebi.ac.uk; EMBL Outstation-European Bioinformatics Institute

http://www.ensembl.org; EnsEMBL Project

http://www.fruitfly.org; Berkeley Drosophila Genome Project

http://www.open-bio.org; Open Bioinformatics Foundation

http://www.oreilly.com; Bioinformatics

http://www.perl.com ; Bioinformatics

（张文广　编）